普通高等教育"十一五"国家级规划教材　计算机系列教材
教育部—微软精品课程配套教材

易小琳　主编
朱文军　鲁鹏程　方娟　等　编著

计算机组成原理与汇编语言

清华大学出版社
北京

内容简介

本书将计算机科学与技术学科的两门核心课程"计算机组成原理"与"汇编语言程序设计"的内容有机地组织起来，通过系统地阐述计算机组成原理及汇编语言程序设计方法，不仅使学习者建立清晰的整机概念，还可以围绕机器指令功能，将机器硬件微操作级与汇编语言级的设计紧密地结合起来。本书把软、硬件设计结合在一起进行介绍，使学习者在掌握计算机内部结构及工作原理的基础上，学会从机器指令系统开始进行计算机整机的设计，并学会使用汇编语言编写程序，进一步提高使用计算机解决实际问题的能力。

本书内容丰富，概念清晰，系统性强，每章均有适量例题和习题，可以作为计算机及相关专业本科生和研究生的教材，也可以作为科技人员的参考书。

本书封面贴有清华大学出版社防伪标签，无标签者不得销售。
版权所有，侵权必究。举报：010-62782989，beiqinquan@tup.tsinghua.edu.cn。

图书在版编目(CIP)数据

计算机组成原理与汇编语言/易小琳等编著．—北京：清华大学出版社，2009.3（2024.2重印）
（计算机系列教材）
ISBN 978-7-302-19331-9

Ⅰ.计… Ⅱ.易… Ⅲ.①计算机体系结构－高等学校－教材 ②汇编语言－程序设计－高等学校－教材 Ⅳ.TP303 TP313

中国版本图书馆 CIP 数据核字(2009)第 010418 号

责任编辑：薛　阳　战晓雷
责任校对：梁　毅
责任印制：沈　露

出版发行：清华大学出版社
网　　址：https://www.tup.com.cn，https://www.wqxuetang.com
地　　址：北京清华大学学研大厦 A 座　　邮　编：100084
社 总 机：010-83470000　　邮　购：010-62786544
投稿与读者服务：010-62776969，c-service@tup.tsinghua.edu.cn
质 量 反 馈：010-62772015，zhiliang@tup.tsinghua.edu.cn

印 装 者：三河市龙大印装有限公司
经　　销：全国新华书店
开　　本：185mm×260mm　　印　张：27.25　　字　数：676 千字
版　　次：2009 年 3 月第 1 版　　印　次：2024 年 2 月第 17 次印刷
定　　价：69.00 元

产品编号：026949-06

普通高等教育"十一五"国家级规划教材 计算机系列教材 编委会

主　　任：周立柱
副 主 任：王志英　李晓明
编委委员：（按姓氏笔画为序）
　　　　　汤志忠　孙吉贵　杨　波
　　　　　岳丽华　钱德沛　谢长生
　　　　　蒋宗礼　廖明宏　樊晓桠
责任编辑：马瑛珺

《计算机组成原理与汇编语言》 前言

　　计算机技术的迅猛发展不但促进了信息产业的飞速发展,同时带动了整个社会的进步,其影响和应用价值巨大。计算机组成原理重点研究的基础理论和实践知识是计算机技术高速发展的前提,是计算机专业学生和工程技术人员必须掌握的理论知识,其主旨在于研究计算机各部件的结构原理,以及如何将这些硬件部件组成一个计算机系统。完整的计算机系统由硬件和软件两部分组成,而指令系统作为硬软件之间衔接的纽带,具有重要意义。因此,在介绍计算机各硬件功能部件原理的基础上,必须清楚解释指令系统的组成、功能以及设计方法,这自然会涉及机器语言方面的内容。而汇编语言作为与机器语言相对应的低级程序设计语言,对于初学者了解机器指令的格式与设计非常适用。

　　本书将计算机组成原理理论与汇编语言程序设计方法有机地结合在一起,全面阐述了计算机组成原理、指令系统、汇编语言及其程序设计的概念。在此基础上进一步介绍了计算机系统总体结构的设计原理和利用汇编语言进行程序设计的方法。同时,有选择性地介绍了当今先进的大、中、小型计算机的组成原理概念;并在此基础上,详细剖析微型计算机的组成原理、指令系统设计及汇编语言程序设计等技术,使读者在学习计算机组成原理理论知识的基础上,进一步掌握计算机系统的设计方法,并且掌握利用汇编语言进行程序设计的基本方法。

　　为方便不同高校选用教材,全书共分为两篇,第一篇重点介绍计算机组成原理的相关内容;第二篇详细阐述汇编语言及其程序设计的方法。因而,从课程内容而言,本书既可以作为"计算机组成原理与汇编语言程序设计"课程的教材,也可以作为单独开设的"计算机组成原理"课程或者"汇编语言程序设计"课程的教材。

　　第一篇共包含 7 章,在内容上涵盖了计算机组成原理的主要内容。第 1 章主要介绍计算机系统的基本组成、主要技术指标、计算机的应用及其发展。第 2 章主要介绍数值数据及非数值数据在计算机中的表示方法,其中包括带符号数、无符号数、定点数据与浮点数据的表示方法以及非数值数据在计算机中的表示方法。第 3 章主要介绍算术逻辑运算部件(ALU)、定点加减乘除运算及浮点加减乘除运算方法。第 4 章主要介绍机器指令格式、寻址技术、指令类型,以及体现 CISC 特点的 Intel 80x86 指令系统和体现 RISC 特征的 MIPS 指令系统的指令格式、寻址方式的设计;并详细阐述了 Intel 8086 指令系统的功能。第 5 章主要介绍中央处理器的总体结构、时序系统、指令流程、微操作控制信号的设计、组合逻辑控制部件与微程序控制部件的设计方法。并且以模型机指令系统及主机系统的设计为例,详细介绍了计算机主机系统的设计方法。第 6 章主要介绍存储器的分类、主要技术指标、工作原理、构成方式以及与其他部件的联系。同时面向存储系统的层次结构,阐述了高速缓冲存储器(Cache)及虚拟存储器的基本组成和工作原理,并详细描述了辅助存储器及一些高速存储器的基本工作机理,最后针对冗余磁盘阵列(RAID)的组成原理做出简要介绍。第 7 章主要介绍输入/输出系统的基本功能及组成,并对计算机主机与输入/输出设备间信息传输的控制方式给予详细分析;同时介绍了一些常用的输入/输出设备,并且针对计算机系统与外围设备间总线通信及外设接口方面的内容做出相关阐述。

  第二篇共包含 6 章,在内容上涵盖了汇编语言程序设计的主要内容。第 8 章主要介绍汇编语言概念、Intel 8086 汇编语言格式、汇编语言数据与运算符以及伪指令、宏指令的使用方法。第 9 章主要介绍分支程序结构、分支程序设计及利用跳转表方法实现多路分支程序设计的方法。第 10 章主要介绍循环程序结构、循环程序设计及多重循环程序设计方法。第 11 章主要介绍子程序设计方法、子程序的参数传递以及嵌套与递归。第 12 章主要介绍 DOS 功能子程序的调用、BIOS 功能子程序的调用及输入/输出子程序设计方法。第 13 章主要介绍汇编语言程序的开发环境,介绍编辑、汇编、链接、调试与运行的方法。

  本书不仅可以作为计算机科学与技术、信息安全及软件工程等专业本科生的基础必修教材,也可以作为相关专业选修课程的教材。另外,本书也可供相关企业技术人员及其他需要了解计算机组成原理、计算机硬件系统设计技术及汇编语言程序设计技术的人员进行选择性学习和参考。

  本书由易小琳主编并负责全书统稿,同时编写第 4、5 章及附录;朱文军编写第 6、7 章;鲁鹏程编写第 3、8~13 章;方娟编写第 2 章;毛国君编写第 1 章。杨峰协助绘制了书中部分图表。

  由于计算机技术飞速发展,新的理论和技术层出不穷,教材难以囊括计算机技术的最新发展变化。书中可能会存在错误与不足之处,恳请同行及读者给予批评指正。

作 者

2008 年 12 月于北京

第一篇 计算机组成原理

第1章 绪论 ····· 3
1.1 如何使用本书 ····· 3
1.2 计算机系统的概念层次 ····· 3
1.2.1 计算机硬件系统 ····· 4
1.2.2 计算机软件系统 ····· 6
1.2.3 计算机的虚拟化问题 ····· 8
1.3 计算机系统的体系结构分析 ····· 8
1.4 计算机的性能指标分析 ····· 12
习题 ····· 16

第2章 数据信息表示 ····· 17
2.1 数值数据的信息表示 ····· 17
2.1.1 数制与进位计数法 ····· 17
2.1.2 数制转换 ····· 18
2.1.3 机器数表示方法 ····· 20
2.1.4 定点数表示 ····· 25
2.1.5 浮点数表示 ····· 27
2.2 非数值数据的信息表示 ····· 31
2.2.1 字符的表示 ····· 31
2.2.2 字符串的存放 ····· 34
2.2.3 汉字的表示 ····· 35
2.2.4 校验码 ····· 38
习题 ····· 39

第3章 数值运算及运算器 ····· 40
3.1 基本算术运算的实现 ····· 40
3.1.1 加法器 ····· 40
3.1.2 进位的产生与传递 ····· 41
3.1.3 并行加法器进位链 ····· 42
3.2 定点运算 ····· 46
3.2.1 加减运算 ····· 46
3.2.2 移位运算 ····· 50
3.2.3 乘法运算 ····· 52

3.2.4　除法运算 …………………………………… 62
3.3　浮点运算 …………………………………………… 69
　　3.3.1　浮点加减运算 ………………………………… 69
　　3.3.2　浮点乘法运算 ………………………………… 71
　　3.3.3　浮点除法运算 ………………………………… 72
3.4　运算器举例 ………………………………………… 73
　　3.4.1　ALU 举例 ……………………………………… 73
　　3.4.2　浮点运算器举例 ……………………………… 74
习题 ……………………………………………………… 77

第 4 章　指令系统

4.1　指令系统的基本概念 ……………………………… 79
　　4.1.1　指令系统及计算机语言 ……………………… 79
　　4.1.2　计算机中指令的存储及执行 ………………… 80
4.2　指令格式 …………………………………………… 80
　　4.2.1　指令格式及指令字长度 ……………………… 80
　　4.2.2　操作码结构的设计 …………………………… 81
　　4.2.3　地址码结构的设计 …………………………… 83
　　4.2.4　指令助记符与机器指令代码 ………………… 86
　　4.2.5　指令格式举例 ………………………………… 87
4.3　寻址方式 …………………………………………… 90
　　4.3.1　指令寻址方式 ………………………………… 90
　　4.3.2　操作数寻址方式 ……………………………… 91
　　4.3.3　8086 寻址方式示例 …………………………… 97
　　4.3.4　MIPS 寻址方式简介 ………………………… 112
4.4　指令的分类及指令系统 …………………………… 113
　　4.4.1　指令类型 ……………………………………… 113
　　4.4.2　8086 指令系统类型 …………………………… 114
　　4.4.3　8086 指令系统详解 …………………………… 118
　　4.4.4　MIPS 指令系统简介 ………………………… 143
　　4.4.5　CISC 与 RISC 指令系统 ……………………… 145
习题 ……………………………………………………… 145

第 5 章　中央处理器

5.1　CPU 的总体结构及设计 …………………………… 148
　　5.1.1　CPU 的功能及基本组成 ……………………… 148

  5.1.2 模型机 CPU 的总体结构 ………… 148
 5.2 指令周期与指令流程 …………………… 154
  5.2.1 指令周期的基本概念 …………… 154
  5.2.2 时序系统 ………………………… 156
  5.2.3 模型机指令系统、指令流程与
     微操作控制信号 ………………… 158
 5.3 微程序控制部件的组成与设计 ………… 180
  5.3.1 微程序控制部件的组成 ………… 180
  5.3.2 微指令的设计 …………………… 183
  5.3.3 微程序设计 ……………………… 187
 5.4 组合逻辑控制部件的组成与设计 ……… 194
  5.4.1 组合逻辑控制部件的组成 ……… 194
  5.4.2 微操作控制信号发生器的设计 … 194
 5.5 CPU 的发展简介 ………………………… 198
 习题 …………………………………………… 201

第6章 存储系统 …………………………… 203

 6.1 存储器概述 ……………………………… 203
  6.1.1 存储器分类 ……………………… 203
  6.1.2 存储器的主要技术指标 ………… 205
  6.1.3 存储系统的分层结构 …………… 206
 6.2 随机存取存储器和只读存储器 ………… 207
  6.2.1 SRAM 存储器 …………………… 207
  6.2.2 DRAM 存储器 …………………… 209
  6.2.3 主存容量的扩展 ………………… 213
  6.2.4 主存与 CPU 的连接 …………… 216
  6.2.5 半导体只读存储器 ……………… 219
  6.2.6 新型存储器芯片 ………………… 222
 6.3 高速存储器 ……………………………… 224
  6.3.1 双端口存储器 …………………… 225
  6.3.2 多体并行交叉存储器 …………… 225
  6.3.3 相联存储器 ……………………… 226
 6.4 Cache 存储器 …………………………… 228
  6.4.1 高速缓存工作原理 ……………… 228

　　　　6.4.2 主存与 Cache 的地址映像 ………… 229
　　　　6.4.3 替换策略 …………………………… 232
　　　　6.4.4 Cache 的写操作策略 ……………… 233
　6.5 虚拟存储器 …………………………………… 234
　　　　6.5.1 虚拟存储器基本概念 ……………… 234
　　　　6.5.2 段式虚拟存储器 …………………… 235
　　　　6.5.3 页式虚拟存储器 …………………… 236
　　　　6.5.4 段页式虚拟存储器 ………………… 237
　　　　6.5.5 快表和慢表 ………………………… 237
　6.6 辅助存储器 …………………………………… 238
　　　　6.6.1 磁表面存储器原理 ………………… 238
　　　　6.6.2 磁带存储器 ………………………… 242
　　　　6.6.3 磁盘存储器 ………………………… 243
　　　　6.6.4 光盘存储器 ………………………… 247
　　　　6.6.5 移动存储设备 ……………………… 250
　　　　6.6.6 磁盘阵列 RAID …………………… 253
　习题 …………………………………………………… 256
第 7 章　输入/输出系统及外围设备 ……………… 258
　7.1 输入/输出系统概述 …………………………… 258
　　　　7.1.1 输入/输出系统的基本功能 ……… 259
　　　　7.1.2 输入/输出系统的组成 …………… 259
　　　　7.1.3 输入/输出设备的编址与
　　　　　　 输入/输出指令 …………………… 261
　　　　7.1.4 主机与输入/输出设备间信息传输的
　　　　　　 控制方式 ………………………… 263
　7.2 程序直接控制方式 …………………………… 264
　　　　7.2.1 直接输入/输出方式 ……………… 264
　　　　7.2.2 程序查询输入/输出方式 ………… 264
　7.3 程序中断方式 ………………………………… 266
　　　　7.3.1 中断的基本概念 …………………… 267
　　　　7.3.2 中断源和中断类型 ………………… 267
　　　　7.3.3 中断处理过程 ……………………… 269
　　　　7.3.4 程序中断方式的基本接口 ………… 271

- 7.3.5 单级中断和多级中断 …… 272
- 7.4 直接存储器存取方式 …… 273
  - 7.4.1 DMA 方式的基本概念 …… 273
  - 7.4.2 DMA 传送方式及过程 …… 274
  - 7.4.3 DMA 接口 …… 275
- 7.5 通道控制方式与输入/输出处理机 …… 277
  - 7.5.1 通道的功能 …… 278
  - 7.5.2 通道的分类 …… 278
  - 7.5.3 通道的工作过程 …… 279
  - 7.5.4 输入/输出处理机(IOP)与外围处理机(PPU) …… 279
- 7.6 总线 …… 280
  - 7.6.1 概述 …… 280
  - 7.6.2 总线的控制方式 …… 282
  - 7.6.3 总线的通信方式 …… 284
  - 7.6.4 总线上信息的传送方式 …… 284
  - 7.6.5 典型标准总线 …… 285
- 7.7 外围设备概述 …… 287
  - 7.7.1 外围设备的作用 …… 287
  - 7.7.2 外围设备的分类 …… 287
- 7.8 输入设备 …… 288
  - 7.8.1 键盘 …… 288
  - 7.8.2 图形图像输入设备 …… 290
  - 7.8.3 其他输入设备 …… 293
- 7.9 显示输出设备 …… 294
  - 7.9.1 常见显示卡标准 …… 295
  - 7.9.2 CRT 显示器 …… 296
  - 7.9.3 液晶显示器 …… 298
- 7.10 打印输出设备 …… 299
  - 7.10.1 针式打印机 …… 300
  - 7.10.2 激光打印机 …… 301
  - 7.10.3 喷墨式打印机 …… 302
- 习题 …… 304

第二篇　汇编语言程序设计

第8章　汇编语言 …… 307
- 8.1　概述 …… 307
  - 8.1.1　机器语言 …… 307
  - 8.1.2　汇编语言 …… 307
  - 8.1.3　汇编程序 …… 308
  - 8.1.4　汇编语言的用途 …… 309
- 8.2　汇编语言格式 …… 310
  - 8.2.1　标记符 …… 310
  - 8.2.2　操作符 …… 312
  - 8.2.3　操作数 …… 312
  - 8.2.4　注释 …… 312
- 8.3　汇编语言数据与运算符 …… 312
  - 8.3.1　常数 …… 312
  - 8.3.2　变量 …… 313
  - 8.3.3　运算符 …… 314
- 8.4　伪指令语句 …… 320
  - 8.4.1　符号定义语句 …… 320
  - 8.4.2　数据定义语句 …… 322
  - 8.4.3　段结构伪指令 …… 326
  - 8.4.4　其他伪指令 …… 330
- 8.5　宏汇编技术 …… 334
  - 8.5.1　宏定义 …… 334
  - 8.5.2　宏调用 …… 335
  - 8.5.3　宏展开 …… 335
  - 8.5.4　与宏有关的伪指令 …… 337
  - 8.5.5　宏运算符 …… 339
  - 8.5.6　宏嵌套 …… 341
  - 8.5.7　宏与子程序的区别 …… 343
  - 8.5.8　宏库的建立与使用 …… 344
- 8.6　重复汇编与条件汇编 …… 345
  - 8.6.1　重复汇编 …… 345

　　　　　　　8.6.2　条件汇编 …………………………… 348
　　　习题 ………………………………………………… 350
第 9 章　分支程序设计 …………………………………… 352
　　9.1　汇编语言程序设计概述 ……………………… 352
　　　　9.1.1　程序设计的步骤 …………………… 352
　　　　9.1.2　程序流程图的画法 ………………… 352
　　9.2　分支程序的结构 ……………………………… 354
　　9.3　分支程序的设计方法 ………………………… 355
　　　　9.3.1　两分支程序设计方法 ……………… 355
　　　　9.3.2　多分支程序设计方法 ……………… 358
　　　习题 ………………………………………………… 362
第 10 章　循环程序设计 ………………………………… 363
　　10.1　循环程序基本结构 ………………………… 363
　　10.2　循环程序控制方法 ………………………… 364
　　　　10.2.1　计数控制法 ……………………… 364
　　　　10.2.2　条件控制法 ……………………… 367
　　10.3　多重循环程序设计 ………………………… 369
　　　习题 ………………………………………………… 372
第 11 章　子程序设计 …………………………………… 373
　　11.1　子程序设计方法 …………………………… 373
　　11.2　子程序的参数传递 ………………………… 376
　　　　11.2.1　寄存器传递参数法 ……………… 376
　　　　11.2.2　存储器传递参数法 ……………… 377
　　　　11.2.3　地址表传递参数法 ……………… 378
　　　　11.2.4　堆栈传递参数法 ………………… 380
　　11.3　子程序的嵌套与递归 ……………………… 381
　　　　11.3.1　子程序的嵌套 …………………… 381
　　　　11.3.2　子程序的递归 …………………… 382
　　　习题 ………………………………………………… 384
第 12 章　系统功能调用 ………………………………… 385
　　12.1　DOS 功能调用 ……………………………… 385
　　　　12.1.1　DOS 功能调用概述 ……………… 385
　　　　12.1.2　常见 DOS 功能调用 ……………… 385

12.2　BIOS 功能调用 ……………………………… 390
　　　　12.2.1　BIOS 功能调用概述 ………………… 390
　　　　12.2.2　常见 BIOS 功能调用 ………………… 390
　　习题 ……………………………………………………… 397
第 13 章　汇编语言程序的开发与调试 ……………… 398
　　13.1　汇编语言程序的开发 ……………………… 398
　　13.2　汇编语言程序的调试 ……………………… 402
　　习题 ……………………………………………………… 409
附录　8086 指令系统简表 …………………………… 410
参考文献 ……………………………………………… 417

第一篇

计算机组成原理

第1章 绪 论

1.1 如何使用本书

"计算机组成原理"是国内外大学普遍开设的计算机科学与技术专业的骨干课程之一,具有技术名词集中、内容繁杂、学习难度大等显著特点。从本质上说,"计算机组成原理"课程是计算机硬件系列的核心课程。它的必要前驱课程是"数字逻辑"等课程,即通过这些前驱课程的学习,学生已经具有基本的数字逻辑表示及其简单数字电路设计的概念和原理。在此基础上,"计算机组成原理"课程需要解决计算机系统级的概念和关键部件(CPU、主存等)的设计技术,它为后继课程,如"计算机接口"、"计算机体系结构"以及"嵌入式系统"等相关课程,提供必要的基础。因此,"计算机组成原理"课程是计算机硬件系列课程体系的中心,具有承上启下的作用。这种地位和作用使得该课程内容的可扩展性很大。毋庸讳言,国内外许多教材为了保证教材内容的完整性,包含的内容很繁杂。这本身没有什么错误,因为作为一本书籍可能不仅作为教材使用,还可能被其他的读者使用。即使是作为教材,不同的学校在课程内容的安排上也可能存在差异。然而,过分追求内容的全面性可能使教材的内容太宽泛,给教师和学生的使用带来不便。例如,就它和"数字逻辑"、"计算机接口"、"计算机体系结构"等课程的内容如何划分和衔接问题而言,许多高校在处理上是存在差异的。因此,作为教材的编写者和使用者,要处理好这种关系。编写者应该有一个针对性的目标,便于使用者选用和进行教学内容裁剪;而使用者应该了解编写的目标,并进行选择性的学习和教学。

本书编写的主要思想是:以"计算机整机"为中心,力求为读者建立一个计算机系统的完整概念;以"计算机主机"设计为重点,加大 CPU 和主存(也可称为内存)等关键部件的设计原理与技术的阐述;将汇编语言融入计算机组成原理内容中,使抽象的计算机指令系统设计原理"具体化";适当地考虑内容的完整性,对数制、码制、计算机体系结构以及输入/输出系统等经典内容进行选择和有效组织。因此,在学习或作为教材使用时,读者或者教师要考虑这些因素,以充分利用本书来完成既定的任务。

本书共分两篇。第一篇将全面地论述计算机(单处理机系统)的组成和工作原理,使读者建立起计算机系统的整机概念。在本篇中主要介绍计算机中数据的表示方法及其典型的运算方法、指令系统的设计方法及 Intel 8086 指令系统的设计范例,剖析主要部件的设计原理以及模型机的设计方法等。第二篇将全面地论述 Intel 8086 汇编语言的语法结构和程序设计技术。

1.2 计算机系统的概念层次

众所周知,一个计算机系统是由硬件和软件组成的。图 1-1 给出了目前普遍用来刻画计算机系统的一个层次概念图。

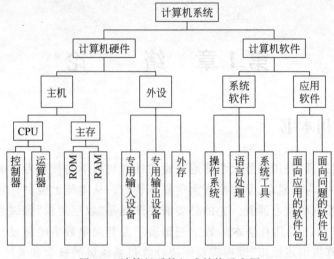

图 1-1 计算机系统组成结构示意图

图 1-1 对一个计算机系统的刻画是较完整的,而且具有广泛的通用性。作为学习的开始,图 1-1 可以帮助我们正确理解计算机系统在概念上的层次结构。

1.2.1 计算机硬件系统

硬件是计算机系统的物质基础,是由相关的功能部件及其连接部件构成的。正确理解计算机硬件系统的构成是学习本课程的基础,建议读者首先从功能角度进行分析。这是一个基础性的,但并不是很容易的事情。有的人可能不赞成这样的观念,认为"我们已经学习了好多计算机的课程,也能很好地使用计算机,有什么难的!"不妨在这里提出几个问题,读者先尝试回答一下:

(1) 图 1-1 将计算机硬件系统划分成主机和外设两个基本部分。主机的概念层次是根据什么划分的? 它对应的部件就是我们购买计算机时机箱内的东西吗?

(2) 为什么把外存定位到外设的级别? 它们是输入设备还是输出设备? 硬盘也算是外设吗?

(3) 汇编语言都使用寄存器,为什么不把寄存器列在图 1-1 中?

(4) 现代计算机总是配有高速缓存(Cache),为什么图 1-1(或者大多数同类书在开始介绍计算机系统的一般结构时)没有给出? Cache 放在什么地方? 它们和主存是什么关系?

(5) 在计算机里都有一个主板,它好像是一个很重要的部件,图 1-1 为什么也没有给出? 主板和总线是什么关系?

对于这些问题的回答还是有一定难度的。然而,对于这些问题必须先有一个大致的认识,否则会影响对后面内容的学习。对于"计算机组成原理"这样包含众多技术名词和概念的课程,在学习中应该学会给自己提类似的问题,并尝试去回答它们。只有这样才能将对应的概念真正融会贯通,打下一个坚实的计算机硬件基础。下面我们来尝试回答这些问题。

所谓主机是一个计算机的基本或者说必需的部分。所以,从功能界定上看,主机应该是不考虑输入/输出时系统能解决问题的最小配置。因此,通常学术界所说的主机包含 CPU 和主存两个基本成分。我们认为,这样的主机概念的引入对于我们正确理解计算机系统是有益的。按照冯·诺依曼对计算机的最初构想,存储程序的概念是实现计算机自动化的基本前提。就是说,要想使用计算机完成一件任务,必须将该任务用某种语言进行描述,写成对应的程序。简单地说,一段程序就是一个指令序列,而一条指令则是计算机硬件系统完成一件相对独立的工作(如主存读/写、两个数加法运算等)的定义和描述。有了存储的程序,程序规定任务的实施就是 CPU 不断地解释和执行程序中指令的过程。粗略地说,一条指令执行的基本过程可以描述为:①从主存中取出这条指令放入到 CPU(特定的寄存器等地方);②CPU 对这条指令进行分析,形成对应的时序和控制信号;③如果操作数在主存中,则将操作数取出到 CPU;④如果需要,CPU 进行运算;⑤如果需要,将结果存入主存。因此,如果不考虑输入/输出问题,那么一条指令的执行可以在主机层面来完成。另外,虽然说现代计算机的程序总是永久性地被存储在外存中,但是计算机在执行一段程序之前,必须保证对应的程序代码(全部或者正在使用的片段)装载到主存中。因此,除了必要的输入/输出指令外,计算机的大部分指令是可以在主机层面完成的。

与主机相对应,外设(也可以称为外部设备、外围设备、输入/输出设备等)是计算机硬件系统的另外一部分,它担负着和主机的外部环境的信息交换任务。按照冯·诺依曼对计算机的五大功能部件的构想:一个计算机包含输入设备、运算器、控制器、存储器和输出设备等五大功能部件。输入设备和输出设备就是其中的两大功能部件。所谓输入设备是指将信息传送到主机的设备总称,它们是主机获取外部信息的手段;所谓输出设备是接收主机信息的设备总称,它们是主机向外部发送数据的手段。在冯·诺依曼时代,存储器还没有现在所谓的主存、外存的完整概念,当然也不会出现图 1-1 这样将外设分为专用输入设备、专用输出设备和外存这样的划分。随着现代计算机技术的发展,存储系统的概念不断深化,多级存储系统已经是支撑现代计算机的主要技术之一。存储器功能的划分是多级存储系统的首要任务,其中内存(也可以称为主存、内部存储器等)与外存(也可以称为辅存、外部存储器等)的功能划分是最基础性的工作。因此,对外存的功能进行准确的定位就是一个不可回避的问题。由于外存主要功能是向主机发送和从主机接收数据,而且需要专门的接口来和主机打交道,因此我们认为将它们定位到主机以外的外设级别是合适的。然而,外设作为特殊的设备,一般不能简单地归到输入设备或者输出设备类别中。例如,一个硬盘既可以接收主机中的数据,也可以将它的数据传送给主机,所以具有输入/输出双重功能(有的资料干脆就把这类设备称为输入/输出设备)。

提到硬盘,它的确是一个特殊而重要的外设。大容量的、联机的硬盘已经成为现代计算机技术发展的一种重要的支撑部件。例如,现代计算机的虚拟存储概念的引入为多用户、多任务、大程序的执行提供了实现的可能性,其中硬盘就是实现这些技术的物质基础。尽管如此,计算机系统中的硬盘仍然是外设级别,其中的数据成块传输以及需要接口等属性使它具有明显的外设特征。当然,有一个共性的问题需要在此说明:在购买计算机或者自己攒机时,商家或者用户可能习惯于说一个计算机包含主机和外设两部分,但是那里的"主机"和本书所说的主机还是有差别的。前者是指机箱内的部件总称(硬盘等外设也包括在内)。因此,我们需要提醒读者,在阅读资料时,务必要把商业上或者生活中的习惯用语和专业上的技术名词严格区别开来,力求要在概念层次上正确理解专业名词。

关于 CPU,后面的章节将以非常多的篇幅来讲解和介绍它。在这里,我们需要首先对 CPU 的主要功能有一个准确的定位。简单地说,CPU 的主要任务就是执行计算机存储的程序;从功能角色上看,CPU 是所有部件的控制中心,即 CPU 通过程序的解释和执行,控制相应的功能部件协同工作——在什么时间,执行什么操作都是由 CPU 来控制的。从其基本构成上看,它实际上是冯·诺依曼设想的控制器和运算器两个功能部件的总称。细心的读者不难发现,许多资料都说"CPU 包含控制器、运算器、寄存器以及内部总线等"。这种说法和上面的说法并不一致。在计算机组成原理的书籍中,许多名词或者概念在解释时都可能出现这样的情况。其实它们没有对错之分,我们需要了解这些概念在解释中出现"形式上的差异"的原因。就上面提到的 CPU 的功能部件构成而言,两种说法蕴含着关于控制器和运算器的狭义和广义解释。从狭义上说,控制器和运算器是指两个特定的功能部件。前者产生对应的控制时序和信号,后者则是专门来完成数据运算的。但是,对现代计算机而言,这两个功能部件,需要有相应的寄存器来辅助完成。例如,一个运算器进行运算前需要将操作数准备好,一般需要在 CPU 中有寄存器这样的部件来暂存数据。像 Intel 系列的 CPU,在大多数双操作数运算时,为了提高效率就要求两个操作数至少有一个是在寄存器中。再如,要从主存中取一条指令,取出后也需要在 CPU 中进行暂存,所以在进行指令控制时也需要相应的专门寄存器来辅助。因此,从广义上说,控制器是狭义概念上的控制器部件和对应的辅助寄存器的总称,而运算器则是狭义概念上的运算器和对应的辅助寄存器的总称。至于 CPU 需要内部总线的问题,这是 CPU 设计中的问题。简单地说,不论是对于整个计算机硬件系统还是对 CPU 这样的主要部件,尽管它们在功能层次上是不同的,但是它们内部的(子)部件都不是孤立的,部件之间都需要连接。现代计算机利用总线进行部件间的连接是最基本的,也是常用的手段。

如上所述,现代计算机是一个多级存储系统,再笼统地说"存储器"已经没有太多的实际意义了,其中高速缓存(Cache)、主存、外存(硬盘等)是最常见的三级存储构架。简单地说,Cache 是位于 CPU 与主存之间的一种容量较小但速度很快的存储器。它是针对 CPU 的速度远高于主存存取速度这一问题提出和发展起来的,其目的是解决 CPU 和主存数据存取上的速度差异问题。从结构上说,Cache 可以集成在 CPU 内部,也可以作为一个相对独立的部件和 CPU 及主存相连。现代计算机系统中 Cache 的配置本身也是多级的。因此,Cache 本身隐含着很多的技术问题。通过上面的介绍,大家应该知道了 Cache 设置的重要目的了。假如对计算机组成原理课程的定位只是了解 Cache 的概念,而不过多去涉及它的技术细节,那么完全可以在学习计算机硬件系统的初期,暂时忽略像 Cache 这样的部件。这就是大多数书籍在介绍计算机硬件系统的开始阶段淡化像 Cache 这样的概念的原因。

一个计算机硬件系统不仅需要必要的功能部件,而且需要将 CPU、主存以及外设(接口)等相应的部件进行连接,这样才能进行相应的数据交换。从原理上说,现代计算机的硬件部件主要是通过总线技术来进行连接的。从构成实体上看,现代计算机都有一个被称为主板的部件,它支撑 CPU、内存条以及 I/O 接口之间进行数据传送,是总线技术的集成化、模块化的结果。要真正了解总线和主板技术,还得需要一些时间和精力,我们将在后面的相应部分介绍计算机总线技术的逐步演化和完善过程。

1.2.2 计算机软件系统

一个完整的计算机系统必须包括硬件和软件两个(子)系统。特别是随着现代计算机系统的发展,软件已经成为计算机系统的一个庞大的家族。计算机硬件子系统是计算机系统应用的物质基础,而软件系统则是计算机系统中的程序。现代计算机系统是一个硬件和软件的统一体。由于现代计算机硬件资源向着大容量、高速度、外设种类丰富等方向发展,因此一些软件已经成为计算机系统的必要部分。软件已经成为提高计算机硬件使用效率,方便用户使用,扩展硬件功能,降低计算机系统成本的主要手段。可以设想,如果购买一台计算机,连 Windows 或者其他操作系统都没有安装,要想使用它几乎是不可能的。

通常人们把计算机软件系统分为系统软件和应用软件两类。

所谓系统软件是指没有特殊的应用背景、专门为了充分挖掘硬件功能和减少用户对硬件的依赖程度等而编制的通用软件程序,它们一般是必须配备的软件。例如,操作系统就是这样的软件。它不是为某个用户或者某个应用而编制的,而是为用户提供统一的、标准化的、容易使用的交互界面;它对系统硬件等资源进行统一管理,消除了因硬件的差异带来的技术壁垒;它也可以起到充分发挥计算机硬件功能的作用,例如,虚拟存储管理功能可以为用户提供足够的编程空间;多媒体数据(图像、声音、视频等)的处理可以使用户有很好的视觉享受等。除了操作系统外,一个计算机系统也需要配备一些其他必备的系统软件,如必要的语言处理程序,系统的测试、调试等工具。

所谓应用软件一般是指为明确的应用目的而开发的软件程序。例如,一个财务软件就是这样的软件,它是为专门的财务管理编制的,而对于没有这方面应用的用户来说,它的计算机就不需要安装这样的软件。的确,系统软件和应用软件在有些情况下也是很难区分的。例如数据库管理软件(DBMS),较早的资料可能都把它们列为应用软件。这种划分有一定的道理,因为它们有明确的应用目的。但是,随着计算机系统应用的普及和深入,它们已经安装在越来越多的计算机中,而且数据库系统已经成为绝大多数用户使用计算机的主要应用领域之一。因此,有些资料也把 DBMS 划分到系统软件中。类似的情况还有像 MS Word 等通用工具软件。我们认为,在真正了解了上面的分析后,也许对 DBMS 这样的软件到底应该属于哪类软件的争论也就没有太大意义了。

另外,对软件和硬件也不能孤立地去理解。除了基本的功能部件(如 CPU、主存等)是计算机硬件系统必需的以外,许多功能是硬件或者软件都可以实现的。软件和硬件在许多功能逻辑方面是等价的。例如,对于乘法运算功能,既可以用专门的硬件乘法器,也可以用软件子程序来实现。一方面,为了提高效率,现代计算机的许多功能(如浮点运算)都已经"固化",由硬件替代软件来高效率地实现。另一方面,随着技术的进步和为了减少成本,以前只有计算机硬件能够完成的许多事,现在的计算机也转而使用软件来实现。例如,以前播放多媒体视频可能需要硬件解压卡,但是现在的计算机基本上都是由软件实现的。因此,在理解计算机的硬件和软件系统时,还是应该主要从概念上加以思考,不要过多地陷入技术实现的细节中。

连接计算机硬件和软件的桥梁是计算机的指令系统。简单地说,指令系统是指一台特定的计算机或者处理器的全部指令的集合。因此,在了解指令系统概念的时候,应该和特定的 CPU 相关联。就是说,不同的 CPU 有不同的指令系统,但是系列的 CPU 的指令系统应该是兼容的(较高层次的 CPU 应该能容纳较低层次 CPU 的指令系统)。计算机在它的 CPU 设计过程中,已经将对应的指令系统嵌入进去,并且通过指令系统来提供用户使用和管理计算机硬件的低层命令接口。因此,指令系统是计算机硬件和软件的过渡层。任何计算机的软件系统,不论是使用什么语言编写的,最终都是通过指令系统来和硬件资源进行对接的。了解计算机系统的指令系统设计是学习计算机硬件课程必须要做的事情。因此,在后面的学习中,读者应该尽量从机器语言的级别上来了解指令系统设计的基本原理,借助于汇编语言的手段来剖析和掌握特定的 CPU 所对应的指令系统。

1.2.3 计算机的虚拟化问题

如上所述,计算机系统的基本构成就是硬件和软件两大类。只有硬件的计算机一般称为"裸机"。一般用户很少直接使用裸机,而是借助于软件来间接使用计算机硬件。不同的软件"包装"可以为用户提供不同的应用界面、接口等,可以构成面向应用的虚拟机。这里所说的虚拟机,就是指利用特定的软件来扩充一台计算机的硬件功能,达到方便用户使用,提高计算机硬件资源利用,提高软件生产效率等目的。因此虚拟机实际上是抽象的计算机,是软件扩充计算机硬件的结果。

我们先从计算机语言的角度来理解虚拟机的概念。一般的,计算机的语言由低到高可以分成机器语言、汇编语言、高级语言和专用语言等。任何软件在编制之前,首先要解决的问题是计算机语言的选择。选择了特定的语言实际上就对应着特定语言的虚拟机,用户就可以使用该语言提供的语言接口(语法格式)来编制程序。当然,这种虚拟机需要通过安装或者配置相应的软件才能实现。例如,要执行汇编语言的源程序,则必须保证这台机器配备或者安装了相应的汇编(解释)程序来形成汇编语言的虚拟机,这样才能将汇编语言编写的源程序翻译成机器语言来实现对硬件资源的使用和控制。大多数程序员经常使用高级语言(如 C、C++、VC、VB、Java)来进行程序编制,不管这些语言的语法结构如何,有的还可能提供可视化的界面或者工具,要使用它们都必须安装相应的语言工具软件来支持该语言的虚拟机的使用,其中的核心就是该语言的编译程序。编译程序负责把一个高级语言编写的源程序翻译成计算机硬件对应的机器语言级别的目标程序。

从计算机应用角度上看,不同应用、不同用户都是在面对着相应的虚拟机在实际使用一台计算机。例如,一台机器安装了一个操作系统,那么用户就可以使用对应的虚拟机,所以有的资料会出现 Windows 虚拟机、Linux 虚拟机、UNIX 虚拟机等名词。与此类似,我们也会经常听到 Java 虚拟机、Virtual PC、Virtual machine 等名词。的确,计算机的虚拟化或者虚拟机的概念比较宽泛,在计算机的许多研究和应用领域都可能看到类似的名词。读者应该根据上下文去正确理解它们。

1.3 计算机系统的体系结构分析

许多资料都说:"现代计算机是在冯·诺依曼计算机结构的基础上发展起来的,而且基本原理没有变。"这种说法是有一定道理的。按照冯·诺依曼结构的计算机的设想,图 1-2 给出了一个计算机的五大功能部件及其连接的示意图。追随冯·诺依曼的最初设想,我们可以发现通过基本的控制流和数据流,图 1-2 对应的结构可以完成程序的存储和自动化执行任务。虽然从现代的计算机中可能无法找到类似体系结构的计算机,但是,图 1-2 所蕴含的计算机工作的基本原理仍然对正确理解和掌握相关的概念和结构具有很好的指导作用。

总线技术的引入,在很大程度上改变了计算机功能部件的部署和连接方式。从计算机的系统级角度看,系统总线是连接计算机各功能部件的公共通道。因此,许多技术文献会用一种简单而且易于理解的方式来阐述系统总线的定义:"系统总线是用来连接 CPU、主存

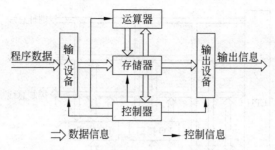

图 1-2 冯·诺依曼结构的计算机示意图

以及 I/O 接口等功能部件的公共通道。"这样的描述是准确的,但是需要进一步来理解它。特别是随着计算机硬件技术的发展,计算机总线的概念也向着多层次、多配置、集成化等方向发展,例如计算机主板的使用和普及。因此,我们在学习时要抓住总线的本质,首先从通用的概念上去正确掌握。

系统总线一般分为数据总线 DB(Data Bus)、地址总线 AB(Address Bus)和控制总线 CB(Control Bus)3 个类别。

(1) DB 用于传送数据信息。数据总线是双向的,既可以把 CPU 的数据传送到主存或 I/O 接口,也可以将它们的数据或者指令传送到 CPU。数据总线的位数通常与微处理器的字长相一致。例如,Intel 8086 微处理器字长 16 位,其数据总线宽度也是 16 位。在实际的计算机中,也有数据总线的位数与微处理器的字长不一致的情况:如早期的"准80386"的内部寄存器是 32 位,但是支持的系统中的数据总线却只有 16 位;现在的 Pentium 处理器则正好相反,内部寄存器是 32 位,但是提供的数据总线却是 64 位等。(读者不妨思考一下为什么会有这样截然相反的总线设置策略?)在这样的概念下,数据总线主要传输的是两类信息:CPU 所需的指令代码和指令执行所需的操作数据等。

(2) AB 是专门用来传送地址的,主要是指令地址、操作数对应的主存地址或者外设地址。由于地址只能从 CPU 传向主存或 I/O 端口,所以 AB 是单向的。地址总线的位数决定了 CPU 可直接寻址的主存空间大小。例如,Intel 8086 的地址总线为 20 位,所以它的主存可寻址空间为 2^{20}=1MB(主存按字节编址)。

(3) CB 用来传送控制信号和时序信号。控制信号中,有的是 CPU 送往主存或者 I/O 接口的(如读/写信号、片选信号、中断响应信号等),也有的是其他部件反馈给 CPU 的(如中断申请信号、复位信号、总线请求信号等)。因此,控制总线的传送方向由具体控制信号而定,而且其位数由系统的实际控制需要来确定。

可以设想,使用系统总线后,可以将一个计算机组织成图 1-3 的结构形式。

由于总线的引入,使计算机的结构更加规整,各部件的连接变得简单。因此总线技术使计算机系统的结构发生了根本性的变化。现代的计算机都是基于主板结构进行组装的,主板的主要功能就是实现各部件的连接和信息传输,可以看做是集成化的总线。然而,如果你看过有关计算机主板的资料,就不难发现现代计算机的结构远比图 1-3 要复杂得多,其中嵌入在主板上的总线是多层次的。支持这种多层次总线概念的技术之一是局部总线的引入。

局部总线是在系统总线的概念下衍生出来的中间层,它可以用于总线间的对接,也可以支持不同性能的外设进行信息传送。图 1-4 给出了一个引入局部总线后计算机的基本结构示意图。

按照图 1-4 的结构设想,引入了局部总线后,系统总线主要承担主机内部(CPU 与主

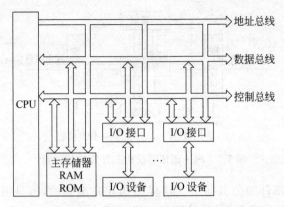

图 1-3　引入系统总线后的计算机结构示意图

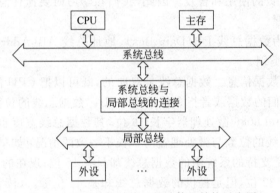

图 1-4　引入局部总线后的计算机结构示意图

存)的快速信息交换,而通过连接在系统总线上的局部总线实现主机与外设的信息交换,所以这时的系统总线已经蜕变成主存与 CPU 的专用连接总线(有的资料称为存储总线,有的则叫做 CPU 或者处理器总线)。基于这样的结构,对于多处理机或者多核计算机,系统总线可能还需要担负多 CPU 芯片之间信息交换等功能。

事实上,现代计算机的总线概念不断扩展,其中一个趋势就是将不同速度的外设进行划分,衍生出不同速度(或不同位数)的外设总线,用于适应外设的不同传输速率。在局部总线概念的支持下,现代计算机利用"桥接"等技术,可以支持外设总线的部署。图 1-5 给出了一

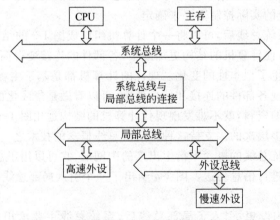

图 1-5　引入外设总线后的计算机结构示意图

个在系统总线、局部总线和外设总线的概念下对应的计算机结构示意图。

值得注意的是,现代计算机外设的种类越来越丰富,外设总线的种类也很多,因此不同的资料会出现不同的技术名词(由于视点不同)。例如,我们经常会听到"USB 总线"、"IDE 总线"等名词。读者应该从上下文来正确理解它们。

为了让读者进一步了解现代计算机的总线以及主板结构,图 1-6 和图 1-7 给出了一个计算机主板的外部展示和内部结构分析。读者不妨认真分析一下它们,这对于了解现代计算机的结构以及总线发展是有益处的。限于篇幅,这里不再叙述相关的细节。

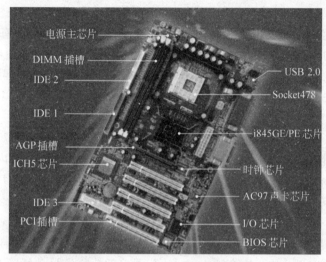

图 1-6 计算机主板外部结构示意图

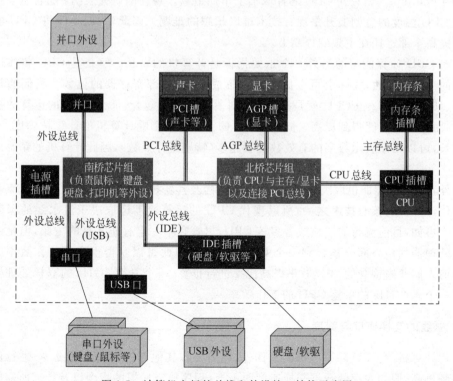

图 1-7 计算机主板的总线和外设接口结构示意图

1.4 计算机的性能指标分析

如何评价一台计算机的性能的确是一件困难的事。首先，不同应用对计算机的要求有很大的不同。例如，一个喜欢玩游戏的发烧友可能对 CPU 的浮点运算速度以及显卡有很高的要求；一台用于数据处理的服务器可能需要更快的计算速度、更大的硬盘和主存等；而对于一个普通的家用计算机可能更多关注其节能、外观设计等方面。其次，不同部件都有自己的性能指标，需要分别对待。例如，一个 CPU 可能经常见到的指标是主频，而对于主存和硬盘，更关心它们的容量大小等。最后，计算机是一个整体，不是说所有的部件性能都好就一定是一个好的计算机系统，对计算机性能的评价是一个综合的评价过程。因此，在了解一个计算机的性能评价时，需要在分析一个功能部件本身的性能指标的同时，从结构、总线等方面来探讨相关的问题。

1. CPU 的性能

提到 CPU 的性能，让我们首先想到的是主频。主频就是 CPU 的内部时钟的频率。CPU 的内部计算和内部数据传输是按照主频来设计同步时序的，因此 CPU 的主频是影响 CPU 内部计算与传输速度的最直接的指标之一（当然它不是唯一的）。经过近五十年的发展，CPU 的主频可以说是计算机发展中提高最快的，从几 MHz 发展到现在的 GHz 级别。现在，主频的提高遇到了技术障碍。熟悉 CPU 市场的人大概都记得这样一个故事：2004 年 10 月，在美国佛罗里达的一次会议上，Intel 公司首席执行官贝瑞特跪在地上，为计划的 4GHz 的 Pentium 4 新一代 CPU 芯片取消上市而道歉。现在的研究表明：随着主频提高而带来的 CPU 温度的急剧上升是现有技术难以超越的难题。因此，我们不能将 CPU 的计算性能的提高全部寄托在主频的提高上。

反映 CPU 计算能力的另外一个重要指标是计算机的字长。字长是 CPU 整体进行基本计算的二进制位数，实际上可以简单地理解成 CPU 内部寄存器的位数。我们通常所说的 8 位、16 位或者 32 位 CPU 就是指字长。计算机的字长越长，那么 CPU 的运算数据量就越大，因而计算速度能得到提高。同时，CPU 的字长也会影响计算机的计算精确度。例如，字长越长，可以用来表示数字的有效数位就越多（特别是浮点数），因此计算机的精确度也就越高。

此外，CPU 的性能也取决于 CPU 的设计结构及其新技术的使用情况。例如，流水线是支撑当代计算机的核心技术之一，所以现代 CPU 的运算速度还取决于流水线的深度等相关指标。再如，目前流行的双核或者多核 CPU，尽管它不一定有非常高的主频，但是由于它将多个处理器的核心部分整合到一个 CPU 芯片中，因此可以获得很高的工作效率。如果按照目前人们普遍接受的 70% 效率提高比率进行推算，一个具有 3GHz 的双核处理器可以相当于一个 4.2GHz 的单核 CPU 的工作效率。

2. 总线的交换速度与宽度

任何计算机的 CPU 除了内部的工作外，还需要和其他部件（主存、外设等）进行信息交换。主频再高，假如主存的数据交换速度跟不上，程序执行所需的指令以及计算所需的数据都不可能及时得到,进而也不可能获得高的指令执行效率。因此计算机的系统总线级别上的数据交换速度和宽度也是影响计算机性能的一个重要方面。

反映 CPU 与外部信息交换速度的重要指标是外频。简单地说,外频是 CPU 与计算机的其他主要功能部件信息交换时使用的频率,现代计算机是通过外频来控制主板和 CPU 的同步的。由于现代计算机的主板中的总线是多层次的,不同层次的外设总线的速度差异很大,因此外频这个概念不能准确反映所有挂接在主板上的部件和 CPU 的交换能力,但是可以粗略地理解为 CPU 与主存的数据交换频率。事实上,现代计算机通过提供不同频率来满足部件间进行信息交换时的不同速度要求。因此,应该尽力去理解这些不同级别的时钟的作用,至少要在基本原理上掌握 CPU 内部时钟对应的主频与系统总线使用的外频的区别与联系。例如,一台微机的 CPU 标识为 Pentium 233MHz,这是主频,但是它的外频要看它的主板对应的系统时钟,可能只有 66MHz。

制约计算机部件之间数据交换能力的另外一个指标是数据总线的宽度。理论上,一台计算机的数据总线宽度不一定非得和计算机的字长相等。如前所述,早期的"准 80386"的数据总线宽度只有 16 位,只有 CPU 字长的 1/2。但是,到了 Pentium 处理器时代,计算机的数据总线则是 64 位,整整是 CPU 字长的 2 倍。有的人可能会问:"为什么会出现上面两种截然不同的数据总线的设计思路呢?"事实上,随着计算机应用的不断扩展,图像、声音、视频等多媒体数据越来越多,如何高效处理这些数据已经成为制约计算机系统效率的一个关键问题。因此,为 CPU 和主存之间设计更大带宽的数据通路,即增加数据总线的宽度,成为解决该问题的一个理想途径。细心的读者可能会发现,在 Pentium 处理器中,提供了许多 64 位或者 128 位的整数或者浮点运算指令(即所谓的扩展指令集),在指令系统级别上直接可以支持 64 位的数据运算,使 64 位的数据总线得到充分利用。因此,现代计算机的发展说明,提高 CPU 与主存、显卡等重要部件之间的数据交换能力已经成为提高计算机系统效率的一个重要方面。

现代的计算机通过设置不同的时钟和不同类型的总线,可以为不同的部件之间的数据交换提供支持。例如,一个基于 Pentium Ⅱ 处理器的微机系统,假如主板的时钟为 66MHz,主存采用 64 位的数据总线,那么主存与 CPU 之间的数据传输率可以达到 528MB/s;假如 AGP 的高速显示接口也工作在 66MHz 的时钟频率下,但数据总线宽度只有 32 位,那么 AGP 显卡的数据传输速率则是 264MB/s;如果 PCI 总线时钟频率是 33MHz,数据总线宽度是 32 位,那么接入 PCI 总线的设备就只能获得 132MB/s 的数据传输速率。

3. 主存与缓存的配置

除了 CPU 以外,购买计算机时关注的另外一个重要指标就是主存容量。主存容量和速度的完全发挥也是影响计算机性能的一个重要因素。的确,现代计算机的主存容量和存取速度都比以前有了很大的提高。特别是,主存的容量有越来越大的趋势。追求大容量、高速度的主存仍然将是提高计算机性能的一个重要手段之一。当然,主存容量的提高也必须建立在计算机整体的技术环境之下。例如,Intel 8086 的微处理器仅提供 20 位地址总线,所以它只能最大配备 1MB 主存;但是到了 386 以上的微处理器,地址总线的宽度扩展到 32 位,所以理论上可以访问 4GB 的主存空间。此外,主存容量的上限也会受主板结构等的限制。例如,Intel 的 815 系列芯片组最高支持 512MB 主存,但是目前多数芯片组却可以支持到 2GB 以上的主存。

高速缓存(Cache)的配置成为现代计算机性能的重要标志之一，缓存的结构、大小以及访问速度对计算机系统性能的影响非常大。现代计算机往往包含多级缓存。一级缓存(L1 Cache)一般是由高速部件构成的，大多内置在 CPU 内部。二级缓存(L2 Cache)是位于第二层，可以是内置在 CPU 内部，也可以是外置的。三级缓存(L3 Cache)也在许多高性能计算机中出现，可以提供更有效的文件系统缓存功能，进一步降低主存延迟和提升大数据量计算能力，对游戏发烧友具有更大的吸引力。因此，衡量现代计算机的性能需要考虑 Cache 的配备层次和容量。

4. 指令系统的设计

由于任何 CPU 都是依靠它的指令系统来实现计算和控制的，因此指令系统的设计优劣和功能强弱也会影响计算机的性能。一般而言，指令系统的设计要强调实用性和高效性。所谓实用性是指设计的指令集合要尽量满足用户的使用要求。例如，任何计算机的指令系统要有基本的数据传输、算术/逻辑运算以及输入/输出指令，而且要考虑用户编写程序时的方便性和友好性等。所谓高效性是指程序运行时的效率问题。例如，现代计算机在多媒体、图形、图像和 Internet 等方面的处理能力的需求越来越高，一个好的计算机指令系统应该考虑计算、传输和处理这些信息的效率，通过指令执行的优化方法等保证指令的执行效率。

例如，Intel 的 Pentium 处理器在结构上已经设立了 64 位的数据总线，因此开始尝试高效率处理多媒体以及 3D 数据等。1996 年，多能奔腾 CPU（即 Pentium MMX）就开始融入 MMX 扩展指令集，增强了对超长整数数据的处理与传输能力。1999 年，Pentium Ⅲ 处理器开始使用 SSE 扩展指令集，使浮点处理能力得到加强，提高了 3D 数据的处理能力。2000 年，Pentium 4 开始嵌入 SSE2 指令集，使指令系统增强了对浮点双精度数据的处理能力。因此，现代计算机的指令系统不断扩展和完善，特别是通过针对特殊应用来扩展指令系统，提供更高效、更实用的指令系统。一般而言，处理器的级别越高，它的指令系统对应的处理能力越强。相互兼容的微处理器，它们的指令系统是由低到高逐步扩展的。

在考虑指令系统设计时，有两个主要理念或者流派是 CISC 和 RISC。CISC（复杂指令集计算机：Complex Instruction Set Computer）的特点是指令数目多而且每条指令字长可以不相等。Intel 生产的 x86 或者 Pentium 系列 CPU 主体上是按照 CISC 理念设计的。一般地，采用 CISC 的计算机对用户编程来说是方便的，有很强的语言处理能力，但是相对于 RISC 而言，指令执行效率的提高会受到制约。RISC（精简指令集计算机：Reduced Instruction Set Computer）的特点是指令规整，寻址方式也相对简单。1975 年，IBM 公司研究中心认为：日趋庞杂的 CISC 指令系统不容易实现，而且降低了程序的执行效率。1979 年，美国加州大学伯克莱分校的科学家们也指出：基于 CISC 计算机中的不同指令的使用率是相当悬殊的，一个典型程序的 80% 指令实际上使用的仅是整个指令系统的 20% 的指令。基于这样的研究结果，出现了精简指令集的设想。相比 CISC 而言，RISC 的指令格式统一，有利于流水线、超标量等技术的实施。值得注意的是，CISC 和 RISC 不是绝对互斥的，现代计算机的指令系统设计往往将它们加以结合，实现互补。例如，一个 CPU 往往是以某种体系结构（CISC 或 RISC）为主体，然后结合另一个来提高系统的整体性能。例如，Intel 从 80486CPU 开始就尝试将 RISC 技术应用到 CPU 的设计上，因而使 CPU 的指令系统的执行效率得到提高。

5. 外设的配备情况与 I/O 处理效率

一台计算机可配置外部设备的数量以及类型,对整个计算机系统的性能有重大影响。例如,显示器的分辨率、多媒体接口功能等都是在选择计算机时经常要考虑的问题。虽然计算机都会支持显示器、打印机、硬盘以及键盘、鼠标等基本外设,但是在接口的种类、交换速度等方面还是存在差异的。此外,计算机的外设可扩展能力也是现代计算机的一个重要问题。例如,随着计算机应用范围的扩展,像 DV 机、数码相机等都可以作为外设来使用。可以设想,将来许多家电都可能成为计算机系统的外围设备。因此,计算机对外设支持能力的扩展性将会是衡量其性能的一个指标。以前人们曾有过这样的经历,买了一部很好的手机,想把照的相片和录的视频导入到计算机中,结果计算机不直接提供蓝牙或者红外等接口,而手机也没有像现在这样方便的 USB 接口,使信息传送工作变得复杂。还有,计算机的 I/O 处理效率对用户也是敏感的。它除了与计算机的外设总线性能有关外,也和可以支持的外设接口种类、外设配备的级别等有关。例如,现在的许多打印机提供并口和 USB 口接入,但是两者的打印速度和使用的方便性可能存在差异。

6. "绿色电脑"和制造工艺

现代计算机在功耗、制造材料等环保问题上也越来越被重视。就 CPU 而言,工作电压和芯片制造工艺等成为新的焦点问题。工作电压指的是 CPU 正常工作所需的电压。降低工作电压的目的除了节能以外,也可以解决 CPU 芯片的散热问题。随着一个集成电路的晶体数目增多,CPU 的功耗和发热量都会显著增加。因此,降低工作电压也是减少 CPU 的发热带来的副作用的一个重要手段。从发展趋势上看,处理器的工作电压的确在不断地降低。就 Intel 微处理器而言,486 及以前的 CPU 的电压都是 5V,到了 Pentium Pro 降为3.3V,而 Pentium Ⅱ 开始的处理器的电压已经是 2.8V。

处理器制造工艺的提高集中表现在集成度提高上。单管尺寸的缩小可以使计算机中的主要芯片的面积减小,或者使 CPU 芯片能容纳更多的晶体管,进而使性能得到增强。计算机中主要芯片的电子管集成数目越来越多,CPU 的功耗越来越大,这已经成为影响目前计算机性能提高的主要技术问题之一。像前面提到的 4GHz 的 Pentium 4 处理器的夭折很大程度上就是这个原因。在集成电路制造工艺上,一般以微米(μm)或纳米(nm)来描述电路与电路之间的距离。250nm 芯片工艺是使用时间最长的工艺,现在主要是 180nm、130nm、90nm,最近也有 65nm 的制造工艺。过去人们一直认为通过采用新的制造工艺,可以将 CPU 的功耗降下来。的确,180nm 与 130nm 的 CPU 比较,后者的功耗明显下降。但是,实践表明,到了 90nm 时,功耗递减的规律却失效了(有资料表明,130nm 的 P4 3.2G 的 CPU 的功耗大约是 82W,而 90nm 的 P4 3.2G 的 CPU 的功耗值却是 103W 左右)。因此,集成电路的制造工艺可能对计算机的性能是有影响的,但是研究表明,由于"漏电流"的存在,这种作用也不能被夸大。

总之,由于现代计算机普及和人们在环保意识上的加强,低功耗、低热能、可回收材料的使用等所谓的"绿色电脑"越来越受到关注,也逐渐会成为评价计算机优劣的指标之一。

习题

1.1 名词解释。

计算机系统 硬件 软件 主机 CPU 主存 外存 程序 指令 高速缓存(Cache) 系统软件 应用软件 操作系统 系统总线 数据总线 地址总线 控制总线 虚拟机

1.2 了解下列名词。

存储系统 编译程序 主板 局部总线 主频 外频 总线 CISC RISC

1.3 为什么说计算机系统是由硬件和软件组成的？计算机的硬件和软件在计算机系统中扮演什么角色？如何正确理解硬件和软件的逻辑功能实现上的等价性？

1.4 简述计算机主机的概念。为什么说正确地理解主机与外设的概念是重要的？

1.5 举例说明主机与外设在功能定位上的主要区别。

1.6 简述CPU的主要功能。

1.7 简述高速缓存(Cache)设置的主要目的。

1.8 为什么说总线已经成为现代计算机中的主要技术。简述总线使用的合理性。

1.9 简述计算机的虚拟机概念和应用。

1.10 简述冯·诺依曼计算机结构的主要组成。从总线的发展历程上看，现代计算机的结构相对于冯·诺依曼计算机发生了哪些主要的变化？

1.11 简述评价计算机性能的主要指标。

1.12 为什么说主频是衡量CPU的主要性能指标？为什么不能说主频高的CPU就一定好？

1.13 以Intel处理器为例，说明计算机的指令系统的发展趋势。

1.14 你对"绿色电脑"是如何理解的？

第 2 章 数据信息表示

数据信息是计算机加工和处理的对象,数据信息的表示将直接影响到计算机的结构和性能。数据表示指的是能由计算机硬件直接识别的数据类型,如定点数、浮点数等。由硬件直接识别即某种数据类型可用计算机硬件直接表示,并能由计算机指令直接调用该数据类型。

2.1 数值数据的信息表示

在计算机中,广泛采用的是只由"0"和"1"两个基本符号组成的二进制数,而不使用人们习惯的十进制数,原因如下:①二进制数在物理上最容易实现。例如,可以只用高、低两个电平表示"1"和"0",也可以用脉冲的有无或者脉冲的正负极性表示它们。②二进制数的编码、计数、加减运算规则简单。③二进制数的两个符号"1"和"0"正好与逻辑命题的两个值"是"和"否"或称"真"和"假"相对应,为计算机实现逻辑运算和程序中的逻辑判断提供了便利的条件。

为什么引入八进制数和十六进制数呢?二进制数书写冗长、易错、难记,而且十进制数与二进制数之间的转换过程复杂,所以一般用十六进制数或八进制数作为二进制数的缩写。

2.1.1 数制与进位计数法

按进位的方式计数的数制称为进位制。日常生活中使用十进制数制的较多,也有采用其他进制的,而计算机内部数据是以二进制形式表示的。数制的表示包括基数和各数位的权两部分。基数是指该进位制中允许选用的基本数码的个数。如果有 r 个,则称为 r 进位数制,简称 r 进制。一个数码处在不同的数位上,它所代表的数值是不同的,这个数码所表示的数值等于该数码本身乘以一个与它所在数位有关的常数,这个常数称为"位权",简称"权"。

一个以 r 为基数的数 N,可以表示为:

$$N = D_{n-1}D_{n-2}\cdots D_1 D_0 D_{-1} D_{-2} \cdots D_{-m}$$

其中,D_i 是该数制采用的基本符号,可以取 $0,1,2,\cdots,r-1$,小数点位置在 D_0 和 D_{-1} 之间,即 $D_{n-1}D_{n-2}\cdots D_1 D_0$ 为 N 的整数部分,$D_{-1}D_{-2}\cdots D_{-m}$ 为 N 的小数部分。如果用按权展开的多项式表示,则为:

$$\begin{aligned}(N)_r &= (D_{n-1}D_{n-2}\cdots D_1 D_0 D_{-1} D_{-2} \cdots D_{-m})_r \\ &= D_{n-1}r^{n-1} + D_{n-2}r^{n-2} + \cdots + D_1 r^1 + D_0 r^0 + D_{-1}r^{-1} + D_{-2}r^{-2} + \cdots + D_{-m}r^{-m} \\ &= \sum_{i=n-1}^{-m} D_i \times r^i\end{aligned}$$

上式中,r 是基数,i 是位序号,D_i 是数码,r^i 是对应位的权,$D_i \times r^i$ 代表第 i 位上的实际值。

2.1.2 数制转换

1. 十进制到二、八、十六进制的数据转换

(1) 十进制到二进制的转换

通常整数转换和小数转换有不同的处理方式,分别按除以 2 取余数部分和乘以 2 取整数部分两种不同的方法来完成。

① 整数部分

方法:首先用 2 除十进制数的整数部分,取其余数为转换后的二进制数整数部分的低位数字;然后再用 2 去除所得的商,取其余数为转换后的二进制数高一位的数字;重复执行上一步的操作,直到商为 0,结束转换过程。

例如,将十进制的 168 转换为二进制。

分析:

第一步:将 168 除以 2,商 84,余数为 0;
第二步:将商 84 除以 2,商 42,余数为 0;
第三步:将商 42 除以 2,商 21,余数为 0;
第四步:将商 21 除以 2,商 10,余数为 1;
第五步:将商 10 除以 2,商 5,余数为 0;
第六步:将商 5 除以 2,商 2,余数为 1;
第七步:将商 2 除以 2,商 1,余数为 0;
第八步:将商 1 除以 2,商 0,余数为 1。
第九步:读数,因为最后一位是经过多次除以 2 才得到的,因此它是最高位,读数字从最后的余数向前读,即 10101000。

② 小数部分

方法:将小数部分乘以 2,然后取整数部分;剩下的小数部分继续乘以 2,然后取整数部分;重复执行上述操作,一直取到小数部分为 0 为止。如果永远不能为 0,就同十进制数的四舍五入一样,按照要求保留多少位小数,就根据后面一位是 0 还是 1 进行取舍:如果是 0,舍掉;如果是 1,入一位。换句话说,就是 0 舍 1 入。

例 2-1   将 0.125 换算为二进制。

分析:

第一步:将 0.125 乘以 2,得 0.25,则整数部分为 0,小数部分为 0.25;
第二步:将小数部分 0.25 乘以 2,得 0.5,则整数部分为 0,小数部分为 0.5;
第三步:将小数部分 0.5 乘以 2,得 1.0,则整数部分为 1,小数部分为 0.0;
第四步:读数,从第一位读起,读到最后一位,即为 0.001。

对既有整数部分又有小数部分的十进制数,可以先转换其整数部分为二进制数的整数部分,再转换其小数部分为二进制的小数部分,然后把这两部分合并起来得到转换后的最终结果。例如,$(168.125)_{10}=(10101000.001)_2$

(2) 十进制到八进制的转换

十进制转换成八进制有两种方法：

间接法：先将十进制转换成二进制，然后将二进制再转换成八进制。

直接法：可以采用与十进制转换为二进制相类似的方法，分成整数部分的转换和小数部分的转换，具体转换如下：

① 整数部分

方法：除 8 取余法，即每次将整数部分除以 8，余数为该位权上的数；而商继续除以 8，余数又为上一个位权上的数；这个步骤一直持续下去，直到商为 0 为止。最后读数时，从最后一个余数读起，一直到最前面的一个余数。

② 小数部分

方法：乘 8 取整法，即将小数部分乘以 8，然后取整数部分；剩下的小数部分继续乘以 8，然后取整数部分；重复执行上述操作，一直取到小数部分为 0 为止。

(3) 十进制到十六进制的转换

方法同上，只是每次要乘除的数是 16。

2. 二进制与八进制的转换

方法：取三合一法，即从二进制的小数点为分界点，向左（向右）每三位取成一位，接着将这三位二进制按权相加，得到的数就是一位八进制数，然后，按顺序进行排列，小数点的位置不变，得到的数字就是所求的八进制数。如果向左（向右）取三位后，取到最高（最低）位时，无法凑足三位，可以在小数点最左边（最右边），即数的最高位（最低位）添 0，凑足三位。

例 2-2 将二进制数 101110.101 转换为八进制。

解：$(101110.101)_2 = (56.5)_8$

3. 二进制转换为十进制

方法：按权相加法，即将二进制每位上的数乘以权，然后相加，即得十进制数。

例 2-3 将二进制数 101.101 转换为十进制数。

解：$(101.101)_2 = (5.625)_{10}$

4. 二进制与十六进制的转换

方法：与二进制到八进制的转换相似，只不过是一位（十六）与四位（二进制）的转换，取四合一法，即从二进制的小数点为分界点，向左（向右）每四位取成一位，接着将这四位二进制按权相加，得到的数就是一位十六进制数，然后按顺序排列，小数点的位置不变，得到的数字就是所求的十六进制数。如果向左（向右）取四位后，取到最高（最低）位时，无法凑足四位，可以在小数点最左边（最右边），即数的最高位（最低位）添 0，凑足四位。

例 2-4 将二进制 11101001.1011 转换为十六进制。

解：$(11101001.1011)_2 = (E9.B)_{16}$

表 2-1 给出一部分二、八、十六和十进制数的对应关系。

表 2-1　二、八、十六和十进制数的对应关系

二进制数	八进制数	十六进制数	十进制数
0000	00	0	0
0001	01	1	1
0010	02	2	2
0011	03	3	3
0100	04	4	4
0101	05	5	5
0110	06	6	6
0111	07	7	7
1000	10	8	8
1001	11	9	9
1010	12	A	10
1011	13	B	11
1100	14	C	12
1101	15	D	13
1110	16	E	14
1111	17	F	15

2.1.3 机器数表示方法

在计算机内部表示二进制数的方法称为数值编码,把一个数及其符号在机器中的表示加以数值化,称为机器数。机器数所代表的数称为数的真值。表示一个机器数,应考虑以下三个因素。

1. 机器数的范围

字长为 8 位,无符号整数的最大值是 $(11111111)_2 = (255)_{10}$,此时机器数的范围是 0~255。字长为 16 位,无符号整数的最大值是 $(1111111111111111)_2 = (FFFF)_{16} = (65535)_{10}$,此时机器数的范围是 0~65535。

2. 机器数的符号

在算术运算中,数据是有正有负的,将这类数据称为带符号数。为了在计算机中正确地表示带符号数,通常规定每个字长的最高位为符号位,并用 0 表示正数,用 1 表示负数。

3. 机器数中小数点的位置

在机器中,小数点的位置通常有两种约定:

一种规定小数点的位置固定不变,这时的机器数称为"定点数",另一种规定小数点的位置可以浮动,这时的机器数称为"浮点数"。

计算机中常用的机器数表示方法有 4 种:原码、反码、补码和移码。

1. 原码表示法

(1) 原码的定义

正数的符号位为 0,负数的符号位为 1,其他位按照一般的方法来表示数的绝对值。用这样的表示方法得到的就是数的原码。

设机器字长是 $n+1$ 位,定点整数的原码形式为 $x_n x_{n-1} \cdots x_1 x_0$ (x_n 为符号位),则原码表示的定义是:

$$[x]_\text{原} = x_n x_{n-1} x_{n-2} \cdots x_0 = \begin{cases} x & 0 \leqslant x < 2^n \\ 2^n - x = 2^n + |x| & -2^n < x \leqslant 0 \end{cases}$$

上式中,x 表示真值,$[x]_\text{原}$ 表示真值 x 的原码。

定点小数的原码形式为 $x_0.x_1 x_2 \cdots x_n$,其原码定义如下:

$$[x]_\text{原} = x_0.x_1 x_2 \cdots x_n = \begin{cases} x & 0 \leqslant x < 1 \\ 1 - x = 1 + |x| & -1 < x \leqslant 0 \end{cases}$$

例如,真值为整数,

当 $x=+0010$ 时,其原码表示为 $[x]_\text{原}=0,0010$

当 $x=-0010$ 时,其原码表示为 $[x]_\text{原}=1,0010$

其中符号位和数值部分用逗号隔开。

真值为小数,

当 $x=0.0101$ 时,其原码表示为 $[x]_\text{原}=0.0101$

当 $x=-0.1101$ 时,其原码表示为 $[x]_\text{原}=1.1101$

根据其定义,可以从原码求出其真值。

例如,当 $[x]_\text{原}=1.1001$ 时,由定义有 $x=1-[x]_\text{原}=1-1.1001=-0.1001$

当 $[x]_\text{原}=1,1101$ 时,由定义有 $x=2^4-1,1101=10000-11101=-1101$

(2) 原码的性质

① 真值 0 在机器中的原码表示有两种:+0 和 -0,以定点整数为例:$[+0]_\text{原}=000\cdots 0$,$[-0]_\text{原}=100\cdots 0$。

② 原码表示的定点整数其表示范围为 $-2^n < x < 2^n$,即 $|x| < 2^n$。原码表示的定点小数其表示范围是 $-1 < x < 1$,即 $|x| < 1$。

③ 可用数轴表示出原码的表示范围和可能的代码组合,如图 2-1 所示。以定点整数为例,设机器字长为 $n+1$ 位,则数轴上方表示的是原码的代码组合,下方注明原码对应的真值。

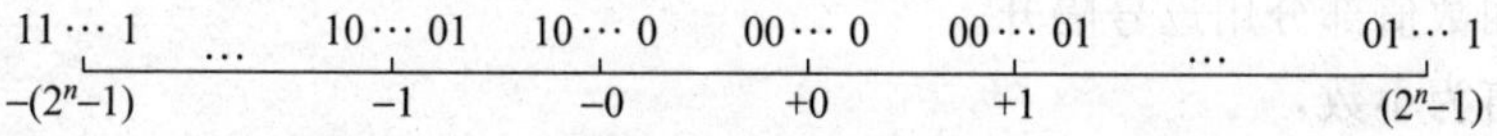

```
  11⋯1        ⋯    10⋯01   10⋯0   00⋯0   00⋯01        ⋯   01⋯1
─────────────────────────────────────────────────────────────
 -(2ⁿ-1)            -1      -0     +0     +1               (2ⁿ-1)
```

图 2-1 原码表示沿数轴上的分布示意图

采用原码表示法简单易懂,即符号位加上二进制数的绝对值,但它的最大缺点是加法运算复杂。这是因为,当两数相加时,如果是同号则数值相加;如果是异号,则要进行减法。在进行减法时,要比较绝对值的大小,然后大数减去小数,最后还要给结果选择恰当的符号。

例如,用原码表示的数进行加法运算,两个源操作数分别为 1111 和 0101,即 -7 和 +5,

由于两个数是异号,实际上要做的是 101－111 的操作,因此原码表示的数在做加减运算时不仅要根据指令规定的操作性质,还要根据两数的符号,才能决定实际操作是加还是减。

以定点整数为例,若机器字长为 $n+1$ 位,则原码的正数表示范围是 $0\sim(2^n-1)$,负数原码的表示范围是 $-(2^n-1)\sim 0$。

2. 补码表示法

(1) 补码的引入

补码的概念可以通过数学中模的规定得到。假设两位十进制数相加,则 100 为该运算器的模,结果会将模的部分自动舍去。例如,

$$72-30=42$$
$$72+70=142$$

在加法中其结果就超出了运算器所能表示的范围,所以只能表示出结果为 42。而上面的减法其结果也是 42,因此可以用这样的表达式来表示上述的加减法:

$$72-30=72+70=72+(100-30) \quad (\bmod\ 100)$$

即
$$72+(-30)=72+70 \quad (\bmod\ 100)$$

也可写为
$$-30=70 \quad (\bmod\ 100)$$

将上述概念应用到机器数的表示上就是补码。

(2) 补码的定义

一个数的补码如果用 $[x]_{补}$ 表示,设模为 M,其补码定义如下:

$$[x]_{补} = M + x \quad (\bmod\ M)$$

此式是一个通用的补码表达式。设机器字长为 $n+1$ 位,则定点整数的补码形式为 $x_n x_{n-1} x_{n-2} \cdots x_0$,其补码定义如下:

$$[x]_{补} = \begin{cases} x & 0 \leqslant x < 2^n \\ 2^{n+1} + x = 2^{n+1} - |x| & -2^n \leqslant x < 0 \end{cases} \quad (\bmod\ 2^{n+1})$$

定点小数的补码形式为 $x_0.x_1 x_2 \cdots x_n$,其补码定义如下:

$$[x]_{补} = \begin{cases} x & 0 \leqslant x < 1 \\ 2 + x = 2 - |x| & -1 \leqslant x < 0 \end{cases} \quad (\bmod\ 2)$$

其中 x 表示真值,$[x]_{补}$ 表示真值 x 的补码。

例如,如果真值为整数,

当 $x=+1011$ 时,其补码表示为 $[x]_{补}=0,1011$

当 $x=-1100$ 时,其补码表示为 $[x]_{补}=1,0100$

其中符号位和数值部分用逗号隔开。

如果真值为小数,

当 $x=0.1001$ 时,其补码表示为 $[x]_{补}=0.1001$

当 $x=-0.1101$ 时,其补码表示为 $[x]_{补}=2+x=1.0011$

根据补码定义,已知补码可以求其真值。

例如,当 $[x]_{补}=1.1011$ 时,由定义有 $x=[x]_{补}-2=1.1011-2=1.1011-10.0000=-0.0101$

当 $[x]_{补}=1,1001$ 时,由定义有 $x=[x]_{补}-2^{4+1}=1,1001-100000=-0111$

当 $x=0$ 时，$[+0.0000]_\text{补}=0.0000$
$[-0.0000]_\text{补}=2+(-0.0000)=10.0000-0.0000=0.0000$

显然 $[+0]_\text{补}=[-0]_\text{补}=0.0000$，即补码中的"0"只有一种表示形式。

(3) 补码的转换

除了上述补码转换的公式之外，补码的转换有两种实用的方法：

① 正数的原码与补码形式相同；负数原码表示转换为其补码表示时，符号位保持为"1"，其余各位变反，并在末位加 1（在定点小数中，末位加 1 相当于数值加 2^{-n}）。这种方法通常称为"按位变反末位加 1"。

② 由负数原码转换为补码的第二种方法是：符号位保持为 1，尾数部分自低位向高位数，第一个 1 以及以前的各位 0 保持不变，以后的各高位按位变反。

一般机器中利用加法器实现变反加 1，不需要设置专门的转换逻辑线路，也有一些专门的求补逻辑采用第二种方法。

(4) 补码的性质

① 补码的最高位是符号位，在形式上同于原码，0 表示正，1 表示负。其中符号位是通过模运算得到的，它是数值的一部分，可以直接参与运算。

② 正数的补码表示在形式上同于原码；而负数的补码表示则不同于原码，可用负数原码求补方法进行转换。

③ 可用数轴形式表示补码的范围与代码组合。设机器字长为 $n+1$ 位，数轴如图 2-2 所示。

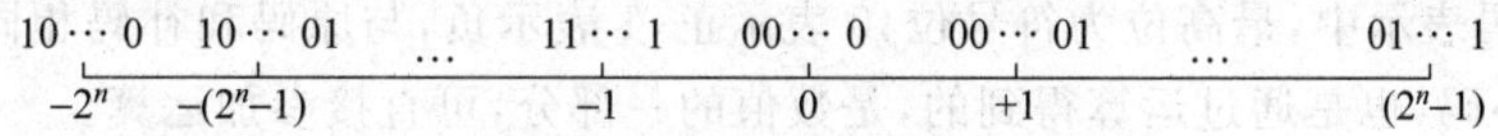

```
10…0   10…01   …   11…1   00…0   00…01   …   01…1
-2ⁿ   -(2ⁿ-1)          -1     0      +1          (2ⁿ-1)
```

图 2-2 补码表示沿数轴的分布示意图

④ 真值 x 与补码 $[x]_\text{补}$ 之间映射关系如图 2-3 所示。

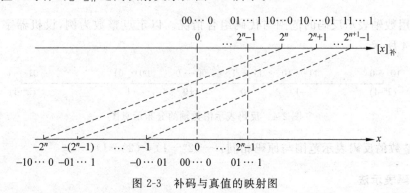

图 2-3 补码与真值的映射图

从图 2-3 中可以看出，负数的补码表示为 $[x]_\text{补}=2^{n+1}+x$，实际上是将负数 x 向正向平移了 2^{n+1}，因此负数 x 被映射到正数域。另外，符号位 x_n 是映射值中的一个数位，因而在补码运算中，符号位应同尾数一起参加运算。

以定点整数为例，若机器字长为 $n+1$ 位，则补码的正数表示范围是 $0\sim(2^n-1)$，负数补码的表示范围是 $-2^n \sim -1$。

3. 反码表示法

(1) 反码的定义

反码通常用来作为由原码求补码或者由补码求原码的中间过渡。

设机器字长为 $n+1$ 位,定点整数的反码形式为 $x_n x_{n-1} x_{n-2} \cdots x_0$,其反码定义如下:

$$[x]_{反} = \begin{cases} x & 0 \leqslant x < 2^n \\ (2^{n+1}-1)+x & -2^n < x \leqslant 0 \end{cases}$$

定点小数的反码形式为 $x_0.x_1 x_2 \cdots x_n$,其反码定义如下:

$$[x]_{反} = \begin{cases} x & 0 \leqslant x < 1 \\ (2-2^{-n})+x & -1 < x \leqslant 0 \end{cases}$$

其中 x 表示真值,$[x]_{反}$ 表示真值 x 的反码。

例如,真值为整数,

当 $x=+1010$ 时,其反码表示为 $[x]_{反}=0,1010$

当 $x=-1110$ 时,其反码表示为 $[x]_{反}=1,0001$

其中符号位和数值部分用逗号隔开。

如果真值为小数,

当 $x=0.1001$ 时,其反码表示为 $[x]_{反}=0.1001$

当 $x=-0.1101$ 时,其反码表示为 $[x]_{反}=1.0010$

(2) 反码的性质

① 在反码表示中,最高位为符号位,0 表示正,1 表示负,与原码和补码相同。反码的符号位类似于补码,也是通过运算得到的,是数值的一部分,可直接参加运算。

② 正数的反码与其原码、补码相同。

③ 反码表示中 0 有两种表示:$[+0]_{反}=00\cdots0$,$[-0]_{反}=11\cdots1$。在反码中一般用负 0 表示 0。

④ 可用数轴表示反码的范围与代码组合情况。以定点整数为例,设机器字长为 $n+1$ 位,如图 2-4 所示。

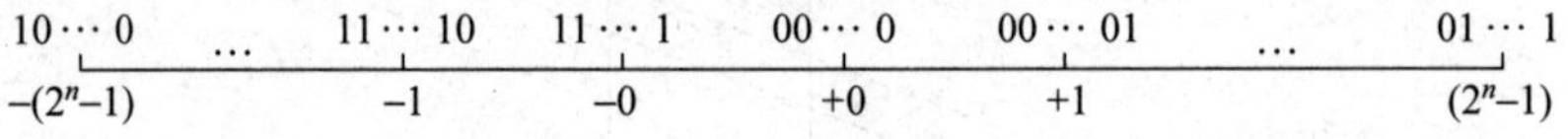

```
10…0        …     11…10   11…1    00…0    00…01     …     01…1
-(2ⁿ-1)            -1      -0      +0       +1              (2ⁿ-1)
```

图 2-4 反码表示沿数轴的分布示意图

定点整数的反码表示范围与原码相同:$-(2^n-1) \sim (2^n-1)$。

4. 移码表示法

(1) 移码的定义

移码通常用于表示浮点数的阶码。如果浮点数阶码为 $n+1$ 位(包括阶符),移码定义如下:

$$[x]_{移} = 2^n + x \quad -2^n \leqslant x \leqslant 2^n-1$$

其中 x 表示真值,$[x]_{移}$ 表示 x 的移码。

例如,当正数 $x=+10001$ 时,$[x]_{移}=1,10001$;当负数 $x=-10001$ 时,$[x]_{移}=0,01111$

其中符号位和数值之间用逗号隔开。移码的实用转换方法可以描述为：除符号位与补码相反外，其他数值部分与补码完全相同。

(2) 移码的性质

① 最高位为符号位，表示形式与原码和补码相反，1 表示正，0 表示负。

② 移码与补码从形式上看，除符号位相反之外，其余各位相同。

③ 在移码表示中，0 有唯一的编码，即 $[+0]_{移} = [-0]_{移} = 100\cdots0$。

④ 真值 x 与移码 $[x]_{移}$ 之间的映射关系如图 2-5 所示。

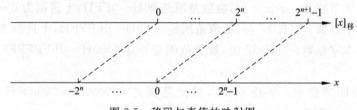

图 2-5 移码与真值的映射图

从图 2-5 可以看出，移码相当于真值在数轴上向正向平移了 2^n，故称之为移码。

⑤ $[x]_{移}$ 为全 0 时，表明阶码最小，即绝对值最大负数。

上面介绍了数值数据的四种表示方法，表 2-2 给出了几个特殊数值的真值、原码、反码、补码和移码。

表 2-2 特殊数值的真值、原码、反码、补码和移码

真值 x（十进制）	真值 x（二进制）	$[x]_{原}$	$[x]_{反}$	$[x]_{补}$	$[x]_{移}$
-127	-01111111	11111111	10000000	10000001	00000001
-1	-00000001	10000001	11111110	11111111	01111111
0	00000000	10000000	11111111	00000000	10000000
		00000000	00000000		
$+1$	$+00000001$	00000001	00000001	00000001	10000000
$+127$	$+01111111$	01111111	01111111	01111111	11111111

2.1.4 定点数表示

定点计算机中只有定点数据表示，定点数可由寄存器或存储器单元来表示或识别，其定义是在计算机中小数点位置固定不变的数。在计算机中机器指令调用的操作数只能是定点数，而浮点数、向量等在定点机中不能用硬件直接表示，也不能由机器指令直接调用。对于定点机中浮点数据或向量数据的处理，需要通过软件的方法把浮点数或向量转换成等值的定点数据，再进行加工处理。

定点数一般按照定点位置的不同分成两类：定点整数和定点小数。

1. 定点整数

定点整数是小数点固定于最低位右边的数。定点整数分为无符号定点整数和带符号定

点整数。

无符号定点整数即正整数,一般用来表示地址。无符号定点整数中不设符号位,所有的数位都用来表示数值大小,小数点在最低位之后。如果机器字长是 $n+1$ 位,无符号整数的格式如图 2-6 所示。其表示范围是 $0\sim(2^{n+1}-1)$。

在实际计算机中,设计时通常会采用多种定长数据类型,对每种字长的操作采用定长操作。以 Intel 的 Pentium 为例,能处理的无符号整数有 8 位、16 位、32 位和 64 位四种字长,具体定义如下:

(1) 无符号字节整数:字长 8 位,数值范围是 00H~0FFH,十进制为 0~255。

(2) 无符号字整数:字长 16 位,数值范围是 0000H~0FFFFH,十进制为 0~65535。

(3) 无符号双字整数:字长 32 位,数值范围是 00000000H~0FFFFFFFFH,十进制为 $0\sim2^{32}-1$。

(4) 无符号四字整数:字长 64 位,数值范围是 0000000000000000H~0FFFFFFF-FFFFFFFFH,十进制为 $0\sim2^{64}-1$。

带符号定点整数一般以左边最高位表示符号位,数据可用原码、反码或补码表示,用来参与算术运算。通常情况下,在计算机中带符号定点整数用补码表示比较常见,少数也用原码。设机器字长为 $n+1$ 位,带符号定点整数的格式如图 2-7 所示。

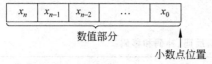
图 2-6 无符号定点整数格式

图 2-7 带符号定点整数格式

其表示范围为:

原码定点整数表示范围:$-(2^n-1)\sim(2^n-1)$

补码定点整数表示范围:$-2^n\sim(2^n-1)$

在 Pentium 中,带符号整数都采用补码形式表示,符号位为 0 表示该数为正数,为 1 表示该数为负数。带符号整数有 8 位、16 位、32 位和 64 位四种字长,具体定义如下:

(1) 带符号字节整数:字长 8 位,数值范围是 80H~7FH,十进制为 -128~+127。

(2) 带符号字整数:字长 16 位,数值范围是 8000H~7FFFH,十进制为 -32768~+32767。

(3) 带符号双字整数:字长 32 位,数值范围是 80000000H~7FFFFFFFH,十进制为 $-2^{31}\sim+(2^{31}-1)$。

(4) 带符号四字整数:字长 64 位,数值范围是 8000000000000000H~7FFFFFFF-FFFFFFFFH,十进制为 $-2^{63}\sim+(2^{63}-1)$。

在 Pentium 指令系统中,并不是所有的指令都可以支持所有类型的整数数据,有些指令只能处理无符号整数。

2. 定点小数

定点小数是小数点的位置在最高数位之前、符号位之后。定点小数中参与运算的都是带符号的纯小数,表示格式如图 2-8 所示。

假设机器字长是 $n+1$ 位,定点小数的表示范围是:
原码定点小数表示范围: $-(1-2^{-n}) \sim (1-2^{-n})$
补码定点小数表示范围: $-1 \sim (1-2^{-n})$

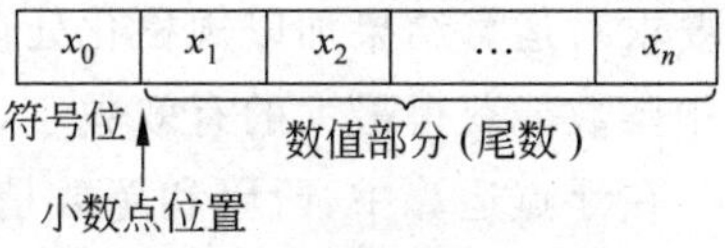

| x_0 | x_1 | x_2 | ... | x_n |

符号位　　数值部分(尾数)
小数点位置

图 2-8　定点小数格式

值得注意的是,在计算机中小数点并不实际存在,因为定点数的小数点都在固定位置上,不需要设置专门的硬设备来表示它。对定点整数和定点小数的处理在硬件上没有区别,其格式是在程序中进行设置。

2.1.5　浮点数表示

在实际应用中,定点数的表示不足以满足所有要求。例如,0.12345×10^4,0.2×10^{-10} 等类似的数,有的数不能用定点数格式直接表示,有的数会超出定点数的表示范围。

1. 浮点数据的表示方法

数 N 的科学记数法可以写成:

$$N = M \times R^E$$

其中 M 代表尾数,E 代表阶码,R 代表基数。计算机中一般规定 R 是 2、4、8 或 16,同一种机器的 R 值是固定不变的,也是隐含约定的,所以在浮点数据中不需要表示出来。浮点数据的一般表示形式如图 2-9 所示。

| 符号位 | 阶码 E(整数) | 尾数 M(小数) |

图 2-9　浮点数据类型的一般表示形式

阶码 E 在机器中是带符号的整数,一般用移码或补码表示;尾数 M 是纯小数,一般用原码或补码表示,符号位是尾数的符号位,通常安排在最高位,表示整个浮点数的正负。

计算机中浮点数的表示范围主要由阶码规定,精度主要由尾数决定。为了提高运算精度,使尾数的有效数字尽可能占满已有的位数,同时也使计算机在实现浮点运算时有一个统一固定的标准格式,可将浮点数据表示为规格化的形式。浮点数规格化对尾数 M 的限制范围是:

$$\frac{1}{2} \leqslant |M| < 1 \quad \text{(阶码为 2 的情况)}$$

也就是说,当尾数用二进制数表示时,浮点规格化数定义尾数 S 应满足下面关系:

(1) 对于正数,S 应大于等于 1/2,小于 1,用二进制数表示为:$S=0.1xxx\cdots$(其中 x 为 0 或 1)。

(2) 对于负数,如果尾数用原码表示,S 应小于等于 $-1/2$,大于 -1,表示为:$S=1.1xxx\cdots$(其中 x 为 0 或 1);如果用补码表示,一般情况下尾数最高数位为 0,即 $S=1.0xxx\cdots$(其中 x 为 0 或 1),唯一的特殊情况是 $M=-1/2$ 时,尾数最高数位此时应为 1,也就是 1.1000。

浮点数比定点数的表数范围宽,有效精度高,更适合于科学计算与工程计算。浮点运算可分为两类:非规格化和规格化浮点运算。非规格化浮点运算,不要求操作数是规格化数,对运算结果也不要求规格化处理。而规格化浮点运算只能对规格化的浮点数进行操作,并且要求对运算结果加以规格化处理。由于规格化浮点数具有唯一的表示形式,而且在计算机中尾数能获得最大的有效数字,所以在一般的计算机中选用规格化浮点运算。

在浮点运算中,阶码和尾数是分别进行运算的,并且都是定点数(阶码为定点整数,尾数为定点小数)。因此,浮点运算器是定点运算器的扩充和强化。一般浮点运算器都至少具有两个定点数逻辑运算单元,一个用于阶码的比较和运算,另一个用于尾数的运算。阶码运算器用来求阶差、修改阶码等操作,一般只进行加减运算。尾数部件不但有加法器用以求和,还应有左移和右移线路,以实现对尾数的操作。

如果浮点运算中尾数的有效数字超过最高有效位(小数点后第一位),则需将其进行右规处理,若运算结果的尾数有效数字不在最高有效位,为使其规格化需要进行左规。以下给出右规和左规的规则:

右规:尾数每右移一位,阶码加 1;

左规:尾数每左移一位,阶码减 1。

在实际运算中,如果是双符号位的补码尾数,就必须是 00.1xxx…xx 或 11.0xxx…xx 的形式,若不符合上述形式要进行左规或右规处理。

例 2-5 假设浮点数据为 16 位,1 位符号位,阶码 5 位,用补码表示;尾数 10 位,用补码表示。写出二进制数$(-1011.10111)_2$的规格化浮点代码。

解:首先将二进制数进行转换:

$$(-1011.10111)_2 = (-0.1011101110)_2 \times 2^4$$

则其浮点代码表示为:

1	0 0100	0100010010
符号	阶码	尾数

机器中浮点数据的符号指的是尾数的符号,阶码部分可以采用补码或者移码表示,尾数可以采用原码或者补码。

2. 浮点数的表示范围

采用了浮点数以后,数据的表示范围扩大了。假设机器中的数由 8 位二进制数表示(包括符号位):在定点机中这 8 位全部用来表示有效数字(包括符号);在浮点机中若阶符、阶码占 3 位,尾符、尾数占 5 位,在此情况下,若只考虑正数值,定点机小数表示的数的范围是 0.0000000~0.1111111,相当于十进制数的 0~127/128,而浮点机所能表示的数的范围则是 $2^{-11} \times 0.0001$~$2^{11} \times 0.1111$,相当于十进制数的 1/128~7.5 。显然,都用 8 位,浮点机能表示的数的范围比定点机大得多。

浮点数的表示范围与阶码的底 R 有关,也与阶码和尾数的位数以及采用的机器数表示形式有关。如果采用上述浮点数格式,阶码位数是 1+1 位,移码表示,以 2 为底;尾数符号 1 位,尾数 n 位,用规格化且补码表示,下面给出浮点数的几种典型值,如表 2-3 所示。

假定浮点数是 16 位的二进制形式,其中阶码 8 位,尾数 8 位,均用补码表示,则其非规格化表示范围如下:

绝对值最大负数:01111111 10000000 = $2^{2^7-1} \times (-1) = -2^{127}$

绝对值最小负数:10000000 11111111 = $2^{-2^7} \times (-2^{-7}) = -2^{-135}$

表 2-3 浮点数的典型值

	浮点数代码		真 值
	阶 码	尾 数	
最大正数	11…1	0.11…1	$(2^{2^t-1}) \times (1-2^{-n})$
非 0 最小正数	00…0	0.10…0	$(2^{-2^t}) \times 2^{-1}$
绝对值最大负数	11…1	1.00…0	$(2^{2^t-1}) \times (-1)$
绝对值最小负数	00…0	1.10…0	$(2^{-2^t}) \times (-2^{-1})$

最大正数：01111111　01111111＝$2^{2^7-1} \times (1-2^{-7})$

非零最小正数：10000000　00000001＝$2^{-2^7} \times 2^{-7} = 2^{-135}$

负数范围：$-2^{127} \sim -2^{-135}$

正数范围：$2^{-135} \sim 2^{127}(1-2^{-7})$

浮点数绝对值最大负数是用补码定点整数中最大正数乘以补码定点小数中绝对值最大负数得来的。其他浮点数值对照前面定点数就可推出。

如果阶码为 $m+1$ 位，尾数为 $n+1$ 位，则非规格化浮点数表示范围是：

负数范围：$-2^{2^m-1} \sim -2^{-2^m}(2^{-n})$

正数范围：$2^{-2^m} \times 2^{-n} \sim 2^{2^m-1}(1-2^{-n})$

尽管浮点表示能扩大数据的表示范围，但浮点机在运算过程中仍会出现溢出现象。下面以阶码占 3 位，尾数占 5 位（各包括 1 位符号位，均用补码表示）为例，来讨论这个问题。图 2-10 给出了相应的规格化浮点数的数值表示范围。

图 2-10　规格化浮点数分布示意图

在图 2-10 中，"可表示的负数区域"和"可表示的正数区域"及"0"，是机器可表示的数据区域；上溢区是数据绝对值太大，机器无法表示的区域；下溢区是数据绝对值太小，机器无法表示的区域。若运算结果落在上溢区，就产生了溢出错误，使得结果不能被正确表示，要停止机器运行，进行溢出处理。若运算结果落在下溢区，也不能正确表示，机器当作 0 处理，称为机器零。

一般来说，增加尾数的位数，将增加可表示区域数据点的密度，从而提高数据的精度；增加阶码的位数，能增大可表示的数据区域。

有两种情况的浮点数在机器中被当作"0"处理：

(1) 当尾数 $M=0$ 时，对所有 E 值均有 $N=0 \times R^E=0$。

(2) 当 $E \leqslant -2^n$，且 $M \neq 0$ 时，称发生浮点数据下溢，即所需要表示的数据 N 小于机器所能表示的最小数，称为"机器零"。

机器零的标准格式是 $M=0, E=-2^n$，即尾数为 0，阶码为最小值。

3. IEEE 754 标准

为便于软件的移植，浮点数的表示格式应该有统一标准。IEEE 浮点数标准是由国际电气和电子工程师协会 IEEE 制定的浮点数的表示格式和运算规则。该标准规定基数为 2，阶码 E 用变形移码表示，尾数 M 用原码表示，为了使尾数部分能表示更多一位的有效值，该标准采用隐含尾数最高数位 1 的方法。由于 IEEE 754 标准约定在小数点左部有一位隐含位，故其有效位实际有 24 位，尾数的有效值应为 $1.M$。阶码部分采用变形移码表示，偏置量为 127，使其表示范围由原来的 $-126\sim+127$ 变为 $1\sim254$。

实数的 IEEE 754 标准的浮点数格式具体有四种形式，如表 2-4 所示。

表 2-4 实数的 IEEE 754 标准的浮点数格式

	数 符	阶 码	尾 数
单精度格式	1	8	23
扩展单精度格式	1	≥11	≥31
双精度格式	1	11	52
扩展双精度格式	1	≥15	≥63

虽然 IEEE 754 标准对扩展单精度和扩展双精度没有规定具体格式，但是实现者可以选择符合该规定的格式，一旦实现，则为固定格式。例如：x86 FPU 是 80 位扩展精度，而 Intel 安腾 FPU 是 82 位扩展精度，都符合 IEEE 754 标准的规定。C/C++ 对于扩展双精度的相应类型是 long double，但是，Microsoft Visual C++ 6.0 版本以上的编译器都不支持该类型，long double 和 double 一样，都是 64 位基本双精度，只能用其他 C/C++ 编译器或汇编语言。

IEEE 754 标准中对特殊数值也做了定义。其中阶码值 0 和 255 分别用来表示特殊数值：当阶码值为 255 时，若尾数部分为 0，表示无穷大；若尾数不为 0，则认为是非数值。当阶码和尾数均为 0 时，则表示该数值为 0，阶码不为 0 时，该数绝对值较小，允许采用比最小规格化数还要小的数表示。综上所述，由 32 位单精度所表示的 IEEE 754 标准浮点数 N 有如下解释：

若 $E=0$，且 $M=0$，则 N 为 0；

若 $E=0$，且 $M\neq 0$，则 $N=(-1)^S\times 2^{-126}\times(0.M)$，为非规格化数；

若 $1\leqslant E\leqslant 254$，则 $N=(-1)^S\times 2^{E-127}\times(1.M)$，为规格化数；

若 $E=255$，且 $M\neq 0$，则 N 为非数值；

若 $E=255$，且 $M=0$，则 $N=(-1)^S\times\infty$。

由上述定义可以看出，IEEE 754 标准使 0 有了精确的表示，同时也明确表示了无穷大，对非规格化数也做了清楚的定义。

对非零浮点数的真值按如下公式进行转换：

$$(-1)^S\times 2^{阶码-127}\times(1+尾数)$$

根据此式，可得出上述格式的浮点数表示范围为：

$$-2^{128}(2-2^{-23})\sim 2^{128}(2-2^{-23})$$

所能表示的最小绝对值为 2^{-127}。

例 2-6 将数值 -0.5 按 IEEE 754 单精度格式存储。

解：先将 -0.5 换成二进制并写成标准形式：$(-0.5)_{10}=(-0.1)_2=(-1.0\times 2^{-1})_2$，这里 $S=1,M$ 为全 $0,E=-1+127=126_{10}=01111110_2$，则浮点表示为：

$$1\ 01111110\ 00000000000000000000000$$

这里不同的下标代表不同的进制。

例 2-7 将 IEEE 754 标准表示的十六进制数 $(CC678000)_{16}$ 的真值写出。

解：先将十六进制代码转换成二进制形式：

$$1,10011000,11001111000000000000000$$

数符为 1，则该数是负数。

$$\text{阶码真值}=(10011000)_2-(127)_{10}=(152)_{10}-(127)_{10}=(25)_{10}$$
$$\text{尾数真值}=1+(0.11001111)_2=1.808593785$$

则该浮点数的真值 $=-2^{25}\times 1.808593785$。

2.2 非数值数据的信息表示

2.2.1 字符的表示

在计算机中除了数值之外，还有一类非常重要的数据，那就是字符，如英文的大小写字母（A,B,C,…,a,b,c,…），数字符号（0,1,2,…,9）以及其他常用符号（如：?、=、%、+等）。在计算机中，这些符号都是用二进制编码的形式表示。

目前，一般都是采用美国标准信息交换码，它使用 7 位二进制编码来表示一个符号，通常把它称为 ASCII 码（American Standard Code for Information Interchange）。由于用 7 位码来表示一个符号，故编码方案中共有 128 个符号（$2^7=128$）。ASCII 码的最高位通常默认为 0 或作为奇偶校验位，余下的 7 位可以给出 128 个编码，表示 128 个不同的字符。其中 95 个编码对应英文字母、数字等可显示和可打印的字符。另外的 33 个字符的编码值为 0~31 和 127，表示一些不可显示的控制字符。ASCII 码中每个字符占用一个字节空间。表 2-5 给出了 128 个字符与其 ASCII 码的对应关系。

表 2-5　128 个字符与其 ASCII 码的对应关系

十进制数值	十六进制数值	终端显示	ASCII 助记名	备 注
0	00	^@	NUL	空
1	01	^A	SOH	文件头的开始
2	02	^B	STX	文本的开始
3	03	^C	ETX	文本的结束
4	04	^D	EOT	传输的结束
5	05	^E	ENQ	询问
6	06	^F	ACK	确认
7	07	^G	BEL	响铃
8	08	^H	BS	后退
9	09	^I	HT	水平制表
10	0A	^J	LF	换行

续表

十进制数值	十六进制数值	终端显示	ASCII 助记名	备 注
11	0B	^K	VT	垂直制表
12	0C	^L	FF	格式回送
13	0D	^M	CR	回车
14	0E	^N	SO	向外移出
15	0F	^O	SI	向内移入
16	10	^P	DLE	数据传送换码
17	11	^Q	DC1	设备控制 1
18	12	^R	DC2	设备控制 2
19	13	^S	DC3	设备控制 3
20	14	^T	DC4	设备控制 4
21	15	^U	NAK	否定
22	16	^V	SYN	同步空闲
23	17	^W	ETB	传输块结束
24	18	^X	CAN	取消
25	19	^Y	EM	媒体结束
26	1A	^Z	SUB	代替
27	1B	^[	ESC	退出
28	1C	^\	FS	域分隔符
29	1D	^]	GS	组分隔符
30	1E	^^	RS	记录分隔符
31	1F	^_	US	单元分隔符
32	20	(Space)	Space	空格
33	21	!	!	
34	22	"	"	
35	23	#	#	
36	24	$	$	
37	25	%	%	
38	26	&	&	
39	27	'	'	
40	28	(	(	
41	29	)	)	
42	2A	*	*	
43	2B	+	+	
44	2C	,	,	
45	2D	-	-	
46	2E	.	.	
47	2F	/	/	
48	30	0	0	
49	31	1	1	
50	32	2	2	
51	33	3	3	
52	34	4	4	

续表

十进制数值	十六进制数值	终端显示	ASCII 助记名	备 注
53	35	5		
54	36	6		
55	37	7		
56	38	8		
57	39	9		
58	3A	:		
59	3B	;		
60	3C	<		
61	3D	=		
62	3E	?		
63	3F	?		
64	40	@		
65	41	A		
66	42	B		
67	43	C		
68	44	D		
69	45	E		
70	46	F		
71	47	G		
72	48	H		
73	49	I		
74	4A	J		
75	4B	K		
76	4C	L		
77	4D	M		
78	4E	N		
79	4F	O		
80	50	P		
81	51	Q		
82	52	R		
83	53	S		
84	54	T		
85	55	U		
86	56	V		
87	57	W		
88	58	X		
89	59	Y		
90	5A	Z		
91	5B	[		
92	5C	"		
93	5D	]		
94	5E	^		

续表

十进制数值	十六进制数值	终端显示	ASCII 助记名	备 注
95	5F	_		
96	60	`		
97	61	a		
98	62	b		
99	63	c		
100	64	d		
101	65	e		
102	66	f		
103	67	g		
104	68	h		
105	69	i		
106	6A	j		
107	6B	k		
108	6C	l		
109	6D	m		
110	6E	n		
111	6F	o		
112	70	p		
113	71	q		
114	72	r		
115	73	s		
116	74	t		
117	75	u		
118	76	v		
119	77	w		
120	78	x		
121	79	y		
122	7A	z		
123	7B	{		
124	7C	|		
125	7D	}		
126	7E	~		
127	7F		DEL	删除

通用键盘的大部分键与最常用的 ASCII 编码的字符相对应。当使用键盘输入字符时，机器将产生字符对应的 ASCII 码，并存放在主存中。通常所编写的程序和数据是以 ASCII 码形式输入到主存中，再经编译处理，翻译为机器硬件可直接执行的机器语言程序。计算机处理的结果也常以 ASCII 码形式输出，可供显示与打印使用。因为，ASCII 码主要用于主机与输入/输出设备之间交换信息，故取名为信息交换标准码。

2.2.2 字符串的存放

字符串是由 0 个或多个字符组成的有限序列。一般记为：'……'($n \geqslant 0$)。其中，用单引号括起来的字符序列是字符串的值；括号内可以是字母、数字或字符；串中字符的数目 n

称为串的长度。字符串是一种特殊的数据类型,称为字符串类型。例如,'This is a string'必须用一对单引号括起来,但单引号本身不属于字符串,它的作用只是为了避免与标记符混淆而已。

由一个或多个空格组成的串称为空格串,它的长度为串中空格的个数,而用两个相连的单引号' '表示空串,空串的长度为 0。

串中任意个连续的字符组成的子序列称为该串的子串,包含子串的串相应地称为主串。通常称字符在序列中的序号为该字符在串中的位置。子串在主串中的位置则以子串的第一个字符在主串中的位置来表示。

例如:设 A、B、C、D 为如下的四个串

A='BEI'   B='JING'
C='BEIJING'   D='BEI JING'

则它们的长度分别为 3、4、7 和 8,并且 A 和 B 都是 C 和 D 的子串,A 在 C 和 D 中的位置都是 1,而 B 在 C 中的位置是 4,在 D 中的位置是 5。

定义为字符串类型的变量称为字符串变量,字符串类型与一般字符数组类型相比,有以下特征。

(1) 字符串(常量或变量)允许进行比较运算。当且仅当长度、字符和顺序都相同时,两个字符串数据才相等。如果其中有一个不相同,则为不相等。字符串比较大小时,按字符集字符的排列顺序决定大小。

(2) 字符串数据可作输入/输出语句的参数。

字符串在主存中的存放方法有几种,如果采用 ASCII 码,一个字节存放一个字符(SBCS)。例如,"Bob123"在主存中为:

ASCII 码	42	6F	62	31	32	33
字符串	B	o	b	1	2	3

在使用 ANSI 编码支持多种语言阶段,每个字符使用一个字节或多个字节来表示,因此,这种方式存放的字符也称做多字节字符。例如,"中文 123"在中文 Windows 95 主存中为 7 个字节,每个汉字占 2 个字节,每个英文和数字字符占 1 个字节。

在 UNICODE 被采用之后,计算机存放字符串时,改为存放每个字符在 UNICODE 字符集中的序号。目前计算机一般使用 2 个字节(16 位)来存放一个序号(DBCS),因此,这种方式存放的字符也称作宽字节字符。例如,在 Windows 2000 下,字符串"中文 123"在主存中实际存放的是 5 个序号,一共占 10 个字节。(汉字的表示详情请见 2.2.3 节)

2.2.3 汉字的表示

1. 汉字输入码

汉字输入码又称"外部码",简称"外码",指用户从键盘上输入代表汉字的编码。根据所采用输入方法的不同,外码大体可分为数字编码(如区位码)、字形编码(如五笔字型)、字音编码(如各种拼音输入法)和音形码等几大类。如汉字"啊"采用五笔字型输入时编码为"kbsk",用区位码方式输入时编码为"1601",这里的"kbsk"和"1601"就称为外码。

区位码是一种最通用的汉字输入码。它是根据我国国家标准 GB 2312—80(《信息交换用汉字编码字符集》),将 6763 个汉字和一些常用的图形符号分为 94 个区,每区 94 个位的方法将它们定位在一张表上,成为区位码表。其中 1~9 区分布的是一些符号;16~55 区为一级字库,共 3755 个汉字,按音序排列;56~87 区为二级字库,共 3008 个汉字,按部首排列。

在区位码表中,每个汉字或符号的区位码由两个字节组成,第一个字节为区码,第二个字节为位码,区码和位码分别用一个两位的十进制数来表示,这样区码和位码合起来就形成了一个区位码。如"啊"字位于 16 区第 01 位,则"啊"字的区位码为:区码+位码,即 1601。

国家标准 GB 2312—80 中的汉字代码除了十进制形式的区位码外,还有一种十六进制形式的编码,称为国标码,国标码是在不同汉字信息系统间进行汉字交换时所使用的编码。需要注意的是,在数值上,区位码和国标码是不同的,国标码是在十进制区位码的基础上,其区码和位码分别加十进制数 32。

2. 汉字机内码

汉字机内码又称"汉字 ASCII 码"、"机内码",简称"内码",由扩充 ASCII 码组成,指计算机内部存储、处理加工和传输汉字时所用的由 0 和 1 符号组成的代码。输入码被接受后就由汉字操作系统的"输入码转换模块"转换为机内码,与所采用的键盘输入法(汉字输入码)无关。

机内码是汉字最基本的编码,不管是什么汉字系统和汉字输入方法,输入的汉字外码到机器内部都要转换成机内码,才能被存储和进行各种处理。我们通常所说的内码是指国标内码,即 GB 内码。GB 内码用两个字节来表示(即一个汉字要用两个字节来表示),每个字节的高位为 1,以确保 ASCII 码的西文与双字节表示的汉字之间的区别。

机内码与区位码的转换过程是:将十进制区位码的区码和位码部分首先分别转换成十六进制,再在其区码和位码部分分别加上十六进制数 A0 构成。

3. 汉字的区位码、国标码与机内码的关系

将一个汉字的区号和位号分别转换成十六进制数;然后再分别加上 20H,就成为此汉字的国标码。

例 2-8 "中"字的输入区位码是 5448,分别将其区号 54 转换为十六进制数 36H,位号 48 转换成十六进制 30H,即 3630H;然后,再把区号和位号分别加上 20H,得到"中"字的国标码:3630H+2020H=5650H。汉字的内码=汉字的国标码+8080H。

例 2-9 已知"中"字的国标码为 5650H,则根据上述公式得:

"中"字的内码="中"字的国标码 5650H+8080H=D6D0H

内码的形式也有多种,除 GB 内码外,还有如 GBK、BIG5、UNICODE 等。

无论采用何种外码输入,计算机均将其转换成内码形式加以存储、处理和传送。

4. 汉字字模和汉字字库

(1) 字形存储码

字形存储码也称汉字字形码,是指存放在字库中的汉字字形点阵码。不同的字体和表达能力有不同的字库,如黑体、仿宋体、楷体等是不同的字体;点阵的点数越多,字的表达质量也越高,也就越美观。一般用于显示的字形码是 16×16 点阵的,每个汉字在字库中占 16×16/8=32B;一般用于打印的是 24×24 点阵字型,每个汉字占 24×24/8=72B;一个 48×48 点阵字型,每个汉字占 48×48/8=288B。

例 2-10 已知一个汉字的字形码用 24×24 点阵表示,则在主存中存储 100 个这样的汉字需要使用多少存储空间?

解:

$$所用字节数 = \frac{24 \times 24}{8} \times 100 = 7200B$$

只有在中文操作系统环境下才能处理汉字,操作系统中有实现各种汉字代码间转换的模块,在不同场合下调用不同的转换模块工作。汉字以某种输入方案输入时,就由与该方案对应的输入转换模块将其变换为机内码存储起来。汉字运算是一种字符串运算,用机内码进行,从主存到外存的传送也使用机内码。在不同汉字系统间传输时,先要把机内码转换为传输码,然后通过接口送出,对方收到后再转换为它自己的机内码。输出时先把机内码转换为地址码,再根据地址在字库中找到字形存储码,然后根据输出设备的型号、特性及输出字形特性,使用相应转换模块把字形存储码转换为字型输出码,把这个码送至输出设备输出。

(2) 汉字字库

一个汉字的点阵字形信息叫做该字的字形。字形也称字模(沿用铅字印刷中的名词),两者在概念上没有严格的区分,常混为一谈。存放在存储器中的常用汉字和符号的字模集合就是汉字字形库,也称汉字字模库,或称汉字点阵字库,简称汉字库。

(3) 汉字字库容量的大小

字库容量的大小取决于字模点阵的大小,见表 2-6。

表 2-6 常用的汉字点阵库情况

类 型	点 阵	每字所占字节/B	字 数	字库容量/B
简易型	16×16	32	8192	256K
普及型	24×24	72	8192	576K
提高型	32×32	128	8192	1M
	48×48	288	8192	2.25M
精密型	64×64	512	8192	4M
	256×256	8192	8192	64M

16×16 点阵汉字虽然品质较低,但字库小,可放在微机主存中,用于显示和要求不高的打印输出。24×24 点阵汉字字型较美观,多为宋体字,字库容量较大,在要求较高时使用,例如,在高分辨率的显示器上用作显示字模,可满足事务处理的打印,也可用于一般报刊、书籍的印刷。32×32 点阵汉字可更好地体现字型风格,表现笔锋,字库更大,在使用激光打印机的印刷排版系统上采用。64×64 以上的点阵字(最高可达 720×720),属于精密型汉字,表现力更强,字体更多,但字库十分庞大,所以只有在要求很高的书刊、报纸及广告等的出版工作中才使用。实际使用的字库文件,16×16 点阵的 CCLIB 文件大小为 237632B(232KB),24×24 点阵的 CLIB24 文件大小为 607KB。

汉字库可分为软字库和硬字库两种,一般用户多使用软字库。

5. 汉字处理流程

汉字通过输入设备将外码送入计算机,再由汉字系统将其转换成内码存储、传送和处理,当需要输出时再由汉字系统调用字库中汉字的字形码得到结果,这个过程参见图2-11。

图 2-11　汉字处理流程

2.2.4 校验码

最简单且应用广泛的检错码是采用一位校验位的奇校验或偶校验。在被传送的 n 位代码上增加一位校验位,并使其配置后的 $n+1$ 位代码中"1"的个数为奇数,则称其为奇校验;若配置后"1"的个数为偶数,则称其为偶校验。例如,在十进制数的8421码的前面加上一位校验位,组成5位代码,若5位二进制代码配置结果"1"的个数为奇数,就称为奇校验码;若配置结果"1"的个数为偶数,就称为偶校验码,如表2-7所示。

表 2-7　8421 奇偶校验码

十 进 制 数	8421 码	8421 奇校验码	8421 偶校验码
0	0000	10000	00000
1	0001	00001	10001
2	0010	00010	10010
3	0011	10011	00011
4	0100	00100	10100
5	0101	10101	00101
6	0110	10110	00110
7	0111	00111	10111
8	1000	01000	11000
9	1001	11001	01001

对表2-7中奇校验码而言,如果传送过程中5位代码中"1"的个数不为奇数,则表明传送出错,即奇校验码具有检错能力。同理,偶校验码也具有检错能力。

奇偶校验码通常用于I/O设备,例如,键盘输入时使用ASCII码,再配一位校验位,组成8位的奇偶校验码,正好占一个字节。在传送过程中如果出现一位错,就可以检测出来,但由于不知出错位的位置,故无法纠错。此外,一旦传送过程中出现两位错,奇偶性不变,也无法判断是否出错。

例 2-11　已知表2-8左面一栏有5B的数据。请分别用奇校验和偶校验进行编码,填在中间一栏和右面一栏。

解:假定最低一位为校验位,其余高8位为数据位,列于表2-8中。从中看出,校验位的值取0还是取1,是由数据位中的个数决定的。

表 2-8 奇偶校验编码举例

数 据	偶校验编码 C	奇校验编码 C
10101010	10101010 **0**	10101010 **1**
01010100	01010100 **1**	01010100 **0**
00000000	00000000 **0**	00000000 **1**
01111111	01111111 **1**	01111111 **0**
11111111	11111111 **0**	11111111 **1**

习题

2.1 把下面的十进制数转换成二进制数。

$$35 \quad 20.8 \quad -13/32 \quad -100.25 \quad 3.125$$

2.2 把下述不同进制数转换成十进制数。

$$(10010.1101)_2 \quad (23.47)_8 \quad (A12B.C)_{16} \quad -(111100.111)_2$$

2.3 设字长为 8 位(含一位数符),分别写出下列各二进制数的原码、补码和反码。

(1) 0   (2) -1 (3) 0.1101

(4) -0.1001 (5) 1101   (6) -1101

2.4 在小数定点机中,若机器字长为 8 位(含 1 位符号位),分别用原码、补码和反码表示时,写出它们对应的十进制数范围。

2.5 设浮点字长为 32 位,其中阶码 8 位(含 1 位阶符),基值为 2,尾数 24 位(含 1 位数符),若阶码和尾数采用同一种机器数形式,写出当该浮点数分别用原码和补码表示,且尾数为规格化形式时,它们所对应的最大正数、最小正数、最大负数和最小负数的机器数形式及十进制真值。

2.6 写出对应±0 的各种机器数。

2.7 浮点数采用什么机器数形式时,可用全"0"表示机器零?

2.8 将 $(-0.1101)_2$ 用 IEEE 754 短实数浮点格式表示。

2.9 某浮点数字长为 32 位,其中阶码 8 位,以 2 为底,补码表示;尾数 24 位(含 1 位数符),补码表示。浮点数按照符号-阶码-尾数依次表示。现有一浮点代码为 $(8C5A3E00)_{16}$,试写出它所表示的十进制真值。

2.10 IEEE 754 规定哪几种字长的浮点数,用哪两种编码分别表示浮点数阶码和尾数?这种表示的优点是什么?

2.11 为什么规定浮点数一定要用规格化形式表示?什么是规格化操作?规格化操作会在什么时刻出现?

2.12 奇偶校验码的用途是什么?写出下面两个二进制数的奇、偶校验码的值。

$$01010111 \quad 11010100$$

第 3 章 数值运算及运算器

在计算机中,运算器是进行算术运算和逻辑运算的主要部件,其逻辑结构取决于机器的指令系统、数据的表示方法和运算方法等。本章着重讨论在计算机中实现算术运算和逻辑运算的方法以及运算部件的基本结构。

3.1 基本算术运算的实现

加、减、乘、除是最为常见的算术运算,这四种运算最终可以归结为用加法来实现,因此加法器通常作为计算机中最基本的运算部件。这里首先讨论加法器的结构以及并行加法器之间进位的问题。

3.1.1 加法器

1. 全加器

一位加法单元通常采用全加器。全加器有三个输入量:操作数 A_i、操作数 B_i 以及低位传来的进位 C_{i-1},有两个输出量:全加和 Σ_i 和向高位的进位 C_i。全加器的逻辑框图如图 3-1 所示,其真值表如表 3-1 所示。

表 3-1 全加器真值表

输	入		输	出
A_i	B_i	C_{i-1}	Σ_i	C_i
0	0	0	0	0
0	0	1	1	0
0	1	0	1	0
0	1	1	0	1
1	0	0	1	0
1	0	1	0	1
1	1	0	0	1
1	1	1	1	1

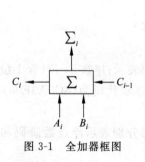

图 3-1 全加器框图

根据真值表,可以得到全加器的逻辑表达式为:

$$\Sigma_i = A_i \oplus B_i \oplus C_{i-1} \tag{3-1}$$

$$C_i = A_i B_i + (A_i \oplus B_i) C_{i-1} \tag{3-2}$$

根据式(3-1)和式(3-2)可以得到全加器逻辑电路,如图 3-2 所示。由于逻辑电路不可避免地存在时间延迟,为了便于后面讨论各种加法器的计算速度,现假设一级与非门、非门的延迟时间为 1T(T 为时间延迟单位),一级异或门、与或非门的延迟时间为 1.5T。对于图 3-2 中的逻辑电路,全加和 Σ_i 输出需要延迟 3T,向高位的进位 C_i 输出需要延迟 4T。这两个延迟时间将直接影响全加器的工作速度,而采用全加器作为一位单元电路的加法器也必然会受到影响。

2. 串行加法器和并行加法器

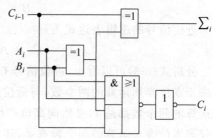

图 3-2 全加器内部逻辑图

图 3-2 中的全加器只能实现一位数的加法运算,为了实现多位数的加法运算,就需要用全加器组成加法器。加法器有两种形式:串行加法器和并行加法器。串行加法器中只有一个全加器,参加运算的各位逐位串行送入加法器完成运算;并行加法器通常由多个全加器组成,其个数取决于机器字长。

串行加法器如图 3-3 所示。图中 $\sum$ 为全加器,A 和 B 是两个具有右移功能的移位寄存器,C 为进位触发器,该触发器存储低位传来的进位。CP 为同步脉冲信号,完成两个移位寄存器的移位以及进位触发器数据的存入。如果操作数字长是 n 位,加法器要进行 n 次运算,每次运算产生一位和 $\sum_i$ 和向高位传递的进位 C_i,其中 $\sum_i$ 送回移位寄存器 A,C_i 送入进位触发器,以便参与下一次运算。进行 n 次运算后,移位寄存器 A 中存放的是运算结果。

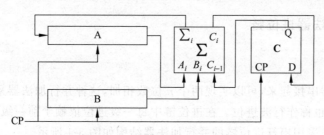

图 3-3 串行加法器逻辑图

从串行加法器结构图上可以看出,串行加法器需要的硬件少、成本低,但是由于要进行 n 次移位后再运算,造成运算速度过慢,因此很少采用。在现代计算机中的运算器都采用并行加法器。

并行加法器中全加器的个数与操作数的位数相同,可以同时对操作数的各位进行相加。但是各位相加时,还需要加上低位传来的进位,由于该进位的产生会有一定的时间延迟,而这一时间延迟,会降低并行加法器的运算速度。例如,11…11 与 00…01 相加,最低位产生的进位是逐渐传递至高位的,每一位计算和时都需要等待低位的进位算出后才能进行计算。因此,并行加法器运算速度提高的关键在于如何尽早地获得进位,这需要对加法算法进行优化,才能加快进位的产生和传递。

3.1.2 进位的产生与传递

为了加快进位的产生和传递,需要对并行加法器中与进位有关的电路进行分析。由于并行加法器中的每一个全加器都有一个从低位送来的进位和一个传向高位的进位,通常将这些传递进位信号的逻辑线路称为进位链。

设两个相加的 n 位操作数为:

$$A = A_n A_{n-1} \cdots A_i \cdots A_2 A_1$$
$$B = B_n B_{n-1} \cdots B_i \cdots B_2 B_1$$

进位信号的逻辑表达式为:

$$C_i = A_i B_i + (A_i \oplus B_i) C_{i-1} \tag{3-3}$$

分析式(3-3)可以看出,进位信号 C_i 由两部分组成:$A_i B_i$ 与 $(A_i \oplus B_i) C_{i-1}$。其中 $A_i B_i$ 取决于本位参加运算的两个数,与低位的进位 C_{i-1} 无关,称为进位产生函数,即如果本位参加运算的两个数都是1,必然向高位产生进位,为了简化用 G_i 表示。$(A_i \oplus B_i) C_{i-1}$ 这一部分不仅与本位参加运算的两个数有关,还与低位送来的进位 C_{i-1} 有关,因此称 $A_i \oplus B_i$ 为进位传递函数,即只要 $A_i \oplus B_i$ 为1,低位传来的进位 C_{i-1} 将向更高位传递,将其简化为 P_i。因此,进位表达式(3-3)可以表示为:

$$C_i = G_i + P_i C_{i-1} \tag{3-4}$$

其中:$G_i = A_i B_i$,$P_i = A_i \oplus B_i$。

在并行加法器设计中,围绕进位信息的产生,提出了多种进位链的设计方式,都可以加快进位的产生和传递,从根本上可以把这些方法归为串行进位和并行进位两种方式。还可以在这两种基础上将加法器分组、分级,在组内、组间、级间分别采用串行或并行的进位结构。这些快速进位链的设计都是基于对进位表达式的优化而来的。

3.1.3 并行加法器进位链

1. 串行进位

把 n 个全加器串接起来,可以实现两个 n 位数相加,这种并行加法器采用的进位链就是串行进位的方式,也称作行波进位。在进位链中每一级进位依赖于前一级的进位,即进位信号是逐级形成的。采用串行进位链的并行加法器结构如图3-4所示。

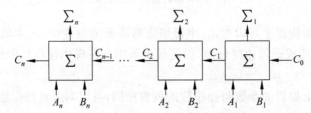

图 3-4 串行进位的并行加法器逻辑框图

下面给出 n 位串行进位的并行加法器逻辑表达式,逻辑电路图从略。

$$\left. \begin{array}{l} C_1 = G_1 + P_1 C_0 = A_1 B_1 + (A_1 \oplus B_1) C_0 \\ C_2 = G_2 + P_2 C_1 = A_2 B_2 + (A_2 \oplus B_2) C_1 \\ C_n = G_n + P_n C_{n-1} = A_n B_n + (A_n \oplus B_n) C_{n-1} \end{array} \right\} \tag{3-5}$$

由式(3-5)构成的逻辑电路,输出信号延迟时间最长的是 C_n,延迟为 $(4+2.5(n-1))T$,可以看出,C_n 延迟时间随并行加法器的计算位数线性增长,当计算位数较大时,会造成高低位间计算时间差距加大,因此在并行加法器中很少采用完全串行进位方式。但这种方式可以节省器件、成本低,在分组进位方式中可以局部采用。

2. 并行进位

(1) 完全并行进位

为了提高并行加法器的运算速度,就要尽可能地减少进位延迟时间。方法是让各级进位信号尽可能同时产生。现将式(3-5)展开,得到:

$$\left.\begin{array}{l}C_1 = G_1 + P_1 C_0 \\ C_2 = G_2 + P_2 C_1 = G_2 + P_2(G_1 + P_1 C_0) = G_2 + P_2 G_1 + P_2 P_1 C_0 \\ \vdots \\ C_n = G_n + P_n C_{n-1} = G_n + P_n G_{n-1} + \cdots + P_n P_{n-1} \cdots P_1 C_0\end{array}\right\} \quad (3\text{-}6)$$

从式(3-6)可以看出,所有进位的产生只与进位产生函数 G_i、进位传递函数 P_i 以及最低进位输入 C_0 有关,而 G_i 和 P_i 只与本位的 A_i 和 B_i 有关,因此 G_i 和 P_i 可以同时产生,这也就意味着 C_i 是能够同时产生的。这种同时产生进位的方法称为并行进位,又叫先行进位、同时进位。图 3-5 是 4 位并行进位链逻辑电路,从图中可以看出 C_1、C_2、C_3 和 C_4 可以同时产生,延迟时间都为 4T。而采用串行进位链结构的 4 位并行加法器,各位延迟时间分别为 4T、6.5T、9T、11.5T。很显然,采用并行进位链可以大大提高计算速度。

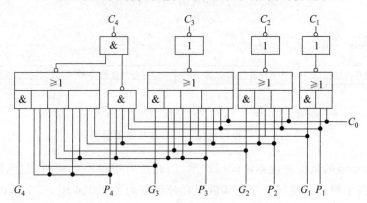

图 3-5 4 位并行进位链

虽然采用并行进位链的加法器可以提高计算速度,但要实现它需要增加硬件电路。图 3-6 是采用并行进位链结构的 4 位并行加法器,可以看出 C_4 的产生电路要比 C_1 复杂得多,这是由逻辑表达式决定的。随着并行加法器位数的增多,进位信号 C_i 会更为复杂,电路中某些器件的输入变量也会增多,这有可能超出器件所规定的扇入数。因此,对于位数较大的加法器,要实现完全的并行进位是不现实的。目前多数是采用将加法器分成若干组,组内采用并行进位,组间根据需要可以采用串行进位或并行进位,从而实现能够进行多位数运算的并行加法器。

(2) 组内并行、组间串行

设计并行加法器时可以将 n 位全加器分成若干小组,小组内的进位同时产生,而小组之间采用串行进位方式。这里以 16 位加法器为例,将 16 位加法器分为 4 组,每组包含 4 位全加器,组内采用并行进位方式,组间采用串行进位。这种并行加法器的逻辑结构如图 3-7 所示。

由于组内采用并行进位,故每一组内的进位是同时产生的,但组内进位与低位传来的进

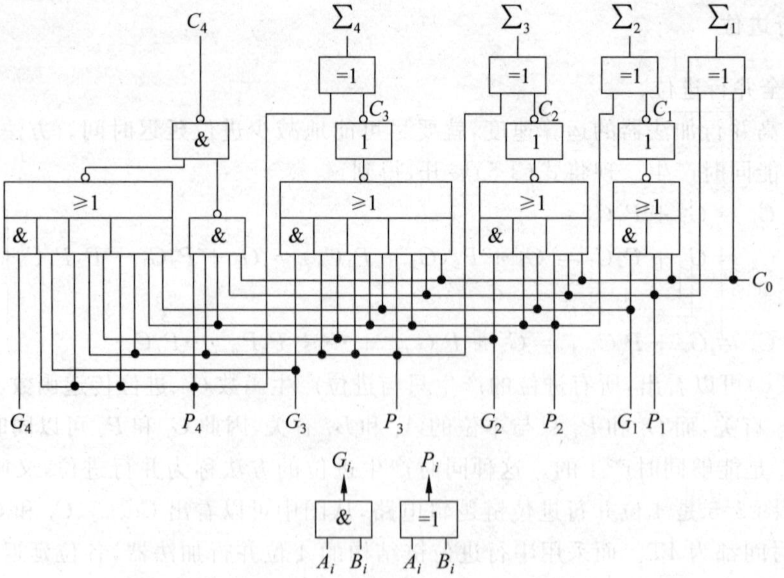

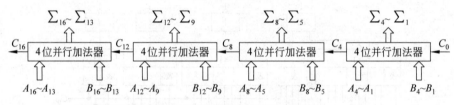

图 3-6 并行进位的 4 位并行加法器

图 3-7 串行进位的并行加法器逻辑图

位有关,而每一小组的低位进位不能同时产生,因此所有进位不会同时产生,但计算速度比串行加法器提高了很多。现将 4 个组从低至高分别称为 1、2、3、4 组,第 1 组内的进位 $C_1 \sim C_4$ 产生时间为 4T,第 2 组内的进位 $C_5 \sim C_8$ 产生时间为 6.5T(G_i、P_i 可同时产生),第 3 组内的进位 $C_9 \sim C_{12}$ 产生时间为 9T,第 4 组内的进位 $C_{13} \sim C_{16}$ 产生时间为 11.5T。可见采用组内并行、组间串行方式进位产生时间比串行进位大大缩短,但随着 n 的增大,其优势会逐渐减弱。如 n=64 时,仍按 4 位分组,可分为 16 组,最长延迟是 C_{64},达到 41.5T。如果能够加快组间进位的产生,就可以提高整个进位的产生时间,这就需要采取组内并行、组间也并行的进位链结构。

(3) 组内并行、组间并行

下面仍以 16 位加法器为例进行讨论,将加法器分为 4 个组,每组包含 4 位全加器。其中第一小组的进位输出 C_4,由式(3-6)可以得出:

$$C_4 = G_4 + P_4 G_3 + P_4 P_3 G_2 + P_4 P_3 P_2 G_1 + P_4 P_3 P_2 P_1 C_0 = G_1^* + P_1^* C_0 \quad (3-7)$$

式中,$G_1^* = G_4 + P_4 G_3 + P_4 P_3 G_2 + P_4 P_3 P_2 G_1$

$P_1^* = P_4 P_3 P_2 P_1$

G_1^* 为组进位产生函数,P_1^* 为组进位传递函数,两者只与 P_i、G_i 有关,其进位链电路如图 3-8 所示。

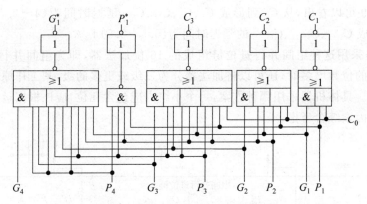

图 3-8 第一小组的并行进位链结构

可见,从 A_i、B_i 及 C_0 到形成 C_1、C_2、C_3 及 G_1^*、P_1^* 的延迟时间为 4T。由此还可以推出全部 G_i^*、P_i^* 的逻辑表达式:

$$\left.\begin{aligned}
G_1^* &= G_4 + P_4 G_3 + P_4 P_3 G_2 + P_4 P_3 P_2 G_1 \\
P_1^* &= P_4 P_3 P_2 P_1 \\
G_2^* &= G_8 + P_8 G_7 + P_8 P_7 G_6 + P_8 P_7 P_6 G_5 \\
P_2^* &= P_8 P_7 P_6 P_5 \\
G_3^* &= G_{12} + P_{12} G_{11} + P_{12} P_{11} G_{10} + P_{12} P_{11} P_{10} G_9 \\
P_3^* &= P_{12} P_{11} P_{10} P_9 \\
G_4^* &= G_{16} + P_{16} G_{15} + P_{16} P_{15} G_{14} + P_{16} P_{15} P_{14} G_{13} \\
P_4^* &= P_{16} P_{15} P_{14} P_{13}
\end{aligned}\right\} \quad (3\text{-}8)$$

根据 G_i^*、P_i^*,可以得到小组间产生的四个进位 C_4、C_8、C_{12}、C_{16}:

$$\left.\begin{aligned}
C_4 &= G_1^* + P_1^* C_0 \\
C_8 &= G_2^* + P_2^* G_1^* + P_2^* P_1^* C_0 \\
C_{12} &= G_3^* + P_3^* G_2^* + P_3^* P_2^* G_1^* + P_3^* P_2^* P_1^* C_0 \\
C_{16} &= G_4^* + P_4^* G_3^* + P_4^* P_3^* G_2^* + P_4^* P_3^* P_2^* G_1^* + P_4^* P_3^* P_2^* P_1^* C_0
\end{aligned}\right\} \quad (3\text{-}9)$$

根据式(3-9)可以设计出 16 位加法器的组间并行进位链,如图 3-9 所示。

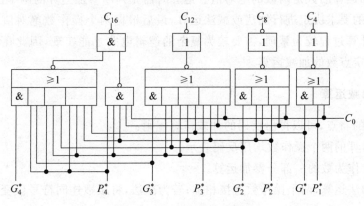

图 3-9 组间并行进位链结构

分析图 3-9 可以看出,从 C_0 到形成 C_4、C_8、C_{12}、C_{16},延迟时间为 $(4+2.5)T$,再由 C_4、C_8、C_{12} 分别形成 $C_{5\sim7}$、$C_{9\sim11}$、$C_{13\sim15}$ 的延迟时间为 $(6.5+2.5)T$。

图 3-10 是采用这种组间并行进位链组成的 16 位加法器,即为组间并行、组内并行结构。当加法器的位数增多时,还可以将加法器分为三级或更多的级,其工作原理与二级并行进位结构类似。具体机器采用哪种方案,每个小组内应包含几位,应该根据运算速度指标及造价等诸方面因素综合考虑。

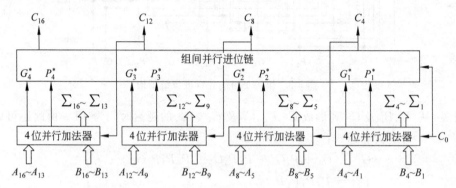

图 3-10 组间并行、组内并行的 16 位加法器逻辑图

3.2 定点运算

3.2.1 加减运算

定点数的加减运算包括原码、反码和补码的加减运算。

1. 原码加减运算

对原码表示的两个数做加减运算时,计算机的实际操作是加还是减,不仅取决于指令中的操作码,还取决于两个数的符号。例如:$(+A)+(-B)$,操作码指示做加法运算,但两个操作数符号相异,实际操作时做的是减法。由于用原码表示的数进行加减运算时,符号位不参与运算,参加运算的数是两数的绝对值。运算时需先判断参加运算的两个操作数的符号,然后根据操作的要求决定进行加法或减法运算,最后根据两个操作数绝对值的大小决定结果符号,整个计算过程较为繁琐,需要较为复杂的逻辑电路才能实现,因此在计算机中很少采用原码进行定点数的加减运算。

2. 反码加减运算

根据反码的特点,可以得出反码的加减运算规则:
① 参加运算的两个操作数均用反码表示。
② 符号位作为数的一部分参加运算。
③ 若为加法运算,两个操作数直接相加;若为减法,将减数连同符号位变反后与被减数相加。
④ 如果运算时,符号位产生进位,则在末位加 1,即循环进位。

⑤ 运算结果用反码表示。

由于反码加减运算存在循环进位问题，会影响计算速度，因此在实际中也很少采用。

3. 补码加减运算

在计算机中补码的加减运算比原码的加减运算简单得多，而且参加运算的操作数和结果都可以用补码表示。

(1) 补码加法

两个补码表示的数相加时，符号位参加运算，两数和的补码等于两数补码之和，即：

$$[X+Y]_\text{补} = [X]_\text{补} + [Y]_\text{补} \tag{3-10}$$

根据补码定义，按两个操作数的正负组合证明上式的正确性。

① $X>0, Y>0$

证明：因为 $X>0, Y>0$，所以 $X+Y>0$。

根据补码定义，$[X]_\text{补}=X, [Y]_\text{补}=Y, [X+Y]_\text{补}=X+Y$

故，$[X]_\text{补}+[Y]_\text{补}=X+Y=[X+Y]_\text{补}$

② $X>0, Y<0$

证明：根据补码定义，$[X]_\text{补}=X, [Y]_\text{补}=M+Y (\bmod M)$

所以，$[X]_\text{补}+[Y]_\text{补}=M+X+Y$

分两种情况：

当 $X+Y \geqslant 0$ 时，M 可舍去，$[X]_\text{补}+[Y]_\text{补}=M+X+Y=X+Y=[X+Y]_\text{补} (\bmod M)$

当 $X+Y<0$ 时，由补码定义，$[X]_\text{补}+[Y]_\text{补}=M+X+Y=X+Y=[X+Y]_\text{补}$

③ $X<0, Y>0$

证明：与②类似，只需将 X 和 Y 位置对调即可。

④ $X<0, Y<0$

证明：因为 $X<0, Y<0$，所以 $X+Y<0$，

根据补码定义，$[X]_\text{补}=M+X (\bmod M), [Y]_\text{补}=M+Y (\bmod M)$

$[X]_\text{补}+[Y]_\text{补} = M+X+M+Y = M+(M+X+Y) = M+[X+Y]_\text{补}$
$\qquad\qquad\quad = [X+Y]_\text{补} (\bmod M)$

根据证明，式(3-10)成立。

(2) 补码减法

补码减法可由补码加法公式推出：

$$[X-Y]_\text{补} = [X+(-Y)]_\text{补} = [X]_\text{补} + [-Y]_\text{补} \tag{3-11}$$

从式中可知，补码表示的数进行减法运算时，只需求出 $[-Y]_\text{补}$，就可以变减法为加法。

下面以定点小数为例证明由 $[Y]_\text{补}$ 求 $[-Y]_\text{补}$ 的方法。

设 $[Y]_\text{补}=Y_s.Y_1Y_2\cdots Y_n$，根据数的范围分两种情况讨论：

① $0 \leqslant Y < 1$

此时，$[Y]_\text{补}=[Y]_\text{原}=0.Y_1Y_2\cdots Y_n$，

所以，$[-Y]_\text{补}=2+(-Y)=2-0.Y_1Y_2\cdots Y_n=1.11\cdots1-0.Y_1Y_2\cdots Y_n+2^{-n}=1.\overline{Y_1}\overline{Y_2}\cdots\overline{Y_n}+2^{-n}$

② $-1<Y<0$

此时,$[Y]_{补}=1.Y_1Y_2\cdots Y_n$

由于$[Y]_{补}=2+Y$

所以$Y=[Y]_{补}-2=1.Y_1Y_2\cdots Y_n-2=-(1.11\cdots1+2^{-n}-1.Y_1Y_2\cdots Y_n)=-(0.\overline{Y}_1\overline{Y}_2\cdots\overline{Y}_n+2^{-n})$

$$-Y=(0.\overline{Y}_1\overline{Y}_2\cdots\overline{Y}_n+2^{-n})$$

因为$0<-Y<1$,根据补码定义,可知$[-Y]_{补}=0.\overline{Y}_1\overline{Y}_2\cdots\overline{Y}_n+2^{-n}$

综合以上两种情况,无论 Y 的真值为正还是为负,已知$[Y]_{补}$求$[-Y]_{补}$的方法是:将$[Y]_{补}$连同符号位一起变反,末尾加"1"(在定点小数中即加2^{-n})。$[-Y]_{补}$称为$[Y]_{补}$的机器负数。定点整数算法与此相同,读者可自行推导。

例 3-1　　　$[Y]_{补}=0.10110110$

$[-Y]_{补}=1.01001001+0.00000001=1.01001010$

$[Y]_{补}=1.10110110$

$[-Y]_{补}=0.01001001+0.00000001=0.01001010$

(3) 补码运算规则

根据上述讨论,补码加减运算可归纳如下:

① 参加运算的两个操作数均用补码表示。

② 符号位作为数的一部分参加运算。

③ 若为加法运算,两个操作数直接相加;若为减法,将减数连同符号位变反加 1 后与被减数相加。

④ 运算结果用补码表示。

例 3-2　$X=0.10110001,Y=-0.00010011$,求 $X+Y,X-Y$。

解:将真值转换成补码,

$[X]_{补}=0.10110001$,　$[Y]_{补}=1.11101101$,　$[-Y]_{补}=0.00010011$

$$
\begin{array}{r}
[X]_{补} \quad 0.10110001 \\
+[Y]_{补} \quad 1.11101101 \\
\hline
[X+Y]_{补} \quad 0.10011110
\end{array}
$$

$[X+Y]_{补}=0.10011110,\quad X+Y=0.10011110$

$$
\begin{array}{r}
[X]_{补} \quad 0.10110001 \\
+[-Y]_{补} \quad 0.00010011 \\
\hline
[X-Y]_{补} \quad 0.11000100
\end{array}
$$

$[X-Y]_{补}=0.11000100,\quad X-Y=0.11000100$

4. 补码运算的溢出与检测

(1) 溢出产生

当运算字长与数据表示确定之后,也就确定了其所能表示的数据范围,一旦运算结果超出该范围,就会产生溢出。

例 3-3　机器字长为 8 位(含 1 位符号位),用补码表示,现有两个数 $X=100D,Y=$

120D,求 $X+Y$。

解：　　　　　　　$[X]_补=01100100$,　$[Y]_补=01111000$

$$\begin{array}{r} [X]_补 \quad 01100100 \\ +[Y]_补 \quad 01111000 \\ \hline [X+Y]_补 \quad 11011100 \end{array}$$

由于最高位为符号位,计算出结果 $X+Y=-0100100B=-36D$,而正确结果应为 220D,造成错误原因是计算结果超出了 8 位字长的表示范围($-128-+127$),即产生了溢出。

字长为 n 位的定点整数,最高位为符号位,采用补码表示,当运算结果大于 $2^{n-1}-1$ 或小于 -2^n 时,就会产生溢出。同理对于字长为 n 位的定点小数,最高位为符号位,采用补码表示,当运算结果大于 $1-2^{n-1}$ 或小于 -1 时,就会产生溢出。

当运算结果为正且大于所能表示的最大正数时,称之为正溢;当运算结果为负且小于所能表示的最小负数时,称之为负溢。

(2)溢出判断

下面以机器字长为 8 位(含 1 位符号位)为例,推导溢出发生的条件。其表示范围为 $-128\sim+127$,具体运算情况见表 3-2。

表 3-2　补码表示的定点整数运算溢出举例

真　　值	补码运算		溢出情况
$X=50$ $Y=40$ $X+Y=90$	$[X]_补$ $+[Y]_补$ $[X+Y]_补$	00110010 00101000 01011010	未溢出
$X=90$ $Y=120$ $X+Y=210$	$[X]_补$ $+[Y]_补$ $[X+Y]_补$	01011010 01111000 11010010	正溢
$X=-50$ $Y=-40$ $X+Y=-90$	$[X]_补$ $+[Y]_补$ $[X+Y]_补$	11001110 11011000 10100110	未溢出
$X=-90$ $Y=-120$ $X+Y=-210$	$[X]_补$ $+[Y]_补$ $[X+Y]_补$	10100110 10001000 00101110	负溢

从表 3-2 可以看出,两个异号数相加,实际上是两数相减,结果不会溢出。当两个同号数相加或两个异号数相减时有可能产生溢出。

设 $[X]_补=X_s.X_1X_2\cdots X_n$,$[Y]_补=Y_s.Y_1Y_2\cdots Y_n$,运算结果 $[S]_补=S_s.S_1S_2\cdots S_n$。

补码定点加减运算判断溢出有三种方法。

① 采用一个符号位判断溢出

采用一个符号位判断溢出时,当 $X_s=0,Y_s=0,S_s=1$ 时产生正溢,当 $X_s=1,Y_s=1,S_s=0$ 时产生负溢。因此溢出条件为:

$$溢出 = \overline{X_s}\,\overline{Y_s}S_s + X_sY_s\overline{S_s}$$

② 采用进位判断

从表3-2可以推出另一种判断溢出的方法。假设两数运算时产生的进位为 $C_s.C_1C_2\cdots C_n$。当两正数相加,最高有效位产生进位($C_1=1$)、符号位不产生进位($C_s=0$)时产生正溢;当两负数相加,最高有效位不产生进位($C_1=0$)、符号位产生进位($C_s=1$)时产生负溢。因此溢出条件为:

$$溢出 = \overline{C_s}C_1 + C_s\overline{C_1} = C_s \oplus C_1$$

③ 采用变形补码

前面两种方法都采用一个符号位,当出现溢出时,符号位的含义会发生混乱。因此将符号位扩充为两位,称之为变形补码。这样符号位所能表示的信息量将扩大,不仅能够反映出是否溢出,而且能指出结果的符号。在双符号表示情况下,高位(左边的)符号能够反映出该数真正的符号。运算时,两个符号位都作为数的一部分参加运算。

双符号位的含义如下:

00:结果为正,无溢出
01:结果为正,正溢
10:结果为负,负溢
11:结果为负,无溢出

可以看出,当计算结果的两个符号位不相同时产生溢出。设双符号位分别为 S_1、S_2,溢出条件为:

$$溢出 = S_1 \oplus S_2$$

例3-4 机器字长为8位(含1位符号位),用变形补码表示,现有两数 $X=100D$,$Y=120D$,求 $X+Y$,并判断是否溢出。

解:
$$[X]_{补}=00110 0100, \quad [Y]_{补}=00111 1000$$

$$\begin{array}{r} [X]_{补} \quad 001100100 \\ +[Y]_{补} \quad 001111000 \\ \hline [X+Y]_{补} \quad 011011100 \end{array}$$

结果为正,同时产生正溢。

这里需要说明一点,采用变形补码时,为了减少数据的存储,寄存器和主存中的操作数只需要保留一位符号位,只是在运算时才扩充成双符号位。

在 CPU 中通常有状态寄存器,其中溢出位就是用于判断结果是否溢出的,其溢出判断电路可以采用上述三种方法之一来实现。

3.2.2 移位运算

移位是算术运算和逻辑运算中不可或缺的基本操作,在计算机的指令系统中通常都设置有各种移位操作指令。

移位操作按移位性质可分为算术移位、逻辑移位和循环移位。在移位指令中应明确说明移位性质、移动方向、移动长度,有时甚至要包含一次移动的位数。由于计算机中机器数字长是固定的,当对机器数进行左移或右移操作时,移动 n 位,必然使机器数的高位或低位出现 n 个空位,这些空位应该补0还是补1,不仅与移位操作性质有关,还需要考虑机器数是带符号数还是无符号数。

下面分别讨论这三种移位运算。

1. 算术移位

算术移位是指带符号数的移位,无论正数还是负数,移位后数的符号不变而数值发生变化。从真值角度看,如果左移后没有溢出,则每左移一位相当于移位前的数乘以 2,而右移一位相当于移位前的数除以 2。但从机器数角度看,移位后补 0 还是补 1,需要根据机器数所采用的码制以及正负数来决定。

对于正数,由于 $[X]_原=[X]_补=[X]_反=$ 真值,左移或右移后出现的空位都补 0。对于负数,由于原码、补码和反码表示的机器数形式不同,因此移位时,空位填补规则也不同。表 3-3 为原码、补码和反码表示的机器数的移位规则。

表 3-3 不同码制表示的机器数的移位规则

码制	正数	负数
原码	左移、右移都补 0	左移、右移都补 0
补码	左移、右移都补 0	左移补 0、右移补 1
反码	左移、右移都补 0	左移、右移都补 1

需要注意的是不论正数还是负数,移位后符号位保持不变。具体移位示意图如图 3-11 所示。

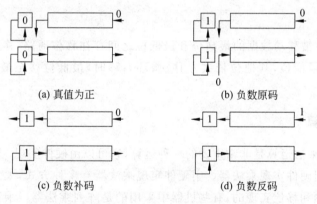

(a) 真值为正　　　　　　(b) 负数原码

(c) 负数补码　　　　　　(d) 负数反码

图 3-11　不同码制表示的机器数算术移位示意图

例 3-5　机器字长为 8 位(含 1 位符号位),$X=-30$,分别用原码、补码和反码表示,计算对其进行左移一位、两位和右移一位、两位后的机器数及真值。

解:对 $X=-30$ 进行移位后的结果,如表 3-4 所示。

2. 逻辑移位

逻辑移位操作的对象是无数值意义的二进制代码,移位只是每一数据位位置的变化,没有符号及数值的概念,因此移位操作较为简单。移位操作规则是:左移时低位补 0,右移时高位补 0。图 3-12 为逻辑左移和右移一位的示意图。

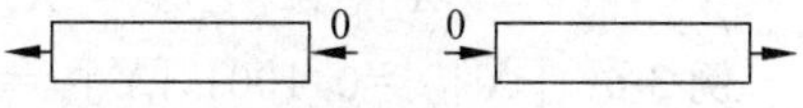

图 3-12　逻辑左移和右移示意图

表 3-4　$X=-30$ 移位过程

移位操作	机器数			真值	
	码制	移位前	移位后	移位前	移位后
左移 1 位	原码	1,0011110	1,0111100	-30	-60
左移 2 位			1,1111000		-120
右移 1 位			1,0001111		-15
右移 2 位			1,0000111		-7
左移 1 位	补码	1,1100010	1,1000100	-30	-60
左移 2 位			1,0001000		-120
右移 1 位			1,1110001		-15
右移 2 位			1,1111000		-8
左移 1 位	反码	1,1100001	1,1000011	-30	-60
左移 2 位			1,0000111		-120
右移 1 位			1,1110001		-15
右移 2 位			1,1111000		-7

3. 循环移位

循环移位是在被移动数据的最高位和最低位之间存在移位通路，移位规则是：循环左移时，最高位移至最低位，其他位依次左移；循环右移时，最低位移至最高位，其他位依次右移。

3.2.3 乘法运算

在计算机中，乘法运算是非常重要的一种运算，它可以由硬件实现，也可以由软件实现。这里只讨论如何用硬件实现乘法器。用硬件实现乘法器有多种方式，大多数机器中乘法是通过对数据的累加和移位实现的，有些机器中采用的是阵列乘法器。乘法器结构还依赖于机器的数据表示形式，不同的数据表示，其硬件结构也不同。

1. 原码乘法

（1）原码一位乘

原码的表示形式与真值较相似，因此可以设想在计算机中采用手工计算来实现原码乘法，即乘法结果的数值用被乘数和乘数的绝对值相乘，符号位是被乘数和乘数符号的异或。

现以小数为例，设 $[X]_原 = X_s.X_1X_2\cdots X_n$，$[Y]_原 = Y_s.Y_1Y_2\cdots Y_n$，则

$$[X]_原 \times [Y]_原 = X_s \oplus Y_s.(0.X_1X_2\cdots X_n \times 0.Y_1Y_2\cdots Y_n)$$

例 3-6 $[X]_原 = 0.1001$，$[Y]_原 = 1.1101$，列出手算过程。

$$\begin{array}{r} 0.1001 \\ \times\ 0.1101 \\ \hline 1001 \\ 0000 \\ 1001 \\ 1001 \\ \hline 0.01110101 \end{array}$$

因为 $X_s \oplus Y_s = 1$，所以 $[X]_原 \times [Y]_原 = 1.01110101$。

可以看出，原码表示的操作数相乘，可以对每一位乘数求出一项部分积并将其逐位左移，最后将所有部分积相加得到正确的结果。但是在计算机中要实现手工计算过程却非常困难，首先计算机很难实现多个部分积同时相加，其次加法器的位数与寄存器位数一致，而乘积的位数是被乘数和乘数的两倍，不够存储计算结果。因此要用硬件实现上述计算，不能直接照搬手工算法，需要对算法略做修改，即将 n 位乘转化为 n 次移位与累加。

具体过程为：

① 参加运算的数用原码表示。符号位不参加乘法运算，单独处理，同号为正，异号为负。

② 被乘数和乘数各取绝对值参与运算。

③ 根据乘数的最低位来决定原部分积是否加上被乘数，如果为 1，加被乘数，否则加 0。

④ 累加后的部分积和乘数一起右移，乘数空出的高位用来存放部分积的最低位，解决了计算结果不够存储的问题。

⑤ 重复上述③、④ n 次，直到乘数全部移出。

采用这种运算规则便于在机器内部用硬件实现。可以用三个寄存器分别存放被乘数、部分积的高位、乘数和部分积的低位，同时配上加法器及相应的电路，就可以组成一个乘法器。由于部分积低位和乘数共用一个寄存器，节省了器件，而且部分积累加时，只累加存储在高位的部分，可以缩短运算时间。

（2）原码一位乘硬件实现

图 3-13 给出了原码一位乘的逻辑框图。图中 A、B、C 均为 $n+1$ 位的寄存器，其中 B 中存放被乘数、C 中存放乘数，A 和 C 结合可存放乘积结果且具有移位功能。D 为计数器，用于记录累加的次数。X_s、Y_s、P_s 分别表示被乘数、乘数、乘积的符号位。运算流程如图 3-14 所示。

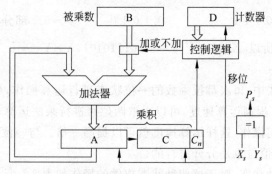

图 3-13 原码一位乘的逻辑框图

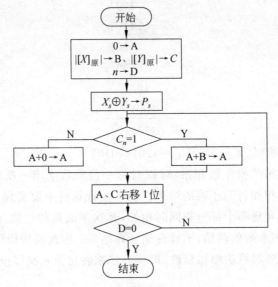

图 3-14 原码一位乘的控制流程图

例 3-7 $X=0.1001, Y=-0.1101$，采用原码一位乘求 $X \times Y$。

解：$[X]_原=0.1001, [Y]_原=1.1101, |X|=0.1001, |Y|=0.1101, |X|$ 存入 B，$|Y|$ 存入 C。

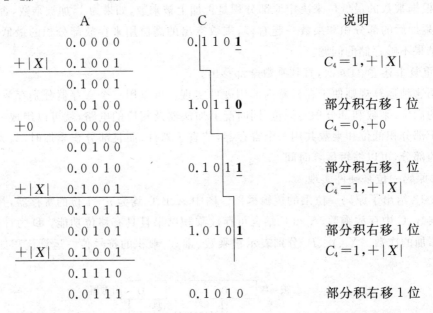

因为 $X_s \oplus Y_s=1$，所以 $[X]_原 \times [Y]_原=1.01110101, X \times Y=-0.01110101$。

(3) 原码两位乘

在原码一位乘算法中，每次都按乘数的一位状态进行运算操作，如果乘数是 n 位，需要 n 次累加和移位。为了提高运算速度，可以采取两位乘进行乘法运算，即每次根据乘数的两位状态来决定本次如何操作，这样运算速度就可以提高一倍。与一位乘相似的是，原码两位乘运算时，符号位和数值位也是分开进行的。

两位乘数共有四种状态，对于这四种状态应做的操作如表 3-5 所示。

表 3-5　两位乘所对应的运算操作

乘数 $Y_{i-1}Y_i$	对 应 操 作
0　0	相当于 $0\times\|X\|$，部分积$+0$，右移两位
0　1	相当于 $1\times\|X\|$，部分积$+\|X\|$，右移两位
1　0	相当于 $2\times\|X\|$，部分积$+2\|X\|$，右移两位
1　1	相当于 $3\times\|X\|$，部分积$+3\|X\|$，右移两位

表中前三项在计算机中都很容易实现，其中部分积加 $2|X|$ 的操作只需将被乘数左移一位再与上次部分积相加即可。但部分积加 $3|X|$ 的操作在普通加法器中实现较为复杂，需要先执行加 $2|X|$，再执行加 $|X|$ 的操作，由于分两步执行，降低了执行速度。而且乘数为 11 的状态在计算中随机性很大，采用这种算法进行两位乘，计算过程不规则。

由于 $3|X|=4|X|-|X|$，可以在乘数为 11 时，先做 $-|X|$ 运算，然后右移两位，再进行 $+|X|$ 操作。由于部分积右移两位，$+|X|$ 操作相当于 $+4|X|$，即实现了 $+3|X|$ 的运算。为此需要增加一个触发器 C_j 来记录下一次是否要进行 $+|X|$ 操作，当 C_j 为 1 表示下次要 $+|X|$，为 0 则不需要。这样两位乘时每一步要做什么运算，不仅取决于两位乘的状态，还与 C_j 中存放的数有关，修改后的原码两位乘规则如表 3-6 所示。从表中可以看出，尽管在每一步操作中多做了对 C_j 的修改，但整个计算过程较为规整，便于在机器内实现。

表 3-6　原码两位乘运算操作

乘数 $Y_{i-1}Y_i$	C_j	对 应 操 作
0　0	0	部分积$+0$，右移两位，$C_j=0$
0　0	1	部分积$+\|X\|$，右移两位，$C_j=0$
0　1	0	部分积$+\|X\|$，右移两位，$C_j=0$
0　1	1	部分积$+2\|X\|$，右移两位，$C_j=0$
1　0	0	部分积$+2\|X\|$，右移两位，$C_j=0$
1　0	1	部分积$-\|X\|$，右移两位，$C_j=1$
1　1	0	部分积$-\|X\|$，右移两位，$C_j=1$
1　1	1	部分积$+0$，右移两位，$C_j=1$

原码两位乘运算规则如下：

① 参加运算的数用原码表示。符号位不参加乘法运算，单独处理，同号为正，异号为负。乘数的数值位个数为奇数时，用一个符号位，为偶数时乘数取双符号位。被乘数和部分积取 3 个符号位。

② 增加一位触发器 C_j，初始值为 0。

③ 逐次比较相邻两位 $Y_{i-1}Y_i$ 及 C_j 的值决定应执行的操作，即按表 3-6 规则运算。$-|X|$ 操作可以按 $+[-X]_\text{补}$ 来实现。

④ 当乘数的数值位个数为奇数时，共需 $\dfrac{n+1}{2}$ 累加和移位，但最后一次移 1 位；当乘数的数值位个数为偶数时，共需 $\dfrac{n}{2}+1$ 次累加，$\dfrac{n}{2}$ 次移位（最后一次不移位）。

例 3-8　$X=0.11011$，$Y=-0.11101$，采用原码两位乘求 $X\times Y$。

解：$[X]_\text{原}=0.11011$，$[Y]_\text{原}=1.11101$，$[-X]_\text{补}=1.00101$

$|X|=000.11011$，$|Y|=0.11101$，$|X|$ 存入 B，$|Y|$ 存入 C，C_j 初始值为 0。

	A		C	C_j	说明

```
                A                    C  C_j              说明
             000.00000            0.111 010
  +|X|        000.11011                            C_4C_5 C_j=010,+|X|,C_j=0
             000.11011
             000.00110            1.101 110        部分积右移 2 位
  +[-X]补     111.00101                            C_4C_5C_j=110,+[-X]补,C_j=1
             111.01011
             111.11010            1.111 011        部分积右移 2 位
  +2|X|       001.10110                            C_4C_5C_j=011,+2|X|,C_j=0
             001.10000
             000.11000            0.1111 01        部分积右移 1 位
```

因为 $X_s \oplus Y_s = 1$，所以 $[X]_原 \times [Y]_原 = 1.1100001111$，$X \times Y = -0.1100001111$。

2. 补码乘法

原码乘法实现起来比较容易，但做加减运算时原码不如补码简单，因此在以加减运算为主的通用计算机中，操作数往往采用补码表示。如果乘法器是按照原码运算特点设计的，做乘法前需要将补码转化为原码，计算结果若为负，还要增加将其转换成补码的过程，这将使乘法运算变得复杂，因此很多机器设计了用补码做运算的乘法器，就可以直接用补码相乘，避免了码制的转换。

(1) 补码一位乘

1) 校正法

设 $[X]_补 = X_s.X_1X_2\cdots X_n$，$[Y]_补 = Y_s.Y_1Y_2\cdots Y_n$，其中 X_s、Y_s 为符号位。分两种情况讨论：

① 被乘数 X 符号任意，乘数 Y 的符号为正，即 Y_s 为 0。

$$[X]_补 = X_s.X_1X_2\cdots X_n = 2 + X = 2^{n+1} + X \pmod{2}$$

$$[Y]_补 = 0.Y_1Y_2\cdots Y_n = \sum_{i=1}^{n} Y_i 2^{-i} = Y$$

$$[X]_补 \times [Y]_补 = [X]_补 \times Y = (2^{n+1} + X) \times Y = 2^{n+1} \times Y + X \times Y$$

$$= 2^{n+1} \times \sum_{i=1}^{n} Y_i 2^{-i} + X \times Y = 2 \times \sum_{i=1}^{n} Y_i 2^{n-i} + X \times Y$$

$$= 2 + X \times Y = [X \times Y]_补 \pmod{2}$$

即

$$[X \times Y]_补 = [X]_补 \times [Y]_补 = [X]_补 \times Y = [X]_补 \times 0.Y_1Y_2\cdots Y_n \tag{3-12}$$

$$[X \times Y]_补 = [X]_补 \times [X]_补 = [X]_补 \times Y$$

$$= [X]_补 \times (Y_1 2^{-1} + Y_2 2^{-2} + \cdots + Y_n 2^{-n})$$

$$= 2^{-1} \times (Y_1 \times [X]_补 + 2^{-1}(Y_2 \times [X]_补 + 2^{-1}(\cdots + 2^{-1}(Y_n \times [X]_补 + 0)\cdots)))$$

$$\underbrace{\underbrace{\underbrace{\underbrace{}_{z_0}}_{z_1}}_{z_{n-1}}}_{z_n}$$

(3-13)

上式可以写成如下的递推公式：

$$\begin{aligned}
[Z_0]_{\text{补}} &= 0 \\
[Z_1]_{\text{补}} &= 2^{-1}(Y_n \times [X]_{\text{补}} + [Z_0]_{\text{补}}) \\
[Z_2]_{\text{补}} &= 2^{-1}(Y_{n-1} \times [X]_{\text{补}} + [Z_1]_{\text{补}}) \\
&\vdots \\
[Z_n]_{\text{补}} &= 2^{-1}(Y_1 \times [X]_{\text{补}} + [Z_{n-1}]_{\text{补}}) = [X \times Y]_{\text{补}}
\end{aligned} \quad (3\text{-}14)$$

从式(3-14)可以看出,当乘数为正时,无论被乘数符号如何,可以参考原码乘法规则进行运算,只是移位时按补码规则移位。

② 被乘数 X 符号任意,乘数 Y 的符号为负,即 Y_s 为 1。

$$[X]_{\text{补}} = X_s. X_1 X_2 \cdots X_n = 2 + X = 2^{n+1} + X \pmod 2$$
$$[Y]_{\text{补}} = 1. Y_1 Y_2 \cdots Y_n = 2 + Y \pmod 2$$
$$Y = [Y]_{\text{补}} - 2 = 1. Y_1 Y_2 \cdots Y_n - 2 = 0. Y_1 Y_2 \cdots Y_n - 1$$
$$X \times Y = X \times (0. Y_1 Y_2 \cdots Y_n - 1) = X \times 0. Y_1 Y_2 \cdots Y_n - X$$

等式两边求补,可以得到

$$\begin{aligned}
[X \times Y]_{\text{补}} &= [X \times 0. Y_1 Y_2 \cdots Y_n - X]_{\text{补}} \\
&= [X]_{\text{补}} \times 0. Y_1 Y_2 \cdots Y_n + [-X]_{\text{补}}
\end{aligned} \quad (3\text{-}15)$$

将式(3-12)、式(3-15)合并可以得到：

$$[X \times Y]_{\text{补}} = [X]_{\text{补}} \times 0. Y_1 Y_2 \cdots Y_n + Y_s \times [-X]_{\text{补}} \quad (3\text{-}16)$$

上式表明,当 $Y \geqslant 0$ 时,直接用 $[Y]_{\text{补}}$ 乘以 $[X]_{\text{补}}$ 就可以得到 $[X \times Y]_{\text{补}}$。当 $Y < 0$ 时,去掉 $[Y]_{\text{补}}$ 的符号位,将其当成正数与 $[X]_{\text{补}}$ 相乘,最后加上 $[-X]_{\text{补}}$ 进行校正,因此称为校正法。

2) 比较法——Booth 法

校正法在乘数为负时,需要加 $[-X]_{\text{补}}$ 进行校正,因此控制线路较复杂。英国的 Booth 夫妇提出一种算法,可以不用区分乘数的符号位,用统一的规则进行运算,它是在校正法的基础上推导出来的,称作比较法,也称 Booth 法。

设 $[X]_{\text{补}} = X_s. X_1 X_2 \cdots X_n$,$[Y]_{\text{补}} = Y_s. Y_1 Y_2 \cdots Y_n$,其中 X_s、Y_s 为符号位。
根据校正法的表达式(3-16),将其改写为：

$$\begin{aligned}
[X \times Y]_{\text{补}} &= [X]_{\text{补}} \times 0. Y_1 Y_2 Y_n + [-X]_{\text{补}} \times Y_s \\
&= [X]_{\text{补}} \times (-Y_s + Y_1 2^{-1} + Y_2 2^{-2} + \cdots + Y_n 2^{-n}) \\
&= [X]_{\text{补}} \times [-Y_s + (Y_1 - Y_1 2^{-1}) + (Y_2 2^{-1} - Y_2 2^{-2}) + \cdots \\
&\quad + (Y_n 2^{-(n-1)} - Y_n 2^{-n})] \\
&= [X]_{\text{补}} \times [(Y_1 - Y_s) + (Y_2 - Y_1) 2^{-1} + \cdots \\
&\quad + (Y_n - Y_{n-1}) 2^{-(n-1)} + (0 - Y_n) 2^{-n}] \\
&= [X]_{\text{补}} \times (Y_1 - Y_s) + \{[X]_{\text{补}} \times [(Y_2 - Y_1) 2^{-1} + \cdots \\
&\quad + (Y_n - Y_{n-1}) 2^{-(n-1)} + (0 - Y_n) 2^{-n}]\} \\
&= [X]_{\text{补}} \times (Y_1 - Y_s) + 2^{-1} \{[X]_{\text{补}} \times [(Y_2 - Y_1) + 2^{-1} \\
&\quad \{\cdots + 2^{-1} \{[X]_{\text{补}} \times (Y_{n+1} - Y_n) + 0\} \cdots\}]\}
\end{aligned} \quad (3\text{-}17)$$

其中 Y_{n+1} 是附加位,初始值为 0。上式可以写成一个递推公式：

$$[Z_0]_{补} = 0$$
$$[Z_1]_{补} = 2^{-1}\{[X]_{补} \times (Y_{n+1} - Y_n) + [Z_0]_{补}\}$$
$$[Z_2]_{补} = 2^{-1}\{[X]_{补} \times (Y_n - Y_{n-1}) + [Z_1]_{补}\}$$
$$\vdots$$
$$[Z_n]_{补} = 2^{-1}\{[X]_{补} \times (Y_2 - Y_1) + [Z_{n-1}]_{补}\}$$
$$[Z_{n+1}]_{补} = [X]_{补} \times (Y_1 - Y_s) + [Z_n]_{补} = [X \times Y]_{补}$$

(3-18)

由上式可以看出,$[Z_0]_{补}$是初始部分积,每次运算累加的值与乘数相邻两位Y_i、Y_{i+1}的差有关,由于运算是根据Y_i、Y_{i+1}确定的,所以称为比较法。

比较法运算规则如下:

① 参加运算的数用补码表示。符号位参加乘法运算。

② 乘数的最低位后增加一位附加位Y_{n+1},初始值为0。

③ 逐次比较相邻两位,并按表3-7规则运算。移位按补码右移规则进行。

④ 共需$n+1$次累加,n次移位,第$n+1$次不移位。

表 3-7 比较法累加、移位规则

Y_i	Y_{i+1}	$Y_{i+1} - Y_i$	操 作
0	0	0	原部分积+0,右移1位
0	1	1	原部分积+$[X]_{补}$,右移1位
1	0	-1	原部分积+$[-X]_{补}$,右移1位
1	1	0	原部分积+0,右移1位

由于符号位也参加运算,部分积累加时最高有效位产生的进位与符号位运算后会修改符号位,为了保留正确的结果符号,可以对被乘数和部分积设置双符号位,而乘数只保留一位符号位。

(2) 补码一位乘(比较法)硬件实现

图 3-15 给出了采用比较法进行补码一位乘的逻辑框图。图中 A、B、C 均为 $n+2$ 位的寄存器,其中 B 中存放被乘数补码、C 中存放乘数补码,A 和 C 结合可存放乘积结果且具有移位功能。D 为计数器,用于记录累加的次数。计算时根据 C 寄存器的最低两位 $C_n C_{n+1}$ 来决定如何运算,当 $C_n C_{n+1} = 01$ 时,加被乘数;当 $C_n C_{n+1} = 10$ 时,减被乘数;当 $C_n C_{n+1} = 00$ 或 11 时,加 0。运算流程图如图 3-16 所示。

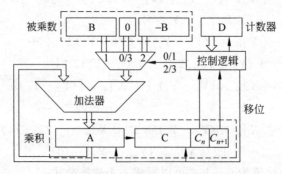

图 3-15 补码一位乘(比较法)的逻辑框图

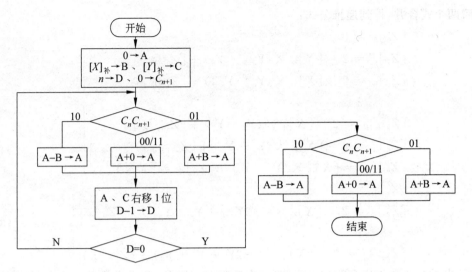

图 3-16 比较法流程图

例 3-9 $X=0.1001, Y=-0.1101$，采用比较法求 $X \times Y$。

解：$[X]_\text{补}=00.1001, [-X]_\text{补}=11.0111, [Y]_\text{补}=1.0011, [X]_\text{补}$ 存入 B, $[Y]_\text{补}$ 存入 C。

```
              A              C  附加位         说明
          0 0.0 0 0 0    1.0 0 1 1 0
+[-X]补   1 1.0 1 1 1                     C₄C₅=10,+[-X]补
          1 1.0 1 1 1
          1 1.1 0 1 1    1 1 0 0 1 1      部分积右移1位
+0        0 0.0 0 0 0                     C₄C₅=00,+0
          1 1.1 0 1 1
          1 1.1 1 0 1    1 1 1 0 0 1      部分积右移1位
+[X]补    0 0.1 0 0 1                     C₄C₅=01,+[X]补
          0 0.0 1 1 0
          0 0.0 0 1 1    0 1 1 1 0 0      部分积右移1位
+0        0 0.0 0 0 0                     C₄C₅=00,+0
          0 0.0 0 1 1
          0 0.0 0 0 1    1 0 1 1 1 0      部分积右移1位
+[-X]补   1 1.0 1 1 1                     C₄C₅=10,+[-X]补
          1 1.1 0 0 0    1 0 1 1 1 0
```

所以，$[X \times Y]_\text{补}=1.10001011, X \times Y=-0.01110101$。

(3) 补码两位乘

补码两位乘可以从比较法推出，即把比较 $Y_i Y_{i+1}$ 应做的操作与比较 $Y_{i-1} Y_i$ 应做的操作合并成一步完成。

为导出补码两位乘运算规则，将递推公式(3-18)两两合并，并分两种情况讨论：

① 当乘数的数值位个数为奇数，即 n 为奇数时，补码 1 位乘递推公式中 $n+1$ 为偶数，

将前后两个式合并,得到递推公式:

$$\left.\begin{aligned}
[Z_0]_{\!\textit{补}} &= 0 \\
[Z_1]_{\!\textit{补}} &= 2^{-1}\{[X]_{\!\textit{补}} \times (Y_{n+1} - Y_n) + [Z_0]_{\!\textit{补}}\} \\
[Z_2]_{\!\textit{补}} &= 2^{-1}\{[X]_{\!\textit{补}} \times (Y_n - Y_{n-1}) + [Z_1]_{\!\textit{补}}\} \\
&\vdots \\
[Z_{n-1}]_{\!\textit{补}} &= 2^{-1}\{[X]_{\!\textit{补}} \times (Y_3 - Y_2) + [Z_{n-2}]_{\!\textit{补}}\} \\
[Z_n]_{\!\textit{补}} &= 2^{-1}\{[X]_{\!\textit{补}} \times (Y_2 - Y_1) + [Z_{n-1}]_{\!\textit{补}}\} \\
[Z_{n+1}]_{\!\textit{补}} &= [X]_{\!\textit{补}} \times (Y_1 - Y_s) + [Z_n]_{\!\textit{补}} = [X \times Y]_{\!\textit{补}} \\
[Z'_0]_{\!\textit{补}} &= 0 \\
[Z'_1]_{\!\textit{补}} &= 2^{-2}\{[X]_{\!\textit{补}} \times (-2Y_{n-1} + Y_n + Y_{n+1}) + [Z'_0]_{\!\textit{补}}\} \\
&\vdots \\
[Z'_{\frac{n+1}{2}}]_{\!\textit{补}} &= 2^{-1}\{[X]_{\!\textit{补}} \times (-2Y_s + Y_1 + Y_2) + [Z'_{\frac{n-1}{2}}]_{\!\textit{补}}\}
\end{aligned}\right\} \Rightarrow \quad (3\text{-}19)$$

② 当乘数的数值位个数为偶数时,即 n 为偶数时,补码一位乘递推公式中 $n+1$ 为奇数,将前后两个式合并,得到递推公式:

$$\left.\begin{aligned}
[Z_0]_{\!\textit{补}} &= 0 \\
[Z_1]_{\!\textit{补}} &= 2^{-1}\{[X]_{\!\textit{补}} \times (Y_{n+1} - Y_n) + [Z_0]_{\!\textit{补}}\} \\
[Z_2]_{\!\textit{补}} &= 2^{-1}\{[X]_{\!\textit{补}} \times (Y_n - Y_{n-1}) + [Z_1]_{\!\textit{补}}\} \\
&\vdots \\
[Z_{n-1}]_{\!\textit{补}} &= 2^{-1}\{[X]_{\!\textit{补}} \times (Y_3 - Y_2) + [Z_{n-2}]_{\!\textit{补}}\} \\
[Z_n]_{\!\textit{补}} &= 2^{-1}\{[X]_{\!\textit{补}} \times (Y_2 - Y_1) + [Z_{n-1}]_{\!\textit{补}}\} \\
[Z_{n+1}]_{\!\textit{补}} &= [X]_{\!\textit{补}} \times (Y_1 - Y_s) + [Z_n]_{\!\textit{补}} = [X \times Y]_{\!\textit{补}} \\
[Z'_0]_{\!\textit{补}} &= 0 \\
[Z'_1]_{\!\textit{补}} &= 2^{-2}\{[X]_{\!\textit{补}} \times (-2Y_{n-1} + Y_n + Y_{n+1}) + [Z'_0]_{\!\textit{补}}\} \\
&\vdots \\
[Z'_{\frac{n}{2}}]_{\!\textit{补}} &= 2^{-1}\{[X]_{\!\textit{补}} \times (-2Y_1 + Y_2 + Y_3) + [Z'_{\frac{n}{2}-1}]_{\!\textit{补}}\} \\
[Z'_{\frac{n}{2}+1}]_{\!\textit{补}} &= [X]_{\!\textit{补}} \times (-2Y_{s1} + Y_s + Y_1) + [Z'_{\frac{n}{2}}]_{\!\textit{补}}
\end{aligned}\right\} \quad (3\text{-}20)$$

为了保证运算规整,有效数个数为偶数时,需要将符号扩充成双符号位,Y_{s1} 是双符号的高位。

补码两位乘运算规则如下:

① 参加运算的数用补码表示。符号位参加乘法运算。乘数的数值位个数为奇数时,用一个符号位,为偶数时乘数取双符号位。被乘数和部分积取 3 个符号位。

② 乘数的最低位后增加一位附加位 Y_{n+1},初始值为 0。

③ 逐次比较相邻 3 位 $Y_{i-1} Y_i Y_{i+1}$,根据 $-2Y_{i-1} + Y_i + Y_{i+1}$ 的值决定应执行的操作,即按表 3-8 规则运算。移位按补码右移规则进行。

④ 当乘数的数值位个数为奇数时,共需 $\frac{n+1}{2}$ 累加和移位,但最后一次移 1 位;当乘数的数值位个数为偶数时,共需 $\frac{n}{2}+1$ 次累加,$\frac{n}{2}$ 次移位(最后一次不移位)。

表 3-8 补码两位乘运算规则

Y_{i-1}	Y_i	Y_{i+1}	操　　作
0	0	0	部分积+0,右移两位
0	0	1	部分积+$[X]_补$,右移两位
0	1	0	部分积+$[X]_补$,右移两位
0	1	1	部分积+$2[X]_补$,右移两位
1	0	0	部分积+$2[-X]_补$,右移两位
1	0	1	部分积+$[-X]_补$,右移两位
1	1	0	部分积+$[-X]_补$,右移两位
1	1	1	部分积+0,右移两位

例 3-10　$X=0.01001, Y=-0.01101$,采用补码两位乘求 $X \times Y$。

解：$[X]_补 = 000.01001, [Y]_补 = 1.10011, [X]_补$ 存入 B,$[Y]_补$ 存入 C
$[-X]_补 = 111.10111, 2[X]_补 = 000.10010, 2[-X]_补 = 111.01110$。

```
              A              C   附加位              说明
          000.00000       1.100 1 1 0
+[-X]补   111.10111                        C4C5C6=110,+[-X]补
          111.10111
          111.11101       1.1 1 1 0 0 1    部分积右移 2 位
+0        000.01001                        C4C5C6=001,+[X]补
          000.00110
          000.00001       1.011 1 1 0      部分积右移 2 位
+[-X]补   111.10111                        C4C5C6=110,+[-X]补
          111.11000
          111.11100       0.1011 1 1       部分积右移 1 位
```

所以,$[X \times Y]_补 = 1.1110001011, X \times Y = -0.0001110101$。

3. 阵列乘法器

为了进一步提高乘法运算速度,可以采用高速乘法模块组成阵列除法器。

例 3-11　设有两个无符号的二进制整数:

$$A = \sum_{i=0}^{m-1} a_i \times 2^i, \quad B = \sum_{j=0}^{n-1} b_j \times 2^j$$

则

$$P = A \times B = \sum_{i=0}^{m-1} a_i \times 2^i \times \sum_{j=0}^{n-1} b_j \times 2^j = \sum_{i=0}^{m-1} \sum_{j=0}^{n-1} a_i \times b_j \times 2^{i+j}$$

$$= \sum_{k=0}^{m+n-1} p_k \times 2^k \tag{3-21}$$

如果 A 和 B 的位数都为 5,其计算过程为:

$$
\begin{array}{ccccccc}
 & & & a_4 & a_3 & a_2 & a_1 & a_0 \\
+ & & & b_4 & b_3 & b_2 & b_1 & b_0 \\
\hline
 & & & a_4b_0 & a_3b_0 & a_2b_0 & a_1b_0 & a_0b_0 \\
 & & a_4b_1 & a_3b_1 & a_2b_1 & a_1b_1 & a_0b_1 & \\
 & a_4b_2 & a_3b_2 & a_2b_2 & a_1b_2 & a_0b_2 & & \\
a_4b_3 & a_3b_3 & a_2b_3 & a_1b_3 & a_0b_3 & & & \\
a_4b_4 & a_3b_4 & a_2b_4 & a_1b_4 & a_0b_4 & & & \\
\hline
p_9\; p_8 & p_7 & p_6 & p_5 & p_4 & p_3 & p_2 & p_1\; p_0
\end{array}
$$

按照该计算过程,可直接构成阵列乘法器,如图 3-17 所示。图中每一个圆圈代表一个加法单元,虚线框图代表具有并行进位链的并行加法器。由于采用阵列结构,加法器数量很多,各部分积可以同时获得,相加后可以得到乘积,因此乘法运算速度很快。如果要构成位数更多的乘法器,可以采用类似的方法构造大规模乘法网络。由于阵列乘法器结构一致,标准化程度高,便于大规模集成电路实现。

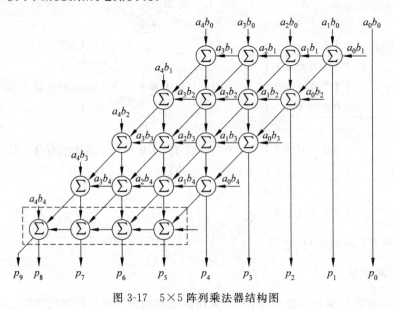

图 3-17 5×5 阵列乘法器结构图

3.2.4 除法运算

在计算机中实现除法运算与乘法运算思想相似,可以将 n 位除转换为多次加减或移位。但根据数在机器中的不同表示,运算规则会有所区别。下面将分别讨论。

1. 原码除法

(1) 比较法和恢复余数法

计算机中的除法最初是从手工算法中推导出来的,以小数为例,看一下手工计算的过程。

例 3-12 设 $X=0.1011, Y=-0.1101$,求 $X \div Y$。

```
                        0.1 1 0 1          商
          0.1 1 0 1 )0.1 0 1 1 0           被除数
                     0.0 1 1 0 1
                     ─────────────
                     0.0 1 0 0 1 0         部分余数
                     0.0 0 1 1 0 1
                     ─────────────
                     0.0 0 0 1 0 1 0 0     部分余数
                     0.0 0 0 0 1 1 0 1
                     ─────────────
                     0.0 0 0 0 0 1 1 1     余数
```

由于符号位异号，$X \div Y = -0.1101$，余数为 0.00000111。

手工除法的步骤可以归纳为：

① 每一次上商时，通过心算比较被除数（部分余数）和除数的大小，如果除数小于或等于被除数（部分余数），商上 1，并从被除数（部分余数）中减去除数，得到新的余数；否则，商上 0，被除数（部分余数）不变。

② 将被除数的下一位挪下来（若存在）或在低位补 0，再与右移后的除数进行比较，直到除尽或得到的商的位数满足要求为止。

③ 商的符号单独处理。被除数与除数同号则为正，异号则为负。

上述规则在计算机中不能完全照搬，还需要对规则进行适当的修改，其主要原因是：

① 机器无法完成"心算"，必须设置专门的比较线路，才能对被除数（部分余数）和除数做比较，然后根据结果决定如何上商。

② 每一次做减法时要将被除数的下一位挪下来（若存在）或在低位补 0，再减去右移后的除数，这要求加法器能够提供足够的位数来存放部分余数。而且手算是从高向低逐位计算的，要求机器上商时将每位商写到寄存器不同位置，实现起来较复杂。因此可以将规则做适当调整，右移除数改为左移余数，这与右移除数达到的效果完全一样，而且左移后的位置还可以存放商，降低了硬件代价。

机器数用原码表示时可以采用比较法和恢复余数法。

比较法类似手工运算，需要增加一个比较线路，为了便于机器操作，将右移除数变为左移余数，每一位的商存入寄存器的最低位。如果够减，就执行一次减法运算上商 1，并将余数左移一位；如果不够减，上商 0，余数左移一位。比较法的控制流程图如图 3-18 所示。其中 A、C 寄存器存放被除数（部分余数），A 存放高位，C 存放低位。B 寄存器存放除数，除法完成后，商存在 C 寄存器中，余数存在 A 寄存器中。由于余数按左移进行操作，最后得到的余数已经放大了若干倍，即左移一次相当于乘以 2，左移了 n 次相当于乘以 2^n，最后真正的余数应该是 A 寄存器中的值乘以 2^{-n}。由于比较法增加了比较线路，造成硬件成本增加。

恢复余数法是直接做减法试探，无论是否够减，都将被除数（部分余数）减去除数。如果部分余数为正，表示够减，上商 1；如果部分余数为负，表示不够减，上商 0，并加上除数，即恢复余数。然后余数左移一位，进行下一次运算。恢复余数法的控制流程图如图 3-19 所示。

由于部分余数的正负是根据不同的操作数组合产生的，有一定的随机性，这使得除法运算的操作次数不固定，导致控制线路复杂。而且在恢复余数时，要多做一次加法运算，降低了除法的执行速度。因此，在计算机中很少采用恢复余数法。

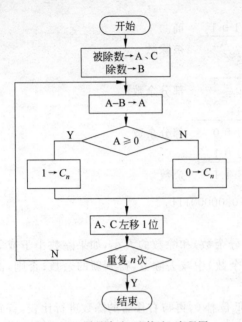
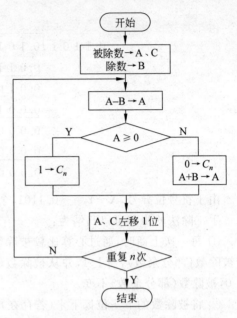

图 3-18 原码除法(比较法)流程图　　　　图 3-19 原码除法(恢复余数法)流程图

例 3-13 设 $X=0.1011, Y=-0.1101$，用恢复余数法求 $X \div Y$。

解：$[X]_原=0.1011, [Y]_原=1.1101$

$|X|=0.1011, |Y|=0.1101, [-Y]_补=1.0011, |X|$ 存入 A, $|Y|$ 存入 B, C 初始值为 0。

	A	C	说明
①	0.1 0 1 1	0.0 0 0 0	
	−B 1.0 0 1 1		$+[-Y]_补$(减去除数)
	1.1 1 1 0	0.0 0 0 **0**	余数为负,上商 0
②	+B 0.1 1 0 1		$+|Y|$(恢复余数)
	0.1 0 1 1		被恢复的余数
	1.0 1 1 0	0.0 0 0 **0**	部分余数左移 1 位
③	−B 1.0 0 1 1		$+[-Y]_补$(减去除数)
	0.1 0 0 1	0.0 0 0 **1**	余数为正,上商 1
	1.0 0 1 0	0.0 0 **1** 0	部分余数左移 1 位
④	−B 1.0 0 1 1		$+[-Y]_补$(减去除数)
	0.0 1 0 1	0.0 0 **1 1**	余数为正,上商 1
	0.1 0 1 0	0.0 **1 1** 0	部分余数左移 1 位
⑤	−B 1.0 0 1 1		$+[-Y]_补$(减去除数)
	1.1 1 0 1	0.**0 1 1 0**	余数为负,上商 0
⑥	+B 0.1 1 0 1		$+|Y|$(恢复余数)
	0.1 0 1 0		被恢复的余数
	1.0 1 0 0	**0.1 1 0** 0	部分余数左移 1 位
⑦	−B 1.0 0 1 1		$+[-Y]_补$(减去除数)
	0.0 1 1 1	**0.1 1 0 1**	余数为正,上商 1

由于符号位异号,故 $\left[\dfrac{X}{Y}\right]_原 = 1.1101$,即商为 -0.1101,余数为 0.0111×2^{-4},总共进行了 7 步运算。

(2) 不恢复余数法

原码不恢复余数法又称加减交替法,是对恢复余数法的改进。从恢复余数法可知:

① 当 A(余数)大于 0 时,执行的操作是:上商 1,A 左移一位再减去 B(除数),这相当于 $2A-B$。

② 当 A(余数)小于 0 时,执行的操作是:上商 0,恢复余数,即 $A+B$,然后左移一位再减去 B,这相当于 $2(A+B)-B = 2A+B$。

可以看出运算中并不需要恢复余数,只是根据余数的符号,做加除数或减除数的操作。在重复 n 次操作后,如果 A 中余数为负,需要恢复余数,即 $A+B$,因为最后在寄存器中存放的应该是正余数。由于每一次操作余数左移,最后计算完的余数是扩大了若干倍的余数,将 A 中的余数乘以 2^{-n} 才是真正的余数。原码不恢复余数法控制流程图如图 3-20 所示。

这里需要注意的是,在定点小数除法运算时,为了避免溢出,要求被除数的绝对值小于除数的绝对值,且除数不能为 0。因此,第一次减除数肯定不够减,商上 0,即保证不溢出。如果被除数绝对值大于除数的绝对值,需要通过软件调整比例因子后,再输入除法器运算,运算结束后再按比例因子恢复结果。

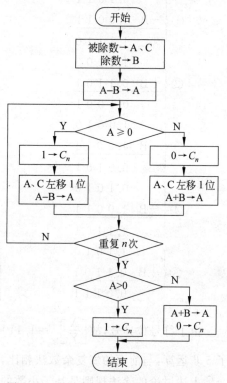

图 3-20 原码除法(不恢复余数法)流程图

实现上述不恢复余数算法的硬件结构如图 3-21 所示。A、C 中存放被除数,A 中存放被除数的高位,C 中存放被除数低位,B 中存放除数。运算时,控制逻辑根据 A 中的符号位决定上商以及其他相应的操作。运算后,A 中存放余数,C 中存放商。

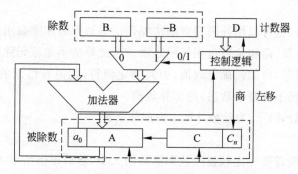

图 3-21 原码除法(不恢复余数法)逻辑框图

例 3-14 设 $X=0.1011, Y=-0.1101$，用不恢复余数法求 $X\div Y$。

解：$[X]_原=0.1011, [Y]_原=1.1101$

$|X|=0.1011, |Y|=0.1101, [-Y]_补=1.0011, |X|$ 存入 A，$|Y|$ 存入 B，C 初始值为 0。

	A	C	说明
	0.1 0 1 1	0.0 0 0 0	
①	−B 1.0 0 1 1		$+[-Y]_补$（减去除数）
	1.1 1 1 0	0.0 0 0 **0**	余数为负，上商 0
	1.1 1 0 0	0.0 0 **0** 0	部分余数左移 1 位
②	+B 0.1 1 0 1		$+|Y|$（加上除数）
	0.1 0 0 1	0.0 0 **0 1**	余数为正，上商 1
	1.0 0 1 0	0.0 **0 1** 0	部分余数左移 1 位
③	−B 1.0 0 1 1		$+[-Y]_补$（减去除数）
	0.0 1 0 1	0.0 **0 1 1**	余数为正，上商 1
	0.1 0 1 0	0.**0 1 1** 0	部分余数左移 1 位
④	−B 1.0 0 1 1		$+[-Y]_补$（减去除数）
	1.1 1 0 1	0.**0 1 1** 0	余数为负，上商 0
	1.1 0 1 0	**0.1 1 0** 0	部分余数左移 1 位
⑤	+B 0.1 1 0 1		$+|Y|$（加上除数）
	0.0 1 1 1	**0.1 1 0 1**	余数为正，上商 1

由于符号位异号，故 $\left[\dfrac{X}{Y}\right]_原=1.1101$，即商为 -0.1101，余数为 0.0111×2^{-4}，总共进行了 5 步运算，与前面的恢复余数法相比，不恢复余数法过程要精简得多。

上述讨论的除法规则是基于小数的，但它同样适用于整数除法。如果整数除法的被除数位数是除数的两倍，这要求被除数的高 n 位要比除数（n 位）小，否则就会溢出，这可以通过调整比例因子实现。如果被除数和除数的位数都是单字长时，要在被除数前补 0，将其扩展成双字长再进行运算。

2. 补码除法

与补码乘法类似，也可以用补码完成除法操作。当被除数和除数用补码表示时，符号位和数值位一起参加运算，商和余数也用补码表示。因此算法不像原码除法那样直观，运算时需要考虑以下三个问题，即如何确定商值，如何确定商符，如何获得新的部分余数。这里只给出补码一位除（补码不恢复余数法）的运算规则。

设 $[X]_补$ 为被除数，$[Y]_补$ 为除数，$[R]_补$ 为部分余数。

（1）商值的确定

要想确定商值，就需要先比较被除数和除数的大小，然后根据结果才能确定商值。比较被除数和除数大小可以按下面规则进行：

① 被除数与除数同号时，做减法，如果得到的余数与除数同号，表示够减，反之为不

够减。

② 被除数与除数异号时，做加法，如果得到的余数与除数异号，表示够减，反之为不够减。

在确定是否够减后，上商 1 还是上商 0，还要区分商是正商还是负商，上商规则为：

① 当商为正数，够减时上商 1，不够减上商 0。

② 当商为负数，够减时上商 0，不够减上商 1。

结合比较规则与上商规则，商值的确定方法如表 3-9 所示。

表 3-9 商值的确定

$[X]_补$ 与 $[Y]_补$	商	$[R]_补$ 与 $[Y]_补$	商　值
同号	正	同号，够减	1
		异号，不够减	0
异号	负	同号，不够减	1
		异号，够减	0

(2) 商符的确定

在定点小数除法中，被除数的绝对值必须小于除数的绝对值，第一次运算时肯定不够减，否则会溢出。当被除数与除数同号时，部分余数与除数一定异号，上商 0，这时正好与商符一致；当被除数与除数异号时，部分余数与除数一定同号，上商 1，这时也正好与商符一致。可见，商符是在求商过程中自动形成的。

(3) 获得新的部分余数

在补码除法中获得新的部分余数方法与原码不恢复余数法相似，其规则为：

① 部分余数与除数同号时，商上 1，然后左移 1 位作减除数操作。

② 部分余数与除数异号时，商上 0，然后左移 1 位作加除数操作。

如果对商的精度没有特殊要求，一般可采取末位置 1 法，运算误差为 2^{-n}，这种算法操作简单，易于实现。补码不恢复余数法控制流程图如图 3-22 所示。

例 3-15 设 $X=0.1011,Y=-0.1101$，用补码不恢复余数法求 $X\div Y$。

解：$[X]_补=0.1011,[Y]_补=1.0011,[-Y]_补=0.1101$

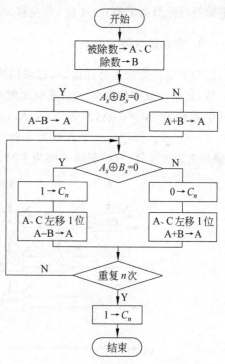

图 3-22 补码不恢复余数法控制流程图

		A	C	说明
①		0.1 0 1 1	0.0 0 0 0	
	$+[Y]_{补}$	1.0 0 1 1		$[X]_{补}$与$[Y]_{补}$异号，$+[Y]_{补}$
		1.1 1 1 0	0.0 0 0 **1**	$[R]_{补}$与$[Y]_{补}$同号，上商 1
		1.1 1 0 0	0.0 0 **1** 0	部分余数左移 1 位
②	$+[-Y]_{补}$	0.1 1 0 1		$+[-Y]_{补}$
		0.1 0 0 1	0.0 0 **1 0**	$[R]_{补}$与$[Y]_{补}$异号，上商 0
		1.0 0 1 0	0.0 **1 0** 0	部分余数左移 1 位
③	$+[Y]_{补}$	1.0 0 1 1		$+[Y]_{补}$
		0.0 1 0 1	0.0 **1 0 0**	$[R]_{补}$与$[Y]_{补}$异号，上商 0
		0.1 0 1 0	0.**1 0 0** 0	部分余数左移 1 位
④	$+[Y]_{补}$	1.0 0 1 1		$+[Y]_{补}$
		1.1 1 0 1	0.**1 0 0 1**	$[R]_{补}$与$[Y]_{补}$同号，上商 1
		1.1 0 1 0	**1.0 0 1** 0	部分余数左移 1 位
⑤	$+[-Y]_{补}$	0.1 1 0 1		$+[-Y]_{补}$
		0.0 1 1 1	**1.0 0 1 1**	末位恒置 1

故$\left[\dfrac{X}{Y}\right]_{补}=1.0011$，即商为$-0.1101$，余数为$0.0111\times 2^{-4}$，总共进行了 5 步运算。$n$ 位小数补码除数共上商 $n+1$ 次，共左移 n 次。

3. 阵列除法器

为了提高除法运算速度，可以采用阵列除法器。图 3-23 为采用不恢复余数法的阵列除法器，其结构原理是将多个加减单元组成阵列，将每一步的加减、移位操作合在一起完成。其中被除数 $X=0.X_1X_2X_3X_4X_5X_6$，除数 $Y=0.Y_1Y_2Y_3$，商 $Q=0.Q_1Q_2Q_3$，余数 $r=0.00r_3r_4r_5r_6$。图中每一个方框为一个可控加减单元，简称 CAS，当它的控制输入端为 0 时，CAS 做加法运算；当控制输入端为 1 时，CAS 做减法运算。在除法器阵列中，每一行执行加

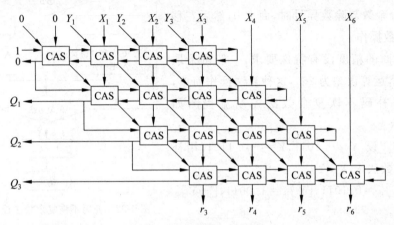

图 3-23 阵列除法器结构图

法还是减法取决于前一行输出的商是 0 还是 1。如果前一行够减,将在该行最高位有进位输出,即商 $Q_i=1$,这个 1 将作为下一行控制端的输入,该行执行减法运算,若 $Q_i=0$,控制下一行做加法运算。

3.3 浮点运算

第 2 章中已经讨论了浮点数的表示方法,由于规格化浮点数具有唯一的表示形式和最长的有效位,在计算机中一般采用规格化表示浮点数。本节讨论的浮点运算是对规格化的浮点数进行的操作,运算结果也要进行规格化处理。

浮点数可以写成:$X=M_X \times R^{E_X}$ 的形式。其中 M_X 为浮点数的尾数,在机器中可以用原码或补码表示,一般为绝对值小于 1 的规格化数(补码表示时允许为 -1)。E_X 为浮点数的阶码,一般为二进制整数,用补码或移码表示。R 为浮点数的基数,常用 2、4、8 或 16 表示,本节按基数为 2 进行讨论。

3.3.1 浮点加减运算

设有两个浮点数:$X=M_X \times 2^{E_X}$,$Y=M_Y \times 2^{E_Y}$,要实现 $X \pm Y$,需要按对阶、尾数求和或求差、规格化处理、舍入处理四个步骤进行。

(1) 对阶

由于两个浮点数的阶码可能不同,而阶码不同则意味着浮点数的小数点的位置不同,它们是不能进行加减运算的,因此需要进行对阶操作。

对阶的规则是先求阶差,然后按照小阶向大阶看齐的原则,对阶码小的位数进行右移,每右移一位,阶码加 1,直到两数的阶码相等为止。采用小阶向大阶看齐的原因是当阶码小的尾数右移时,舍去的只是尾数低位部分,这只会影响计算精度。反之,如果采用大阶向小阶看齐,就需要对尾数采取左移,阶码做减法,这会造成尾数高位部分丢失,将导致出现错误的结果。

浮点数 X,Y 对阶,即求 $\Delta E = E_X - E_Y$,根据结果做不同的操作:

① $\Delta E = 0$,表明两数阶码相等,$E_X = E_Y$,无须对阶。
② $\Delta E > 0$,$E_X > E_Y$,M_Y 右移,每右移 1 位,$E_Y + 1$,直到 $E_X = E_Y$。
③ $\Delta E < 0$,$E_X < E_Y$,M_X 右移,每右移 1 位,$E_X + 1$,直到 $E_X = E_Y$。

(2) 尾数求和或求差

对阶完毕后,可以按定点加减运算规则对两个尾数求和或求差。

(3) 规格化处理

经过第二步的加减运算后,尾数有可能不是规格化数,必须对其进行格式化操作。对于基数为 2 的尾数,规格化后的尾数应满足:

$$\frac{1}{2} \leqslant |M| < 1$$

如果尾数用双符号位的补码表示,其规格化形式为:

$$[X]_\text{补} = 00.1 \times \times \cdots \times \quad (X > 0)$$
$$[X]_\text{补} = 11.0 \times \times \cdots \times \quad (X < 0)$$

可以看出,当尾数的最高数值位与符号位不同时,即该浮点数为规格化形式。如果为其他形式就需要进行规格化处理,规格化包括左规和右规。

① 左规

当尾数出现 00.0××…× 或 11.1××…× 的形式时需左规。左规时,尾数左移一位,阶码减 1,直到符合规格化数为止。

由于左规时,阶码做减法,需要判断阶码是否小于阶码所能表示的最小负数,如果小于,称为下溢。发生下溢时,浮点数的绝对值非常小,此时可当作零对待。

② 右规

尾数出现 01.××…× 或 10.××…× 的形式时,在定点数加减运算时称这两种形式为溢出,但在浮点加减运算中,只表明此时尾数的绝对值大于 1,并非真正的溢出,可通过右规处理。右规时尾数右移一位,阶码加 1。

由于右规时阶码做加法,要判断阶码是否大于阶码所能表示的最大正数,如果大于,称为上溢。此时浮点数结果是不正确的。很明显,浮点数是否溢出只与阶码是否溢出有关。

(4) 舍入处理

在对结果进行右规时,由于要右移掉尾数的最低位,会引起误差,从而影响计算精度,这时需要进行舍入处理。常用的舍入方法有:0 舍 1 入法和恒置 1 法。

① 0 舍 1 入法

0 舍 1 入法与十进制中的四舍五入法类似,即尾数右移时,如果被移去的最高数位为 0,则舍去;如果被移去的最高数位为 1,则在末尾加 1。如果加 1 后尾数产生溢出,还需要再做一次右规。

② 恒置 1 法

尾数右移时,无论右移掉的是 0 还是 1,都将末尾置 1,这种方法实现起来较容易,但舍入误差比 0 舍 1 入大。

例 3-16 设两个浮点数,$X=0.101110\times 2^{-001}$,$Y=-0.101001\times 2^{-010}$,其浮点格式为:阶码 4 位,尾数 8 位,两者均用双符号位表示,求 $X+Y$。

解:两个浮点数的机器数形式为:

$$\begin{array}{lll} & \text{阶码} & \text{尾数} \\ [X]_\text{补}= & 11.11 & 00.101110 \\ [Y]_\text{补}= & 11.10 & 11.010111 \end{array}$$

① 对阶

求阶差:$[\Delta E]_\text{补}=[E_X]_\text{补}-[E_Y]_\text{补}=[E_X]_\text{补}+[-E_Y]_\text{补}=11.11+00.10=00.01$

即 $\Delta E=1$,表明 X 的阶码大。按对阶规则,将 M_Y 右移 1 位,E_Y+1,得到:

$$[Y]_\text{补}'= 11.11\quad 11.101011$$

② 尾数求和

$$\begin{array}{rl} [X]_\text{补} & 00.101110 \\ +\ [Y]_\text{补}' & 11.101011 \\ \hline & 00.011001 \end{array}$$

③ 规格化处理

由于计算得到的尾数是非规格化数,需左规。尾数每左移 1 位,阶码减 1,得到规格化

数为

$$[X+Y]_{\text{补}} = 11.10\ 00.110010$$

即 $X+Y = 0.110010 \times 2^{-10}$

3.3.2 浮点乘法运算

设有两个浮点数：$X = M_X \times 2^{E_X}$，$Y = M_Y \times 2^{E_Y}$，要实现 $X \times Y$，其乘积的阶码应为两数的阶码之和，乘积的尾数应为两数的尾数之积，即：

$$X \times Y = (M_X \times M_Y) 2^{E_X + E_Y} \tag{3-22}$$

1. 阶码加减运算

浮点数的阶码常用移码或补码表示。可分两种情况讨论。
① 若阶码用补码表示，可用下式完成。

$$[E_X]_{\text{补}} + [E_Y]_{\text{补}} = [E_X + E_Y]_{\text{补}}$$
$$[E_X]_{\text{补}} - [E_Y]_{\text{补}} = [E_X]_{\text{补}} + [-E_Y]_{\text{补}} = [E_X - E_Y]_{\text{补}}$$

② 若阶码用移码表示，则根据移码定义有

$$[E_X]_{\text{移}} = 2^n + E_X \quad (-2^n \leqslant E_X \leqslant 2^n - 1)$$
$$[E_Y]_{\text{移}} = 2^n + E_Y \quad (-2^n \leqslant E_Y \leqslant 2^n - 1)$$

所以，$[E_X]_{\text{移}} + [E_Y]_{\text{移}} = 2^n + E_X + 2^n + E_Y = 2^n + 2^n + E_X + E_Y = 2^n + [E_X + E_Y]_{\text{移}}$
将上式两端分别 $+2^n$，可得

$$[E_X]_{\text{移}} + [E_Y]_{\text{移}} + 2^n = 2^n + 2^n + [E_X + E_Y]_{\text{移}} = 2^{n+1} + [E_X + E_Y]_{\text{移}}$$

可以推出 $[E_X]_{\text{移}} + [E_Y]_{\text{补}} = [E_X + E_Y]_{\text{移}} (\text{MOD } 2^{n+1})$
同理：$[E_X]_{\text{移}} - [E_Y]_{\text{补}} = [E_X - E_Y]_{\text{移}} (\text{MOD } 2^{n+1})$

可见，如果阶码采用移码表示，只需要将移码表示的加数或减数变为补码，然后进行运算，可以得到正确的结果。

2. 浮点乘法步骤

浮点乘的运算步骤可以分为三步：
（1）阶码运算
根据阶码采用的是补码还是移码，选择对应的运算规则进行加法运算。当阶码相加后可能产生溢出，此时应另作处理。
（2）尾数相乘
如果 M_X、M_Y 不为 0，可以进行尾数相乘。尾数相乘与定点小数算法相同。
（3）规格化处理
由于 X、Y 都是规格化数，所以尾数相乘之后的结果一定满足：

$$\frac{1}{4} \leqslant |M_X \times M_Y| < 1$$

当 $\frac{1}{2} \leqslant |M_X \times M_Y| < 1$ 时，乘积已是规格化数，无须再进行规格化处理。当 $\frac{1}{4} \leqslant |M_X \times M_Y| < \frac{1}{2}$ 时，需要左规一次。左规时，需要减小阶码，若阶码下溢，按机器零处理。

例 3-17 已知 $X=2^3\times(0.1001101)$, $Y=2^{-5}\times(-0.1110010)$，其浮点格式为：4 位阶码(移码表示)，8 位尾数(用补码表示)，均包括一位符号位，求 $X\times Y$。

解：X 的浮点表示形式 1,011;0.1001101

Y 的浮点表示形式 0,011;1.0001110

阶码采用双符号位 $[E_X]_{移}=01,011$, $[E_Y]_{补}=11,011$, $[-M_X]_{补}=1.0110011$

① 阶码相加

$$[E_X+E_Y]_{移}=[E_X]_{移}+[E_Y]_{补}$$

$$\begin{array}{r} [E_X]_{移} \quad 01,011 \\ +\quad [E_Y]_{补} \quad 11,011 \\ \hline [E_X+E_Y]_{移} \quad 00,110 \end{array}$$

② 尾数相乘

采用补码两位乘方案

$$[M_X\times M_Y]_{补}=1.01110110110110$$

③ 规格化处理

$$[M_X\times M]_{补}=1.01110110110110$$

④ 舍入

设尾数保留 8 位(包括符号位)，采用 0 舍 1 入法。

$$[M_X\times M]_{补}=1.0111011$$

$X\times Y$ 的浮点表示为：0,110;1.0111011

$X\times Y=-0.1000101\times 2^{-2}$

3.3.3 浮点除法运算

设有两个浮点数：$X=M_X\times 2^{E_X}$, $Y=M_Y\times 2^{E_Y}$，要实现 $X\div Y$，其商的阶码应为两数的阶码之差，商的尾数应为两数的尾数之商，即：

$$X\div Y=(M_X\div M_Y)2^{E_X-E_Y} \tag{3-23}$$

进行浮点除法运算前，机器先检查被除数和除数是否为 0，如果被除数为 0，则商为 0，如果除数为 0，则置 0 除数标志，然后转中断处理程序。如果都不为 0，按以下步骤进行运算：

(1) 尾数调整

判断被除数的尾数的绝对值是否小于除数尾数绝对值，如果不小于，需要把被除数尾数右移，直到满足条件，这样可以保证商的尾数不溢出。每右移一位，阶码加 1。

(2) 阶码相减

用被除数阶码减去除数阶码，得到商的阶码。如果运算后产生溢出，需要做相应处理。

(3) 尾数相除

用被除数尾数除以除数尾数。尾数除法的算法规则与前面介绍的定点数除法相同。由于参加运算的浮点数已做了规格化处理，而且也做了尾数调整，所以运算结果一定落在规格化范围内，即 $\frac{1}{2}\leqslant|M_X\times M_Y|<1$，因此尾数商不需要再做规格化处理。

3.4 运算器举例

3.4.1 ALU 举例

ALU 是算术逻辑单元,既能完成算术运算又能完成逻辑运算。下面以 4 位 ALU 为例,说明 ALU 的结构及应用。74181 能够执行 16 种算术运算和逻辑运算,它有两种工作方式,即正逻辑和负逻辑,其方框图分别如图 3-24(a) 和图 3-24(b) 所示。以负逻辑为例,其内部结构图如图 3-25 所示。

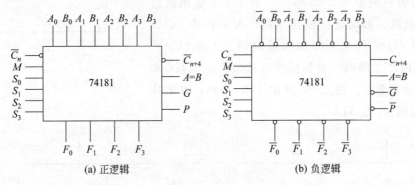

(a) 正逻辑   (b) 负逻辑

图 3-24 74181 方框图

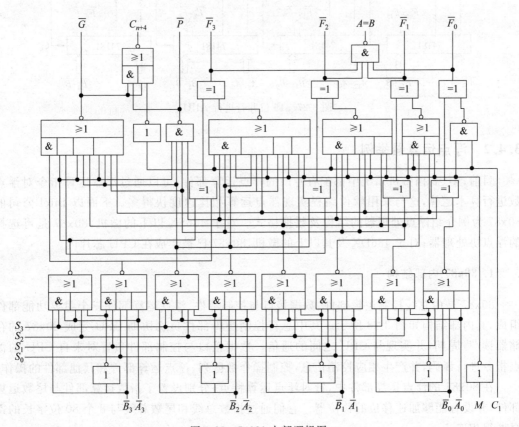

图 3-25 74181 内部逻辑图

图 3-25 中，$\overline{A}_3 \sim \overline{A}_0$ 和 $\overline{B}_3 \sim \overline{B}_0$ 是两个操作数，$\overline{F}_3 \sim \overline{F}_0$ 为运算结果，C_n 表示最低位进位输入，C_{n+4} 为最高位进位输出，$\overline{G}$ 为组进位产生函数，$\overline{P}$ 为组进位传递函数，M 用来选择算术运算或逻辑运算，$S_3 S_2 S_1 S_0$ 为功能选择线，用来选择不同的运算操作。表 3-10 为 74181 的算术逻辑运算功能表，表中"+"表示逻辑或运算，"加"表示算术加运算。

在实际设计时，可以将多个 74181 组织起来，实现各种位数的 ALU。其中每片 74181 作为 1 个 4 位的小组，组间可以采用串行进位，也可以采用并行进位。采用组间并行进位时，需要增加一片 74182 并行进位部件。74182 方框图如图 3-26 所示。由 74181 输出的组进位产生函数 $\overline{G_i}$ 和组进位传递函数 $\overline{P_i}$ 可以作为 74182 的输入，而 74182 产生 3 个组间进位信号 C_{n+x}、C_{n+y}、C_{n+z}，还可以产生向高一级提供的组进位产生函数 $\overline{G}$ 和组进位传递函数 $\overline{P}$。图 3-27 是由 4 片 74181 和 1 片 74182 组成的 16 位 ALU。

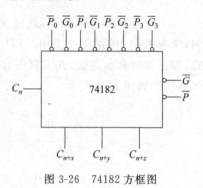

图 3-26　74182 方框图

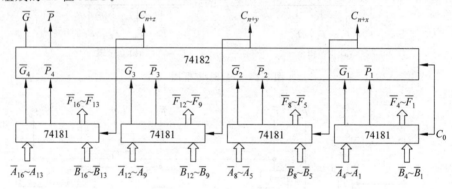

图 3-27　16 位并行进行 ALU

3.4.2　浮点运算器举例

目前，中、高档微机系统中都配有专门的浮点运算部件，可以通过浮点运算指令对浮点数进行算术运算，这与采用软件编程实现浮点运算相比速度快得多。下面以 Intel 公司的 80x87 为例介绍浮点处理器的结构及数据格式。对于 486SX 以下的微机，80x87 是可选择的浮点协处理器；对于 486DX 及其以上的微机，80x87 已被集成在 CPU 芯片内。

1. 80x87 内部结构

80x87 是由总线控制逻辑部件、数据接口与控制部件、浮点运算部件三个主要功能部件组成，其内部结构如图 3-28 所示。其中总行控制逻辑部件负责协助 CPU 完成 80x87 的存储器读/写周期，并实现与 CPU 之间的通信。数据接口与控制部件负责对来自 CPU 的浮点指令进行译码，并产生相应控制信息，控制操作数队列、浮点运算部件和其他部件的操作。

在 80x87 的浮点运算部件中，针对浮点运算特点，分别设置了指数运算部件与尾数运算部件，并设有能够加速移位的移位器。它们通过指数总线和尾数总线与 8 个 80 位字长的寄存器组相连。

表 3-10　74181 算术逻辑运算功能表

选择 $S_3S_2S_1S_0$	正逻辑 M=1 逻辑操作	正逻辑 M=0 算术操作 $\overline{C_n}=1$（无进位）	正逻辑 M=0 算术操作 $\overline{C_n}=0$（有进位）	负逻辑 M=1 逻辑操作	负逻辑 M=0 算术操作 $C_n=1$（有进位）	负逻辑 M=0 算术操作 $C_n=0$（无进位）
0000	$F=\overline{A}$	$F=A$	$F=A$ 加 1	$F=\overline{A}$	$F=A$	$F=A$ 减 1
0001	$F=\overline{A+B}$	$F=A+B$	$F=(A+B)$ 加 1	$F=\overline{AB}$	$F=AB$	$F=AB$ 减 1
0010	$F=\overline{A}B$	$F=A+\overline{B}$	$F=(A+\overline{B})$ 加 1	$F=\overline{A}+B$	$F=A\overline{B}$	$F=A\overline{B}$ 减 1
0011	$F=0$	$F=$ 减 1	$F=0$	$F=1$	$F=0$	$F=$ 减 1
0100	$F=\overline{AB}$	$F=A$ 加 $A\overline{B}$	$F=A$ 加 $A\overline{B}$ 加 1	$F=\overline{A+B}$	$F=A$ 加 $(A+\overline{B})$	$F=A$ 加 $(A+\overline{B})$ 加 1
0101	$F=\overline{B}$	$F=(A+B)$ 加 $A\overline{B}$	$F=(A+B)$ 加 $A\overline{B}$ 加 1	$F=\overline{B}$	$F=AB$ 加 $(A+\overline{B})$	$F=AB$ 加 $(A+\overline{B})$ 加 1
0110	$F=A\oplus B$	$F=A$ 减 B 减 1	$F=A$ 减 B	$F=A\oplus \overline{B}$	$F=A$ 减 B 减 1	$F=A$ 减 B
0111	$F=A\overline{B}$	$F=A\overline{B}$ 减 1	$F=A\overline{B}$	$F=\overline{A}B$	$F=(A+\overline{B})$ 加 1	$F=A+\overline{B}$
1000	$F=\overline{A}+B$	$F=A$ 加 AB	$F=A$ 加 AB 加 1	$F=\overline{A}B$	$F=A$ 加 $(A+B)$	$F=A$ 加 $(A+B)$ 加 1
1001	$F=\overline{A\oplus B}$	$F=A$ 加 B	$F=A$ 加 B 加 1	$F=A\oplus B$	$F=A$ 加 B	$F=A$ 加 B 加 1
1010	$F=B$	$F=(A+\overline{B})$ 加 AB	$F=(A+\overline{B})$ 加 AB 加 1	$F=B$	$F=A\overline{B}$ 加 $(A+B)$	$F=A\overline{B}$ 加 $(A+B)$ 加 1
1011	$F=AB$	$F=AB$ 减 1	$F=AB$	$F=0$	$F=(A+B)$	$F=(A+B)$ 加 1
1100	$F=1$	$F=A$ 加 A	$F=A$ 加 A 加 1	$F=0$	$F=A$ 加 A	$F=A$ 加 A 加 1
1101	$F=A+\overline{B}$	$F=(A+B)$ 加 A	$F=(A+B)$ 加 A 加 1	$F=AB$	$F=AB$ 加 A	$F=AB$ 加 A 加 1
1110	$F=A+B$	$F=(A+\overline{B})$ 加 A	$F=(A+\overline{B})$ 加 A 加 1	$F=A\overline{B}$	$F=A\overline{B}$ 加 A	$F=A\overline{B}$ 加 A 加 1
1111	$F=A$	$F=A$ 减 1	$F=A$	$F=A$	$F=A$ 加 1	$F=A$

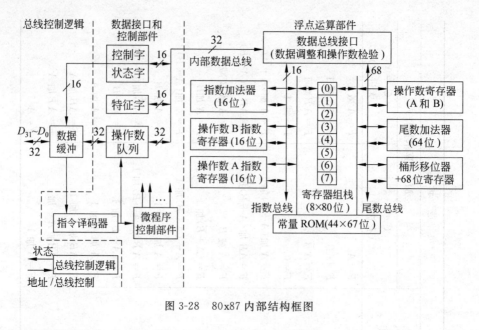

图 3-28 80x87 内部结构框图

80x87 能够处理二进制浮点数、二进制整数和十进制数串三大类共 7 种数据类型,并支持各数据类型之间的转换。

80x87 作为协处理器不能独立运行,需要配合 CPU 才能工作。CPU 执行所有的常规指令,80x87 执行专门的算术协处理指令,即换码(ESC)指令。

2. 80x87 的数据格式

80x87 能处理 7 种数据类型,它们在寄存器中的格式见图 3-29。

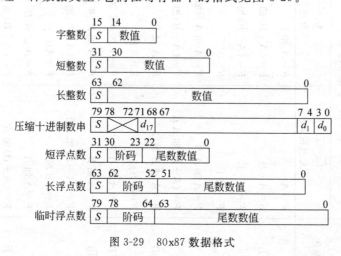

图 3-29 80x87 数据格式

格式中 S 表示数符,用 0 表示正,1 表示负。三种浮点数采用 IEEE 754 标准,80x87 从主存取数或向主存写数时,均用 80 位的临时浮点数与其他数据类型执行自动转换。在 80x87 中的全部数据都是以 80 位临时浮点数的形式表示。

习题

3.1 已知 X 和 Y,用变形补码计算出 $X+Y$,并说明结果是否溢出。
(1) $X=0.11100, Y=0.11111$
(2) $X=0.11101, Y=-0.11010$
(3) $X=-0.10111, Y=-0.00010$
(4) $X=-0.11010, Y=0.11101$

3.2 已知 X 和 Y,用变形补码计算出 $X-Y$,并说明结果是否溢出。
(1) $X=0.11100, Y=-0.11111$
(2) $X=-0.11101, Y=0.11010$
(3) $X=0.10111, Y=-0.00010$
(4) $X=-0.11010, Y=-0.11101$

3.3 用原码一位乘和原码两位乘求 $X \times Y$。
(1) $X=0.11011, Y=-0.11110$
(2) $X=-0.11001, Y=-0.01110$

3.4 用补码一位乘(比较法)求 $X \times Y$,结果用补码和真值表示,并写出计算过程。
(1) $X=0.110111, Y=0.101100$
(2) $X=-0.110011, Y=-0.010110$

3.5 用补码两位乘求 $X \times Y$,分别用补码与真值表示乘积,并写出计算过程。
(1) $X=0.010101, Y=-0.101101$
(2) $X=0.1111001, Y=-0.0111101$

3.6 用原码不恢复余数法求 $X \div Y$,算出商和余数,并给出计算过程。
(1) $X=0.100111, Y=0.101011$
(2) $X=-0.011001, Y=-0.100100$

3.7 用补码不恢复余数法求 $X \div Y$,算出商和余数,并给出计算过程。
(1) $X=0.100111, Y=-0.101011$
(2) $X=-0.011101, Y=-0.100101$

3.8 设浮点数字长为 16 位,其中阶码 8 位,尾数 8 位,均用双符号数补码表示。求 $X \pm Y$,并给出计算过程。
(1) $X=2^{-4} \times \dfrac{11}{16}, Y=2^{-3} \times \dfrac{9}{16}$
(2) $X=2^{5} \times \dfrac{9}{16}, Y=-2^{4} \times \dfrac{5}{8}$

3.9 设浮点数阶码 3 位,用移码表示,尾数 6 位,用补码表示,均不包括符号位,求 $X \times Y$,并给出计算过程。
(1) $X=2^{-100} \times 0.101110, Y=2^{011} \times 0.101010$
(2) $X=-2^{101} \times 0.100111, Y=-2^{-101} \times 0.011011$

3.10 设浮点数阶码 3 位,用移码表示,尾数 6 位,用补码表示,均不包括符号位,求 $X \div Y$,并给出计算过程。

(1) $X = -2^{100} \times 0.101110, Y = 2^{011} \times 0.101010$

(2) $X = -2^{-101} \times 0.100110, Y = 2^{-001} \times 0.011111$

3.11 用 74181 和 74182 构成一个 32 位的 ALU,采用分组并行进位链结构。

第4章 指令系统

本章主要介绍计算机指令系统的基本概念、指令格式及寻址方式,讨论指令系统的设计理论。在此基础上介绍指令的分类及指令系统举例,其中重点介绍 8086 体系结构的寻址方式及其 8086 指令系统。通过本章的学习,使读者在了解指令系统概念的基础上,深入地学习并掌握 8086 指令系统,为后续的学习打下扎实的基础。本章还简要介绍了 Intel 80x86 指令格式、IBM360/370 指令格式、MIPS 指令格式及指令系统,介绍了 CISC 与 RISC 指令系统的概念。

4.1 指令系统的基本概念

4.1.1 指令系统及计算机语言

计算机在加电、开机之后,能够有条不紊地运行,是由于计算机的硬件在不断地执行着发给它的一个个命令,而这些命令是由机器指令给出的。为了让计算机能够按照人们的意图去工作,人们编出了能够完成不同功能的计算机程序。计算机程序是由一条条机器指令组成的。机器指令是计算机唯一能够识别的语言。一条机器指令所提供的信息主要包括:告诉机器应该做什么操作,从何处取操作数,把数据运算的结果送往何处以及从何处取出下一条将要执行的指令等内容。一条机器指令是由若干位二进制表示的 0、1 代码组合而成的。根据 0、1 代码的不同组合,控制机器的硬件进行不同的操作,以实现机器运行的不同功能。一台计算机中实现各种功能的机器指令的集合称为该机器的指令系统(instruction set)。要让一台计算机工作,必须使用这台机器的语言编程,即使用该机器指令系统中的机器指令(简称指令)编程去控制机器的运行。

随着计算机软硬件技术的不断发展,计算机的语言也在不断地发展。计算机语言从早期的由二进制 0、1 表示的机器语言,发展出了用助记符表示的低级语言(如汇编语言),进而发展出方便人类记忆、编程的高级语言(如 C 语言、FORTRAN 语言)。

高级语言的诞生,使人类可以方便地按照实际需要编写出能够完成所需功能的程序。由高级语言编写的程序,虽然便于人们书写和识别,但是,计算机硬件不能直接识别,需要由相应高级语言的编译程序把它翻译成相应的机器语言,这样机器才能识别并且去执行由高级语言编写的程序所发出的命令,完成相应的功能。汇编语言是由帮助人们记忆的符号,即助记符表示的低级语言,它和机器语言相对应。用汇编语言编写的程序,需要由相应汇编语言的汇编程序把它翻译成机器语言,这样才能使机器识别,进而完成该程序所赋予它的功能。机器语言是由一条条用二进制表示的指令语句构成的,每条指令语句可以准确地表达某种语义,命令计算机硬件执行相应的操作,通常把指令语句称作机器指令,只有用机器指令构成的程序才能让机器识别并执行。

为了使计算机能够自动运行,必须使用该机器的机器语言(即该机的指令系统中的机器指令)去编写程序,由一条条机器指令控制计算机硬件工作。由此可以看出,机器的功能是由该机的指令系统所决定的。不同类型的机器具有不同的指令系统。计算机设计者的目标就是研究并确定计算机的指令系统,使其易于机器硬件的设计,使机器获得尽可能高的性价比,同时又能够为编译器的设计及编程人员提供便利。对于计算机编程人员而言,则是利用相应机器指令系统中的各种指令编程来完成所需要实现的功能。目前人们习惯使用高级语言或汇编语言进行编程。对于使用高级语言编写的程序,需要使用适用于该机的编译程序把它翻译成机器能够识别的机器语言程序;对于使用汇编语言编写的程序,需要使用适用于该机的汇编程序把它翻译成机器能够识别的机器语言程序。这样机器才能够在机器语言程序的指挥下工作,实现计算机编程者的意图。

虽然机器指令系统随机器不同而异,但各种机器语言之间是非常相像的。其主要原因在于计算机实现的硬件技术都是基于相似的工作原理和实现技术的。因此,只要很好地掌握了一种机器语言,触类旁通,在遇到其他类型的机器语言时,就能够很快地学会并且将其掌握。

4.1.2 计算机中指令的存储及执行

在计算机内部存储及处理的信息分为数据信息和控制信息两大类。数据信息是计算机处理的对象。控制信息主要是由构成程序的机器指令组成。在计算机中,指令是以二进制代码的形式表示的。通过把利用机器的指令系统中的各种指令所编写的、控制机器运行的程序存放在存储器中的方式,使计算机能够连续不断地执行相应程序,这就是存储程序概念(stored-program concept)。指令系统可以看成是计算机系统中硬件与软件的接口,是计算机系统中硬件与软件的分界面。计算机硬件设计者采用各种技术去实现指令系统的功能。软件设计者利用指令系统提供的具有不同功能的机器指令,按照所要实现的功能需求编写出不同的程序(包括系统程序和应用程序),并把其存储到存储器中供计算机执行。人们通过编写不同的程序,则可以在相同的硬件上完成各种不同功能的任务。计算机通过执行存储器中各种不同的程序来完成功能各异的任务,这即是存储程序的概念。

计算机中程序执行的一般过程如下:

计算机在开机启动后,到主存中找到需要执行的程序中的第一条机器指令,把其从主存读取到指令寄存器(或指令暂存器、指令队列等)中;通过对需要执行的相应机器指令进行译码,控制机器硬件电路进行不同的动作,完成不同的功能。机器在执行完一条指令后,根据程序的需求,再取出下一条应该执行的指令继续执行。以此方式,循环往复,直到一段程序执行完,则完成了相应的一个任务。计算机按照上述过程,不断等待、执行一个又一个的程序,完成一个个相应的任务,直到计算机关机才停止程序的执行。

4.2 指令格式

4.2.1 指令格式及指令字长度

指令格式(instruction format)一般由操作码字段和地址码字段两部分组成。操作码字段表示指令的功能及操作特征,地址码字段通常指定参与操作的操作数地址或直接给出操作数。一条指令的基本格式如图 4-1 所示。

在进行指令格式设计时,需要考虑操作码字段的结构设计、地址码字段的结构设计以及指令字的长度设计。

指令字长度是指一条指令中包含的二进制代码的位数。机器字长是指 CPU 能同时并行处理的用二进制表示的数据位数。计算机的运算精度由机器字长所决定。主存单元的字长通常与机器字长相等。指令字长度与机器字长没有固定的关系。通常把指令字长度小于或等于机器字长的指令称作短指令,把指令字长度大于机器字长的指令称作长指令。一般把指令字长与机器字长相等的指令称作单字长指令;把指令字长与两个机器字长相等的指令称作双字长指令;把指令字长与半个机器字长相等的指令称作半字长指令;以此类推。

| 操作码字段 | 地址码字段 |

图 4-1 指令的基本格式

早期的计算机其指令字长度、机器字长及主存单元字长都是相等的,因此通过对一个主存单元内容的读取,便可以取出一条完整的指令或一个完整的数据。随着计算机技术的不断发展,指令系统中的各条指令的字长可以是变化的,指令所处理的数据的长度也可以各不相同。一般而言,不论是定长指令或不定长指令,其指令长度都应当设计成字节(8 位二进制数)的整数倍,这样可以充分利用主存的存储空间。对于指令长度的设计而言,短指令的设计可以节省指令的存储空间,减少读取指令所需的访存次数,提高执行每条指令的速度。长指令设计可以使一条指令包含较强的功能,便于进行程序设计;但当从主存读取一条长指令时,可能需要多次访存才能够读取出一条完整的指令。由此可见,访问长指令会降低程序的执行速度。可变长指令的设计可以根据指令功能的不同而设计出不同长短的指令。这种指令结构充分利用指令的长度,结构设计灵活,相对而言,既可以节省指令的存储空间,又可以加快指令的执行速度,但指令的控制较为复杂。因此在设计指令字长度时,应根据机器的总体设计需求综合考虑,把常用到的指令设计成短指令,尽量缩短指令字的长度,设计出占用存储空间小、执行速度尽可能快的指令。

例如,NOVA 机采用了定长 16 位的指令字长。某些精简指令系统计算机(RISC)的指令采用定长指令字长。从 20 世纪 80 年代以来广泛应用于 ATI Technologies、Cisco、日本电器(NEC)、任天堂(Nintendo)、硅谷图像(Silicon Graphics)、索尼(Sony)、东芝(Toshiba)及德州仪器(Texas Instruments)等公司机器的 MIPS 指令系统,采用了 32 位定长指令字长。但是,由于各种不同功能的指令所表示的信息量有着较大的差别,目前大多数计算机系统的指令字长采用可变字长结构。例如,IBM370 系列机的指令字长采用了可变字长结构,指令字长有 16 位(半字)、32 位(单字)及 48 位(一个半字)等几种字长。Pentium 系列机的指令字长采用了 8 位(单字节)、16 位(双字节)、32 位(四字节)及 64 位(八字节)等可变长指令字长。Intel 8086 采用了 8 位(单字节)、16 位(双字节)、24 位(三字节)、32 位(四字节)、40 位(五字节)及 48 位(六字节)等六种不同长度的指令字长。

4.2.2 操作码结构的设计

指令中的操作码(operation code,简称 opcode)表示该条指令应控制机器进行什么性质的操作,是编程者指示机器进行相应操作的命令。操作码字段是由若干位二进制编码所组成。不同的指令功能用操作码字段的不同编码来表示。每个操作码都对应一条机器指令,命令机器执行相应的操作。例如,可以用 4 位二进制代码 1001 表示对两个寄存器中的数据进行加法运算;用4位二进制代码0110表示对两个寄存器中的数据进行减法运算;用4位二进制代码1000表示取数操作;用4位二进制代码1100表示存数操作等。

操作码的位数决定着指令系统中完成不同操作指令的数量。如果某机器指令格式中操作码字段的位数为n位二进制数,则该机器的指令系统最多可以设置2^n条指令。例如,需要设计16条指令,则操作码字段可以设计为4位,即4位操作码可以设计有16条不同操作的指令。

在设计操作码结构时需要特别注意的是,如果对于不同寻址方式的同一种指令采用不同的操作码设计方法时,则需要为具有不同寻址方式的同一种指令设置不同的操作码。例如:对于用4位二进制代码来表示操作码结构的"加法"指令而言,若两个相加的操作数都在通用寄存器中,设置此条寄存器—寄存器型"加法"指令的操作码为二进制代码1001;若一个操作数在通用寄存器中,另一个操作数在主存储器中,则可以设置此条寄存器—存储器型"加法"指令的操作码为二进制代码1010。由此可见,具有相同"加法"功能的指令,可能会占据多个操作码的码点。因此,在设计操作码字段的位数时,应该考虑指令系统中设置的各种指令以及每种指令所占据操作码的码点数,由各种指令占用的所有码点数来决定应设置的操作码字段位数。

在设计操作码结构时,应该根据指令的长度、所需设置指令的条数等需求综合考虑并进行设计。操作码结构可以设计成固定长度的操作码,也可以根据需要设计成可变长度的操作码。总之,指令系统中所有指令都需要设有相应的操作码与之对应,同时还应该考虑尽量降低操作码的冗余量。

1. 固定长度操作码结构

固定长度操作码结构是指操作码集中存放在指令的一个字段内,并且其长度是定长的。这种结构的指令译码时间短,便于硬件的设计与实现,目前广泛应用于指令字长较长的大型、中型、超级小型计算机及RISC中。例如,IBM370及VAX-11系列机的指令,其操作码长度均为8位。MIPS指令的操作码字段采用6位定长操作码结构。

2. 可变长度操作码结构

可变长度操作码结构一般是指操作码字段的长度是可变的,不同功能的指令可能占用不同长度的操作码位数。这种操作码结构可以有效地压缩操作码位数,使操作码的平均长度减小。但由于操作码的长度不固定,会增加指令译码及控制部件等硬件电路设计的难度和复杂性。可变长度操作码结构目前广泛应用于字长较短的小型或微型计算机中,例如PDP-11、Intel 8086等机器的指令系统,都采用了多种不同长度的操作码结构。

固定长度的操作码结构会产生较大的信息冗余量;可变长操作码结构可以减小操作码的平均长度,使信息冗余量降低,但指令的译码电路会变得复杂。因此在进行可变长操作码结构设计时,通常采用操作码扩展技术。

操作码扩展技术是一种重要的指令优化技术。利用该技术进行操作码结构设计时,应尽量遵循下述原则:对于在程序中使用频度(即出现概率)高的指令,为其分配短的操作码;对于使用频度低的指令,为其分配较长的操作码。按照此原则,不仅可以缩短使用频度高(即经常使用)的指令的译码时间,而且可以有效地减少操作码在程序中所占有的总位数,缩短指令的平均长度,同时也相应增加了在同等长度的指令字中可以表示的操作信息。在进行操作码扩展编码设计时,还应当考虑指令中地址码的设计以及指令字总长度的设计要求,综合进行设计。

图 4-2 是一种操作码扩展方法的示例图。图中指令字长为 16 位二进制编码。其中,OP 字段为 4 位基本操作码字段;字段 A1、A2 和 A3 为三个长度各为 4 位的地址码字段。如果采用 4 位定长操作码结构,则按照此格式,最多可以设计出 16 条具有不同操作功能的三地址指令。但是,如果按照图 4-2 所示的方法进行操作码扩展设计,则可以设计出 61 条具有不同操作功能的指令。这种操作码扩展设计方法是把三地址指令设计成 15 条,使用 4 位 OP 字段的二进制编码的 0000～1110,把剩余的二进制编码 1111 用于扩展标志。此时,操作码扩展为 8 位,占用 OP 和 A1 字段,A2 和 A3 字段仍为地址码字段。由此最多可以设计出 16 条二地址指令。但按照图 4-2 所示的方法,把具有 8 位操作码的二地址指令也设计成 15 条,使用 8 位 OP 和 A1 字段二进制编码的 11110000～11111110,把剩余的二进制编码 11111111 用于扩展标志。则按照上述方法,又可以设计出 15 条一地址指令。以此类推,最后可以设计出 16 条操作码为 16 位(1111111111110000～1111111111111111)的零地址指令。

15 12	11 8	7 4	3 0	
OP	A1	A2	A3	
0000	A1	A2	A3	15条三地址指令
0001	A1	A2	A3	操作码长度为4位
…	…	…	…	地址码长度为12位
1110	A1	A2	A3	
1111	0000	A2	A3	15条二地址指令
1111	0001	A2	A3	操作码长度为8位
…	…	…	…	地址码长度为8位
1111	1110	A2	A3	
1111	1111	0000	A3	15条一地址指令
1111	1111	0001	A3	操作码长度为12位
…	…	…	…	地址码长度为4位
1111	1111	1110	A3	
1111	1111	1111	0000	16条零地址指令
1111	1111	1111	0001	操作码长度为16位
…	…	…	…	
1111	1111	1111	1111	

图 4-2 一种操作码扩展方法示例图

除了图 4-2 所示的对指令格式中的操作码进行扩展的方法之外,还可以有多种其他的扩展方法。例如,可以形成 15 条三地址指令,14 条二地址指令,31 条一地址指令,16 条零地址指令。在进行机器的指令系统设计过程中,设计者可以根据需要,灵活地设计出各种不定长度操作码结构的指令系统。操作码扩展技术目前广泛应用于指令字长较短的小型机及微型机中。

4.2.3 地址码结构的设计

地址码(address)字段主要是用来表示指令中所需要的操作数地址。在设计地址码结构时,需要考虑指令中需要几个地址,地址码长度需要几位,地址如何给出以及操作数是否需要直接给出等内容。在此，主要讨论地址码长度和地址个数的设计，地址及操作数如何给出的问题将在4.3节中详细介绍。

地址码长度的确定，主要取决于主存的容量和程序可访问的寄存器个数等因素。表示一个存储器操作数地址的位数，一般而言，需要二进制编码的表示主存容量的地址长度。例如，访问512MB大小的存储器，需要29位二进制数表示的地址编码。表示一个寄存器操作数的地址，则需要二进制编码的表示寄存器个数的地址长度。例如，机器具有32个寄存器可供程序访问，因此，需要5位二进制数表示的寄存器地址编码。

根据指令中需要设计操作数地址的个数，可以把指令格式分成图4-3所示的几种格式。

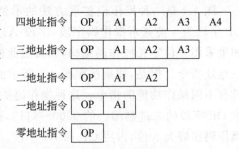

图4-3 具有不同地址码的指令格式示意图

1. 四地址指令

在四地址指令格式中，共有五个字段（如图4-3所示）。其中：

OP 为操作码，表示加、减、乘、除、传送、移位等操作性质；
A1 为第一操作数地址，也可称作源操作数地址；
A2 为第二操作数地址，也可称作源操作数地址；
A3 为存放结果的地址；
A4 为下一条将要执行指令的地址。

A1、A2、A3及A4可以是主存中的单元地址，也可以是程序可访问的寄存器地址。指令的意义为：

(A1)OP(A2)→A3

它表示把A1中的操作数与A2中的操作数按照OP操作性质进行相应的操作（例如，OP为加法操作时，则进行加法运算），把运算结果送入地址A3中；A4作为下一条将要执行指令的地址。

这种指令结构设计简单，后续指令地址可在指令中给出。但由于有4个地址，地址码占用了指令字的大量信息，降低了信息有效利用率。由于程序中大部分指令是顺序执行的，因此，目前的机器大多数设计专用的程序计数器PC（或称指令指针IP等）存储将要执行的下一条指令的地址，并使该计数器具有计数和接数的功能，使其能够完成自动计数形成下一条指令的地址，或接收转移地址（即程序应跳转到相应指令的主存地址）。这样四地址指令格式中的A4就不再需要，即得到三地址指令格式。

2. 三地址指令

三地址指令格式如图4-3所示，指令的意义为：

(A1)OP(A2)→A3

三地址指令与四地址指令完成同样的操作，不同之处是后续指令的地址不出现在指令中，而是由程序计数器PC（或IP等）指出。三地址格式的指令比四地址格式的指令可以缩短一个地址长度,并且在指令执行后,第一、第二操作数不会被破坏,可供后续指令继续使用。但三地址指令仍然占有较多的地址字段,使指令字较长。因此,这种指令格式常应用于字长较长的大型及中型机器中,在小型及微型机中应用较少。

3. 二地址指令

二地址指令格式如图 4-3 所示,指令的意义为:

(A1)OP(A2)→A1

它表示把 A1 中的操作数与 A2 中的操作数按照 OP 操作性质进行相应的操作,把运算结果送入地址 A1 中。在这种二地址指令中,A1 既表示源操作数的地址,又作为存放运算结果的地址,通常把其称为目的操作数地址(简称目的地址);A2 则只表示源操作数的地址(简称源地址)。有些机器把二地址指令的意义表示为:

(A1)OP(A2)→A2

它表示把 A1 中的操作数与 A2 中的操作数按照 OP 操作性质进行相应的操作,把运算结果送入地址 A2 中。在这种二地址指令中,A1 只表示源操作数的地址;A2 既表示源操作数的地址,又作为存放运算结果的地址(称为目的地址)。

二地址指令的字长较短,但在指令执行后,会破坏一个操作数(目的操作数)地址中的内容,使其内容变成运算的结果。这种指令格式在小型机和微型机中是最为常用的指令格式。

4. 一地址指令

一地址指令格式如图 4-3 所示。虽然地址字段只有一个,但这种格式的指令不仅可以作为单操作数的指令,也可以作为双操作数的指令。在作为单操作数指令时的意义为:

OP(A1)→A1

它表示把 A1 中的操作数按照 OP 操作性质进行相应的操作,把运算结果仍送入地址 A1 中。在此,A1 既作为源操作数地址,又作为目的操作数地址。

若作为双操作数指令时,其意义为:

(REG)OP(A1)→REG

它表示把 REG 中的操作数与 A1 中的操作数按照 OP 操作性质进行相应的操作,把运算结果送入地址 REG 中。在这种一地址表示的双操作数指令中,A1 只表示源操作数的地址;REG 既表示源操作数的地址,又作为存放运算结果的目的地址,该 REG 地址在设计指令系统时是事先隐含设定好的,不出现在指令中。

5. 零地址指令

零地址指令格式如图 4-3 所示,在指令中没有地址码字段,只有操作码。对于这种格式的指令有两种类型:

(1) 指令不需要操作码,只发出一定的命令指挥机器完成相应的操作。例如,停机指令只发出停机命令,控制机器执行停止程序运行的操作。空操作指令使机器不进行任何操作,指令的执行不影响程序运行的环境,只占用一定的 CPU 时钟周期及存储空间。

(2) 指令所需要的操作数是隐含指定的。例如,Intel 8086 的标志寄存器内容入栈及出栈指令,指令中只有操作码,所需要的操作数存储位置事先做好约定。一个操作数的存放地点是堆栈,由堆栈指针(SP)隐含给出操作数的地址;另一个操作数的存放地点是运算器中的标志寄存器,也由指令隐含确定。另外,在 Intel 8086 中,一些串操作指令的操作数地址也是隐含确定的。

综上所述,在设计指令系统时,应考虑尽可能地缩短指令长度,这样才可能减少程序占用的空间,同时也相应减少访存的次数,提高程序的总体运行速度。通常可以采用下述几种方法来缩短指令长度:

(1) 把运算结果放在目的操作数地址中。这样可以缩减一个地址长度。

(2) 用 CPU 中的寄存器隐含存放一个操作数。

(3) 不用完整、较长的主存地址,把主存较长地址码的全部或部分存放在寄存器中,在地址码字段只给出较短的寄存器地址编码。这样可以极大地缩短地址码的长度。

总之,指令字长度、操作码以及地址码的设计,需要从机器性能及设计需求出发综合进行考虑,以设计出最佳的指令格式及指令系统。

4.2.4 指令助记符与机器指令代码

指令中的操作码及地址码是由若干位二进制数编码而成的。在进行指令系统设计时,为了方便人们的记忆、阅读及编程,一般对机器指令中用二进制编码表示的操作码和地址码采用相应的若干个英文字母表示,通常将此称为指令助记符(instruction mnemonic)。指令助记符对于不同的机器,规定是不相同的。

例如,对于一条指令格式如图 4-4 所示的两个寄存器(register)内容进行相加操作,其二进制代码为 10010001 的机器指令而言,可以用指令助记符"ADD AX,BX"来表示。该指令的功能是把寄存器 AX 的内容与寄存器 BX 的内容相加,其结果存入寄存器 AX 中。在这条加法指令中,用英文字母"ADD"作为指令中操作码的助记符,代表用二进制编码的操作码 1001;用英文字母"AX"作为指令中目的操作数地址的助记符,代表用二进制编码的目的操作数地址 00(例如 0 号寄存器);用英文字母"BX"作为指令中源操作数地址的助记符,代表用二进制编码的源操作数地址 01(例如 1 号寄存器)。

7 6 5 4	3 2	1 0
操作码	地址 1	地址 2

图 4-4 单字节指令格式示例图

在进行指令系统设计的过程中,要求设计出机器指令代码以及与之相对应的指令助记符。与此同时,需要对指令格式进行详细设计及说明。首先需要确定各类指令的长度、操作码及操作数地址分别占据指令中哪些二进制位,并且进一步确定操作码及地址码(相应寻址方式)分别采用什么样的助记符表示。

例如,对于图 4-4 所示的单字节指令格式,具有四位操作码(位于指令的第 4~7 位)的指令操作码助记符的相应设计如表 4-1 所示。对于单字节指令格式具有两个地址码字段(分别位于指令的第 2、3 位及第 0、1 位)的指令地址码助记符(相对于寄存器直接寻址方式)的相应设计如表 4-2 所示。

表 4-1 指令操作码助记符设计示例

指令操作码助记符	机器指令代码	指 令 功 能
HALT	0000	停机
ADD	1001	加法(寄存器与寄存器内容相加)
SUB	0110	减法(寄存器与寄存器内容相减)
MOV	0001	数据传送(寄存器到寄存器的传送)
MOV	0010	数据传送(存储器到寄存器的传送)

表 4-2 指令地址码助记符设计示例(相对于寄存器直接寻址方式)

指令地址码助记符	机器指令代码	说　　明
AX	00	0号通用寄存器作为操作数地址
BX	01	1号通用寄存器作为操作数地址
CX	10	2号通用寄存器作为操作数地址
DX	11	3号通用寄存器作为操作数地址

综上所述,指令助记符是机器设计者为人们提供的便于记忆、理解和编程的一组符号。使用指令助记符编程,可以极大地方便程序的编写及阅读。但是,由于机器只能识别0、1这样的二进制代码,在机器运行时,必须为机器输入用0、1所表示的机器指令代码。因此,可以利用该指令系统的汇编程序,完成把用指令助记符编写的程序转换成用二进制代码表示的机器指令程序的功能,使机器运行转换后用二进制代码表示的机器指令程序。

4.2.5　指令格式举例

1. Intel 80x86 指令格式

在 Intel 80x86 指令格式中,8086 指令格式与 80286 指令格式相同。8086 采用 16 位体系结构,所有内部寄存器的宽度为 16 位。8086 指令格式采用 1~7 个字节的可变字长指令格式。指令格式的一般形式如图 4-5 所示。

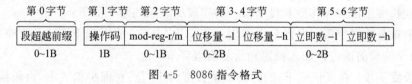

图 4-5　8086 指令格式

其中,第 0 字节为段超越前缀;第 1 字节主要包含操作码,个别指令占用第 1 字节和第 2 字节的 reg 字段作为操作码;第 2 字节大部分指令表示寻址方式;第 3、4 字节表示存储器操作数地址构成的位移量,长度可为 8 位或 16 位,当表示 16 位位移量时,第 3 字节表示位移量的低 8 位,第 4 字节表示位移量的高 8 位;第 5、6 字节表示立即操作数,长度可为 8 位或 16 位,当表示 16 位立即数时,第 5 字节表示立即数的低 8 位,第 6 字节表示立即数的高 8 位。

图 4-5 中的第 0 字节是段超越前缀,如果在指令中指定了段超越前缀,则在本条指令之前设置一个字节表示段超越前缀。段超越前缀的高 3 位为 001;中间 2 位为 SEG 字段;最后低 3 位为 110。其中的 001 和 110 为段超越前缀的标志,SEG 字段表示所采用的某个段寄

存器的 2 位二进制编码,SEG 为 00,表示采用段寄存器 ES;SEG 为 01,表示采用段寄存器 CS;SEG 为 10,表示采用段寄存器 SS;SEG 为 11,表示采用段寄存器 DS。

80386 及其后继机型采用 32 位体系结构,在实模式和虚拟 8086 模式下仍然采用图 4-5 所示的与 8086 指令格式相同的 16 位指令格式;在保护模式下,则根据程序的不同设置来决定指令采用与 8086 相同的 16 位指令格式,还是采用 32 位指令格式。16 位指令格式一般采用 16 位地址(采用 16 位位移量计算有效地址),隐含操作数的长度为 16 位;而 32 位指令格式一般采用 32 位地址(采用 32 位位移量计算有效地址),隐含操作数的长度为 32 位。80x86 的 32 位指令格式如图 4-6 所示。

指令前缀字段	操作码	mod-reg-r/m	比例-变址-基址	位移量	立即数
1~2B	0~1B	0~1B	0~1B	0~2,4B	0~2,4B

图 4-6 80x86 指令格式

其中,操作码字段、mod-reg-r/m 字段、位移量字段和立即数字段与 16 位指令格式中的含义相同,不同点是位移量字段和立即数字段可采用 0、1、2 及 4 字节长度。比例-变址-基址字段(简称 SIB;Scale-Index-Base)为 1 个字节,其格式如图 4-7 所示。

7	6	5	4	3	2	1	0
比例(S)		变址(I)			基址(B)		

图 4-7 80x86 比例因子字段格式

其中,S 为比例因子,I 为变址寄存器地址,B 为基址寄存器地址。此字段可以和 mod-reg-r/m 字段中的 mod-r/m 组合,对存储器操作数来源进行详细说明。

在 80x86 指令格式的 5 个字段前还可以带有指令的前缀。其前缀的格式如图 4-8 所示。

锁定和重复前缀	地址长度	操作数长度	段超越前缀
0~1B	0~1B	0~1B	0~1B

图 4-8 指令的前缀

指令的前缀字段是可选项,其功能是对其后面的指令内容进行显式约定。16 位格式则不包含地址长度字段和操作数长度字段。各字段所表示的意义如下:

锁定和重复前缀字段:当指令中需增加 LOCK(锁定)前缀和 REP(串处理重复)前缀时,则在指令的最前面应该加入锁定和重复前缀字节。

地址长度字段:在实模式下,隐含的地址长度为 16 位;在保护模式下,由段描述符中的 D 位来决定隐含长度:若 D=0,则隐含长度为 16 位,若 D=1,则隐含长度为 32 位。当一条指令不采用隐含的地址长度时,则需要使用地址长度前缀进行显式说明。

操作数长度字段:在实模式下,隐含的操作数长度为 16 位;在保护模式下,由段描述符中的 D 位来决定隐含长度:若 D=0,则隐含长度为 16 位,若 D=1,则隐含长度为 32 位。当一条指令不采用隐含的操作数长度时,则需要使用操作数长度前缀进行显式说明。

地址长度前缀和操作数长度前缀是由汇编程序自动完成加入的,不需要程序指定。

段超越前缀字段:如果一条指令所使用的段寄存器遵循段默认规则,则该段寄存器名称可以不出现在指令中;若在一条指令中不按照段默认规则使用某个段寄存器时,则必须采用段超越前缀明确指定所用的段寄存器。

2. MIPS 指令格式

MIPS 指令是应用于 MIPS(Microprocessor without interlocked piped stages：无内部互锁流水级的微处理器)机器上的机器语言。MIPS 指令系统采用 RISC 体系结构的 32 位等长指令格式，共有 R 型(寄存器型)、I 型(立即数型)和 J 型(跳转型)三种类型的指令格式，如图 4-9 所示。

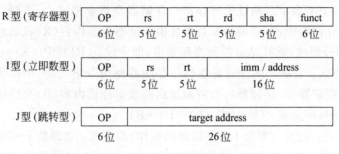

图 4-9 MIPS 指令格式

其中，各个字段的含义如下：
OP：6 位操作码，表示指令的基本操作；
rs：5 位源操作数寄存器地址；
rt：5 位源操作数或目的操作数寄存器地址；
rd：5 位目的操作数寄存器地址；
sha：5 位移位位数(用于移位指令)；
funct：6 位辅助操作码(例如，可以设定 ALU 的算术/逻辑运算功能)；
imm/address：16 位立即数/地址；
target address：26 位目标地址。

算术/逻辑运算指令一般采用 R 型指令格式；立即数、数据传送及分支等指令采用 I 型指令格式；跳转类指令采用 J 型指令格式。

3. IBM360/370 指令格式

IBM360、370 属于系列机，其基本体系结构、基本指令系统及指令格式是相同的，系列机指令系统是向上兼容的，即在 IBM360 机上运行的指令可以不加修改地运行在 IBM370 机上。IBM360/370 机的指令格式如图 4-10 所示，其中，指令字长有 16 位(半字长)、32 位(一字长)及 48 位(一个半字长)三种。

其中：
OP：8 位定长操作码；
Ri：4 位寄存器地址；
X：4 位变址寄存器地址；
B：4 位基址寄存器地址；
D：12 位位移量；

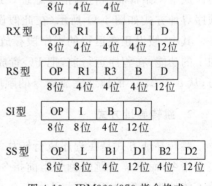

图 4-10 IBM360/370 指令格式

I：8位立即数；

L：8位数据长度。

在图 4-10 所示的五种指令格式中：

RR 型指令格式：表示寄存器—寄存器型指令格式；两个操作数都在寄存器中，完成寄存器 R1 的内容与寄存器 R2 的内容按照操作码 OP 所指示的操作进行相应的运算，并把运算结果送到寄存器 R1 中的功能；可用简化的表述方式来描述，即完成：(R1)OP(R2)→R1。

RX 型指令格式：表示二地址的寄存器—存储器型指令格式；一个操作数在寄存器中，另一个操作数在存储器中，存储器的有效地址由变址寄存器内容(X)和基址寄存器内容(B)及位移量 D 三部分组成，运算结果送到寄存器中；即完成：(R1)OP((X)+(B)+D)→R1。

RS 型指令格式：表示三地址的寄存器—存储器型指令格式；一个操作数在寄存器中，另一个操作数在存储器中，存储器的有效地址由基址寄存器内容(B)及位移量 D 组成，运算结果送到寄存器中；即完成：(R3)OP((B)+D)→R1。

SI 型指令格式：完成立即数 I 送存储器的操作；即完成：立即数 I→(B)+D。

SS 型指令格式：表示存储器—存储器型指令格式；两个操作数均在存储器中，运算结果送到存储单元中；即完成：((B1)+D1)OP((B2)+D2)→(B1)+D1。

4.3 寻址方式

寻址方式(addressing mode)是指确定下一条即将执行的指令地址，以及当前正在运行的指令中所需要的操作数地址的各种方法，即寻找所要处理的指令或操作数地址的各种方式。

4.3.1 指令寻址方式

指令寻址方式是指怎样产生下一条即将执行的指令地址的方法，通常有两种寻址方式：一种称作顺序寻址方式，另一种称作跳转寻址方式。

1. 顺序寻址方式

一段程序在运行时通常是存放在主存的一段连续空间中，按照程序中指令的编排顺序，一条一条地往下执行。一般而言，通过 CPU 中设置的程序计数器(PC)不断加 1 的方式，自动形成下一条即将执行的指令地址。这种指令的寻址方式称作指令顺序寻址方式。指令的顺序寻址方式如图 4-11 所示(在此假设一条指令占用一个主存单元地址空间)。

其中，假设正在运行的程序段存放在主存从地址 0 开始的一段连续空间。PC 具有自动加 1 的功能，在程序运行前，把 PC 置成 0。这样在程序运行过程中，按照 PC 不断加 1 的方法，从 0、1、2、… 的地址完成指令的顺序执行，即由 PC 完成了指令的顺序寻址。

2. 跳转寻址方式

跳转寻址方式是在程序执行转移等指令时，使程序不按指令在主存的排列顺序执行下一条指令，而是需要跳转到与当前指令相隔一段距离的主存地址去执行相应的指令。这样就不能按照当前的 PC 值去寻找指令，需要把应跳转到指令的主存地址(即跳转地址)置入

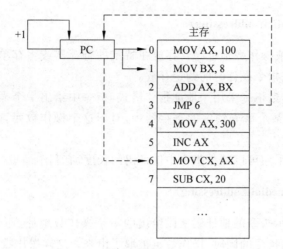

图 4-11 指令的寻址方式

到 PC 中,PC 中的跳转地址应由正在执行的转移等指令来设置。如图 4-11 中 3 号单元的第 4 条指令 JMP 6,应完成把跳转地址 6 设置到 PC 中的功能。由此可见,PC 不仅需要有自动加 1 的功能,还应具有接收转移地址的功能,这样才能完成指令的跳转寻址方式功能。图 4-11 中的指令按照 0、1、2、3、6、7、… 的顺序,在 PC 的控制下连续地执行。

指令跳转寻址方式中转移地址的产生方式可参见操作数寻址方式中的直接寻址、间接寻址及相对寻址等寻址方式。

4.3.2 操作数寻址方式

大部分指令的执行是为了对相关的数据进行处理或进行一定的操作。如何才能找到指令所需要处理的数据,即操作数(operand),这就是操作数寻址方式所要解决的问题。操作数寻址方式是指产生能够寻找到操作数地址的各种方法。

一条指令是由操作码字段和地址码字段组成。通常由地址码字段给出存放操作数的地址。一条指令所处理的操作数,可以存放在寄存器中,也可以存放在指令本体中或存放在主存某单元中,还可以存放在堆栈等位置。一般而言,地址码字段给出的是寻找到操作数有效地址的方法。在给出位于主存中的操作数地址时,地址码字段给出构成操作数有效地址的寻址方式、基址寄存器地址、变址寄存器地址及形式地址等内容。形式地址(formal address)是指令地址码字段给出的不能直接代表操作数真实地址,需要通过对其进行相应的运算才能访问主存的地址。通常,把可以直接用于访问主存的地址称作有效地址 EA (effective address)。如果位于主存的操作数地址的构成不需要进行变址等操作,则指令的地址码字段可以直接给出操作数的有效地址 EA;否则需要把地址码字段给出的寄存器内容与形式地址进行运算,从而形成可以访问主存的有效地址。寻址过程就是确定操作数有效地址的过程。

通常各种机器的硬件结构及指令系统是不相同的。因此,基于各种机器的寻址方式是不一样的,但对于各种寻址方式的概念而言是相似的。下面介绍一些常用的基本寻址方式。

1. 隐含寻址（implicit addressing）

指令中的操作数或操作数地址隐含存放在特定的寄存器或主存单元中，不在指令的地址码字段给出，而是按指令设计时的约定存放。

例如，有些双操作数指令采用一地址指令格式，指令中给出一个操作数地址，另一个操作数地址隐含设定在某个事先约定的寄存器中，对于这个操作数而言，则采用了隐含寻址方式。

隐含寻址方式的采用可以减少指令中地址码的长度，有利于缩短指令字长。

2. 立即寻址（immediate addressing）

立即寻址方式表示指令的地址码字段给出的不是操作数地址，而是操作数本身。操作数存放在指令中，取出指令的同时，操作数也被取了出来。这样操作数可以立即获得。其指令格式如图 4-12 所示。图中所示的操作数通常也称作立即数。

对于立即寻址方式而言，由于操作数在取指令阶段已经获得，因此，在指令执行阶段则不需要访问主存取数，可以加快指令的执行速度。但指令的长度也在一定程度上限定了操作数（立即数）的位数。

3. 寄存器寻址（register addressing）

指令中所要处理的操作数存放在寄存器中。指令的地址码字段直接给出寄存器编号，按此寄存器号访问该寄存器，则可以找到所需要的操作数。这种寻址方式称作寄存器寻址方式，也可称作寄存器直接寻址方式。其寻址过程如图 4-13 所示。

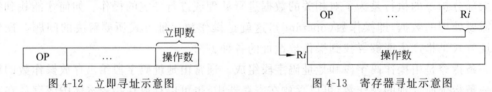

图 4-12　立即寻址示意图　　　　图 4-13　寄存器寻址示意图

通常在 CPU 中设有用户可以访问的通用寄存器。编程时，可以把操作数直接存放在通用寄存器中，这样在指令执行过程中就不需要访问主存，直接访问寄存器即可。由于 CPU 中寄存器数量较少，因此，构成寄存器地址的位数可以比较少，使得指令字的字长较短，既节省了存储空间，也提高了指令的执行速度。寄存器寻址方式在指令系统中得到了广泛的应用。

4. 直接寻址（direct addressing）

直接寻址方式是寻找存储器操作数地址的一种基本方法。指令中的地址码字段直接给出了操作数所在主存单元的有效地址 EA，直接寻址方式也可称为存储器直接寻址方式。其寻址过程如图 4-14 所示。

在图 4-14 中，指令的地址码字段给出的 addr 就是主存的有效地址。按照此地址访问主存，则可以按需要对操作数进行存取操作。

直接寻址方式可以方便地得到存储器操作数地址，而不需要对地址码字段给出的内容进行特定的运算。由于操作数存储在主存空间,所以包含此种寻址方式的指令在指令执行过程中需要访问主存;指令地址码字段的位数与操作数的寻址范围有着一定的相关性。

5. 间接寻址(indirect addressing)

间接寻址方式是指令的地址码字段给出的地址,不是存放操作数的有效地址,而是存放操作数有效地址的主存单元地址(简称操作数地址的地址)。这种寻址方式也可称为存储器间接寻址。在间接寻址方式中,操作数存放在主存单元中,指令中的地址码字段给出的是存放操作数主存单元地址的地址,需要通过两次访存才能访问到操作数。其间接寻址过程如图4-15所示。

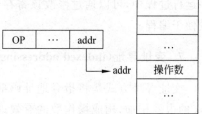

图 4-14　直接寻址示意图

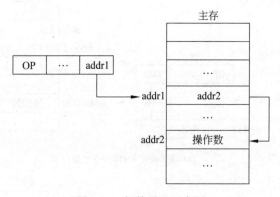

图 4-15　间接寻址示意图

间接寻址方式把存储器操作数的地址存放在主存单元中,在需要修改操作数地址时,只需对存放操作数地址单元的内容进行修改,就完成了操作数地址的修改,而不需要修改指令。因此,这种寻址方式比较便于编程,有些计算机还允许多次间址。在指令执行时,由于间接寻址方式的访存次数增多,从而降低了指令的执行速度。

6. 寄存器间接寻址(register indirect addressing)

指令的地址码部分给出寄存器编号,在给定的寄存器中存放操作数所在主存单元的地址,按此地址去访问操作数。在这种寻址方式中,由于在寄存器中给出的不是操作数本身,而是操作数地址,因此称作寄存器间接寻址方式。其寻址方式的过程如图4-16所示。

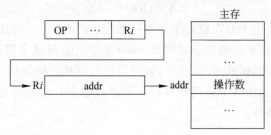

图 4-16　寄存器间接寻址示意图

这种寻址方式,操作数是存放在主存单元中,但由于在指令字中只给出寄存器号,而不需给出主存单元地址,因此可使指令字长较短;另外,由于操作数地址存放在寄存器中,在程序运行过程中,可以通过修改该寄存器中的内容来访问不同的主存单元。这种寻址方式比较便于编程。

7. 变址寻址(indexed addressing)

变址寻址方式是将指令地址码部分给出的形式地址 addr 与 CPU 中的某个变址寄存器 Rx 的内容相加,构成操作数的有效地址。变址寄存器的指定,可以通过寻址方式字段隐式约定某个特定变址寄存器,也可以在指令地址码字段显式指定某个通用寄存器作为变址寄存器。在变址寻址方式中,形式地址作为基准地址,变址寄存器中的内容作为要访问的数据序号。变址寻址过程如图 4-17 所示。

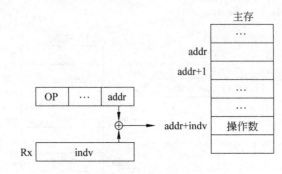

(a) 隐式确定 Rx 作为变址寄存器

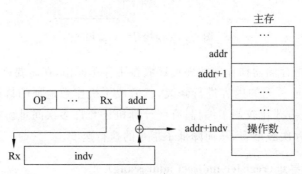

(b) 显式确定 Rx 作为变址寄存器

图 4-17 变址寻址示意图

变址寻址方式的有效地址一般可表示为:

$$EA=(Rx)+addr$$

变址寻址方式主要用于对存储在主存中的数组、字符串等一批连续存储的多个数据进行处理。在指令中,用户通过指定形式地址 addr 来给出数组或字符串等的首地址,并在变址寄存器中给出要访问数据的序号,这样,就可以访问到相应的数据。通过对变址寄存器中变址值的修改,则可以遍访整个数组或字符串等成批数据。变址寻址方式为循环程序的编制提供了极大的便利条件。

8. 基址寻址（based addressing）

基址寻址方式有效地址的形成过程与变址寻址方式类似。其操作数有效地址 EA 的形成是将 CPU 中某个基址寄存器的内容与指令地址码部分给出的形式地址 addr 相加而成。基址寄存器可以采用隐式约定和显式指定两种。隐式约定方式是在计算机内部专门设有专用的基址寄存器 R_B，用户不需要在指令中给定；显式指定方式是在指令中用户明确指出哪个寄存器作为存放基地址的基址寄存器 R_B。基址寻址过程如图 4-18 所示。

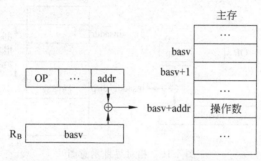

(a) 隐式确定专用基址寄存器 R_B

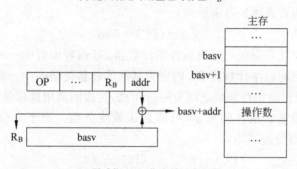

(b) 显式指定 R_B 作为基址寄存器

图 4-18 基址寻址示意图

基址寻址方式的有效地址一般可表示为：

$$EA = (R_B) + addr$$

基址寻址方式由基址寄存器提供基准值，指令中的地址码字段的形式地址提供位移量。通过对形式地址的修改，可以访问该基址寄存器所指定的主存区域某段空间。通过对基址寄存器内容的修改，则可以访问整个主存空间。

基址寻址方式主要用于扩大对主存的寻址空间，解决多道程序及程序在主存中的重定位等问题。在进行多道程序及浮动程序的编程时，用户可以不考虑其编制的程序应该存放在主存的哪部分空间，而是由操作系统等根据主存当前的使用状况，为基址寄存器设置一个初始基地址，使用户程序存放于主存的某一空间。这样，用户可以不用关心程序存放的空间，也不用设置基址寄存器的内容。在程序运行过程中，可以保证系统的安全。在有些机器中，可以通过显式指定基址寄存器的方式，并结合变址寻址方式，而构成对二维数组的访问。

一般而言，基址寻址方式的设置主要是面向系统，解决多道程序在主存中的定位以及扩大寻址空间等问题。变址寻址方式的设置主要是面向用户，使用户可以方便地对字符串、数组及向量等成批数据进行访问,解决程序的循环控制等问题。

9. 相对寻址(relative addressing)

相对寻址方式是把程序计数器 PC 中的内容作为基准地址,指令的地址码部分给出的形式地址作为位移量 disp,把两者内容相加构成操作数的有效地址。相对寻址过程如图 4-19 所示。

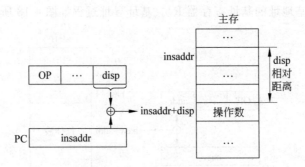

图 4-19 相对寻址示意图

相对寻址方式的有效地址可表示为:

$$EA = (PC) + disp$$

相对寻址方式在此是指相对于当前程序计数器 PC 内容而言的一种寻址方式。这种寻址方式通常用于以当前程序计数器 PC 内容为基准的转移类指令中。转移后的目标地址与程序计数器 PC 所指出的主存地址之间有一段距离,这段距离用位移量 disp 表示,也可称作相对位移量。位移量通常用补码表示,可以是正数或负数。对于 n 位补码表示的位移量 disp,其相对寻址的寻址范围为:

$$(PC) - 2^{n-1} \sim (PC) + 2^{n-1} - 1$$

从上式可以看出,利用相对寻址方式实现程序转移时,转移后的目标地址可以位于程序计数器 PC 所指指令地址的前面或后面。

相对寻址方式的特点是转移地址可以随程序计数器 PC 值的不同而变化。这样,采用相对寻址方式所编制的程序可以存放在主存的任何空间,非常有利于浮动程序的编制。

10. 堆栈寻址(stack addressing)

堆栈寻址方式一般用于存储器堆栈地址的指定。目前,在大多数计算机中均开设一部分主存空间作为堆栈区域。通常,堆栈是采用后进先出(last in first out)方式工作的一个主存区域。堆栈寻址一般是利用 CPU 中的专用寄存器作为堆栈指针(SP:stack pointer)寄存器,由该堆栈指针寄存器隐含给出位于堆栈栈顶操作数的有效地址(stacktop)。其堆栈寻址过程如图 4-20 所示。

上面介绍了一些基本寻址方式。大部分计算机根据指令系统的设计需要,选择某些基本寻址方式,并把某些

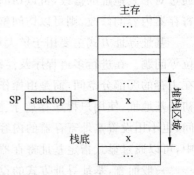

图 4-20 堆栈寻址示意图

基本寻址方式进行组合或改型,构成机器指令系统设计所需要的寻址方式。对于指令系统中的各种寻址方式,具体到一条指令中究竟采用哪几种寻址方式,通常在大部分机器中采用由操作码字段确定寻址方式,或者由独立设置的寻址方式字段确定寻址方式。这两种确定寻址方式的方法可以独立使用,也可以相互结合使用。

4.3.3 8086 寻址方式示例

在 8086 指令系统中,寻址方式主要有与数据相关的寻址方式、与转移地址相关的寻址方式以及与 I/O 端口相关的寻址方式三大类。8086 指令系统的寻址方式大部分由寻址方式字段指定,个别指令的寻址方式由操作码字段确定。在 8086 指令系统中,操作数的个数为 0~2 个,对于一条指令中的每个操作数,可以有不同的寻址方式。8086 指令系统,采用 1~7 个字节可变字长的指令格式,其指令格式如图 4-5 所示。在 8086 指令系统中,所处理的操作数主要存放在相应的寄存器以及主存储器中。

1. 8086 中央处理机(CPU)及主存储器

8086CPU(Intel 8086 微处理器)是 16 位的处理器,数据通路宽度为 16 位,支持 1MB 主存空间的访问,并提供 64K 个外设端口地址。

(1) 8086 的 CPU 结构

8086CPU 采用指令流水线结构,把取指令、读/写存储器或访问外设的工作与指令的执行功能重叠进行,形成 2 级流水。8086 的 CPU 主要由以下两部分组成(8086CPU 结构框图可参见图 4-21)。

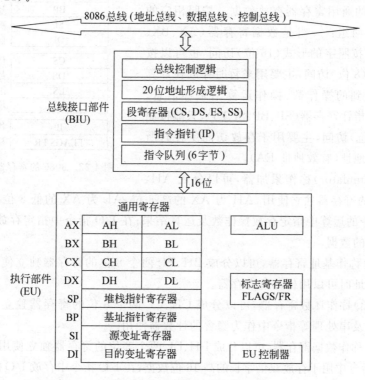

图 4-21 8086CPU 结构框图

① 总线接口部件 BIU(Bus Interface Unit)：该部件主要由 4 个段寄存器(CS、DS、ES、SS)、指令指针(IP)、6 字节指令队列、20 位总线地址形成逻辑以及总线控制逻辑等组成。BIU 的主要功能是完成 CPU 对主存或外设之间的信息访问工作。它主要负责从主存取出指令传送到 CPU 的指令队列中；负责 CPU 对主存或外设数据的读/写访问，并完成 20 位主存物理地址的形成等工作。

② 执行部件 EU(Execution Unit)：该部件由通用寄存器组、算术逻辑部件(ALU)、暂存器、标志寄存器(FLAGS/FR)，以及 EU 控制器等组成。EU 的主要功能是负责对 BIU 指令队列中应该执行的指令进行译码，控制执行该指令。根据指令的功能，负责对指令所处理的操作数进行算术或逻辑运算，向 BIU 提供访问主存或外设的 16 位有效地址，向 BIU 提供或接收与主存或外设所需交换的数据，完成指令规定的全部操作。

8086CPU 内部数据通路的宽度为 16 位。8086 总线(系统总线)包括 3 组总线：一组是地址总线，宽度为 20 位，用于访问 1MB 的主存空间。当访问外设时，使用低 16 位地址线作为访问外设的地址线(地址线可为主存地址及外设地址复用)。一组是数据总线，宽度为 16 位。另一组为控制总线，控制对主存及外设的访问。

(2) 8086 的寄存器结构

8086CPU 中具有 14 个程序员可以访问的 16 位寄存器(如图 4-22 所示)，按照其功能可以分为通用寄存器、段寄存器、指令指针寄存器及标志寄存器。

① 通用寄存器

8086CPU 中共有 8 个 16 位的通用寄存器，它们可以作为一般的通用寄存器存放数据。按照相应的用途又可分为两组：一组是数据寄存器(AX、BX、CX、DX)，可以按照字的形式(16 位)访问，也可以按照字节的形式(8 位)访问，主要用来暂时存放在计算过程中需要用到的操作数、操作运算结果等信息。另一组是地址指针寄存器(SP、BP、SI、DI)，只能按照字的形式(16 位)访问，主要用于存放访问主存时所需使用的偏移地址(有效地址 EA)。

AX	AH	AL	累加器
BX	BH	BL	基址寄存器
CX	CH	CL	计数器
DX	DH	DL	数据寄存器
	SP		堆栈指针寄存器
	BP		基址指针寄存器
	SI		源变址寄存器
	DI		目的变址寄存器
	CS		代码段寄存器
	DS		数据段寄存器
	ES		附加段寄存器
	SS		堆栈段寄存器
	IP		指令指针
	FLAGS/FR		标志寄存器

图 4-22 8086 的寄存器结构框图

AX(Accumulator)称作累加器，可以分成 AH、AL 两个 8 位的寄存器独立使用，AH 为 AX 的高 8 位，AL 为 AX 的低 8 位。该寄存器在乘、除法等指令的运算中指定存放操作数及运算结果；在 I/O 指令中指定存放 CPU 与外部设备进行传送的数据。

BX(Base)称作基址寄存器，可以分成 BH、BL 两个 8 位的寄存器独立使用。该寄存器在计算主存地址时可以用作基址寄存器。

CX(Count)称作计数寄存器，可以分成 CH、CL 两个 8 位的寄存器独立使用。该寄存器在循环指令及串处理等指令中作为隐含的计数器使用。

DX(Data)称作数据寄存器，可以分成 DH、DL 两个 8 位的寄存器独立使用。该寄存器在字乘、除法等指令中用于存放双倍字长的高 16 位数据；在 I/O 指令中存放 I/O 的端口地址。

SP(Stack Pointer)称作堆栈指针寄存器，主要用于堆栈操作，存放堆栈段首地址到栈顶单元的偏移量。

BP(Base Pointer)称作基址指针寄存器,通常用于存放需要访问的、位于堆栈段数据的一个基地址或该段的某个字单元到堆栈段首地址的偏移量。通过该寄存器,可以方便地访问到堆栈段中任何一个单元(字/字节单元)的内容。

SI(Source Index)称作源变址寄存器,主要用于存放需要访问的(源)操作数所在主存单元相对于该段首地址的偏移量。在串操作指令中,用作隐含的源变址寄存器。

DI(Destination Index)称作目的变址寄存器,主要用于存放需要访问的(目的)操作数所在主存单元相对于该段首地址的偏移量。在串操作指令中,用作隐含的目的变址寄存器。

② 段寄存器

8086 支持访问 1MB 的主存空间,主存是按照段结构进行管理,每个段的最大长度为 64KB。在主存中存放的段的类型一共有 4 种(代码段、数据段、附加段、堆栈段),分别由 4 个段寄存器(CS、DS、ES、SS)指明当前正在运行的段。段寄存器为 16 位,存储当前正在运行的相应段的首地址(也称作段基址,即 20 位主存物理地址)的高 16 位(称作段基值);20 位主存物理地址的低 4 位隐含设置为 0。由此可见,20 位的段基址是由 16 位段寄存器的内容拼接上 4 位二进制的 0 构成,即段寄存器的内容作为段基址的高 16 位,段基址的低 4 位为 0。

CS(Code Segment)称作代码段寄存器,指向当前的代码段。代码段主要用于存放当前正在运行的程序(即指令代码)。

DS(Data Segment)称作数据段寄存器,指向当前的数据段。数据段主要为当前运行程序所处理的存储器操作数提供其所需要的主存空间。程序中的串处理指令的源操作数要求存放在数据段中。

ES(Extra Segment)称作附加段寄存器,指向当前的附加段。附加段主要为当前运行程序所处理的存储器操作数提供其所需要的辅助主存空间,是附加的数据段。程序中的串处理指令的目的操作数要求存放在附加段中。

SS(Stack Segment)称作堆栈段寄存器,指向当前的堆栈段。堆栈段是按照后进先出方式进行管理的主存区,可以根据需要在其中存放需要暂存的各种数据、信息。

③ 指令指针寄存器

IP(Instruction Pointer)称作指令指针寄存器,是一个 16 位的专用寄存器,存放需要访问的指令在代码段中的偏移量,也称作偏移地址(类似于通常所说的程序计数器 PC)。在指令执行期间,修改 IP,使 IP 总是指向下一条即将执行的指令首地址的偏移地址。IP 与代码段寄存器 CS 联合构成下一条即将执行的指令的 20 位主存地址(即 16 位 CS 的内容左移 4 位,低 4 位补 0,组成 20 位主存的物理地址,该地址作为代码段的起始地址;16 位的 IP 内容作为将要执行指令的首地址在代码段中的偏移量。把该 16 位的 IP 内容与 20 位代码段的首地址相加,其和则构成将要执行指令的 20 位主存物理地址)。

例如,一段正在执行的程序存放在从主存物理地址为 12340H 开始的一段代码段中,下一条将要执行的指令(2 个字节长)位于该代码段中的第 3、4 个字节处(即主存物理地址为 12343H 的字单元处,如图 4-23 所示)。为了取到该条指令,则 CS 的内容应为 1234H,IP 的内容应为 0003H;根据地址构成规则:CS 的内容左移 4 位,低 4 位补 0,由 12340H 加上 IP 内容 0003H,则生成 20 位主存物理地址 12343H(即下一条将要执行指令的主存物理地址)。

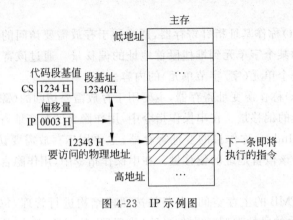

图 4-23 IP 示例图

④ 标志寄存器

8086CPU 中设置了一个 16 位的标志寄存器 FLAGS(也称作 FR,Flag Register),利用该寄存器保存程序运行过程中的状态。FR 的内容也称作程序状态字(PSW:Program Status Word),因此,该寄存器也可称作程序状态寄存器。8086CPU 的 FR 中设置了 9 个标志位(如图 4-24 所示),其中 6 位是状态标志位,3 位是控制标志位。

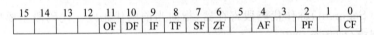

图 4-24 8086 的标志寄存器

a) 状态标志位

状态标志位共有 6 位(CF、PF、AF、ZF、SF、OF),主要用来记录程序运行时的状态信息,由 CPU 根据指令执行的结果自动设置。由于状态信息常常用于后续条件转移指令的转移控制条件,这些标志位也可称为条件码标志位。

CF(Carry Flag):进位标志,记录运算时最高位(字操作为第 15 位,字节操作为第 7 位)产生的进位或借位。例如,在执行加法指令时,如果最高有效位有进位,则 CF 置 1,否则置 0。在执行移位指令时,可以保存移出的相应位。

PF(Parity Flag):奇偶标志,反映操作结果的低 8 位中 1 的个数,如果 1 的个数为偶数,则 PF 置 1,否则 PF 置 0。PF 主要用来检测在机器中传送信息时是否出错。

AF(Auxiliary Carry Flag):辅助进位标志,记录运算结果的第 3 位(即低半个字节)向高位(即第 4 位)产生的进位情况;产生进位或借位,则 AF 置 1,否则置 0。AF 只反映字节运算或字运算的低字节中低 4 位向高位的进位/借位情况,通常用于十进制算术运算的调整。

ZF(Zero Flag):零标志,运算结果为零(各位均为零)时,则 ZF 置 1,否则置 0。

SF(Sign Flag):符号标志,记录运算结果的符号,此时把运算结果看作带符号数,如果结果为负,则 SF 置 1,结果为正,则置 0。SF 与运算结果的最高位(字节运算的第 7 位,字运算的第 15 位)取值相同。

OF(Overflow Flag):溢出标志,反映带符号数(二进制补码表示)的运算结果是否超出机器所能表示的数值范围,超出该范围则称为溢出,OF 置 1,否则 OF 置 0。字节运算机器可以表示的数值范围:$-128 \sim +127$,字运算机器可以表示的数值范围:$-32768 \sim$

+32767。

b) 控制标志位

控制标志位有 3 位(TF、IF、DF),主要用于串操作方向的控制、中断的屏蔽以及程序的调试。

TF(Trap Flag):陷阱标志,也可称作单步标志或跟踪标志,用于程序的调试。当 TF 为 1 时,CPU 执行完一条指令后便产生单步中断,然后转去执行相应的中断服务程序;当 TF 为 0 时,CPU 正常工作,不产生中断。可以通过程序设置或清除 TF 标志位。在调试程序时,可以通过设置 TF 标志位,监视每条指令的执行情况。

IF(Interrupt Flag):中断标志,或称作中断允许标志。当 IF 为 1 时,允许 CPU 响应可屏蔽外中断请求;当 IF 为 0 时,关闭中断,禁止 CPU 响应可屏蔽外中断请求。IF 标志位对不可屏蔽外中断及内中断不起作用。可以使用开中断或关中断指令设置或清除 IF 标志位。

DF(Direction Flag):方向标志,用于串操作指令,控制串的处理方向。当 DF 为 1 时,每执行一次串操作,使串操作的地址指针寄存器 SI 和 DI 的内容自动递减(对字节串操作则减 1,对字串操作则减 2),使串的处理方向从高地址朝着低地址方向进行。当 DF 为 0 时,每执行一次串操作,则使串操作的地址指针寄存器 SI 和 DI 的内容自动递增(对字节串操作则加 1,对字串操作则加 2),使串的处理方向从低地址朝着高地址方向进行。可以使用指令对 DF 标志位进行设置或清除。

(3) 8086 的主存储器结构

8086CPU 有 20 根地址线,可以配置 $1M(2^{20})$ 字节的主存储器。主存储器按照字节进行编址,每一个存储单元存储一个字节(8 位二进制数)信息。主存储器的每个存储单元(即每个字节单元)都有一个唯一的 20 位二进制表示的存储器地址来标识,该地址称为主存储器的物理地址。地址从 0 开始编址,顺序加 1 递增,地址采用无符号整数表示。1MB 的主存空间,其地址的表示范围用二进制数表示为:

0000,0000,0000,0000,0000 ~ 1111,1111,1111,1111,1111

用十六进制数表示,其地址范围为:

00000H~FFFFFH

用十进制数表示,其地址范围为:

$0 \sim 2^{20}-1$ (即 0~1048575)。

在主存储器中,每一个存储单元中存放的信息称作该存储单元的内容。一个字节数据(8 位二进制数)占用一个字节存储单元。当机器字长为 16 位时,大部分数据是以字为单位进行存储及处理。一个字数据(16 位二进制数)的存储占用相邻的两个字节存储单元(也称作一个字单元)。字数据的低 8 位(低字节)内容存放在低地址单元;高 8 位(高字节)内容存放在高地址单元;字单元的地址用其低地址来表示。例如,在图 4-25 中,00003H 字节单元中存放的信息为 78H,可以表示为:$(00003H)_B=78H$;即 3 号字节单元中的内容为 78H。同理,00004H 字节单元中的内容为 56H。对于字单元的内容而言,00003H 字单元中的内容为 5678H,可以表示为:$(00003H)_W=5678H$,表示 3 号字单元

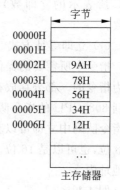

图 4-25 存储单元的地址及其内容

中的内容为 5678H。同理,00004H 字单元中的内容为 3456H。

对于主存储器的地址而言,每一个地址既可以看作字节地址,也可以看作字地址;对于要访问的主存地址,究竟是按字节访问还是按字访问,则需要根据执行指令的具体情况而定。

在编程访问主存单元时,通常采用逻辑地址。逻辑地址是由 16 位的段基值和 16 位的偏移量构成,例如可表示为 1234H:0008H 或 DS:0008H。16 位的段基值一般存放在字长为 16 位的段寄存器中。16 位的段基值表示段的 20 位基地址(也称作段的首地址或段的起始地址)的高 16 位地址值;在该值后面补 4 个二进制的 0,构成段的 20 位基地址(即段基址)。16 位的偏移量(也称作偏移地址)是要访问的主存单元在相应段中的偏移量(即该主存单元相对段基址之间的字节距离)。逻辑地址转换成物理地址的方法,如图 4-26 所示。8086CPU 的 BIU 中具有 20 位物理地址(也称作总线地址)形成逻辑,通过该逻辑部件,把 16 位字长段寄存器中的段基值左移 4 位,左移空出的低 4 位补 0,构成一个 20 位的段基址,再与 16 位的段内偏移量相加,形成一个 20 位的主存物理地址,该地址则是程序需要访问的真正的主存单元地址。

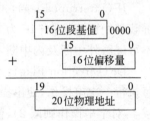

图 4-26 逻辑地址转换成物理地址示例

主存每个单元的物理地址是唯一的,但其逻辑地址可以不同。例如,对于物理地址为 12346H 的主存单元而言,逻辑地址可以是 1234H:0006H,也可以是 1230H:0046H。由此可见,对于每一个主存物理地址,可以有多个与其相对应的逻辑地址。

2. 与数据相关的寻址方式

8086 指令系统中与数据相关的寻址方式有立即寻址方式、寄存器寻址方式以及与存储器相关的寻址方式。与存储器相关的寻址方式有 4 种,包括直接寻址方式(也可称作存储器直接寻址方式)、寄存器间接寻址方式、变址寻址方式和基址变址寻址方式等。下面以 8086 汇编语言的数据传送指令(MOV)为例介绍各种与数据相关的寻址方式。

数据传送指令格式:MOV DST,SRC

其中:MOV 是 8086 汇编语言的指令助记符,表示传送;DST 表示目的操作数地址,SRC 表示源操作数地址(或立即数)。这条指令的功能是把 SRC 指出的位置所存放的源操作数(或 SRC 所表示的立即数),传送到 DST 所指出的目的地。指令中两个操作数的长度要求一致。

(1) 立即寻址方式

指令中所需要的操作数直接存放在本条指令的立即数字段中(可参见图 4-5),操作数作为指令的一部分存放在代码段中。在把指令取出时,该操作数作为指令的一部分,一起被取到 8086CPU 的指令队列中。由此可见,在访问该操作数时,不需要到主存去读取,而是从指令队列中立即可以获得操作数。该操作数的寻址方式称作立即寻址方式。立即数可以是 8 位,也可以是 16 位。如果是 16 位,则立即数的高字节存放在高地址中,低字节存放在低地址中。

例 4-1

MOV AX,1326H

本条指令执行后,AX 的内容设置为 1326H,可以用(AX)=1326H 表示。1326H 中的 H 表示该数采用十六进制表示。在此条指令中,源操作数采用了立即寻址方式,1326H 是立即数,直接存放在指令中。本条指令的功能是把立即数 1326H 传送到 16 位通用寄存器 AX 中。例 4-1 中指令的执行状况可参见图 4-27,图中的 OP 字节表示该指令的操作码字段。

例 4-2

    MOV AL,12H

本条指令执行后,AL 的内容设置为 12H,即:(AL)=12H。其中,源操作数是 12H,其寻址方式是立即寻址方式。本条指令的功能是把立即数 12H 传送到 8 位通用寄存器 AL 中。

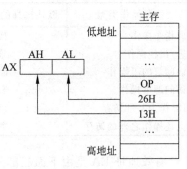

图 4-27 立即寻址示例

(2) 寄存器寻址方式

指令中所需要的操作数存放在 CPU 的某个寄存器中,指令的地址码部分给出寄存器地址(或称作寄存器号)。寄存器可以使用 16 位寄存器,也可以使用 8 位寄存器。这种寻址方式由于在指令中直接给出了存放操作数的寄存器地址,操作数是存放在 CPU 的寄存器中,因此,在指令执行过程中,操作数可以直接从 CPU 内部获得,而不需要访问主存,从而使指令的执行速度很快。

例 4-3

    MOV AL,BH

本条指令的功能是把 8 位通用寄存器 BH 中的内容传送到 8 位通用寄存器 AL 中。该指令的源操作数和目的操作数的寻址方式均为寄存器寻址方式,指令给出的源操作数地址是 BH,目的操作数地址是 AL。在指令执行前,如果 BH 中的内容是 36H,则本条指令执行后,AL 中的内容也变成 36H。

例 4-4

    MOV AX,BX

本条指令的功能是把 16 位通用寄存器 BX 中的内容传送到 16 位通用寄存器 AX 中。该指令的源操作数和目的操作数的寻址方式均为寄存器寻址方式,指令给出的源操作数地址是 BX,目的操作数地址是 AX。在指令执行前,如果 BX 中的内容是 5678H,则本条指令执行后,AX 中的内容也变成 5678H。

除了上述两种寻址方式,下面各种寻址方式的操作数都在主存中。操作数的主存地址是由段基地址加上偏移量构成的。位于主存的操作数的逻辑地址采用:

  段基值:偏移量

表示。段基值是操作数所在段的 20 位段基地址的高 16 位,存放在某个段寄存器中。偏移量是指存放操作数的主存单元与段基地址(段的起始地址)之间的距离。在 8086 中,把主存操作数的偏移地址称作有效地址 EA(effective address)。存储器操作数的寻址方式主要讨论如何确定有效地址 EA。表 4-3 为逻辑地址构成规则。

表 4-3 逻辑地址构成规则

访存操作类型	默认选择的访问段及段寄存器	允许替代的段寄存器	偏 移 量
取指令操作	代码段 CS	无	IP
进/出栈操作	堆栈段 SS	无	SP
访问目的串操作	附加段 ES	无	DI
访问源串操作	数据段 DS	CS,ES,SS	SI
BP 作为基址访存	堆栈段 SS	CS,DS,ES	EA(有效地址)
上述操作之外的访存	数据段 DS	CS,DS,ES	EA(有效地址)

有效地址 EA 是由下面三部分内容独立或相互组合而成：

① 位移量(displacement)：是存放在指令的第 3、4 字节的一个 8 位或 16 位二进制数，它是一个地址而不是立即数。在汇编语言中通常用变量名或标号表示,也可用常量表示。

② 基址(base)：是存放在基址寄存器 BX 或基址指针寄存器 BP 中的内容。

③ 变址(index)：是存放在变址寄存器 SI 或 DI 中的内容。

下面介绍位于主存中的操作数的寻址方式。在 8086 指令系统中，除了字符串操作的指令外，在一条指令中，最多只允许有一个存储器操作数。

(3) 直接寻址方式

直接寻址方式也可以称为存储器直接寻址方式。指令的地址码字段直接给出操作数的有效地址 EA。有效地址只包含位移量部分。在汇编语言指令中，可以用符号地址和常数两种方式表示直接寻址方式。

① 用符号地址表示直接寻址方式。

例 4-5

MOV AX,VAR

此条指令语句等价于：MOV AX,DS：VAR；其中：VAR 是存放操作数的主存单元符号地址。假设该符号地址位于数据段偏移 1200H 字节处，数据段首地址为 20000H。本条指令占 3 个字节，第 1 字节为操作码字段，在此用 OP 表示，第 2、3 字节为符号地址 VAR 在数据段中的偏移量 1200H(高字节 12H 存放在高地址处，低字节 00H 存放在低地址处)。此条指令的功能是把主存 21200H 的字单元内容(即 2658H)传送到通用寄存器 AX 中。图 4-28 给出了该条指令的执行状况。

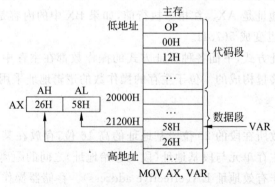

图 4-28 用符号地址或常数表示直接寻址方式示例

也可以采用下述符号地址的书写方式表示直接寻址方式：

```
MOV AX,[VAR]
```

上述指令等价于：

```
MOV AX,DS:VAR
```

如果 VAR 不在数据段中，则应指定段超越前缀。例如，VAR 在附加段中，则应该在 VAR 前指定段超越前缀，即：

```
MOV AX,ES:VAR
```

② 用常数表示直接寻址方式。

例 4-6

```
MOV AX,DS:[1200H]
```

此条指令语句的功能是把主存中当前数据段偏移 1200H 字节处的字单元内容传送到通用寄存器 AX 中。该条指令的执行状况也可参见图 4-28。本条指令也可以写成：

```
MOV AX,DS:1200H
```

即方括号可以省略。

但是，在用常数表示直接寻址方式时，必须指定段寄存器，即段寄存器不能默认。如果默认了段寄存器，把上述指令写成：MOV AX,[1200H]，则相当于把 1200H 作为立即数，指令的功能变成：把立即数 1200H 传送到通用寄存器 AX 中。

(4) 寄存器间接寻址方式

指令中所需要的操作数存放在主存的某个单元中，而操作数的有效地址 EA 存放在某个作为地址寄存器的 4 个通用寄存器 BX、BP、SI 或 DI 中。如果以 BX、SI 或 DI 作为间址寄存器，则默认段为数据段，即 DS 所指向的段；BX、SI 或 DI 中的有效地址 EA 表示在数据段中的位移量。如果以 BP 作为间址寄存器，则默认段为堆栈段，即 SS 所指向的段；BP 中的有效地址 EA 表示在堆栈段中的位移量。

例 4-7

```
MOV AX,[BX]
```

本条指令等价于：MOV AX,DS:[BX]

假设：(DS) = 2000H，(BX) = 1200H，则本条指令的功能是把主存中数据段偏移 1200H 字节处的一个字的内容传送到通用寄存器 AX 中。图 4-29 给出了该条指令的执行状况。

根据段默认规则，指令：MOV AX,[SI]，等价于指令：MOV AX,DS:[SI]；
指令：MOV [DI],AX，等价于指令：MOV DS:[DI],AX；
指令：MOV AX,[BP]，等价于指令：MOV AX,SS:[BP]。

在汇编语言指令中，可以指定段超越前缀来获取其他段中的数据。例如：

```
MOV AX,ES:[SI]
MOV AX,DS:[BP]
```

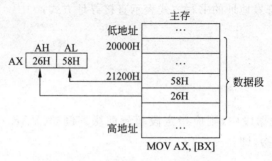

图 4-29 寄存器间接寻址方式示例

(5) 变址寻址方式

指令中所需要的操作数存放于主存的某个单元中,指令的地址码部分给出构成操作数有效地址 EA 的位移量部分和 4 个通用寄存器 BX、BP、SI 或 DI 之一的寄存器地址。操作数的有效地址 EA 由两部分构成,即由位移量(可为 8 位或 16 位)和给定的寄存器内容之和构成。段寄存器的默认规则与寄存器间接寻址方式中的段默认规则相同。当变址寄存器使用 BP 时,隐含使用 SS 段寄存器;否则隐含使用 DS 段寄存器。当变址寄存器使用 BX 或 BP 时,也可以称此寻址方式为基址寻址方式。在汇编语言指令中,位移量可以采用符号地址表示,也可以采用常量表示。

例 4-8

```
MOV AX,VAR[SI]
```

此条指令等价于:MOV AX,DS:VAR[SI]

也可以写成:MOV AX,DS:[VAR+SI]或写成:MOV AX,DS:[SI+VAR]。其中的 VAR 是主存单元的符号地址。假设该符号地址 VAR 位于数据段偏移 1200H 字节处,(DS)= 2000H,(SI)= 30H,则本条指令的功能是把主存中数据段偏移 1230H 字节处(即主存的物理地址为 21230H)的一个字内容传送到通用寄存器 AX 中。图 4-30 给出了该条指令的执行状况。

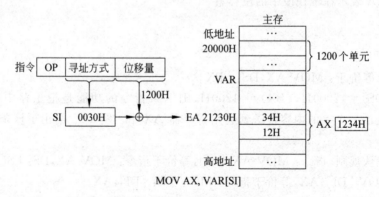

图 4-30 变址寻址方式示例

上述指令若位移量用常量表示变址寻址方式,则可以写成:

```
MOV AX,1200H[SI]
```

此条指令等价于：MOV AX,DS:1200H[SI]

也可以写成：MOV AX,DS:[1200H+SI]或 MOV AX,DS:[SI+1200H]，其中 1200H 为位移量。

根据段默认规则，指令：

```
MOV AX,VAR[SI]
MOV 34H[DI],AX
MOV AX,20H[BX]
MOV AX,10H[BP]
```

分别等价于指令：

```
MOV AX,DS:VAR[SI]
MOV DS:34H[DI],AX
MOV AX,DS:20H[BX]
MOV AX,SS:10H[BP]
```

变址寻址方式也可以使用段超越前缀。例如，MOV AX,ES:10H[SI]。

变址寻址方式通常可用来表示对顺序存放在主存中的一维数组或字符串进行访问。可以用位移量表示一维数组的起始地址在存储段中的位移；用变址寄存器中的内容表示当前要访问的数组元素相对于数组首地址的位移。这样，可以通过调整变址寄存器中的内容，而不用修改指令，即可遍访整个数组中的各个元素。

例 4-9 一维数组 ARRAY1 按照 ARRAY(0)、ARRAY(1)…的顺序存放在主存的数据段中，假设 ARRAY1 数组的首地址位于数据段偏移 2300H 处，(DS)= 2000H，数组的每个元素占两个字节。使用指令：

```
MOV AX,ARRAY1[BX]
```

可以把 ARRAY1 数组中的元素取出传送到通用寄存器 AX 中。如果(BX)= 0006H，则可以访问到 ARRAY1 数组中的元素 ARRAY1(3)，上述指令则完成把主存 22306H 字单元的内容 ARRAY1(3)传送到通用寄存器 AX 中。通过把 BX 的内容设置为：0、2、4、6…，则可以利用操作数的变址寻址方式访问到 ARRAY1 整个数组的各个元素；即要访问元素 ARRAY1(i)，则设置(BX)=i×2。图 4-31 为访问 ARRAY1(3)数组元素的示例图。

(6) 基址变址寻址方式

指令中所需要的操作数存放于主存的某个单元中，操作数的有效地址 EA 由指令中给出的位移量(可为 8 位或 16 位)、基址寄存器(BX 或 BP 两者之一)的内容和变址寄存器(SI 或 DI 二者之一)的内容之和构成。段寄存器的默认规则根据两个基址寄存器 BX 及 BP 而确定。当使用 BX 作为基址寄存器时，则隐含使用段寄存器 DS，表示对主存数据段的数据进行访问；当使用 BP 作为基址寄存器时，则隐含使用段寄存器 SS，表示对主存堆栈段的数据进行访问。在汇编语言指令中，位移量可以采用符号地址表示，也可以采用常量表示，与变址寻址方式相同。在基址变址寻址方式中，位移量部分可以不存在，此时有效地址 EA 只由两部分内容构成，即由基址寄存器(BX 或 BP)的内容和变址寄存器(SI 或 DI)的内容相加构成(位移量为 0)。

根据段默认规则，指令：

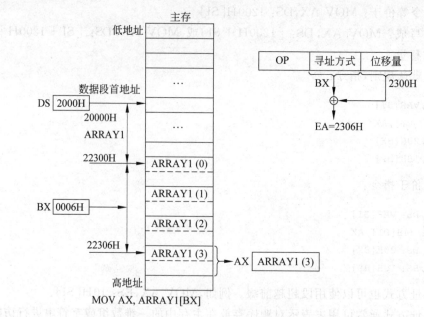

图 4-31 例 4-9 指令执行示例

```
MOV AX,VAR[BX][SI]
MOV 12H[BX][DI],AX
MOV AX,16H[BP][SI]
MOV [BP][DI],AX
```

分别等价于指令：

```
MOV AX,DS:VAR[BX][SI]
MOV DS:12H[BX][DI],AX
MOV AX,SS:16H[BP][SI]
MOV SS:[BP][DI],AX
```

基址变址寻址方式也可以使用段超越前缀。例如，MOV AX,ES:20H[BX][SI]。

基址变址寻址方式通常用来实现对二维数组的访问。二维数组的首地址可以以位移量形式给出，需要访问的行在数组中的位移量可以存放在基址寄存器中，需要访问的列在一行中的位移量可以存放到变址寄存器中。这样，可以通过调整基址寄存器和变址寄存器的内容，遍访整个二维数组。

例 4-10 具有 10 行、10 列的二维数组 ARRAY2 按照第一行(0～9 个元素)、第二行(0～9 个元素)……的顺序连续存放在主存的数据段中，假设 ARRAY2 数组的首地址位于数据段偏移 3400H 处，(DS)＝2000H，数组的每个元素占两个字节。如果需要把数组的第 1 行第 6 个元素 ARRAY2(1,6)传送到通用寄存器 AX 中时，则可以把 BX 设置成 20(14H)(1×20)，把 SI 设置成 12(0CH)(6×2)，使用下述指令即可完成所需数据的传送：

```
MOV AX,ARRAY2[BX][SI]
```

通过上述指令则完成了把主存 23420H 字单元的内容，即 ARRAY2(1,6)传送到通用寄存器 AX 中的功能。通过把 BX(或 BP)的内容设置为：0、20、40、……(行号×一行中元素所占主存单元的字节数),把 SI(或 DI)的内容设置为:0、2、4、……(列号×每个元素所占单元的字节数),则可以利用操作数的基址变址寻址方式,访问到 ARRAY2 整个二维数组的各个元素。图 4-32 为访问二维数组元素 ARRAY2(1,6)的示例图。

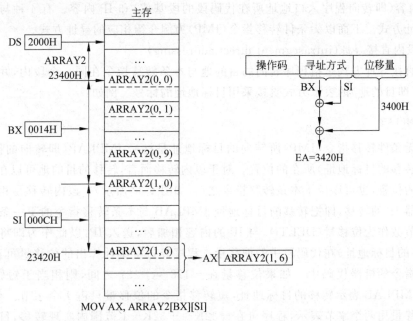

图 4-32　例 4-10 指令执行示例

(7) 与串操作相关的寻址方式

在 8086 的指令系统中,设置有串操作指令和重复前缀指令。串操作指令(例如串传送、串比较等)是对存储在主存中的一串连续的字节或字单元的内容进行相应的操作,其单元的内容可以是字符,也可以是数据。重复前缀指令(例如 REP、REPZ 等)是加在串操作指令前面的指令,控制着串操作指令的重复次数。串操作指令允许源串和目的串都在主存中。

串操作指令使用其特定的隐含寻址方式。对于源串而言,隐含使用通用寄存器 SI(source-index,可称作源变址寄存器)作为源串在数据段中的地址指针,即源串的地址由 DS:[SI]表示。源串允许存放在其他的段中,此时源串允许使用段超越前缀来修改(例如,当源串存放在附加段中时,可以使用 ES:[SI]表示源串的地址)。对于目的串而言,隐含使用通用寄存器 DI(destination-index,可称作目的变址寄存器)作为目的串在附加段中的地址指针,即目的串的地址由 ES:[DI]表示。目的串只能存放在附加段中,不允许有替代段。

串操作指令在完成串的相应操作的同时,自动修改相应的 SI、DI 的内容,使其指向下一个字节或字单元。SI、DI 的修改规则是:根据标志寄存器 FR 中的方向标志 DF 的值(0 或 1)以及串的数据格式(字节或字)进行修改;如果 DF=0,则使地址自动增量,即 SI/DI 加 1(字节串)或加 2(字串);否则使地址自动减量,即 SI/DI 减 1(字节串)或减 2(字串)。

3. 与转移地址相关的寻址方式

与转移地址相关的寻址方式主要用来确定转移指令和过程调用指令等的转向地址。程序在执行的过程中,是按照 CS:IP 逻辑地址去取指令。CS 是代码段寄存器,存储代码段首地址的高 16 位二进制地址(即段基值),IP 是指令指针寄存器,存放需要访问的指令在代码段中的偏移量。在机器执行转移指令或过程调用指令时,根据指令中地址字段给出的目标地址的寻址方式,形成相应的程序转向地址,即确定 CS 和 IP。对于段内转移而言,只需确定 IP 中的内容(即转向程序入口地址在代码段中的偏移量)即可。如果是段间转移,则需要确定 CS 内容(即转向程序入口地址所在代码段的段基值)和 IP 内容。有 4 种与转移地址相关的寻址方式。下面以无条件转移指令(JMP)为例介绍相应的寻址方式。

(1) 段内直接寻址(intrasegment direct addressing)

段内直接寻址方式是指程序转向的目的地与本条转移指令在同一个段内,并且转向的目标地址(即目的地)的表示方式直接采用目标地址的标号。例如:

```
JMP JMPLAB
```

上述无条件转移指令(JMP)所转向的目标地址是标号 JMPLAB(即转向的符号地址,也可称为转移的目标地址)所在的位置。对于段内转移而言,转移的目的地可以在本条转移指令之前的位置,也可以位于本条转移指令之后(如图 4-33 所示)。段内转移是相对于指令指针寄存器 IP 的转移,即把转移的目标地址 JMPLAB 与本条转移指令的下一条指令之间相距的字节数作为位移量(DELTi),与 IP 的内容相加后,送入 IP,以此作为即将执行的指令(即转移的目标地址)在代码段中的偏移量。程序经过汇编计算出的位移量可正可负,保存在转移指令的机器代码中。如果位移量在 $-128\sim+127$ 之间,则相当于短转移,可用 SHORT JMPLAB 表示转移的目标地址,短转移指令的位移量只占 1 个字节。否则,段内转移的位移量用两个字节表示,程序可在 $-32K\sim+32K-1$ 范围内实现转移,目标地址可以写成 NEAR JMPLAB,或直接写成 JMPLAB,NEAR 可以省略。条件转移指令的转移范围只能在 $-128\sim+127$ 之间,因此,只能使用段内直接寻址的 8 位位移量(短转移)的方式。

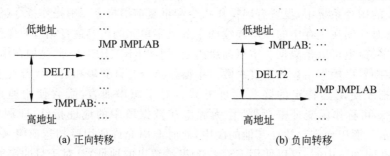

图 4-33 JMP 指令段内直接寻址示例

(2) 段间直接寻址(intersegment direct addressing)

段间直接寻址方式是指程序转向的目的地与本条转移指令不在同一个段内,并且转向的目标地址(即目的地)的表示方式直接采用目标地址的标号。例如,图 4-34 中位于代码段 CODE1 中的无条件转移指令:

```
JMP   FAR PTR JMPLAB
```

表示转向的目的地(标号 JMPLAB 处)与本条转移指令 JMP 不在同一个代码段,标号 JMPLAB 位于 CODE2 代码段,指令中的 FAR PTR JMPLAB 表示段间转移。在执行本条转移指令时,需要把标号 JMPLAB 所在段的段基值送入代码段寄存器 CS 中,把标号 JMPLAB 在代码段中的偏移量(以字节计算)送入指令指针寄存器 IP 中。标号 JMPLAB

```
        CODE1    SEGMENT                      CODE2    SEGMENT
                 …                                     …
                 JMP   FAR   PTR   JMPLAB              JMPLAB: MOV AX,BX
                 …                                     …
        CODE1    ENDS                         CODE2    ENDS
```

图 4-34　JMP 指令段间直接寻址示例

如果已经说明为 FAR 类型(远标号类型),则转移指令可以写成 JMP JMPLAB,FAR PTR 可以省略;如果标号 JMPLAB 是 NEAR 类型(近标号类型),则段间转移指令的目标地址必须写成 FAR PTR JMPLAB,以告诉汇编程序本条指令执行段间转移。

(3) 段内间接寻址(intrasegment indirect addressing)

间接寻址方式表示程序转向的目标地址在指令中不直接给出,而是通过寄存器或主存单元间接给出。段内间接寻址方式是指程序转向的目的地与本条转移指令在同一个段内,并且程序转向的目标地址(即目的地)位于代码段中的 16 位偏移量存放在某个通用寄存器或某个主存字单元中。例如:

```
JMP BX
```

表示跳转到本段由 BX 给出的段内偏移(按字节计算)处。在转移指令的目标地址处直接给出寄存器名,则表示转移地址的段内偏移量位于该寄存器内。如果转移地址的段内偏移量存放在主存某个字单元中,则转移的目标地址可以采用数据寻址方式中对主存操作数的各种寻址方式。例如:

```
JMP WORD PTR [BX]     或简写为:   JMP [BX]
```

上述指令表示转移目标地址在代码段中的偏移量保存在某个主存字单元中,该主存单元在数据段中的偏移量位于通用寄存器 BX 中;指令中的 WORD PTR 可以省略(汇编程序对主存的访问在此默认为字访问)。此例中的转移目标地址的寻址方式采用了寄存器间接寻址方式。在执行本条指令时,如果代码段寄存器的内容为 1000H,即:(CS)=1000H,数据段寄存器的内容为 1234H,即:(DS)=1234H,BX 寄存器的内容为 0012H,即:(BX)=0012H,主存 12352H 字单元的内容为 0036H,即:(12352H)=0036H,则本条转移指令执行后,指令指针寄存器的内容被设置成 0036H,即:(IP)=0036H,程序转移到主存物理地址 10036H 处(逻辑地址用 CS:IP 表示),随后将从该主存地址取指令并加以执行。

(4) 段间间接寻址(intersegment indirect addressing)

段间间接寻址方式是指程序转向的目的地与本条转移指令不在同一个段内,程序转向的目标地址(即目的地)不在指令中显式给出,而是保存在主存的某 4 字节单元中。由于是段间转移,转移指令需要给出 CS 和 IP 的值。因此,段间间接寻址方式的目标地址只能保存在主存连续的 4 个字节单元中,前 2 个字节单元(低地址)的内容为置入 IP 的段内偏移量,后 2 个字节(高地址)的内容为置入 CS 的段基值。例如:

```
JMP DWORD PTR [BX]
```

其中 DWORD PTR 表示目标地址保存在主存的 4 个字节单元中。在执行本条指令时,如果代码段寄存器的内容为 1000H,即:(CS)=1000H,数据段寄存器的内容为 1234H,即:

(DS)=1234H,BX 寄存器的内容为 0012H,即:(BX)=0012H,主存 12352H 字单元的内容为 0036H,即:(12352H)=0036H,主存 12354H 字单元的内容为 2000H,即:(12354H)=2000H,则本条转移指令执行后,指令指针寄存器的内容被设置成 0036H,即:(IP)=0036H,代码段寄存器的内容被设置成 2000H,即:(CS)=2000H,程序转移到主存物理地址 20036H 处(逻辑地址用 CS:IP 表示),随后将从该主存地址取指令并加以执行。本条指令的执行使得代码段寄存器 CS 内容发生了改变,完成了程序在不同的代码段之间进行转移的功能。

4. I/O 端口寻址方式

在 8086 中,CPU 与 I/O 端口之间进行通信时,使用 I/O 指令 IN 和 OUT 完成,并且只能使用 CPU 内部的通用寄存器 AX 或 AL 进行信息的接收或发送。CPU 使用 16 位 I/O 端口地址访问 I/O 端口,16 位 I/O 端口地址与系统总线的 20 位地址总线的低 16 位地址线复用。在 8086CPU 中,设置 M/$\overline{\text{IO}}$ 信号。当该信号为 1 时,20 位地址线上的地址表示主存地址;当该信号为 0 时,20 位地址线的低 16 位地址表示 I/O 端口地址。8086CPU 最多可支持 65536(2^{16})个 I/O 端口,端口地址为 0000H~FFFFH(十进制为 0~65535)。前 256 个(0~FFH)端口地址可以直接在指令中给出,其余的端口地址要求放到通用寄存器 DX 中,在指令中由 DX 指出 I/O 端口地址。综上所述,I/O 端口的寻址方式共有 2 种。

(1) 直接 I/O 端口寻址方式

直接 I/O 端口寻址方式是指在指令的地址码字段直接给出 I/O 的端口地址(也可称作端口号)。例如:

```
IN AX,26H
```

此条 IN 指令表示从 26H 号 I/O 端口地址向 CPU 的通用寄存器 AX 中读入一个字的内容。由于 26H≤255,因此在指令中可以直接给出该端口地址,该端口的寻址方式称作直接 I/O 端口寻址方式。

(2) 间接 I/O 端口寻址方式

间接 I/O 端口寻址方式是指在指令的地址码字段给出通用寄存器 DX,CPU 要访问 I/O 的端口地址存放在 DX 中。例如:

```
MOV  DX,378H
OUT  DX,AL
```

上述 OUT 指令表示以 DX 内容(378H)作为 I/O 端口地址,把 AL 中的一个字节内容送到此 I/O 端口。由于 I/O 端口地址不在指令中直接给出,而是由指令中给出的 DX 间接给出 I/O 端口地址,因此把这种寻址方式称作间接 I/O 端口寻址方式。

4.3.4 MIPS 寻址方式简介

MIPS 指令系统的寻址方式与 8086 指令系统的寻址方式相比,较为简单,共有 5 种如下所述的寻址方式:

(1) 立即数寻址方式:此种寻址方式的操作数位于指令中,是指令自带的常数。

(2) 寄存器寻址方式:此种寻址方式的操作数存放在寄存器中,指令中给出相应的寄存器名字。

（3）基址或偏移寻址方式：此种寻址方式的操作数存储在主存中，其主存单元地址是由某寄存器内容与指令中给出的某常量之和构成。

（4）PC 相对寻址方式：此种寻址方式用于转移指令中，形成转向目的地的主存单元地址；该地址由 PC 中的内容（32 位）与指令中给出的 16 位常量相加而构成。

（5）伪直接寻址方式：此种寻址方式用于转移指令，其转向目的地的主存单元地址由指令中给出的 26 位常量与 PC 的高位相拼接，构成转向目的地指令的主存单元地址。

各种机器指令系统的寻址方式设计，都遵循着在满足其指令系统各种功能的基础上，极力强调能够充分发挥硬件的功能，加速机器硬件的执行速度。

4.4 指令的分类及指令系统

4.4.1 指令类型

不同类型的计算机，其指令类型及指令系统是各不相同的。按照指令功能对机器的指令系统进行分类，通常指令系统应该包括数据传送类指令、算术运算类指令、逻辑运算类指令、程序控制类指令、串处理类指令、输入/输出类指令及系统控制类指令等。

1. 数据传送类指令

数据传送类指令主要完成把数据从某处传送到另一处的功能。这类指令主要完成主存与寄存器之间、寄存器与寄存器之间的数据传送。由于数据交换指令是数据双向的传送，因此也归入此类指令中。通常把地址的获取与传送也归到此类指令中。

2. 算术运算类指令

算术运算类指令主要完成对二进制表示的定点数或浮点数进行加、减、乘、除运算，十进制数的加减运算，求补运算等功能。在中、大型机中，设有对向量或矩阵进行求和、求积等运算功能。这类指令通常在对数据进行运算的同时，对状态标志位进行设置，供后续的条件转移指令判断使用。

3. 逻辑运算类指令

逻辑运算类指令主要完成对数据进行逻辑运算的功能。这类指令通常包括逻辑与、逻辑或、逻辑非、逻辑异或等指令；对数据进行移位的操作一般也归纳到此类指令中。这类指令与算术运算类指令相似，通常在对数据进行运算的同时，对相关的状态标志位进行设置，供后续指令判断使用。

4. 程序控制类指令

程序控制类指令主要完成对程序中指令执行的顺序进行控制。在程序执行的过程中，究竟应该按照指令存储的顺序执行下一条指令，还是应该跳转到所需要的指令处去执行，这种跳转控制功能由此类指令完成。这类指令通常包括无条件转移指令、条件转移指令、循环控制指令、子程序调用与返回指令、程序自中断与返回指令等。

5. 串处理类指令

串处理类指令主要完成对在主存中连续存储的多个存储单元的内容(可以是多个字单元或多个字节单元等的内容)进行相应处理的功能。通常设有串传送指令、串比较指令、串查找指令等。这类指令在字符编辑等工作中有着较大的应用。

6. 输入/输出类指令

输入/输出类指令(简称 I/O 类指令)主要完成 CPU 与外围设备之间进行信息传送的功能。这类指令通常包括外围设备向 CPU 输入数据指令、CPU 向外围设备输出数据指令、启动外围设备、检测外围设备状态等指令。

7. 系统控制类指令

系统控制类指令主要完成对处理机运行及系统的控制功能。主要包括特权指令、对标志位的设置或复位指令、停机指令等。特权指令主要用于操作系统及系统软件,通常不直接提供给用户使用。在多用户、多任务的计算机系统中完成系统资源的分配和管理,以及任务的创建和切换等功能。

下面以 8086 指令系统为例,介绍指令系统中各指令的功能。

4.4.2　8086 指令系统类型

在 8086 指令系统中,对于各条指令所具有操作数地址的个数,有 3 种不同类型:双操作数指令、单操作数指令及零操作数指令。按照指令所完成的功能不同,一般把指令系统分成下述 6 大类型:传送类指令、算术运算类指令、逻辑运算类指令、控制转移类指令、串处理指令及处理器控制类指令。各类指令的功能、指令助记符及其相应的名称如下所述。

1. 传送类指令

传送类指令的主要功能是完成把数据(包括立即数或地址)从某处(寄存器、主存单元或 I/O 端口)传送到相应的地点(寄存器、主存单元或 I/O 端口)。主要包括下述指令:

(1) 数据传送指令,包括:

MOV(指令助记符)	数据传送
PUSH	进栈
POP	出栈
XCHG	交换

(2) 专用累加器传送指令,包括:

IN	输入
OUT	输出
XLAT	换码

(3) 标志位传送指令,包括:

LAHF	取标志到 AH

SAHF	存 AH 到标志寄存器
PUSHF	标志寄存器进栈
POPF	标志出栈送标志寄存器

(4) 地址传送指令,包括:

LEA	取有效地址到通用寄存器
LDS	地址指针送 DS 和寄存器
LES	地址指针送 ES 和寄存器

2. 算术运算类指令

算术运算类指令的主要功能是完成数据的二进制运算和对运算后的十进制结果进行调整。主要包括下述指令:

(1) 加法运算指令,包括:

ADD	加法
ADC	带进位加法
INC	加 1

(2) 减法运算指令,包括:

SUB	减法
SBB	带借位减法
DEC	减 1
NEG	求负数
CMP	比较

(3) 乘法运算指令,包括:

MUL	无符号数乘法
IMUL	带符号数乘法

(4) 除法运算指令,包括:

DIV	无符号数除法
IDIV	带符号数除法

(5) 类型转换指令,包括:

CBW	字节转换为字
CWD	字转换为双字

(6) 十进制调整指令,包括:

DAA	压缩 BCD 码加法的十进制调整指令
DAS	压缩 BCD 码减法的十进制调整指令
AAA	非压缩 BCD 码(ASCII)加法的十进制调整指令
AAS	非压缩 BCD 码(ASCII)减法的十进制调整指令
AAM	非压缩 BCD 码(ASCII)乘法的十进制调整指令
AAD	非压缩 BCD 码(ASCII)除法的十进制调整指令

3. 逻辑运算类指令

逻辑运算类指令的主要功能是对操作数按位进行相应的运算。主要包括下述指令：

(1) 逻辑运算指令，包括：

AND	逻辑与
OR	逻辑或
NOT	逻辑非
XOR	逻辑异或

(2) 测试指令：

TEST	测试

(3) 移位指令，包括：

SHL	逻辑左移
SHR	逻辑右移
SAL	算术左移
SAR	算术右移
ROL	循环左移
ROR	循环右移
RCL	带进位循环左移
RCR	带进位循环右移

4. 控制转移类指令

在程序的执行过程中，一般情况下程序顺序执行，即指令的执行顺序与其在主存中的存储顺序一致；但在实际应用中，为解决一些特定的问题，需要改变程序的顺序执行，即根据程序的需要，从一条指令转移到与其不相接的另一条指令去执行。控制转移类指令的主要功能就是控制实现程序的转移。主要包括下述指令：

(1) 无条件转移指令：

JMP	无条件转移

(2) 条件转移指令，包括：

简单条件转移，即根据某个状态标志位的设置情况进行转移的指令：

JO	溢出转移
JNO	无溢出转移
JS	结果为负转移
JNS	结果为正转移
JZ/JE	结果为零/相等转移
JNZ/JNE	结果不为零/不相等转移
JP/JPE	奇偶位为 1 转移
JNP/JPO	奇偶位为 0 转移
JC	进位标志位为 1 转移
JNC	进位标志位为 0 转移

比较两个无符号数,根据其比较结果进行转移的指令:

JA/JNBE	高于/不低于或等于转移
JAE/JNB	高于或等于/不低于转移
JB/JNAE	低于/不高于或等于转移
JBE/JNA	低于或等于/不高于转移

比较两个带符号数,根据其比较结果进行转移的指令:

JG/JNLE	大于/不小于或等于转移
JGE/JNL	大于或等于/不小于转移
JL/JNGE	小于/不大于或等于转移
JLE/JNG	小于或等于/不大于转移

(3) CX 寄存器的值测试转移指令:

JCXZ	CX 寄存器内容为零转移

(4) 循环控制指令,包括:

LOOP	循环
LOOPZ/LOOPE	当结果为零/相等时循环
LOOPNZ/LOOPNE	当结果不为零/不相等时循环

(5) 子程序的调用与返回指令,包括:

CALL	调用子程序
RET	从子程序返回

(6) 中断子程序的调用与返回指令,包括:

INT	软中断
INTO	如果溢出则中断
IRET	从中断子程序返回

5. 串处理指令

串处理指令的主要功能是对在主存中连续存放的字符串(字串或字节串)进行相应的处理。主要包括下述指令:

(1) 串处理指令,包括:

MOVS	串传送
CMPS	串比较
SCAS	串扫描
LODS	从串中取
STOS	存入串中

(2) 与串处理指令配合使用的重复前缀(指令),包括:

REP	重复
REPE/REPZ	相等/为零重复
REPNE/REPNZ	不相等/不为零重复

6. 处理器控制类指令

处理器控制类指令的设置是为编程人员提供控制处理器的运行，以实现相应功能的一组指令。主要包括下述指令：

(1) 标志位处理指令，包括：

CLC	进位标志位置 0
STC	进位标志位置 1
CMC	进位标志位取反
CLD	方向标志位置 0
STD	方向标志位置 1
CLI	中断标志位置 0
STI	中断标志位置 1

(2) 空操作指令：

NOP	空操作

(3) 处理机控制指令，包括：

HLT	停机
WAIT	等待
ESC	换码
LOCK	总线封锁

4.4.3　8086 指令系统详解

下面分别对上述 8086 指令系统中各条指令的功能进行详细介绍。

1. 传送类指令

(1) MOV(move)　数据传送指令

指令格式：MOV DST,SRC

指令功能：DST ←(SRC)

其中：SRC 表示源操作数地址；DST 表示目的操作数地址；"←"表示数据传送的方向，同时表示把某项内容传送到箭头方所指向的目的地址中；(SRC)表示源操作数地址中的内容，括号在此表示"内容"的意思。

本条指令完成把 SRC 所表示的源操作数地址中的内容传送到 DST 所表示的目的地址中。源操作数地址的内容保持不变。

MOV 指令中的操作数可以是字节操作数，也可以是字操作数，源操作数和目的操作数的长度要求一致。源操作数可以存放在通用寄存器、段寄存器或主存单元中，也可以是立即数(位于指令中)，即 SRC 处可以是通用寄存器名(例如 AX)、段寄存器名(例如 DS)或主存单元地址(可以是表示存储器操作数的各种寻址方式，例如 VAR)，也可以是立即数(例如 1234H)。目的操作数的存放位置可以是通用寄存器、段寄存器(CS 除外)或主存单元。

需要注意的是，DST 不能为立即数。SRC 为立即数时，DST 不能是段寄存器名(即立即数不能直接传送到段寄存器中)。SRC 和 DST 不能同时为主存单元地址，也不能同时为段寄存器,即两个操作数不能同时位于主存中,也不能同时位于段寄存器中。MOV 指令的执行不影响标志位。

  例如: MOV BL,12H   字节立即数送 BL 中。
     MOV AX,1234H   字立即数送 AX 中。
     MOV BYTEVAR,34H   字节立即数送主存字节单元中。
     MOV WORDVAR,5678H 字立即数送主存字单元中。
     MOV BL,BH   寄存器之间数据传送(字节)。
     MOV AX,BX   寄存器之间数据传送(字)。
     MOV DS,AX   通用寄存器与段寄存器之间数据传送。
     MOV AL,BYTEVAR   主存字节单元内容送通用寄存器中。

例 4-11 把立即数 2010H 送段寄存器 DS 中。

```
MOV AX,2010H
MOV DS,AX
```

例 4-12 把位于主存数据段字节单元 VARBYTE1 中的内容送主存字节单元 VARBYTE2 中。

```
MOV AL,VARBYTE1
MOV VARBYTE2,AL
```

例 4-13 把段寄存器 DS 中的内容送段寄存器 ES 中。

```
MOV AX,DS
MOV ES,AX
```

(2) PUSH(push data into the stack) 进栈指令

指令格式: PUSH SRC

指令功能: SP←(SP)−2;(SP)←(SRC)

其中: SRC 表示源操作数地址;SP 表示堆栈指针寄存器,其内容表示堆栈段内的偏移量。

  本条指令完成的功能: 首先把 SP 内容减 2(即栈顶上移 2 个字节),把 SRC 所表示的源操作数地址中的字内容(十六位二进制数)传送到由堆栈指针寄存器 SP 所指向的堆栈字单元地址中,即传送到由 SP 和(SP)+1 所指向的主存字节单元中,SRC 中的高字节部分存入主存的高地址单元中,低字节部分存入主存的低地址单元中。源操作数地址中的内容保持不变。

  8086 的堆栈是在主存中设置的按照后进先出方式进行操作的一段存储空间,由堆栈段寄存器 SS 指定堆栈段的段基值,段长小于等于 64KB,栈底地址大于栈顶地址(即 8086 的堆栈是自下向上生成的堆栈)。规定堆栈按照字进行入/出栈操作。SP 的内容表示操作过程中栈顶单元相对于堆栈段基址的偏移量。在初始化时,SP 的内容为堆栈段的长度,指向栈底字单元地址加 2 偏移处,即堆栈段最大地址加 1 偏移处(也可以理解为指向(SS)*16+ 段长的地址处),堆栈段结构可参见图 4-35。在对 8086 堆栈进行操作之前,应对其进行设置。8086 堆栈的设置主要是完成对堆栈段寄存器 SS 和堆栈指针寄存器 SP 进行初始化设置。设置的方式有两种: 一种方式是通过伪指令在程序中进行设置(可参见第 8 章);另一种方式是通过指令对 SS 和 SP 赋初值。可以采用 MOV 指令在程序中设置 SS 和 SP 的值,SS 赋予堆栈段的段基值,SP 赋予堆栈段的大小(即堆栈段的字节数)。采用这种方式赋值时,要求在 SS 赋值完成后,立即为 SP 赋值。例如:

```
MOV AX,10A2H
MOV SS,AX
MOV SP,60H
```

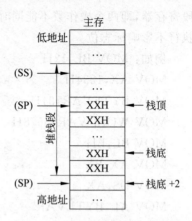

图 4-35　8086 堆栈段结构示意图

上面的 3 条指令完成了把堆栈段寄存器 SS 设置为 10A2H,把堆栈指针寄存器 SP 设置为 60H 的功能;即完成了把主存地址从 10A20H 处开始,长度为 60H 个字节的主存空间设置为堆栈段空间的功能。

PUSH 指令中的源操作数要求是字操作数,操作数入栈后,操作数的低字节存入到主存的低地址单元中,高字节存入到主存的高地址单元中。源操作数可以存放在通用寄存器、段寄存器或主存单元中,但不允许是立即数。源操作数的寻址方式可以采用除立即寻址方式之外的所有寻址方式。PUSH 指令的执行不影响标志位。

例 4-14　把通用寄存器 AX 中的内容入栈。

```
PUSH  AX
```

指令的执行状况如图 4-36 所示。

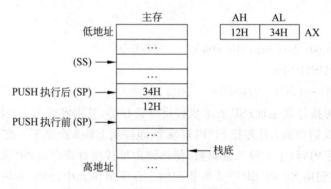

图 4-36　PUSH AX 指令执行示意图

例 4-15　把段寄存器 DS 中的内容入栈。

```
PUSH  DS
```

例 4-16　把数据段中偏移 VAR 字节处的字内容入栈。

```
PUSH VAR  或  PUSH DS:VAR
```

(3) POP(pop data from the stack)　出栈指令

指令格式:POP DST

指令功能：DST←((SP))；SP←(SP)+2；

本条指令完成把由 SP 所指向的栈顶字内容(即由 SP 和(SP)+1 所指向的主存字节单元中的内容)传送到由目的地址 DST 所指向的目的地；并把 SP 内容进行加 2 操作(即栈顶下移两个字节，释放原栈顶字空间)。

POP 指令中的目的操作数地址要求是保存字的地址空间，从堆栈中弹出的低字节内容存放到目的地址的低地址空间中，高字节内容存放到目的地址的高地址空间中。目的操作数地址可以是通用寄存器、段寄存器或主存单元，但不允许是立即数。即目的操作数的寻址方式可以采用除立即寻址方式之外的所有寻址方式。POP 指令的执行不影响标志位。

例 4-17 把栈顶内容出栈，并存入通用寄存器 BX 中。

```
POP BX
```

指令的执行状况如图 4-37 所示。

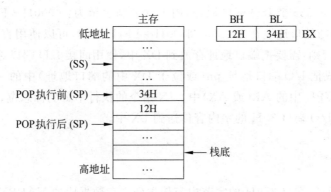

图 4-37　POP BX 指令执行示意图

例 4-18 把栈顶内容出栈，并存入主存数据段中偏移 VAR 字节处的字单元中。

```
POP VAR    或    POP DS:VAR
```

(4) XCHG(exchange)　交换指令

指令格式：XCHG DST,SRC

指令功能：DST⇔SRC

本条指令完成源操作数地址的内容和目的操作数地址的内容互换(即源操作数与目的操作数互换)的功能。源操作数和目的操作数的寻址方式可以采用除立即寻址之外的各种寻址方式。可以在通用寄存器之间、通用寄存器和主存单元之间进行数据的交换；允许进行字节交换或字交换的操作；不允许使用段寄存器；不允许两个操作数同在主存单元。XCHG 指令的执行不影响标志位。

例 4-19 数据段中定义了两个字变量 VAR1 和 VAR2,(VAR1)=1234H,(VAR2)=5678H；将这两个字单元内容互换。

```
MOV AX,VAR1
XCHG VAR2,AX
MOV VAR1,AX    (或：XCHG VAR1,AX)
```

(5) IN(input)　输入指令

指令格式：

① 直接 I/O 端口寻址方式：

IN　AL,pn　（字节）

IN　AX,pn　（字）

指令功能：AL/AX ←(pn)；其中：pn 表示 I/O 端口地址（或称作 I/O 端口号）。

② 间接 I/O 端口寻址方式：

IN　AL,DX　（字节）

IN　AX,DX　（字）

指令功能：AL/AX ←((DX))；其中：DX 中的内容为 I/O 端口地址。

8086 中的 CPU 和 I/O 端口之间的信息传送是通过 IN 和 OUT 指令来完成的。CPU 通过 AL 或 AX 接收或发送信息。IN 指令完成从 I/O 端口到 CPU 的信息传送。在 8086 中，最多可以设置 65536 个 I/O 端口地址，用十六进制表示为：0000H～FFFFH。IN 指令规定，如果要访问的端口地址在 0～255（即 00H～FFH）之间，可以使用直接 I/O 端口寻址方式的 IN 指令；否则，需要把端口地址存放到 DX 中，使用间接 I/O 端口寻址方式。

本条指令完成把 I/O 端口地址 pn（或位于 DX 中的端口地址）中的一个字节（或一个字）内容，传送到 CPU 中的 AL（或 AX）中。IN 指令的执行不影响标志位。

例 4-20　把 I/O 端口 30H 的字内容传送到 BX 中。

```
IN AX,30H
MOV BX,AX
```

例 4-21　把 I/O 端口 379H 的字节内容传送到主存数据段的 VARBYTE 字节单元中。

```
MOV DX,379H
IN AL,DX
MOV VARBYTE,AL
```

(6) OUT(output)　输出指令

指令格式：

① 直接 I/O 端口寻址方式：

OUT　pn,AL（字节）

OUT　pn,AX（字）

指令功能：pn ←(AL/AX)；其中：pn 表示 I/O 端口地址（或称作 I/O 端口号）。

② 间接 I/O 端口寻址方式：

OUT　DX,AL（字节）

OUT　DX,AX（字）

指令功能：(DX)←(AL/AX)；其中：DX 中的内容为 I/O 端口地址。

OUT 指令完成把 CPU 中寄存器 AL 或 AX 的内容传送到 I/O 端口中。直接及间接 I/O 端口寻址方式的各规定与 IN 指令的规定相同。

本条指令完成把 CPU 中的 AL（或 AX）中的一个字节（或一个字）内容传送到 I/O 端口地址 pn（或位于 DX 中的端口地址）中。OUT 指令的执行不影响标志位。

例 4-22　把主存数据段的 VARBYTE 字节单元中的内容传送到 I/O 端口 230H 中。

```
MOV  DX,230H
MOV  AL,VARBYTE
OUT  DX,AL
```

(7) XLAT(translate)　换码指令

指令格式：XLAT [TABADDR]

指令功能：AL ←((BX)+(AL))

其中：BX 的内容为换码表的首地址在数据段中的偏移量，AL 的内容是相对于表格首地址的偏移量；[TABADDR]中的方括号表示本项内容可以省略。TABADDR 表示换码表首地址的符号地址，本符号对指令的执行没有影响，主要是为了增强程序的可读性。

XLAT 指令完成把一种代码转换为另一种代码的功能。例如，把数字的 ASCII 码转换为相应的十进制数；把十进制数转换为相应的 ASCII 码等。

为了完成代码的转换，本条指令要求设置一个需要转换成相应代码的字节表格(即换码表)。在使用本条指令前，要求把表格的首地址在数据段中的偏移量存入 BX 中，把需要转换的代码所在表格中的偏移量存入 AL 中。在指令执行结束后，AL 中的内容为从表中取出的需要转换的代码。XLAT 指令的执行不影响标志位。

例 4-23　把十进制数"3"转换为相应的 ASCII 码。

转换前，需要在主存的数据段设置一个转换表，内容为 0～9 的 ASCII 码(30H～39H)，表名为 TAB1，位于数据段偏移 2 字节处，假定(DS)=1200H。可用下述指令完成转换：

```
MOV BX,0002H
MOV AL,3
XLAT TAB1
```

指令执行后，(AL)=33H，即十进制数"3"的 ASCII 码。可参见图 4-38。

(8) LAHF(load AH with flags)　取标志到 AH 指令

指令格式：LAHF

指令功能：AH ←(FLAGS 低字节)

其中：FLAGS 表示标志寄存器。

LAHF 指令完成把标志寄存器 FLAGS(或称 FR)的低字节(低 8 位)内容传送到通用寄存器 AH 中。LAHF 指令的执行不影响标志位。

(9) SAHF(store AH into flags)　存 AH 到标志寄存器指令

指令格式：SAHF

指令功能：FLAGS 低字节←(AH)

其中：FLAGS 表示标志寄存器。

SAHF 指令完成把通用寄存器 AH 的内容传送到标志寄存器 FLAGS 的低字节(低 8 位)中。SAHF 指令的执行不影响标志寄存器 FLAGS 高 8

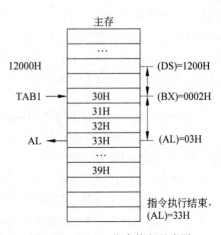

图 4-38　XLAT 指令执行示意图

位中的标志位,但按照 AH 内容设置标志寄存器 FLAGS 低 8 位中的各标志位。

(10) PUSHF(push the flags)　标志寄存器进栈指令

指令格式:PUSHF

指令功能:SP←(SP)−2;(SP)←(FLAGS)

其中:SP 表示堆栈指针寄存器,FLAGS 表示标志寄存器。

PUSHF 指令完成把标志寄存器 FLAGS 的内容(16 位)入栈。指令的操作过程:首先堆栈指针寄存器 SP 的内容减 2(即栈顶上移 2 个字节),把标志寄存器 FLAGS 的高字节内容传送到堆栈段内偏移量为(SP)+1 所指向的主存单元,把标志寄存器 FLAGS 的低字节内容传送到堆栈段内偏移量为(SP)所指向的主存单元。PUSHF 指令的执行不影响标志位。

(11) POPF(pop the flags)　标志出栈送标志寄存器指令

指令格式:POPF

指令功能:FLAGS←((SP)+1,(SP));SP←(SP)+2

其中:SP 表示堆栈指针寄存器,FLAGS 表示标志寄存器。

POPF 指令完成把栈顶字单元的内容(16 位,作为标志)出栈传送到标志寄存器 FLAGS 中,栈顶字单元中低地址的内容送 FLAGS 的低字节,栈顶字单元中高地址的内容送 FLAGS 的高字节。堆栈指针寄存器 SP 的内容加 2(释放栈顶字单元)。该指令按照出栈的内容设置标志寄存器 FLAGS 中的各标志位。

(12) LEA(load effective address)　取有效地址到通用寄存器

指令格式:LEA DST,SRC

指令功能:DST←SRC

LEA 指令完成把源操作数所在主存某段中的偏移量(有效地址)传送到目的地址(通用寄存器)中。本条指令要求源操作数必须是存储器操作数,即可以采用除立即寻址和寄存器寻址方式之外的各种存储器寻址方式;源操作数可以是字或字节操作数。目的地址 DST 要求是 16 位通用寄存器名(也可称作通用寄存器地址),不能使用段寄存器。LEA 指令的执行不影响标志位。

需要注意的是,本条指令是把源操作数所在主存的段内偏移量(而不是源操作数本身)传送到通用寄存器中。

例 4-24　数据段定义了字变量 VAR1(假定其偏移量为 100H),要求把 VAR1 所在数据段中的偏移量(字节数),存放到通用寄存器 BX 中。此功能可由下述指令完成:

```
LEA BX,VAR1
```

指令执行结束,BX 中的值为 100H(即存储器操作数 VAR1 在数据段的偏移量)。

(13) LDS(load DS with pointer)　地址指针送 DS 和寄存器指令

指令格式:LDS DST,SRC

指令功能:DST←(SRC);DS←(SRC+2)

LDS 指令完成把 SRC 所指向的主存字单元的内容(偏移量)传送到 DST 所表示的通用寄存器中,把 SRC+2 所指向的主存字单元的内容(段基值)传送到 DS 段寄存器中。本指令实现了数据段寄存器中段基值的重置,为在新的数据段中进行数据的存取做好准备。

本条指令要求源操作数必须是存储器操作数,即可以采用除立即寻址和寄存器寻址方式之外的各种存储器寻址方式;源操作数为在主存中预先定义好的4个字节的某存储单元的逻辑地址指针;其中,低2个字节为该逻辑地址的偏移量(16位有效地址EA),高2个字节为该逻辑地址的段基值。目的地址DST要求是16位通用寄存器名。LDS指令的执行不影响标志位。

例 4-25

```
LDS SI,VAR
```

假定指令执行前,(DS)= 1A00H,在数据段偏移0012H字节处定义了变量VAR,其低2个字节的内容为0030H,高2个字节的内容为2B00H。

指令执行后,相关寄存器的值如下:

$$(SI)=0030H; \quad (DS)=2B00H。$$

该指令实现从当前数据段(段基值为1A00H)偏移12H字节的存储单元取出新变量的段内偏移量0030H,传送到通用寄存器SI中;从当前数据段偏移14H字节的存储单元取出新变量所在段(数据段)的段基值2B00H,传送到数据段的段基值寄存器中,使得DS的值设置为2B00H。

(14) LES(load ES with pointer)　地址指针送ES和寄存器指令

指令格式:LES DST,SRC

指令功能:DST←(SRC);ES←(SRC+2)

LES指令功能与LDS指令功能相似,完成把SRC所指向的主存字单元的内容(偏移量)传送到DST所表示的通用寄存器中,把SRC+2所指向的主存字单元的内容(段基值)传送到ES段寄存器中。不同点是把取出的段基值传送到ES中,而不是DS中。本指令实现了附加段寄存器中段基值的重置,为在新的附加段中进行数据的存取做好准备。

本条指令对SRC和DST的要求与LDS指令一致。LES指令的执行不影响标志位。

例 4-26

```
LES DI,VAR1
```

假定指令执行前,(DS)=2C00H,(ES)= 2D00H,在数据段偏移0124H字节处定义了变量VAR1,其低2个字节的内容为0040H,高2个字节的内容为3A00H。

指令执行后,相关寄存器的值如下:

$$(DI)=0040H; \quad (ES)=3A00H; \quad (DS)=2C00H。$$

该指令实现从当前数据段(段基值为2C00H)偏移0124H字节的字存储单元取出新变量的段内偏移量0040H,传送到通用寄存器DI中;从当前数据段偏移0126H字节的字存储单元取出新变量所在段(附加段)的段基值3A00H,传送到附加段的段基值寄存器中,使得附加段寄存器ES的值设置为3A00H;数据段段基值寄存器DS的内容保持不变。

2. 算术运算类指令

(1) ADD(add)　加法指令

指令格式:ADD DST,SRC

指令功能:DST ←(SRC)+(DST)

其中：SRC 表示源操作数地址；DST 表示目的操作数地址；"←"表示数据传送的方向，同时表示把箭头右侧运算的结果传送到箭头方所指向的目的地址中。

本条指令完成源操作数与目的操作数相加，并把相加之和传送到 DST 所表示的目的地址中；源操作数保持不变。

ADD 指令中的两个操作数可以是字节操作数，也可以是字操作数，源操作数和目的操作数的长度要求一致。源操作数可以存放在通用寄存器或主存单元中，也可以是立即数（位于指令中）；即 SRC 处可以是通用寄存器名（例如 AX）或主存单元地址（可以是表示存储器操作数的各种寻址方式；例如 VAR1），也可以是立即数（例如 1234H）。目的操作数可以存放在通用寄存器或主存单元中，但不允许是立即数。

需要注意的是，源操作数和目的操作数都不能存放在段寄存器中；两个操作数地址不能同时都是存储器操作数地址，即除源操作数为立即数之外，两个操作数中至少有一个操作数存放在通用寄存器中。ADD 指令的执行影响 CF、PF、AF、ZF、SF 和 OF 6 个状态标志位，根据指令执行的结果，对 6 个状态标志位进行设置。

例 4-27

```
ADD  AL,9BH;在此,假设(AL)=E8H
```

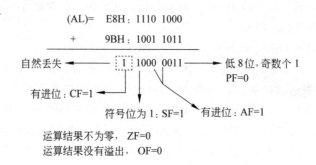

通过上述例子可以看到 6 个状态标志位的置位状况：

CF 进位标志位，是根据运算结果有无进位而设置；有进位，CF 置 1；无进位，则 CF 置 0。此例中，运算结果产生了进位，因此，CF 置 1。在本例的 8 位字节加法运算中，向高位产生的进位自然丢失（由于是有模运算），因此得到的结果是 83H。可以根据 CF 的状态，获得本次加法运算的进位。利用 CF 可以判断两个无符号数的加法运算是否有溢出：CF＝0，无溢出；CF＝1，有溢出。

PF 奇偶标志位，是根据运算结果的低 8 位中 1 的个数而设置（不论是字加法运算还是字节加法运算），1 的个数为奇数，PF 置 0；1 的个数为偶数，PF 置 1。本例中，低 8 位中共有 3 个 1，因此，PF 置 0。

AF 辅助进位标志，是根据运算过程中低字节的第 3 位向第 4 位有无进位而设置；有进位，AF 置 1；无进位，AF 置 0。本例中，第 3 位向第 4 位有进位，因此，AF 置 1。

ZF 零标志位，是根据运算结果是否为零而设置；结果为零，ZF 置 1；结果不为零，ZF 置 0。本例中，运算结果不为零，因此，ZF 置 0。

SF 符号标志位，是把运算结果看作带符号数，根据运算结果的最高位（即符号位）而设置；最高位为 1，SF 置 1；最高位为 0，SF 置 0（即 SF 与运算结果的最高位相同）。本例中运算结果的最高位(符号位)为 1,因此,SF 置 1。

OF 溢出标志位,是根据两个操作数的符号位和运算结果的符号位的状况而设置的,因此反映的是带符号数加法运算的溢出状况。OF 为 1,表示带符号数运算结果溢出;OF 为 0,表示带符号数运算结果无溢出。在进行两个带符号数加法运算时,如果两个带符号操作数互为异号,则运算结果不会产生溢出。只有在两个带符号操作数符号相同的情况下(同为负数,或同为正数),才有可能产生溢出,即两个带符号操作数的符号位同为 0(或同为 1),加法运算结果的符号位为 1(或为 0)时,产生溢出,OF 置 1;否则,无溢出,OF 置 0。本例中,两个操作数的最高位(符号位)均为 1,运算结果的最高位也为 1,因此,加法运算无溢出,OF 置 0。

(2) ADC(add with carry) 带进位加法指令

指令格式:ADC DST,SRC

指令功能:DST ←(SRC)+(DST)+ CF

本条指令完成源操作数与目的操作数相加,并且把当前 CF 标志位的值(作为最低位)也一并相加,把三者相加之和传送到 DST 所表示的目的地址中;源操作数保持不变。

ADC 指令对操作数的要求和各标志位的设置与 ADD 指令相同。

例 4-28 完成两个 32 位带符号数的相加运算。源操作数为 12345678H,目的操作数高 16 位存放在 CX 中,低 16 位存放在 BX 中,(CX)= 0012H,(BX)=0B034H;运算结果的高 16 位存放在 CX 中,低 16 位存放在 BX 中。可利用下述指令完成运算:

```
ADD BX,5678H
ADC CX,1234H
```

运算结果:(CX)= 1247H,(BX)= 06ACH;

第 1 条指令执行后,CF=1,OF=0,ZF=0,PF=1,SF=0,AF=0;

第 2 条指令执行后,CF=0,OF=0,ZF=0,PF=1,SF=0,AF=0;

由于是带符号操作数的运算,运算结果是否有溢出,需要看第 2 条指令运算后的 OF 位状态,OF 为 0,则无溢出。

(3) INC(increment) 加 1 指令

指令格式:INC DST

指令功能:DST ←(DST)+ 1

本条指令是单操作数指令,完成把目的操作数加 1 后送回到目的地址中的功能。

INC 指令的操作数可以是字节操作数,也可以是字操作数;本指令把操作数作为无符号数处理;操作数可以存放在通用寄存器或主存单元中,但不能为立即数。

INC 指令的执行不影响 CF 标志位,其他各标志位的设置与 ADD 指令相同。

例 4-29

```
MOV AL,12H
INC  AL
```

上述指令执行后,(AL)=13H;OF=0,ZF=0,PF=0,SF=0,AF=0。

(4) SUB(subtract) 减法指令

指令格式:SUB DST,SRC

指令功能：DST ←(DST)－(SRC)

其中：SRC 表示源操作数地址；DST 表示目的操作数地址；"←"表示数据传送的方向，同时表示把箭头右侧运算的结果传送到箭头方所指向的目的地址中。

本条指令完成目的操作数减源操作数，并把相减之差传送到 DST 所表示的目的地址中；源操作数保持不变。

SUB 指令中的两个操作数可以是字节操作数，也可以是字操作数，源操作数和目的操作数的长度要求一致。源操作数可以存放在通用寄存器或主存单元中，也可以是立即数；目的操作数可以存放在通用寄存器或主存单元中，但不允许是立即数。

需要注意的是，SUB 指令对两个操作数的要求与 ADD 指令相同，源操作数和目的操作数都不能存放在段寄存器中；两个操作数地址不能同时都是存储器操作数地址，即除源操作数为立即数之外，两个操作数中至少有一个操作数存放在通用寄存器中。

SUB 指令的执行影响 CF、PF、AF、ZF、SF 和 OF 6 个状态标志位，根据指令执行的结果，对 6 个状态标志位进行设置。PF、ZF 和 SF 3 个标志位的设置与 ADD 指令相同。

CF 标志位是根据两个操作数在进行相减的过程中是否向高位有借位而进行设置。CF 标志位表示无符号数在进行相减运算时其结果的溢出状态。有借位（无符号数的运算产生溢出，表示减数大于被减数），CF 置 1；无借位（无溢出），CF 置 0。

AF 标志位是根据两个操作数在进行相减的过程中第 3 位是否向第 4 位产生借位而进行设置；有借位，AF 置 1；无借位，AF 置 0。

OF 标志位是表示两个带符号操作数在进行减法运算时是否产生溢出的标志。对于带符号数而言，在进行减法运算时，如果两个带符号操作数的符号相反，并且运算结果的符号与减数相同，则表示有溢出，结果错误，此时，OF 置 1；否则，OF 置 0，表示运算结果正确。

例 4-30

```
MOV  AX,1234H
SUB  AX,5678H
```

上述指令执行后的运算结果：(AX)＝0BBBCH；CF＝1，OF＝0，ZF＝0，PF＝0，SF＝1，AF＝1。

(5) SBB(subtract with borrow) 带借位减法指令

指令格式：SBB DST,SRC

指令功能：DST ←(DST)－(SRC)－CF

本条指令完成目的操作数减源操作数，同时完成减借位标志 CF 的值（CF 作为最低位），并把相减之差传送到 DST 所表示的目的地址中；源操作数保持不变。

SBB 指令中的两个操作数可以是字节操作数，也可以是字操作数，源操作数和目的操作数的长度要求一致。源操作数可以存放在通用寄存器或主存单元中，也可以是立即数；目的操作数可以存放在通用寄存器或主存单元中，但不允许是立即数。

需要注意的是，SBB 指令对两个操作数的要求与 SUB 指令相同，源操作数和目的操作数都不能存放在段寄存器中；两个操作数地址不能同时都是存储器操作数地址，即：除源操作数为立即数之外，两个操作数中至少有一个操作数存放在通用寄存器中。

SBB 指令的执行影响 CF、PF、AF、ZF、SF 和 OF 6 个状态标志位，根据指令执行的结果,对 6 个状态标志位进行设置;各标志位的设置与 SUB 指令相同。本条指令可用于实现 32 位字长等(大于 16 位字长)的减法运算。

(6) DEC(decrement)　减 1 指令

指令格式：DEC DST

指令功能：DST ←(DST)－1

本条指令是单操作数指令,完成把目的操作数减 1 后送回到目的地址中的功能。

DEC 指令的操作数可以是字节操作数,也可以是字操作数;本指令把操作数作为无符号数处理;操作数可以存放在通用寄存器或主存单元中,但不能为立即数。

DEC 指令的执行不影响 CF 标志位,其他各标志位的设置与 INC 指令相同。

(7) NEG(negate)　求负数指令

指令格式：NEG DST

指令功能：DST ←－(DST)

也可表示为：DST ←0－(DST)或 DST←0FFFFH－(DST)＋1(即连同符号位一起,各位求反,末位加 1)。

本条指令是单操作数指令,完成对目的操作数求其负数后送回到目的地址中的功能。

NEG 指令的操作数可以是字节操作数,也可以是字操作数。操作数可以存放在通用寄存器或主存单元中,但不能为立即数。

本指令的执行影响 CF、PF、AF、ZF、SF 和 OF 6 个状态标志位。NEG 指令把操作数作为带符号数处理。当操作数为 0 时,NEG 指令执行后,结果仍为 0,CF 置 0;其他情况,CF 均置 1。当操作数为字节操作数－128 或为字操作数－32768 时,NEG 指令执行后,结果不变,仍为原数(－128 或－32768),OF 置 1,表示溢出;其他情况 OF 置 0。其他各标志位的设置与 SUB 指令相同。

例 4-31

```
MOV AX,0001H
NEG AX
```

上述指令执行后的运算结果：(AX)＝0FFFFH(即－1);完成了对 1 进行求负数的操作,结果为－1。

本条指令对各状态标志位的设置为：CF＝1,OF＝0,ZF＝0,PF＝1,SF＝1,AF＝1。

(8) CMP(compare)　比较指令

指令格式：CMP DST,SRC

指令功能：(DST)－(SRC);根据减法运算的结果,对 CF、PF、AF、ZF、SF 和 OF 6 个状态标志位进行设置。

本条指令完成目的操作数减源操作数的运算,但不把相减的结果送目的地保存,而是根据减法运算的结果,对 CF、PF、AF、ZF、SF 和 OF 6 个状态标志位进行设置。在 CMP 指令执行后,源操作数和目的操作数保持不变。

CMP 指令中的两个操作数可以是字节操作数,也可以是字操作数,源操作数和目的操作数的长度要求一致。源操作数可以存放在通用寄存器或主存单元中,也可以是立即数;目的操作数可以存放在通用寄存器或主存单元中,但不允许是立即数。CMP 指令对两个操作数的要求与 SUB 指令相同,源操作数和目的操作数都不能存放在段寄存器中。两个操作数地址不能同时都是存储器操作数地址,即除源操作数为立即数之外,两个操作数中至少有一个操作数存放在通用寄存器中。

CMP 指令的执行影响 CF、PF、AF、ZF、SF 和 OF 6 个状态标志位。该指令主要用于对两个操作数大小的比较。在本条指令执行后,可以紧跟一条条件转移指令,以实现程序的转移控制。

在比较两个操作数的大小时,如果指令执行的结果使 ZF=1,表示两个操作数相等。在对两个无符号数进行比较时,如果(DST)≥(SRC),则 CF=0,如果(SRC)>(DST),则 CF=1。对于两个带符号数的比较,如果 OF=SF,则表示(DST)>(SRC),如果 OF≠SF,则表示(DST)<(SRC)。可以根据上述标志位的设置进行两个操作数大小的判断。

(9) MUL(unsigned multiple) 无符号数乘法指令

指令格式:MUL SRC

指令功能:

① 字节操作:AX ←(AL)*(SRC)

② 字操作:DX|AX ←(AX)*(SRC)

本指令完成两个无符号操作数(源操作数与目的操作数)相乘,把乘积送到目的地(通用寄存器)中的功能。

MUL 指令的源操作数可以是字节操作数,也可以是字操作数;本指令把操作数作为无符号数处理;源操作数可以存放在通用寄存器或主存单元中,但不能为立即数。MUL 指令的目的操作数的长度必须与源操作数一致,且必须存放在通用寄存器 AX(字乘法)或 AL(字节乘法)中。乘法运算的乘积存放到 DX 和 AX(字乘法)或 AX(字节乘法)中。其中,字乘法的 32 位乘积,高 16 位存放到 DX 中,低 16 位存放到 AX 中。

MUL 指令的执行,除 CF 和 OF 标志位外,其他各状态标志位状态不定。在指令执行后,如果乘积的高半部分 DX(字乘法)或 AH(字节乘法)的内容为 0(表示其中无乘积的有效数字),则 CF=OF=0;否则,DX 或 AH 中的内容为非 0(表示其中存有乘积的有效数字),则 CF=OF=1。

(10) IMUL(signed multiple) 带符号数乘法指令

指令格式:IMUL SRC

指令功能:

① 字节操作:AX ←(AL)*(SRC)

② 字操作:DX|AX ←(AX)*(SRC)

本指令完成两个带符号操作数(源操作数与目的操作数)相乘,把乘积送到目的地(通用寄存器)中的功能。IMUL 指令的操作数和乘积均为带符号数,采用补码表示;其余的情况与 MUL 指令相同。

IMUL 指令执行后,如果乘积的高半部分是低半部分的符号扩展,即 DX(字乘法)或 AH(字节乘法)中的各位为全 0 或全 1,则 CF=OF=0;否则,当 DX 或 AH 中的各位不全为 0 或不全为 1(表示其中存有乘积的有效数字),则 CF=OF=1。

例如,对于字节乘法的乘积,如果(AH)=0FFH 或(AH)=0,则 CF=OF=0;如果(AH)≠0FFH 或(AH)≠ 0,如:(AH)= 0FH,则 CF=OF=1。

(11) DIV(unsigned divide)　无符号数除法指令

指令格式：DIV SRC

指令功能：

① 字节操作：AL ←(AX)/(SRC)之商，AH ←(AX)/(SRC)之余数

其中：AX 的内容为 16 位被除数，源操作数(SRC)为 8 位除数，除法结果的 8 位商保存在 AL 中，8 位余数保存在 AH 中。

② 字操作：AX ←(DX|AX)/(SRC)之商，DX ←(DX|AX)/(SRC)之余数

其中：DX|AX 的内容为 32 位被除数，高 16 位被除数保存在 DX 中，低 16 位被除数保存在 AX 中，源操作数(SRC)为 16 位除数，除法结果的 16 位商保存在 AX 中，16 位余数保存在 DX 中。

本指令完成两个无符号操作数相除，把除法之商和余数送到目的地(通用寄存器)中的功能。

DIV 指令的源操作数(除数)可以是字节操作数，也可以是字操作数；本指令把操作数作为无符号数处理；源操作数可以存放在通用寄存器或主存单元中，但不能为立即数。DIV 指令的被除数(目的操作数)的长度是除数(源操作数)长度的 2 倍，且必须存放在通用寄存器 DX、AX(字乘法)或 AX(字节乘法)中。

DIV 指令对各标志位无有效的设置；当除法的结果产生溢出时，产生 0 型中断，转入除法出错中断处理程序进行出错处理。本指令的溢出判断：当除数为 0，即(SRC)＝0；或除法的商发生溢出，即字节除法的商(AL)＞0FFH，或字除法的商(AX)＞0FFFFH 时，产生溢出。

(12) IDIV(signed divide)　带符号数除法指令

指令格式：IDIV SRC

指令功能：

① 字节操作：AL ←(AX)/(SRC)之商，AH ←(AX)/(SRC)之余数

② 字操作：AX ←(DX|AX)/(SRC)之商，DX ←(DX|AX)/(SRC)之余数

本指令完成两个带符号操作数相除，把除法之商和余数送到目的地(通用寄存器)中的功能。

IDIV 指令的操作数、商以及余数均为带符号数，并且均用补码表示。指令执行的各操作与 DIV 指令相同。

IDIV 指令的溢出判断：

当除数为 0，即(SRC)＝0；或除法的商发生溢出，即字节除法的商(AL)＞＋127(7FH)，或(AL)＜－128(80H)；字除法的商(AX)＞＋32767(7FFFH)，或(AX)＜－32768(8000H)时，产生溢出。

(13) CBW(convert byte to word)　字节转换为字指令

指令格式：CBW

指令功能：把 AL 中的符号位扩展到 AH 中，形成 AX 中的 16 位字。即：如果 AL 中的符号位为 0，则(AH)＝0；AL 中的符号位为 1，则(AH)＝0FFH。

本指令一般用于形成双倍除数(字节)字长的被除数，以便使用除法指令对数据进行处理。指令对各标志位无影响。

(14) CWD(convert word to double word)　字转换为双字指令

　　指令格式：CWD

　　指令功能：把 AX 中的符号位扩展到 DX 中，形成 DX|AX 中的 32 位双字。即如果 AX 中的符号位为 0，则指令执行后(DX)=0；如果 AX 中的符号位为 1，则指令执行后(DX)=0FFFFH。

　　本指令一般用于形成双倍除数(字)字长的被除数，以便使用除法指令对数据进行处理。指令对各标志位无影响。

(15) DAA(decimal adjust for addition)　压缩 BCD 码加法的十进制调整指令

　　指令格式：DAA

　　指令功能：AL ← 把 AL 中由上条加法指令产生的和调整为压缩的 BCD 格式。

　　DAA 指令是针对十进制数采用压缩的 BCD 码表示时(即一个字节存储 2 个十进制数位)，在完成加法运算后所进行的调整。在执行这条指令之前，要求必须执行 ADD 指令或 ADC 指令；并且要求加法指令完成两个压缩的 BCD 码相加，把加法之和存入 AL 寄存器中。

　　指令的调整方法：

　　如果 AF(辅助进位标志)为 1，或 AL 的低 4 位的值大于 9(即在十六进制数的 A～F 之间)，则(AL)加 06H，同时把 AF 位置 1；

　　如果 CF(进位标志)为 1，或 AL 的高 4 位的值大于 9(即在十六进制数的 A～F 之间)，则(AL)加 60H，同时把 CF 位置 1。

　　本指令对 OF 的设置不确定，影响其他 5 位状态标志位。

(16) DAS(decimal adjust for subtraction)　压缩 BCD 码减法的十进制调整指令

　　指令格式：DAS

　　指令功能：AL ← 把 AL 中由上条减法指令产生的差调整为压缩的 BCD 格式。

　　DAS 指令是针对十进制数采用压缩的 BCD 码表示时，在完成减法运算后所进行的调整。在执行这条指令之前，要求必须执行 SUB 指令或 SBB 指令；并且要求减法指令完成两个压缩的 BCD 码相减，把减法之差存入 AL 寄存器中。

　　指令的调整方法：

　　如果 AF(辅助进位标志)为 1，或 AL 的低 4 位的值大于 9(即在十六进制数的 A～F 之间)，则(AL)减 06H，同时把 AF 位置 1；

　　如果 CF(进位标志)为 1，或 AL 的高 4 位的值大于 9(即在十六进制数的 A～F 之间)，则(AL)减 60H，同时把 CF 位置 1。

　　本指令对 OF 的设置不确定，影响其他 5 位状态标志位。

(17) AAA(ASCII adjust for addition)　非压缩 BCD 码(ASCII)加法的十进制调整指令

　　指令格式：AAA

　　指令功能：AL ← 把 AL 中由上条加法指令产生的和调整为非压缩的 BCD 格式；

　　　　　　　AH ←（AH）+调整时产生的进位。

　　AAA 指令是针对十进制数采用 ASCII 码表示或采用非压缩的 BCD 码表示(即一个字节存储一位十进制数位，低 4 位表示十进制数，高 4 位无意义)时，在完成加法运算后所进行的调整。在执行这条指令之前,要求必须执行 ADD 指令或 ADC 指令;并且要求加法指令完成两个非压缩的 BCD 码相加,把加法之和存入 AL 寄存器中。

指令的调整方法:

如果 AL 的低 4 位的值在 0~9 之间,并且 AF 为 0,则 AL 的高 4 位置 0,CF ← AF。

如果 AL 的低 4 位的值大于 9(即在十六进制数的 A~F 之间)或 AF 为 1,则(AL)加 6,(AH)加 1,同时 AF 置 1;AL 的高 4 位置 0,CF←AF。

本指令除影响 AF 和 CF 状态标志位外,对其他状态标志位的设置不确定。

(18) AAS(ASCII adjust for subtraction) 非压缩 BCD 码(ASCII)减法的十进制调整指令

指令格式:AAS

指令功能:AL←把 AL 中由上条减法指令产生的差调整为非压缩的 BCD 格式;
　　　　　AH←(AH)-调整时产生的借位。

AAS 指令是针对十进制数采用 ASCII 码表示或采用非压缩的 BCD 码表示(即一个字节存储一位十进制数位,低 4 位表示十进制数,高 4 位无意义)时,在完成减法运算后所进行的调整。在执行这条指令之前,要求必须执行 SUB 指令或 SBB 指令;并且要求减法指令完成两个非压缩的 BCD 码相减,把减法之差存入 AL 寄存器中。

指令的调整方法:

如果 AL 的低 4 位的值在 0~9 之间,并且 AF 为 0,则 AL 的高 4 位置 0,CF ← AF。

如果 AL 的低 4 位的值大于 9(即在十六进制数的 A~F 之间)或 AF 为 1,则(AL)减 6,(AH)减 1,同时 AF 置 1;AL 的高 4 位置 0,CF←AF。

本指令除影响 AF 和 CF 状态标志位外,对其他状态标志位的设置不确定。

(19) AAM(ASCII adjust for multiplication) 非压缩 BCD 码(ASCII)乘法的十进制调整指令

指令格式:AAM

指令功能:AX ← 把 AL 中由上条乘法指令产生的积调整为非压缩的 BCD 格式。

AAM 指令是针对十进制数采用非压缩的 BCD 码表示(即:一个字节存储一位十进制数位,低 4 位表示十进制数,高 4 位为 0)时,在完成乘法运算后所进行的调整。在执行这条指令之前,要求必须执行 MUL 指令;并且要求乘法指令完成两个非压缩的 BCD 码相乘,把乘法之积存入 AL 寄存器中。

指令的调整方法:

(AL)/0AH 之商存放到 AH 中;(AL)/0AH 之余数存放到 AL 中。

本指令根据 AL 的结果对条件标志位 SF、ZF 及 PF 进行设置,对其他状态标志位的设置不确定。

(20) AAD(ASCII adjust for divide) 非压缩 BCD 码(ASCII)除法的十进制调整指令

指令格式:AAD

指令功能:(AL)←(AH)*10+(AL);
　　　　　(AH)←0。

AAD 指令要求被除数是 2 位存放在 AX 中的采用非压缩 BCD 码所表示数,AH 中存放高位数(十位),AL 中存放低位数(个位),AH 和 AL 中的高 4 位均为 0;除数为一位非压缩的 BCD 码所表示的数,高 4 位为 0。在使用 DIV 指令进行除法运算前,必须先使用 AAD 指令进行调整,即把 AX 中的被除数调整为二进制数,且存放到 AL 中,AH 置 0,然后才可使用 DIV 指令进行除法运算。

本指令根据 AL 的结果对条件标志位 SF、ZF 及 PF 进行设置,对其他状态标志位的设置不确定。

3. 逻辑运算类指令

(1) AND(and)　逻辑与指令

指令格式:AND DST,SRC

指令功能:DST ←(DST)∧(SRC)

(2) OR(or)　逻辑或指令

指令格式:OR DST,SRC

指令功能:DST ←(DST)∨(SRC)

(3) NOT(not)　逻辑非指令

指令格式:NOT DST

指令功能:DST ←！(DST)

(4) XOR(exclusive or)　逻辑异或指令

指令格式:XOR DST,SRC

指令功能:DST ←(DST)⊕(SRC)

(5) TEST(test)　测试指令

指令格式:TEST DST,SRC

指令功能:(DST)∧(SRC),结果不保存,根据运算结果置相应的状态标志位。

上述 5 条指令的源操作数(SRC)可以使用立即数,目的操作数(DST)不可使用立即数。源操作数和目的操作数可以存放在通用寄存器中,也可以存放在主存单元中。源操作数和目的操作数的长度要求一致。运算结果送目的操作数地址中(TEST 指令除外)。需要注意的是,双操作数指令的两个操作数不能同时都存放在主存单元中。

NOT 指令不影响状态标志位;其余 4 条指令根据结果设置 SF、ZF 和 PF,CF 和 OF 置 0,AF 不确定。

(6) SHL(shift logical left)　逻辑左移指令

指令格式:SHL DST,CNT

指令功能:对(DST)逻辑左移 CNT 所表示的位数,移位结果存入 DST 中。DST 可以是字节或字操作数,可以存放在通用寄存器中,也可以存放在主存单元中。当移位次数为 1 时,则 CNT 处可直接写 1,否则,移位次数需要存放到 CL 中,在 CNT 处给出 CL。移出的位每次都存放到 CF 中。

移位操作见图 4-39(a)。

(7) SHR(shift logical right)　逻辑右移指令

指令格式:SHR DST,CNT

指令功能:对(DST)逻辑右移 CNT 所表示的位数,移位结果存入 DST 中。其他操作与 SHL 相同。

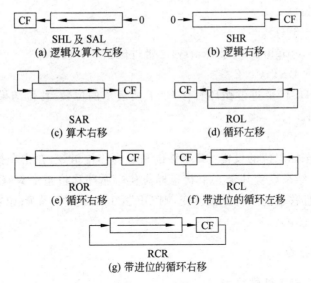

图 4-39 移位指令操作示意图

移位操作见图 4-39(b)。

(8) SAL(shift arithmetic left) 算术左移指令

指令格式：SAL DST,CNT

指令功能：对(DST)算术左移 CNT 所表示的位数，移位结果存入 DST 中。其他操作与 SHL 相同。

移位操作见图 4-39(a)。

(9) SAR(shift arithmetic right) 算术右移指令

指令格式：SAR DST,CNT

指令功能：对(DST)算术右移 CNT 所表示的位数，移位结果存入 DST 中。其他操作与 SHL 相同。

移位操作见图 4-39(c)。

(10) ROL(rotate left) 循环左移指令

指令格式：ROL DST,CNT

指令功能：对(DST)循环左移 CNT 所表示的位数，移位结果存入 DST 中。其他操作与 SHL 相同。

移位操作见图 4-39(d)。

(11) ROR(rotate right) 循环右移指令

指令格式：ROR DST,CNT

指令功能：对(DST)循环右移 CNT 所表示的位数，移位结果存入 DST 中。其他操作与 SHL 相同。

移位操作见图 4-39(e)。

(12) RCL(rotate left through carry) 带进位循环左移指令

指令格式：RCL DST,CNT

指令功能：对(DST)带进位循环左移 CNT 所表示的位数，移位结果存入 DST 中。其他操作与 SHL 相同。

移位操作见图 4-39(f)。

(13) RCR(rotate right through carry) 带进位循环右移指令

指令格式：RCR DST,CNT

指令功能：对(DST)带进位循环右移 CNT 所表示的位数，移位结果存入 DST 中。其他操作与 SHL 相同。

移位操作见图 4-39(g)。

移位指令对状态标志位的设置：算术移位和逻辑移位指令，在指令执行结束后，AF 的值不确定，根据移位结果设置其余 5 个状态标志位。循环移位指令只修改 OF 和 CF 标志位；如果只移 1 位，且移位前后符号位改变，则 OF 置 1，否则 OF 置 0；如果移位位数大于 1，则 OF 不确定。

4. 控制转移类指令

(1) JMP(jump)无条件转移指令

指令格式：JMP 目标地址

其中：目标地址(DSTADDR)可使用符号地址，还可由除立即数外的各种寻址方式构成。

指令功能：

① 段内短转移：IP ←(IP)＋ 8 位位移量(JMP SHORT DSTADDR；DSTADDR 使用符号地址，采用相对寻址方式，(IP)的值为 JMP 指令下一条指令的地址，8 位位移量采用补码表示)；

② 段内直接转移：IP ←(IP)＋ 16 位位移量(JMP DSTADDR；DSTADDR 使用符号地址，16 位位移量采用补码表示，其他同上)；

③ 段内间接转移：IP ←(EA)(JMP WORD PTR DSTADDR ；(EA)的值按照目标地址除立即数寻址方式外的任何寻址方式决定)；

④ 段间直接转移：IP← DSTADDR 的段内偏移地址(JMP FAR PTR DSTADDR；DSTADDR 使用符号地址)；

　　　　　　　　CS ← DSTADDR 所在段的段基值；

⑤ 段间间接转移：IP ←(EA)(JMP DWORD PTR DSTADDR)；

　　　　　　　　CS ←(EA＋2)；

转移指令的寻址方式的内容可参见 4.3.3 节中与转移地址相关的寻址方式一节。

(2) 条件转移

指令格式：JXXX 目标地址

JXXX 在此表示条件转移的各种操作码，8086 指令系统中共有 18 种根据相应条件进行转移的指令，指令的转移是根据上一条指令所设置的相应状态标志位而进行的；目标地址一般采用符号地址表示，采用相对寻址方式，目标地址应在 JXXX 指令的下一条指令地址的 －128～＋127B 范围之内。

指令功能：

① 测试条件满足：IP ←(IP)＋ 8 位位移量(其中(IP)的值为 JXXX 指令下一条指令的地址，8 位位移量采用补码表示；测试的条件满足，则转到目标地址执行)；

② 测试条件不满足：IP ← JXXX 指令的下一条指令地址的偏移量（测试的条件不满足，则顺序执行下一条指令）。

条件转移根据判断的内容可分成3类：

第1类：根据某个状态标志的设置情况进行条件转移的指令：

JO(jump if overflow)溢出转移指令

测试条件：OF=1

JNO(jump if not overflow)无溢出转移指令

测试条件：OF=0

JS(jump if sign)结果为负转移指令

测试条件：SF=1

JNS(jump if not sign)结果为正转移指令

测试条件：SF=0

JZ/JE(jump if zero/equal) 结果为零/相等转移指令

测试条件：ZF=1

JNZ/JNE(jump if not zero/not equal)结果不为零/不相等转移指令

测试条件：ZF=0

JP/JPE(jump if parity/parity even)奇偶位为1(偶状态)转移指令

测试条件：PF=1

JNP/JPO(jump if not parity/parity odd)奇偶位为0(奇状态)转移指令

测试条件：PF=0

JC(jump if carry)进位标志位为1转移指令

测试条件：CF=1

JNC(jump if not carry)进位标志位为0转移指令

测试条件：CF=0

第2类：对两个无符号数进行比较，根据比较结果所设置的状态标志位进行条件转移的指令：

JA/JNBE(jump if above/not below or equal)高于/不低于或等于转移指令

测试条件：(CF=0)∧(ZF=0)

JAE/JNB(jump if above or equal /not below)高于或等于/不低于转移指令

测试条件：(CF=0)∨(ZF=1)

JB/JNAE(jump if below/not above or equal)低于/不高于或等于转移指令

测试条件：(CF=1)∧(ZF=0)

JBE/JNA(jump if below or equal /not above)低于或等于/不高于转移指令

测试条件：(CF=1)∨(ZF=1)

第3类：对两个带符号数进行比较，根据比较结果所设置的状态标志位进行条件转移的指令：

JG/JNLE(jump if greater/not less or equal)大于/不小于或等于转移指令

测试条件：(OF=SF)∧(ZF=0)

JGE/JNL(jump if greater or equal/not less)大于或等于/不小于转移指令

测试条件:(OF=SF)∨(ZF=1)

JL/JNGE(jump if less/not greater or equal)小于/不大于或等于转移指令

测试条件:(OF≠SF)∧(ZF=0)

JLE/JNG(jump if less or equal/not greater)小于或等于/不大于转移指令

测试条件:(OF≠SF)∨(ZF=1)

(3) JCXZ(jump if CX register is zero) CX 寄存器内容为零转移指令

指令格式:JCXZ 目标地址(目标地址的规定同条件转移指令,只提供 8 位位移量)

指令功能:对 CX 中的内容进行测试,如果(CX)= 0,则转移到目标地址处;否则顺序执行。本指令的执行不影响标志位。

(4) LOOP(loop) 循环指令

指令格式:LOOP 目标地址(目标地址的规定同条件转移指令,只能提供 8 位位移量)

指令功能:CX←(CX)−1;如果(CX)≠0,则转移到目标地址处,继续循环;否则结束循环,顺序执行本条指令的下一条指令。

(5) LOOPZ/LOOPE(loop while zero/equal) 当结果为零/相等时循环指令

指令格式:LOOPZ/LOOPE 目标地址(目标地址的规定同条件转移指令,只提供 8 位位移量)

指令功能:CX←(CX)−1;如果(CX)≠0 且 ZF=1,则转移到目标地址处,继续循环;否则结束循环,顺序执行本条指令的下一条指令。

(6) LOOPNZ/LOOPNE(loop while nonzero/not equal) 当结果不为零/不相等时循环指令

指令格式:LOOPNZ/LOOPNE 目标地址(目标地址的规定同条件转移指令,只提供 8 位位移量)

指令功能:CX←(CX)−1;如果(CX)≠0 且 ZF=0,则转移到目标地址处,继续循环;否则结束循环,顺序执行本条指令的下一条指令。

(7) CALL(call) 调用子程序指令

指令格式:CALL 目标地址

其中:目标地址(DSTADDR)可使用符号地址(子程序名),还可由除立即数外的各种寻址方式构成。

指令功能:段内调用,则首先把 CALL 指令下一条指令的(IP)进栈;段间调用,则首先把 CS 进栈,然后把 CALL 指令下一条指令的(IP)进栈。根据不同的调用,完成 IP、CS(段间调用)的设置;使程序转向调用的子程序入口。IP 及 CS 的设置如下:

段内直接调用:IP←(IP)+ 16 位位移量(目标地址使用符号地址(即子程序名),16 位位移量采用补码表示);

段内间接调用:IP←(EA)((EA)的值按照目标地址除立即数寻址方式外的任何寻址方式决定);

段间直接调用:IP ← DSTADDR 的段内偏移地址(CALL FAR PTR DSTADDR; DSTADDR 使用符号地址;若子程序已定义为远过程,则也可写作:CALL DSTADDR);

CS←DSTADDR 所在段的段基值;

段间间接调用:IP ←(EA)(CALL DWORD PTR DSTADDR);

　　　　　CS←(EA+2);

　　CALL 指令的寻址方式可参见 JMP 指令的寻址方式。本指令和 RET 指令均不影响标志位。

　　(8) RET(return)　从子程序返回指令

　　指令格式：RET [PARA]

　　指令功能：

　　① 不带参数返回：RET

　　IP←出栈内容

　　CS←出栈内容（段间返回）

　　② 带参数返回：RET PARA

　　IP←出栈内容

　　CS←出栈内容（段间返回）

　　SP←(SP)+ PARA（修改栈顶指针）

　　(9) INT(interrupt)软中断指令

　　指令格式：INT ITYPE

其中：ITYPE 称作中断类型码，取值范围在 0～255(00H～FFH)之间，可进行 256 种中断服务。根据 ITYPE 值，可以从位于主存的中断向量表（也称作中断服务程序入口地址表）中获取中断服务程序入口地址。

　　指令功能：标志寄存器 FLAGS(或称作 FR)内容进栈；TF 和 IF 清零；现行程序的返回断点地址(CS 和 IP)进栈；根据中断类型码 ITYPE，从中断向量表取出调用的中断服务程序的入口地址送 IP 和 CS；

　　IP←(ITYPE*4);

　　CS←(ITYPE*4+2)。

　　本指令除 TF 和 IF 标志位之外，不影响其他标志位。

　　(10) INTO(interrupt if overflow)　如果溢出则中断指令

　　指令格式：INTO

　　指令功能：如果 OF=1，则执行此指令；OF=0，则顺序执行下一条指令。INTO 指令产生中断类型为 4 的中断，指令的执行过程与 INT 指令相同。

　　本指令除 TF 和 IF 标志位之外，不影响其他标志位。

　　(11) IRET(return from interrupt)　从中断子程序返回指令

　　指令格式：IRET

　　指令功能：从中断子程序返回断点。指令完成下述操作：

　　IP←栈顶内容出栈（原栈顶字单元内容）；

　　CS←栈顶内容出栈（原栈顶+2 字单元内容）；

　　FLAGS←栈顶内容出栈（原栈顶+4 字单元内容）。

　　标志寄存器的内容根据出栈的内容而设置。

　　5. 串处理指令

　　串处理指令是对存放在主存中的数据串（一组已定义的连续存储的数据）进行处理的指

令。串处理指令可处理由字节或字组成的数据串。串处理指令要求源串操作数地址由 DS：[SI]表示，即源串通常存放在 DS 段中(有些指令 DS 也可以由其他段寄存器替代，即也可以存放在其他段中)；目的操作数地址由 ES：[DI]表示，ES 不能由其他段寄存器替代，即目的串必须存放在 ES 段中。串处理指令在处理完串操作之后，根据 DF(方向标志位)的值，修改 SI 和 DI 变址寄存器的内容，使 SI 和 DI 的内容指向数据串的下一个字节或字单元。SI 和 DI 的修改规则：

$DF=0$，$SI/DI \leftarrow (SI/DI)+2$(字串)，或 $SI/DI \leftarrow (SI/DI)+1$(字节串)；

$DF=1$，$SI/DI \leftarrow (SI/DI)-2$(字串)，或 $SI/DI \leftarrow (SI/DI)-1$(字节串)。

(1) MOVS(move string)　串传送指令

指令格式：MOVS DST,SRC

MOVSB(字节串)

MOVSW(字串)

指令功能：完成把源串的一个数据传送到目的串中；并且按照 SI 和 DI 的修改规则，根据 DF 标志位的值和串的属性(字或字节)，对 SI 和 DI 的内容进行相应的增量或减量；即：

ES：[DI]←(DS：[SI])；

DI←(DI)±1(或 2)；SI ← (SI)±1(或 2)；(根据 DF=0 或 1，字节或字进行处理)

MOVS 形式的串传送指令中的目的串和源串的寻址方式与 MOVSB 和 MOVSW 形式的串传送指令的寻址方式相同，都是隐含的；目的串地址由 ES：[DI]隐含确定；源串地址由 DS：[SI]隐含确定；MOVS 指令应由 SRC 或 DST 指明所处理的是字节串还是字串。

本指令不影响标志位。

(2) CMPS(compare string)　串比较指令

指令格式：CMPS DST,SRC

CMPSB(字节串)

CMPSW(字串)

指令功能：完成把源变址寄存器指向的数据段中存储的源串的一个数据减去目的变址寄存器指向的附加段中存储的目的串的一个数据，其相减结果不保存，但根据运算结果设置 6 个状态标志位；并且按照 SI 和 DI 的修改规则，根据 DF 标志位的值和串的属性(字或字节)，对 SI 和 DI 的内容进行相应的增量或减量；即：

(DS：[SI])−(ES：[DI])；

DI←(DI)±1(或 2)；SI ← (SI)±1(或 2)；(根据 DF=0 或 1，字节或字进行处理)

本指令影响 OF、SF、ZF、AF、PF 及 CF 6 个状态标志位。

(3) SCAS(scan string)　串扫描指令

指令格式：SCAS DST

SCASB(字节串)

SCASW(字串)

指令功能：完成把 AL 或 AX 的内容与目的变址寄存器指向的附加段中存储的目的串的一个字节或字进行比较，其结果不保存，但根据运算结果设置 6 个状态标志位；并且根据 DF 标志位的值和串的属性(字或字节)，对 DI 的内容进行相应的增量或减量；即：

(AL)/(AX)−(ES：[DI])；

DI←(DI)±1(或 2);(根据 DF=0 或 1,字节或字进行处理)

本指令影响 OF、SF、ZF、AF、PF 及 CF 6 个状态标志位。

(4) LODS(load from string)　从串中取指令

指令格式:LODS SRC

LODSB(字节串)

LODSW(字串)

指令功能:完成把由源变址寄存器指向的数据段中存储的源串的一个字节或字传送到 AL 或 AX 中;并且根据 DF 标志位的值和串的属性(字或字节),对 SI 的内容进行相应的增量或减量;即:

AL/AX←(DS:[SI]);

SI←(SI)±1(或 2);(根据 DF=0 或 1 处理)

本指令允许使用段超越前缀替代 DS;指令不影响标志位。

(5) STOS(store into string)　存入串中指令

指令格式:STOS DST

STOSB(字节串)

STOSW(字串)

指令功能:完成把 AL 或 AX 的内容存入目的变址寄存器指向的附加段的某个单元中,并且根据 DF 标志位的值和串的属性(字或字节),对 DI 的内容进行相应的增量或减量;即:

ES:[DI]←(AL/AX);

DI←(DI)±1(或 2);(根据 DF=0 或 1,字节或字进行处理)

本指令不影响标志位。

(6) REP(repeat)　重复指令

指令格式:REP 串处理指令

本指令只可加在串处理指令前,与相应的串处理指令配合使用。通常该指令与 MOVS、STOS 或 LODS 指令配合使用,完成对字符串的处理。

指令功能:

① 如果(CX)=0,则退出 REP 指令;

② 否则,CX←(CX)-1;继续执行 REP 后的串处理指令;重复①和②。

REP 指令完成当(CX)≠0 时,重复其后的串处理指令(CX)次,直到(CX)=0,结束与本指令组合的串处理指令的执行之功能。

(7) REPE/REPZ(repeat while equal/zero)　相等/为零重复指令

指令格式:REPE/REPZ 串处理指令

本指令只可加在串处理指令前,与相应的串处理指令配合使用。通常该指令与 CMPS 或 SCAS 指令配合使用,完成对字符串的处理。

指令功能:

① 如果(CX)=0 或 ZF=0,则退出 REPE/REPZ 指令;

② 否则,CX←(CX)-1;继续执行 REPE/REPZ 后的串处理指令;重复①和②。

REPE/REPZ 指令完成当(CX)≠0 且 ZF=1 时,重复其后的串处理指令,直到

(CX)＝0 或 ZF＝0(即比较的结果为两个操作数不等)时,结束与本指令组合的串处理指令的执行之功能。换言之,只要两数相等,并且(CX)的值不为 0,就可以继续串操作的比较;如果比较的两数不相等,则可在(CX)的值不为 0 的情况下,提前结束串的处理。

(8) REPNE/REPNZ(repeat while not equal/not zero) 不相等/不为零重复指令

指令格式：REPNE/REPNZ 串处理指令

本指令只可加在串处理指令前,与相应的串处理指令配合使用。通常该指令与 CMPS 或 SCAS 指令配合使用,完成对整个字符串的处理。

指令功能：

① 如果(CX)＝0 或 ZF＝1,则退出 REPNE/REPNZ 指令；

② 否则,CX ← (CX)－1;继续执行 REPNE/REPNZ 后的串处理指令；重复①和②。

REPNE/REPNZ 指令完成当(CX)≠0 且 ZF＝0 时,重复其后的串处理指令,直到(CX)＝0 或 ZF＝1(即比较的结果为两个操作数相等)时,结束与本指令组合的串处理指令的执行之功能。换言之,只要两数不相等,并且(CX)的值不为 0,就可以继续串操作的比较;如果比较的两数相等,则可在(CX)的值不为 0 的情况下,提前结束串的处理。

6. 处理器控制类指令

处理器控制类指令可分为标志位处理指令和处理器控制指令两类。

第 1 类：标志位处理指令,这类指令可以直接设置或清除相应的标志位,均为无操作数指令,共有 7 条：

(1) CLC(clear carry) 进位标志位置 0 指令

指令格式：CLC

指令功能：CF 位置 0。

(2) STC(set carry) 进位标志位置 1 指令

指令格式：STC

指令功能：CF 位置 1。

(3) CMC(complement carry) 进位标志位取反指令

指令格式：CMC

指令功能：CF 位取反。

(4) CLD(clear direction) 方向标志位置 0 指令

指令格式：CLD

指令功能：DF 位置 0。

(5) STD(set direction) 方向标志位置 1 指令

指令格式：STD

指令功能：DF 位置 1。

(6) CLI(clear interrupt) 中断标志位置 0 指令

指令格式：CLI

指令功能：IF 位置 0。

(7) STI(set interrupt) 中断标志位置 1 指令

指令格式：STI

指令功能：IF 位置 1。

第 2 类：处理器控制指令，这类指令可以对处理器的状态进行控制，不影响标志位，指令如下：

(1) NOP(no operation)　空操作指令

指令格式：NOP

指令功能：本指令不执行任何操作，只占用 CPU 若干时钟周期，指令机器码占用一个字节存储空间；可以用本指令占据一定的存储空间，替代程序在正式运行时所需的某些指令进行程序调试；本指令还可用于延时程序。本指令不影响标志寄存器的内容。

(2) HLT(halt)　停机指令

指令格式：HLT

指令功能：本指令使处理机处于停机状态，暂停机器工作，直至中断或复位。

(3) WAIT(wait)　等待指令

指令格式：WAIT

指令功能：本指令使处理机处于等待状态，等待外部中断的发生，中断结束后，仍返回本指令继续等待。

(4) ESC(escape)　换码指令

指令功能：本指令为协处理器指令前缀，实现交权给外部处理器的功能。

(5) LOCK(lock)　总线封锁指令

指令功能：本指令作为指令前缀，与其他指令联合使用。在指令执行期间，封锁总线，维持总线的锁存信号，直到与其联合的指令执行结束。

上述指令的详细使用方法，可查阅相关资料。

4.4.4　MIPS 指令系统简介

MIPS 指令系统具有定长的指令长度、较少的指令格式及寻址方式，是 RISC 指令系统。指令类别主要分为：算术/逻辑指令、常数指令、比较指令、转移指令、跳转指令、取数指令、存储指令、数据传送指令、浮点运算指令及异常和中断指令等，下面简要介绍 MIPS 指令系统所包含的指令(指令及伪指令)，各指令的详细功能可参见相应资料。

1. 算术/逻辑指令

算术/逻辑指令包括：绝对值(伪指令)、加法指令(带/不带溢出位)、立即数加指令(带/不带溢出位)、逻辑与指令、立即数与指令、除法指令/伪指令(带/不带溢出位)、乘法指令、无符号数乘法指令、乘法伪指令(带/不带溢出位)、无符号数相乘伪指令(带溢出位)、求相反数伪指令(带/不带溢出位)、异或指令、取反伪指令、逻辑或指令、求余数伪指令、求无符号数的余数伪指令、逻辑左移(变量)指令、算术右移(变量)指令、逻辑右移(变量)指令、循环左/右移指令、减(带/不带溢出位)指令、异或指令及立即数异或指令。

2. 常数指令

常数指令包括：取立即数指令及取立即数高位伪指令。

3. 比较指令

比较指令包括：小于无符号数指令、小于立即数（无符号数）指令；伪指令有：等于、大于等于（无符号数）、大于（无符号数）、小于等于（无符号数）及不等则置 1 指令。

4. 转移指令

转移指令包括：z 真转移指令、z 伪转移指令、相等转移指令、大于等于 0 转移（链接）指令、大于 0 转移指令、小于等于 0 转移指令、小于 0 转移（链接）指令、不相等转移指令；伪指令有：转移指令、等于 0 转移、大于等于转移（无符号数）、大于转移指令（无符号数）、小于等于转移（无符号数）、小于转移（无符号数）及不等于 0 转移指令。

5. 跳转指令

跳转指令包括：无条件跳转（链接）指令、跳转链接寄存器指令及寄存器跳转指令。

6. 取数指令

取数指令包括：取地址指令、取字节（无符号数）指令、取半字（无符号数）指令、取字指令、协处理器取字指令、取左/右半字指令；伪指令有：取双字、非排序地址中取半字（无符号数）及非排序地址中取字指令。

7. 存储指令

存储指令包括：存储字节指令、存储半字指令、存储字指令、存储协处理器字指令、存储左半字指令、存储右半字指令；伪指令有：存储双精度字及非排序地址中存储（半）字指令。

8. 数据传送指令

数据传送指令包括：传送（伪指令）、从寄存器高位传送指令、从寄存器低位传送指令、传送到寄存器高/低位指令、从协处理器 z 传送指令、从协处理器 1 传送双精度浮点数（伪指令）及传送到协处理器 z 指令。

9. 浮点运算指令

浮点运算指令包括：求双/单精度浮点数的绝对值指令、双/单精度浮点数加指令、双/单精度数相等比较指令、双/单精度数小于等于比较指令、双/单精度数小于比较指令、单精度到双精度的转化指令、整数到双（单）精度的转化指令、双精度到单精度的转化指令、双/单精度到整数的转化指令、双/单精度浮点数除指令、取双/单精度浮点数（伪指令）、传送双/单精度浮点数指令、双/单精度浮点数相乘指令、双/单精度数求反指令、存储双/单精度数（伪指令）及双/单精度浮点数相减指令。

10. 异常和中断指令

异常和中断指令包括：从异常返回指令、系统调用指令、中断指令及空操作指令。

4.4.5 CISC 与 RISC 指令系统

CISC(Complex Instruction Set Computer,复杂指令系统/集计算机)指令系统是在原有指令系统的功能基础之上进一步增强其功能,把常出现的指令串及子程序采用新设计出的指令替代,实现软件功能的硬化。沿着此发展方向,使得机器的指令系统不断地复杂及庞大起来,从而形成 CISC 指令系统。例如,8086、80x86、VAX11/780、Pentium 机等采用了 CISC 体系结构,指令系统庞大,具有多种指令字长及寻址方式(各机器的指令系统及其功能可参见相关资料);计算机的控制部件一般采用微程序控制方式来实现。

通过对 CISC 指令系统的运行测试进行统计分析,表明最常用的指令是一些最简单、最基本的指令,它们仅占指令总数的 20%,但在程序中出现的频率却占有 80%。复杂的指令系统使机器硬件实现的复杂度增强,因此不利于计算机系统速度的提高。

在 20 世纪 70 年代末,随着 VLSI 技术的不断发展,CISC 的设计已不能适应编译的优化,因此提出了 RISC 设计思想。

RISC(Reduced Instruction Set Computer,精简指令系统/集计算机)指令系统选取使用频度较高的一些简单指令;设计较少的指令数、寻址方式以及固定的指令字长;只有读数和取数指令访问主存,其他指令的操作均在寄存器之间进行;采用硬布线控制逻辑。通过简化指令系统,使计算机的硬件结构更为简单,从而减少指令的执行周期数,提高机器的处理速度。例如,MIPS、SPARC、IBM PowerPC 等采用了 RISC 体系结构。

近年来,CISC 的设计也在参考着 RISC 的设计思想,CISC 和 RISC 之间的界限越来越模糊,两者之间互相取长补短,相互结合,以设计出结构更加合理、快速的计算机。

习题

4.1 假设某计算机指令长度为 16 位,机器具有双操作数、单操作数和零操作数三类指令格式,规定每个操作数地址长度为 4 位。如果操作码字段设计为固定长 8 位,双操作数指令为 x 条,单操作数指令为 y 条,问:零操作数指令最多可以设计多少条?如果采用可变长操作码字段的设计方法,试提出一种指令格式的设计方案。

4.2 简要阐述寻址方式的概念。

4.3 简述 8086CPU 中所包含的各寄存器及其用途。

4.4 简述 8086CPU 中各标志位及其含义。

4.5 简述 PC 中逻辑地址与物理地址的概念及其关系。

4.6 在 8086CPU 中,如果 SS 的内容设置为 1A4BH,堆栈的长度为 100H 字节,问:SP 寄存器的初始化值为多少? SP 初始指向哪个主存物理地址?

4.7 分别说明下述 8086 指令中的源操作数和目的操作数的寻址方式。

(1) MOV ES,AX

(2) ADD DS:[12H],AL

(3) SUB BX,1200H

(4) SHR AX,1

(5) AND −28H[BP][DI],AX

(6) MOV CX,LAB1[BX]

(7) SBB AX,[BX]

(8) OR DX,−360H[SI]

(9) ADC VAR1,CX

(10) XOR [DI],AX

4.8 分别说明下述8086指令中各操作数的寻址方式。

(1) PUSH AX

(2) JA SUB1

(3) JMP BX

4.9 分别说明下列8086指令语句的语法正确与否；如果有错，说明其错误。

(1) MOV DS,1234H

(2) ADD AH,AL

(3) SUB CS,AX

(4) MOV BX,[BX][SI]

(5) ADC VAR1,[BP][DI]

(6) SBB [BX][BP],AX

(7) PUSH 5678H

(8) SHL [BP][SI],CL

(9) ROR AX,2

(10) NEG AX,BX

(11) LEA CS,AX

(12) MOV AL,BX

(13) ADD DS:200H,AX

(14) AND [BX][BP],AH

(15) OR BH,−16H[BP]

(16) CLC AX

(17) MUL AX,BX

(18) DIV 12H

4.10 下述两条8086指令执行后，各状态标志位的值是什么？

MOV AX,79A6H
ADD AX,912CH

4.11 下述三条8086指令执行后，各状态标志位的值是什么？

MOV BX,1234H
SUB BX,5678H
ADD BX,1234H

4.12 在8086中，如果(DS)=1A26H,(SS)=20B0H,(BX)=1200H,(SI)=0034H,(BP)=5700H,(1B484H)=1234H,(26200H)=5678H,给出下述各条指令或各指令组执行后的结果。

(1) MOV AL,BH

(2) MOV CX,−10H[BX][SI]

　　MOV DX,[BP]

(3) LEA SI,34H[BX]

　　MOV [SI],8765H

4.13　利用 8086 指令,完成下述功能。

(1) 将标志寄存器中的 CF 位清零。

(2) 把 AX 中的内容变为原值的负数。

(3) 把两个 32 位的数(一个存储在 20000H 单元开始的主存单元,另一个数的高 16 位存放在 DX 中,低 16 位存放在 AX 中)相加,结果存放在 20000H 开始的主存单元中。

4.14　在 8086 中,假设(SS)=1F00H,(SP)=1120H,(BX)=11ABH。在执行下述指令后,堆栈中栈顶的 4 个字节内容分别是什么？栈顶单元的偏移量是多少？

PUSH BX
ADD BX,1200H
PUSH BX

第 5 章　中央处理器

　　控制计算机运行的核心部件是中央处理器,通常称作 CPU(Central Processing Unit)。本章主要介绍 CPU 的总体结构及设计,模型机指令系统、指令周期、指令流程与微命令的设计概念,微程序控制部件的组成与设计,组合逻辑控制部件的组成与设计以及微操作控制信号的设计方法。在此基础上,对 CPU 结构中的 Cache 技术、流水线技术、RISC 概念及多核技术等内容进行简要介绍。

5.1　CPU 的总体结构及设计

5.1.1　CPU 的功能及基本组成

1. CPU 的功能

　　CPU 的主要功能是控制计算机运行存储在主存储器中的程序,完成人们对问题的求解工作。求解问题的程序由一条条指令组成。CPU 的任务是控制着机器到主存中取出指令,根据指令功能执行该指令,然后,再取出下一条指令执行,循环往复,直到执行停机指令,则停止机器的运行。

　　为了使 CPU 能够控制整个计算机的运行,要求 CPU 具有程序控制功能、数据处理功能及操作定序功能。程序控制功能主要是指机器在执行程序时,严格按照程序中各指令所规定的顺序执行指令,以此控制着机器的正确运行。数据处理功能主要按照指令的要求,对相应的数据进行算术运算及逻辑运算,以实现对问题的求解。操作定序功能主要实现对控制机器正确运行所需要的各种微操作控制信号的定序,即:在相应的时刻,发出相应的控制命令,以此控制着机器各部件按照指令的要求正确工作。

2. CPU 的基本组成

　　冯·诺依曼结构的计算机由五大部件组成:输入设备、输出设备、控制器、运算器及存储器。传统机器的 CPU 由控制器和运算器组成;由 CPU 和主存构成主机。随着中央处理器设计技术的不断发展,目前机器的 CPU 内部组成逐渐变得更加复杂。CPU 发展到由算术逻辑运算部件(ALU)、控制部件(CU)、高速缓冲存储器(Cache)及中断系统等基本部件组成。在 CPU 的设计中采用了流水线技术、多核技术等一些先进的设计技术。本章按照传统 CPU 的概念,重点介绍 CPU 的组成原理及设计方法。Cache 的内容可参见本书的第 6 章,中断系统的内容可参见本书的第 7 章。

5.1.2　模型机 CPU 的总体结构

　　模型机主机系统由模型机 CPU 和模型机主存储器组成。通常设计 CPU 的步骤为:
　　(1) 确定机器的总体结构,设计各部件的组成及其数据通路,并且根据部件的工作原

理,设计相应的控制信号;

(2) 设计机器的指令系统及时序系统,拟定指令流程,确定微操作控制信号(也可称作控制信号、微操作信号或微操作命令);

(3) 设计控制部件,即设计出在时序系统配合控制下,产生控制机器运行的各种微操作控制信号的控制部件。

本节重点介绍模型机 CPU 的组成及数据通路结构,并介绍控制各部件工作的微操作控制信号的设计。

1. 模型机主机系统数据通路结构及设计

模型机主机系统由模型机 CPU 及主存(Memory)组成。在设计机器的过程中,需要考虑组成一台主机系统应该设置什么部件以及各部件的组成。同时,需要考虑各部件之间采取什么样的连接方式,即进行数据通路结构的设计。在此基础上,对各部件的结构进行详细设计,并且根据设计出的指令系统,按照信息在数据通路中的流动、读取及存储的需要,设计出控制各部件进行各种操作所需要的微操作控制信号,由此设计出控制机器运行的 CPU 的核心控制部件 CU。

模型机主机系统采用同步工作方式的单总线结构,其中:地址总线(ABUS)为 16 位,数据总线(DBUS)为 16 位,控制总线(CBUS)若干位。CPU 和主存部件分别挂在总线上,主存按字节编址。模型机的 CPU 主要包括:算术逻辑运算部件(ALU)、寄存器组(Registers)、总线暂存器(RBL)、移位寄存器(SR)、程序计数器(PC)、指令寄存器(IR)、主存地址寄存器(MAR)、主存数据寄存器(MDR)、控制部件(CU)及时序系统(TS)等几大部件。模型机主机系统的数据通路结构图的设计可参见图 5-1。

2. 模型机 CPU 的组成及控制信号的设计

在确定模型机数据通路总体结构之后,应该对各部件的组成进行详细设计。在此基础上进行各部件控制信号的设计。下面对模型机 CPU 的各部件组成及其微操作控制信号(参见图 5-1)的设计进行详细介绍。同时,简要介绍模型机的主存设计。

(1) CPU 内总线(IBUS)

模型机 CPU 内部采用单总线结构,该总线称作 CPU 内总线(IBUS),宽度为 16 位,可以为传送各种信息所复用。CPU 中的各部件(包括 ALU、寄存器、计数器等)均挂在内总线上。内总线 IBUS 不具有保存信息的功能,因此,上传到内总线的数据必须在数据有效期间接收到目的地中。由于 CPU 中有多个部件与内总线相连,且内总线在同一时刻最多只允许一个部件向其发送信息,因此,在连接到内总线的各个部件的输出端,应该设置具有三态功能的器件(三态门)。在各部件不应向内总线发送信息时,使各部件的输出端呈高阻状态,与内总线隔离。只有在某部件需要把其中的信息传送到内总线时,才允许把其输出端的三态门打开,使信息发送到内总线上,供需要的部件接收信息。如果在同一时刻,有一个以上的部件同时向内总线发送了信息,则内总线上的数据就会产生混乱,这是不允许的。但在同一时刻,允许有多个部件同时从内总线 IBUS 上接收信息。

(2) 算术逻辑运算部件(ALU)

模型机算术逻辑运算部件由 ALU、RA、RB、三态门及 FR 组成。ALU 主要完成对来自

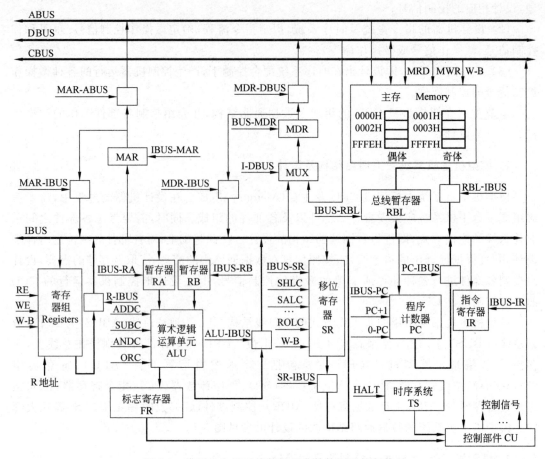

图 5-1　模型机主机系统数据通路结构图及控制信号

RA 和 RB 的两个数据进行算术或逻辑运算。模型机中控制 ALU 进行运算的控制信号主要有：ADDC（完成加法控制信号，简称加）、SUBC（减）、ANDC（逻辑与）、ORC（逻辑或）、XORC（异或）、NOTC（逻辑非）、INCC（ALU 的 A 端内容加 1，即 RA 内容加 1）、DECC（ALU 的 A 端内容减 1，即 RA 内容减 1）等。RA、RB 是两个 16 位的暂存器，作为 ALU 的 A 端和 B 端的输入。为了控制 RA 从 CPU 内总线 IBUS 上接收数据，设计了 IBUS-RA 控制信号。同样，为了控制 RB 从 CPU 内总线 IBUS 上接收数据，设计了 IBUS-RB 控制信号。控制信号类型的设计，应该根据具体选择的器件所要求的信号产生方式进行设计。例如，当控制信号要求为脉冲信号时，则应为该控制信号提供脉冲型信号，利用同步脉冲的上升（或下降）沿，完成信息的打入接收等控制；若控制信号要求为电位型信号时，则应为该控制信号提供高（或低）电平信号，以完成信息的读取、传送等控制。在模型机中，当控制信号 IBUS-RA 到来时，控制实现把 CPU 内总线 IBUS 上的内容接收到暂存器 RA 中；当控制信号 IBUS-RB 到来时，则控制实现把 CPU 内总线 IBUS 上的内容接收到暂存器 RB 中。控制信号 ALU-IBUS 是 ALU 输出端所接三态门的控制信号；当该控制信号到来时，控制实现把 ALU 的运算结果输出到 CPU 内总线 IBUS 的操作。FR 是 16 位的标志寄存器，其中保存 ALU 运算结果所产生的相关状态标志，FR 中各位的标志含义在此设定与 8086 的标志寄存器（FLAGS）的内容相同。FR 的输出作为控制部件 CU 的输入，可用于条件转移等指令的控制。

例如,为了完成把 CPU 内总线 IBUS 上的数据送到暂存器 RA 中的功能(可以简写为 IBUS→RA),需要发出 IBUS-RA 控制信号。为了完成把 CPU 内总线 IBUS 上的数据送到暂存器 RB 中的功能(可以简写为 IBUS→RB),需要发出 IBUS-RB 控制信号。为了完成把 RA 及 RB 暂存器中的内容相加之和送到 CPU 内总线 IBUS 上的功能(可以简写为 RA+RB→IBUS),则需要发出 ADDC 及 ALU-IBUS 两个控制信号。

(3) 寄存器组(Registers)

模型机 CPU 中的寄存器组设置 AX、BX、CX、DX、SI、DI、BP 及 SP 共 8 个 16 位寄存器(也可称作通用寄存器)。各寄存器的用途在此假设与 8086CPU 中的 8 个通用寄存器相同。寄存器组中的 AX、BX、CX 及 DX 寄存器,每个均可以当作两个 8 位的寄存器使用。16 位的寄存器 AX 可以分别作为两个 8 位的寄存器 AH 和 AL 使用,AH 是 AX 的高 8 位,AL 是 AX 的低 8 位。同理,BX 可分成 BH 和 BL,CX 可以分成 CH 和 CL,DX 可以分成 DH 和 DL 使用。SI 和 DI 两个 16 位寄存器可以作为变址寄存器使用。16 位的 BX 可以作为基址寄存器使用。在对寄存器组进行访问时,通过"R 地址"端送入要访问的寄存器地址(即寄存器号,如 AX、SI、BH、CL 等)。为了控制对寄存器的访问,设计了 RE、WE、W-B 和 R-IBUS 控制信号。RE(读寄存器)控制信号完成把"R 地址"所指定的寄存器中内容读出的功能。WE(写寄存器)控制信号完成把 CPU 内总线 IBUS 上的内容写入到由"R 地址"所指定的寄存器中的功能。W-B(字-字节)控制信号与"R 地址"配合完成选择 16 位字(Word)寄存器或 8 位字节(Byte)寄存器的功能。当 W-B 为高电平(W-B=1,可直接写作:W-B)时,表示选择 16 位字寄存器;当 W-B 为低电平(W-B=0,可写作:$\overline{\text{W-B}}$)时,表示选择 8 位字节寄存器。R-IBUS 控制信号完成打开寄存器组输出端与 IBUS 相连接的三态门,把从选中的寄存器中读出的内容送到 CPU 内总线 IBUS 上的功能。如果寄存器组的输出已具有三态功能,则在设计时此三态门可以省略。在模型机中,为了实现方便,8 位字节数据均在各总线的低 8 位上进行传送。在此,8 位字节寄存器的内容输出到 CPU 内总线 IBUS 的低 8 位上。

例如,为了完成把 AX 的内容读出并送到 CPU 内总线 IBUS 上的功能(可以简写为:AX→IBUS),则需要为"R 地址"端提供相应寄存器的地址(此例则需提供 AX 地址),同时,发出 RE、W-B(W-B=1) 及 R-IBUS 三个控制信号。为了完成把 BL 的内容读出并送到 CPU 内总线 IBUS 上的功能(可以简写为:BL→IBUS),则需要为"R 地址"端提供相应寄存器的地址(此例则需提供 BL 地址),同时,发出 RE、$\overline{\text{W-B}}$(W-B=0) 及 R-IBUS 三个控制信号。为了完成把 CPU 内总线 IBUS 上的数据写入寄存器 BX 中功能(可以简写为:IBUS→BX),则需要为"R 地址"端提供相应寄存器的地址(此例则需提供 BX 地址),同时,发出 WE 及 W-B(W-B=1)两个控制信号。

(4) 总线暂存器(RBL)

模型机中设置了总线暂存器 RBL。总线暂存器 RBL 设置为 16 位,可以暂存、锁住 CPU 内总线 IBUS 上的数据。在此,对总线暂存器 RBL 设置了 IBUS-RBL 和 RBL-IBUS 控制信号。IBUS-RBL 控制信号完成把 CPU 内总线 IBUS 上的数据打入到总线暂存器 RBL 中的功能,以实现数据的锁存。RBL-IBUS 控制信号完成打开三态门,把总线暂存器 RBL 中的内容传送到 CPU 内总线 IBUS 上的功能。

例如，为了实现把 CPU 内总线 IBUS 上的数据接收到总线暂存器 RBL 中的功能，需要发出 IBUS-RBL 控制信号。为了完成把总线暂存器 RBL 中的内容送上 CPU 内总线 IBUS 的功能，则需要发送 RBL-IBUS 控制信号。在 RBL-IBUS 控制信号有效期间，IBUS 上的数据可供相应部件接收。

（5）移位寄存器（SR）

模型机中设置了移位寄存器 SR。移位寄存器 SR 设置为 16 位，可以接收暂存 CPU 内总线 IBUS 上的数据，并且具有移位功能。在该移位寄存器中，可以完成逻辑左右移位、算术左右移位及循环左右移位等功能。在此，对移位寄存器 SR 设置了 IBUS-SR、SR-IBUS、SHLC、SHRC、SALC、SARC、ROLC、RORC 及 W-B 控制信号。IBUS-SR 控制信号完成把 CPU 内总线 IBUS 上的数据接收到移位寄存器 SR 中的功能，以实现数据的暂存。SR-IBUS 控制信号完成打开三态门，把移位寄存器 SR 中的内容传送到 CPU 内总线 IBUS 上的功能。SHLC（逻辑左移控制信号，简称逻辑左移）、SHRC（逻辑右移）、SALC（算术左移）、SARC（算术右移）、ROLC（循环左移）及 RORC（循环右移）控制信号，在此假设为控制移位寄存器 SR 进行相应移位操作的控制信号。W-B 控制信号与上述各移位控制信号相配合，完成字或字节数据的移位。W-B=1 时，完成 16 位数据的移位；当 W-B=0 时，对 SR 中低 8 位的字节数据进行移位。在实际设计中，可以根据所选择器件的控制信号需求，完成本组控制信号的设计。

例如，为了实现把 CPU 内总线上的 16 位字数据逻辑左移一位的功能，需要发出 IBUS-SR 控制信号，把 CPU 内总线 IBUS 上的数据打入到暂存器中；然后，需要发出 SHLC 逻辑左移和 W-B（W-B=1）两个控制信号，把接收到的 16 位字数据逻辑左移一位；最后，需要发出 SR-IBUS 控制信号，即完成把原 IBUS 上的字数据逻辑左移一位后输出到 IBUS 上的功能。在 SR-IBUS 控制信号有效期间，IBUS 上的数据可供相应部件接收。

（6）程序计数器（PC）

模型机中设置了程序计数器 PC。程序计数器 PC 设置为 16 位，其功能是保存 CPU 将要访问的程序中指令的主存地址。在 CPU 执行程序的过程中，每次按照 PC 的内容到主存中把指令取出加以执行。为完成此功能，PC 设置了加 1 功能和接收数据功能。在顺序执行每条指令的过程中，通过控制 PC 的不断加 1，以控制 PC 始终指向下一条即将执行的指令地址；在执行跳转指令时，需要把转移地址置入 PC 中，以控制程序的转向。因此，为 PC 设置了接数功能，以接收转移地址。为了满足 PC 能够置 0 的功能，还为 PC 设置了清 0 功能。在此，对程序计数器 PC 设置了 IBUS-PC、PC+1、0-PC 及 PC-IBUS 控制信号。IBUS-PC 控制信号完成把 CPU 内总线 IBUS 上的数据置入到程序计数器 PC 中的功能，可以实现转移地址的接收。PC+1 和 IBUS-PC 两个控制信号同时发出，完成 PC 内容自加 1 的操作，即 PC 内容在原有数据的基础上进行加 1 操作。0-PC 控制信号完成把 PC 内容置 0 的操作，实现 PC 清 0 功能。PC-IBUS 控制信号实现把 PC 中的内容送到 CPU 内总线上的功能。在 PC-IBUS 信号有效期间，PC 中的内容可供需要部件接收。

例如，把 CPU 内总线 IBUS 上的数据打入 PC，在 PC 中完成加 1 操作，然后，把 PC 中的内容送到 CPU 内总线 IBUS 上。为了实现上述功能，首先需要发出 IBUS-PC 控制信号，以完成 PC 接收 IBUS 上数据的功能；然后，发出 PC+1 和 IBUS-PC 两个控制信号，实现 PC 内容加 1 的操作；最后，发出 PC-IBUS 控制信号，以实现把当前 PC 中的内容送到 CPU

内总线 IBUS 上的功能。

(7) 指令寄存器(IR)

模型机中设置了指令寄存器 IR。指令寄存器 IR 设置为 16 位。其功能是保存 CPU 正在执行指令的高 16 位信息。在模型机中,指令寄存器 IR 的高 8 位保存指令的第 1 个字节,即操作码字节;指令寄存器 IR 的低 8 位保存指令的第 2 个字节,即寻址方式字节。如果指令为单字节指令,则指令保存在指令寄存器 IR 的高 8 位,低 8 位信息无效。CPU 在指令执行过程中,对指令寄存器 IR 中的内容进行译码,以控制机器实现相应的操作,完成指令的功能。在此,对指令寄存器 IR 设置了 IBUS-IR 控制信号。IBUS-IR 控制信号完成把 CPU 内总线上的数据接收到指令寄存器 IR 中的功能。指令寄存器 IR 的输出作为控制部件 CU 的输入,为控制部件提供在指令执行过程中所需要的相应信息。

(8) 主存地址寄存器(MAR)

模型机中设置了主存地址寄存器 MAR。主存地址寄存器 MAR 设置为 16 位。其功能是保存 CPU 向系统总线的地址总线 ABUS 发送的地址信息,在模型机主机系统中,作为 CPU 访问主存的地址信息。在此,对主存地址寄存器 MAR 设置了 IBUS-MAR、MAR-ABUS 和 MAR-IBUS 三个控制信号。IBUS-MAR 控制信号完成把 CPU 内总线 IBUS 上的数据打入到 MAR 中的功能。MAR-ABUS 及 MAR-IBUS 两个控制信号分别完成打开三态门,把 MAR 中的地址信息传送到地址总线 ABUS 或 CPU 内总线 IBUS 上的功能。在 MAR-ABUS 控制信号有效期间,可以根据地址总线 ABUS 上的主存地址,对主存进行读/写操作。

(9) 主存数据寄存器(MDR)

模型机中设置了主存数据寄存器 MDR。主存数据寄存器 MDR 设置为 16 位。其功能是保存 CPU 与主存之间进行信息交换的数据。主存数据寄存器 MDR 不仅可以接收来自 CPU 内总线 IBUS 上的数据,也可以接收来自数据总线 DBUS 上的数据。在此,对主存数据寄存器 MDR 的输入端设置了多路选择器 MUX(在此为 2 选 1 选择器),以实现 MDR 数据来源的控制。主存数据寄存器 MDR 的输出由两个三态门控制,MDR 的内容可以输出到 CPU 内总线 IBUS 上,也可以输出到数据总线 DBUS 上。如果传送的内容为 8 位字节信息,为设计方便,模型机采用低 8 位作为字节数据的存储和传送(即 MDR 低 8 位存放有效信息,IBUS 和 DBUS 总线采用低 8 位作为有效信息的传送)。在此,对主存数据寄存器 MDR 设置了 BUS-MDR、I-DBUS、MDR-DBUS 及 MDR-IBUS 四个控制信号。BUS-MDR 和 I-DBUS 两个控制信号配合控制主存数据寄存器 MDR 接收不同来源的信息。当发出 BUS-MDR 和 I-DBUS(I-DBUS=1)的控制信号时,完成 CPU 内总线 IBUS 上的数据打入到 MDR 中;当发出 BUS-MDR 和 $\overline{\text{I-DBUS}}$(I-DBUS=0)的控制信号时,完成把数据总线 DBUS 上的数据打入到 MDR 中的功能。MDR-DBUS 控制信号完成打开三态门,把 MDR 中的数据信息传送到数据总线 DBUS 上的功能。在 MDR-DBUS 控制信号有效期间,可以根据地址总线 ABUS 上的主存地址,对主存进行写操作。MDR-IBUS 控制信号完成打开三态门,把 MDR 中的数据信息传送到 CPU 内总线 IBUS 上的功能。在 MDR-IBUS 控制信号有效期间,需要接收 MDR 中数据信息的部件可以进行数据的接收操作。

例如,为了实现把 CPU 内总线 IBUS 上的数据传送到数据总线 DBUS 上的功能,首先需要发出 BUS-MDR,I-DBUS(I-DBUS=1)这两个控制信号,完成把 CPU 内总线 IBUS 上的数据打入 MDR;然后,发出 MDR-DBUS 控制信号,打开 MDR 与数据总线 DBUS 之间的三态门,即可使 MDR 的数据传送到数据总线 DBUS 上,以提供主存进行数据的写入。如果需要把数据总线 DBUS 上的内容传送到 CPU 内总线上,则需要发送控制信号 BUS-MDR 和 $\overline{\text{I-DBUS}}$(I-DBUS=0),使数据总线 DBUS 上的数据打入 MDR;再发送 MDR-IBUS 控制信号,使 MDR 中的数据传送到 CPU 内总线 IBUS 上,以实现 DBUS 上的数据传送到 IBUS 上的功能。

(10) 控制部件(CU)

模型机中的控制部件 CU 是 CPU 的核心部件。该部件的功能是:根据指令操作码的不同,与时序系统配合产生相应的控制信号,以控制机器正确运行。控制部件 CU 设计的详细内容,可参见本章第 5.3 节和 5.4 节。

(11) 时序系统(TS)

模型机中的时序系统 TS,在开机后,负责循环往复地产生使机器运转的周期、节拍及工作脉冲等信号,使控制部件在时序系统的配合下,能够在相应的时刻产生相应的控制信号。时序系统 TS 在遇到停机控制信号(HALT)时,则停止产生各种时序信号,使机器停止工作。

(12) 主存(Memory)

模型机主机系统中的主存 Memory 采用按字节编址,主存地址为 16 位,其容量最大为 64KB,地址空间为 0000H~FFFFH。模型机的主存 Memory 采用奇体和偶体两个存储体构成,因此,每个体的容量为 32KB。偶体的地址编址为 0、2、4、…、64K−2(用十六进制表示为:0000H、0002H、0004H、…、FFFEH)。奇体的地址编址为 1、3、5、…、64K−1(用十六进制表示为:0001H、0003H、0005H、…、FFFFH)。对主存进行访问的地址由地址总线 ABUS 提供;写入主存的数据由 MDR 通过 DBUS 提供;从主存读出的数据通过数据总线 DBUS 传送到 MDR 中。在此,对主存设置了 MRD、MWR 和 W-B 三个控制信号。MRD(读主存)控制信号实现读主存功能,即按照 ABUS 提供的地址,从主存中读出相应的数据并呈现到数据总线 DBUS 上。MWR(写主存)控制信号,实现按照 ABUS 提供的地址,把数据总线 DBUS 上的数据,写入到主存中的功能。W-B 控制信号是字或字节操作控制信号,该控制信号控制着对主存进行字或字节的访问。当 W-B=1 时,实现对主存进行字访问。在进行字访问时,MAR 提供的主存地址作为字的低字节的地址,即:此时,对主存实现由(MAR)指向的字节单元及由(MAR)+1 所指向的字节单元的访问。当 W-B=0 时,则实现对主存进行字节单元的访问。CPU 通过控制总线 CBUS,对主存提供各控制信号。

例如,把 MDR 中的 16 位字数据按照 MAR 提供的地址写入到主存字单元中(可简述为:MDR→M(W)或简写为:MDR→M)。为了实现此功能,需要发出 MAR-ABUS、MDR-DBUS、MWR 及 W-B(W-B=1)控制信号。为了实现把主存中由 MAR 提供的地址单元中的字节数据读出,传送到 MDR 中(简述为:M→MDR(B))的功能,需要发送 MAR-ABUS、MRD、$\overline{\text{W-B}}$(W-B=0)、BUS-MDR 及 $\overline{\text{I-DBUS}}$(I-DBUS=0)控制信号。

5.2 指令周期与指令流程

5.2.1 指令周期的基本概念

计算机的运行,是在 CPU 控制下,使机器连续不断地从主存中取出一条指令,并加以执行;然后再取下一条指令,加以执行;如此周而复始,直至执行停机指令。机器执行一条指令的过程,通常分成几个不同的阶段,利用相应的节拍及脉冲完成指令的执行。下面介绍几个相关的概念。

指令周期:机器在 CPU 的控制下,从主存取出一条指令,并执行完该指令所需要的时间。由于各种指令所实现的功能不同,因此,指令系统中各种指令的执行时间是不一样的,即各种指令的指令周期是不同的。例如,加法指令在执行过程中需要从主存或寄存器中取出目的操作数和源操作数,送到 ALU 中加以运算,最后,把运算结果写入目的地。而转移指令在执行过程中只需把转移地址送到 PC 即可。这两条指令的执行步骤和执行时间是不相同的。

机器周期(也可称作 CPU 周期或工作周期):在一个指令周期中,完成不同工作的时间段,称作相应的机器周期。通常,把从主存中取出一条指令到 CPU 中所需要的时间称作取指令机器周期,简称为取指周期。取出操作数所需要的时间称作取操作数机器周期,简称为取数周期。对指令进行运算、写入结果到目的地等操作所需要的时间称作执行机器周期,简称为执行周期。

时钟周期(也可称作节拍):为了完成机器周期中的相应操作,通常需要把机器周期分成若干个时间段,每个时间段称作一个时钟周期(即节拍)。每个节拍对应一个电平信号,完成一次数据通路中的基本操作。节拍是处理操作的最基本单位。由多个节拍构成一个机器周期。一条指令的各个机器周期中所包含的时钟周期数可以是不相同的;不同指令的各机器周期中所包含的时钟周期数也可以是不相同的。不同的机器,对机器周期的设计是不一样的。在时序系统的设计中,可以设置节拍发生器,产生控制机器运行所需要的相应节拍。机器周期的设计可以采用定长机器周期(参见图 5-2)和不定长机器周期(参见图 5-3)两种方法。在本例的定长机器周期的时序系统设计中,把每个机器周期均设置成包含 4 个节拍,每个节拍包含一个时钟脉冲宽度。图 5-3 为不定长机器周期的设计示例(图 5-2 和图 5-3 为指令周期、机器周期、节拍及时钟脉冲示意图的不同画法),在本例中,一条指令包含 3 个机器周期(取指周期、取数周期及执行周期),每个机器周期的长度是不相同的。根据需要,取指周期和取数周期,设计为各包含 3 个节拍;执行周期设计为包含 4 个节拍。

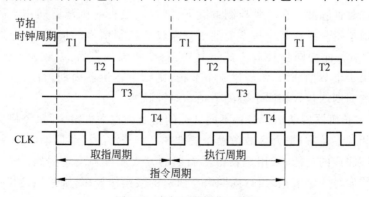

图 5-2 定长机器周期示意图

时钟脉冲(CLK,也可称作工作脉冲):时钟脉冲信号是控制机器运行的基本定时信号。通常,由石英晶体振荡器产生机器的主频信号,经过分频、整形后产生时钟脉冲信号 CLK,

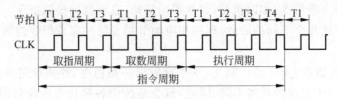

图 5-3　不定长机器周期示意图

以控制时序系统循环往复地产生节拍、周期等时序信号,控制机器的运行。在一个节拍中可以包含一个或多个时钟脉冲信号。例如,可以利用时钟脉冲信号 CLK 的上升沿,把数据打入某处;利用时钟脉冲信号 CLK 的下降沿,完成数据运算结果的保存、周期及节拍的转换等工作。

5.2.2　时序系统

1. 控制方式

一条指令的执行,是在 CPU 的控制部件(CU)的控制下,按照指令中机器周期的执行顺序,一步步执行,以实现该指令的全部功能。这一过程是顺序执行一个确定的微操作控制信号(也可称作控制信号或微操作命令)序列的过程。通常,把控制产生不同微操作控制信号序列所采用的时序控制方式称作控制部件(CU)的控制方式。常用的控制方式有同步控制、异步控制和联合控制三种控制方式。

(1) 同步控制方式

对于任何一条指令,在指令执行过程中所需要的机器周期数及时钟周期数都是固定不变的,指令中的各个微操作控制信号都由事先设计好的、统一的时序信号控制产生,这种控制方式称作同步控制方式。在同步控制方式中,根据不同的情况,可以有三种不同的控制方案。

① 采用完全统一的机器周期和节拍执行各种不同功能的指令。在这种同步控制方案中,所有指令不管其功能如何复杂、所需要的微操作个数多少,在所有机器周期中都采用完全统一的节拍和时钟脉冲。在这种控制方案下,需要以最长的机器周期作为同步控制的机器周期。对于简单指令或在某个机器周期中只需较少控制信号的情况下,会造成时间的浪费。图 5-2 可以看作此种同步控制方式。其中,每个机器周期都包含 4 个节拍控制信号。从取指周期的第 1 个节拍开始,每经过 4 个节拍,则结束本机器周期,自动进入下一个机器周期。每个机器周期均包含相同个数的节拍和时钟脉冲。

② 采用不定长机器周期执行各种不同功能的指令。在本方案中,每个机器周期所包含的节拍数各不相同。通常,把大多数微操作安排在一个较短的机器周期内完成,把某些需要较多微操作才能完成的功能,采用延长机器周期的方式加以解决。例如,图 5-3 中,取指周期和取数周期均安排 3 个节拍,执行周期由于所需的微操作较多,则采用延长一个节拍的方法加以解决。

③ 采用中央控制和局部控制相结合的方案执行各种不同功能的指令。在本方案中,把大部分指令安排在固定的机器周期内完成,称此为中央控制;对少数较复杂的指令(乘、除法及浮点运算等)则采用附加的节拍控制完成相应的微操作,称此为局部控制。

(2) 异步控制方式

异步控制方式不采用固定的周期和节拍控制指令的执行。在指令执行过程中,每条指令的指令周期可以由多个时间不等的机器周期组成;或者,当控制部件发出微操作控制信号后,由执行部件在完成微操作后发出"回答"信号,控制部件在接收到回答信号后,再发出新的微操作控制信号,开始新的"应答"操作。采用这种方式执行指令,指令周期、机器周期及节拍的长度不受固定时间的控制,控制电路的结构比同步控制方式复杂。

(3) 联合控制方式

联合控制方式是同步控制方式和异步控制方式相结合的控制方式。通常,把大部分微操作安排在固定的机器周期中,采用同步控制方式;把时间难以确定的微操作,则采用异步控制方式,以执行部件的"回答"信号作为微操作的结束。例如,I/O 操作通常采用异步控制方式实现。

2. 组合逻辑控制用时序系统

在进行 CPU 设计的过程中,CPU 中的控制部件(CU)可以由两种不同形式组成。一种是组合逻辑控制部件(也称作组合逻辑控制器、硬布线控制器),另一种是微程序控制部件。针对不同方式构成的控制部件,其时序系统的设计方案也有所不同。

CPU 中的控制部件(CU)采用组合逻辑电路组成时,通常采用多级时序的同步控制方式对指令的执行进行控制。对于由组合逻辑控制部件组成的 CPU,一般采用三级时序组成时序系统,即在一个指令周期中,采用机器周期(CPU 周期、工作周期)、时钟周期(节拍)及时钟脉冲(工作脉冲:CLK)三级时序。一条指令的执行过程由一个个机器周期组成。在每个机器周期中,由指令操作码和寻址方式控制着机器在相应的节拍和时钟脉冲的控制下完成相应的操作。例如,一条指令的执行,由取指周期、取数周期和执行周期组成。假设,当机器运行到取指周期的第 1 个节拍时,完成把程序计数器(PC)中的主存地址传送到主存地址寄存器 MAR 中的操作。按照此设计方案,每当机器处在取指周期的第 1 个节拍状态时,均完成 PC 内容传送到 MAR 的操作。因此,时序系统应该提供产生机器周期、节拍及时钟脉冲(CLK)的时序信号。在时序信号的控制下,使得微操作控制信号有序地控制着机器电路的工作,控制机器内部数据的正确流动。

组合逻辑控制部件的时序系统由时钟脉冲(CLK)信号发生器、节拍电位发生器及机器周期状态发生器组成。组合逻辑控制部件的时序系统结构框图可参见图 5-4。时序系统在机器加电后,由石英晶体振荡器产生频率稳定的主振信号,作为整个系统工作的源泉。在主振信号的控制下,时钟脉冲信号发生器对接收到的信号进行整形及分频后,产生控制机器运行的基准信号——时钟脉冲 CLK 信号。在时钟脉冲控制信号的控制下,由节拍电位发生器根据需要产生一个个节拍(在模型机中,把节拍记作:T1、T2…)。节拍的宽度可以由一个时钟脉冲组成,也可以根据需要由多个时钟脉冲构成。例如,可以采用环形计数器设计实现节拍脉冲发生器,使时序系统循环往复地产生

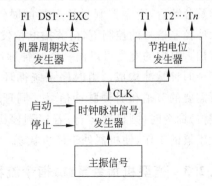

图 5-4 组合逻辑控制时序系统结构框图

等间隔的时钟脉冲CLK。在此基础上，也可以根据需要控制产生等宽或不等宽的节拍电位信号。在组合逻辑控制部件中，还需要设计产生机器周期的机器周期状态发生器，由机器周期状态标明目前机器运行到什么状态。在模型机中，设计有取指令周期（FI）、目的周期（DST）、源周期（SRC）、执行周期（EXC）及中断周期（INT）等机器周期。例如，当机器周期状态发生器的EXC输出端为1时，表示机器目前处于执行周期。机器周期状态发生器的各端，每一时刻只能有一个端为1（高电平），其他端均为0（低电平），表示在任一时刻机器只能运行在一种状态。时序系统还应该能够控制机器的启动和停止的操作。启停功能控制着时钟脉冲的产生与否。当接到启动（包括开机和复位）命令时，则机器运行；若接到停机（停止）命令，则停止脉冲发生器的工作，以使机器处于停机状态。

3. 微程序控制用时序系统

CPU中的控制部件（CU）采用微程序控制部件组成时，则其时序系统比较简单。只需要采用节拍和时钟脉冲二级时序组成时序系统，即：在一个微指令周期（简称微周期）中，采用时钟周期（节拍）及时钟脉冲（CLK）二级时序。在微程序控制方式下，一条指令的执行过程由一条条微指令实现。每条微指令的执行占用一个微周期。在每个微周期中，由指令操作码、寻址方式等内容控制着机器在相应的节拍和时钟脉冲的控制下完成相应的操作。例如，一条机器指令的执行由10条微指令组成的一段微程序实现。假设前3条微指令完成取指令操作，接着的3条微指令完成取数操作，最后4条微指令完成执行操作。当机器运行到与本机器指令对应的第1个微周期时（即第1条微指令时），则机器完成把程序计数器（PC）中的主存地址传送到主存地址寄存器（MAR）中的操作。按照此设计方案，每当机器运行到一条机器指令对应的第1个微周期时，均完成PC内容传送到MAR的操作。因此，时序系统应该提供产生每个微周期中所需要的节拍及时钟脉冲（CLK）的时序信号。与组合逻辑控制部件的时序系统相同，在此时序信号的控制下，使得微操作控制信号有序地控制着机器内部数据的正确流动。

微程序控制部件的时序系统可由时钟脉冲（CLK）信号发生器、节拍电位发生器组成。微程序控制部件的时序系统结构框图可参见图5-5。时序系统在机器加电后，由石英晶体振荡器产生频率稳定的主振信号，作为整个系统工作的基准时钟源。在主振信号的控制下，时钟脉冲信号发生器对接收到的主振信号进行整形及分频后，产生控制机器运行的时钟脉冲CLK信号。在时钟脉冲控制信号的控制下，由节拍电位发生器根据需要产生一个个节拍。节拍的宽度可以由一个时钟脉冲组成，也可以根据需要由多个时钟脉冲构成。由时序系统循环往复地产生一个微周期中所需要的节拍和时钟脉冲信号。同理，当接到启动（包括开机和复位）命令时，则机器运行；若接到停机（停止）命令，则停止脉冲发生器的工作，使机器处于停机状态。

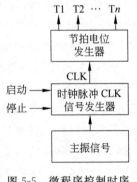

图 5-5 微程序控制时序系统结构框图

5.2.3 模型机指令系统、指令流程与微操作控制信号

在进行CPU设计时，需要进行指令系统的设计。根据机器指令系统中各种指令的功

能,设计出相应的指令流程;根据指令流程中数据流动的需要,设计安排相应的微命令。为控制部件(CU)的设计打好基础。

1. 模型机指令系统

模型机指令系统采用各机常用的基本指令作为本机的指令系统。模型机指令系统中各条指令的指令格式、指令助记符及指令功能均与8086相应的指令相同。与8086指令系统不同之处是模型机的主存不分段,主存地址由16位地址构成。8086指令中的16位有效地址在模型机中则为真正的16位主存物理地址。模型机总体结构中没有段寄存器。模型机指令系统按照指令功能可分为下述几类指令:

(1) 数据传送类指令,包括下面3条指令。

MOV　　　　数据传送
PUSH　　　 进栈
POP 　　　　出栈

① MOV 数据传送指令

指令格式:MOV DST,SRC

指令功能:DST←(SRC)

其中:SRC表示源操作数地址;DST表示目的操作数地址;(SRC)表示源操作数地址中的内容,括号在此表示"内容"的意思。本条指令完成把SRC所表示的源操作数地址中的内容传送到DST所表示的目的地址中。

MOV指令中的操作数可以是字节或字操作数,源操作数和目的操作数的长度要求一致。源操作数可以存放在通用寄存器或主存单元中,也可以是立即数(位于指令中),即SRC处可以是通用寄存器名(例如AX)、主存单元地址(可以是表示存储器操作数的各种寻址方式,例如VAR),也可以是立即数(例如1234H)。目的操作数的存放位置可以是通用寄存器或主存单元。

需要注意的是,DST不能为立即数。SRC和DST不能同时为主存单元地址,即两个操作数不能同时位于主存中。MOV指令的执行不影响标志位。

② PUSH 进栈指令

指令格式:PUSH SRC

指令功能:SP←(SP)−2;(SP)←(SRC)

其中:SRC表示源操作数地址;SP表示堆栈指针寄存器,其内容表示堆栈的栈顶主存单元地址。

本条指令完成的功能:首先把SP内容减2(即栈顶上移2个字节),把SRC所表示的源操作数地址中的字内容(16位二进制数)传送到由堆栈指针寄存器SP所指向的堆栈主存字单元地址中,即传送到由SP和(SP)+1所指向的主存字节单元中,SRC中的高字节部分存入主存的高字节单元中,低字节部分存入主存的低字节单元中。源操作数地址中的内容保持不变。

PUSH指令中的源操作数要求是字操作数,操作数的低字节存放在主存的低地址单元中,高字节存放在主存的高地址单元中。源操作数可以存放在通用寄存器或主存单元中,但不允许是立即数。源操作数的寻址方式可以采用除立即寻址方式之外的所有寻址方式。

PUSH 指令的执行不影响标志位。

③ POP 出栈指令

指令格式：POP DST

指令功能：DST←((SP))；SP←(SP)+2；

本条指令完成把由 SP 所指向的栈顶字内容（即由 SP 和(SP)+1 所指向的主存字节单元中的内容）传送到由目的地址 DST 所指向的目的地，并把 SP 内容进行加 2 操作。

POP 指令中的目的操作数地址要求是存放字的地址空间，从堆栈中弹出的主存低字节内容存放到目的地址的低地址空间中，高字节内容存放到目的地址的高地址空间中。目的操作数的存放位置可以是通用寄存器或主存单元，但不允许是立即数，即目的操作数的寻址方式可以采用除立即寻址方式之外的所有寻址方式。POP 指令的执行不影响标志位。

(2) 算术运算类指令，包括下面 4 条指令。

ADD　　加法
SUB　　减法
INC　　加 1
DEC　　减 1

① ADD 加法指令

指令格式：ADD DST,SRC

指令功能：DST←(SRC)+(DST)

其中：SRC 表示源操作数地址；DST 表示目的操作数地址。本条指令完成源操作数与目的操作数相加，并把相加之和传送到 DST 所表示的目的地址中；源操作数保持不变。

ADD 指令中的两个操作数可以是字节或字操作数，源操作数和目的操作数的长度要求一致。源操作数可以存放在通用寄存器或主存单元中，也可以是立即数（位于指令中），即 SRC 处可以是通用寄存器名（例如 AX）或主存单元地址（可以是表示存储器操作数的各种寻址方式，例如 VAR1），也可以是立即数（例如 1234H）。目的操作数可以存放在通用寄存器或主存单元中，但不允许是立即数。

需要注意的是，两个操作数地址不能同时都是存储器操作数地址，即除源操作数为立即数之外，两个操作数中至少有一个操作数存放在通用寄存器中；ADD 指令的执行影响 CF、PF、AF、ZF、SF 和 OF 6 个状态标志位，根据指令执行的结果，对 6 个状态标志位进行设置。

② SUB 减法指令

指令格式：SUB DST,SRC

指令功能：DST←(DST)-(SRC)

其中：SRC 表示源操作数地址；DST 表示目的操作数地址。本条指令完成目的操作数减源操作数，并把相减之差传送到 DST 所表示的目的地址中；源操作数保持不变。

SUB 指令中的两个操作数可以是字节或字操作数，源操作数和目的操作数的长度要求一致。源操作数可以存放在通用寄存器或主存单元中，也可以是立即数；目的操作数可以存放在通用寄存器或主存单元中，但不允许是立即数。SUB 指令对两个操作数的要求与 ADD 指令相同。SUB 指令的执行影响 CF、PF、AF、ZF、SF 和 OF 6 个状态标志位，根据指令执行的结果，对 6 个状态标志位进行设置。

③ INC 加 1 指令

指令格式：INC DST

指令功能：DST←(DST)+1

本条指令是单操作数指令，完成把目的操作数加 1 后送回目的地址中的功能。

INC 指令的操作数可以是字节或字操作数；本指令把操作数作为无符号数处理；操作数可以存放在通用寄存器或主存单元中，但不能为立即数。INC 指令的执行不影响 CF 标志位，其他各标志位的设置与 ADD 指令相同。

④ DEC 减 1 指令

指令格式：DEC DST

指令功能：DST←(DST)-1

本条指令是单操作数指令，完成把目的操作数减 1 后送回到目的地址中的功能。

DEC 指令的操作数可以是字节操作数，也可以是字操作数；本指令把操作数作为无符号数处理；操作数可以存放在通用寄存器或主存单元中，但不能为立即数。DEC 指令的执行不影响 CF 标志位，其他各标志位的设置与 INC 指令相同。

(3) 逻辑运算类指令，包括 4 条逻辑运算指令和 6 条移位指令。

逻辑运算指令包括：

AND　　　逻辑与

OR　　　　逻辑或

NOT　　　逻辑非

XOR　　　逻辑异或

① AND 逻辑与指令

指令格式：AND DST,SRC

指令功能：DST←(DST)∧(SRC)

② OR 逻辑或指令

指令格式：OR DST,SRC

指令功能：DST←(DST)∨(SRC)

③ NOT 逻辑非指令

指令格式：NOT DST

指令功能：DST←！(DST)

④ XOR 逻辑异或指令

指令格式：XOR DST,SRC

指令功能：DST←(DST)⊕(SRC)

上述 4 条指令的源操作数(SRC)可以使用立即数，目的操作数(DST)不可使用立即数；源操作数和目的操作数可以存放在通用寄存器中，也可以存放在主存单元中；源操作数和目的操作数的长度要求一致；运算结果送目的操作数地址中。需要注意的是，双操作数指令的两个操作数不能同时都存放在主存单元中。

NOT 指令不影响状态标志位；其余 4 条指令根据结果设置 SF、ZF 和 PF，CF 和 OF 置

0,AF 不确定。

移位指令包括：

SHL　　逻辑左移
SHR　　逻辑右移
SAL　　算术左移
SAR　　算术右移
ROL　　循环左移
ROR　　循环右移

① SHL 逻辑左移指令

指令格式：SHL DST,1

指令功能：对(DST)逻辑左移1位,移位结果存入DST中。操作数可以是字节或字操作数,可以存放在通用寄存器中,也可以存放在主存单元中。在此,只采用了移1位的简单功能。在模型机中,对于移位后空出的位,其置数的方法与8086相应的移位指令一致。

② SHR 逻辑右移指令

指令格式：SHR DST,1

指令功能：对(DST)逻辑右移1位,移位结果存入DST中。其他操作与SHL说明相同。

③ SAL 算术左移指令

指令格式：SAL DST,1

指令功能：对(DST)算术左移1位,移位结果存入DST中。其他操作与SHL说明相同。

④ SAR 算术右移指令

指令格式：SAR DST,1

指令功能：对(DST)算术右移1位,移位结果存入DST中。其他操作与SHL说明相同。

⑤ ROL 循环左移指令

指令格式：ROL DST,1

指令功能：对(DST)循环左移1位,移位结果存入DST中。其他操作与SHL说明相同。

⑥ ROR 循环右移指令

指令格式：ROR DST,1

指令功能：对(DST)循环右移1位,移位结果存入DST中。其他操作与SHL说明相同。

(4) 控制转移类指令,包括1条无条件转移指令和5条条件转移指令。

① JMP 无条件转移指令

指令格式：JMP 目标地址；其中：目标地址可使用符号地址,还可由除立即数外的各种寻址方式构成。

指令功能：IP←(IP)+8位位移量
　　　　或：IP←(IP)+16位位移量

转移指令采用相对寻址方式,(IP)的值为 JMP 指令下一条指令的地址;在模型机中,无条件转移指令可采用 8 位位移量或 16 位位移量,并用补码表示。

② JX 条件转移指令

条件转移指令,包括:

  JO 溢出转移

  JS 结果为负转移

  JZ 结果为零

  JP 奇偶位为 1 转移

  JC 进位标志位为 1 转移

指令格式:JX 目标地址;其中:JX 中的 X,表示上述条件转移的各种操作码。

模型机指令系统中共有 5 条根据相应条件进行转移的指令,指令的转移是根据上一条指令所设置的相应状态标志位而进行的;目标地址一般采用符号地址表示,采用相对寻址方式,目标地址应在 JX 指令的下一条指令地址的 $-128 \sim +127B$ 范围之内。

指令功能:

测试条件满足:IP←(IP)+8 位位移量(其中,(IP)的值为 JX 指令下一条指令的地址,8 位位移量采用补码表示,即测试的条件满足,则转到目标地址执行);

测试条件不满足:IP←JX 指令的下一条指令的地址(测试的条件不满足,则顺序执行下一条指令)。

上述 5 条条件转移指令中的 JO 表示溢出转移指令,OF=1 则转移;JS 表示结果为负转移指令,SF=1 则转移;JZ 表示结果为零转移指令,ZF=1 则转移;JP 表示奇偶位为 1 转移指令,PF=1 则转移;JC 表示进位标志位为 1 转移指令,CF=1 则转移。

(5) 处理器控制类指令

HLT 停机指令

指令格式:HLT

指令功能:本指令使处理机处于停机状态,停止机器工作。

2. 模型机指令格式

模型机指令格式采用与 8086 相类似的指令格式。指令长度为变长的 1~6 个字节组成(参见图 5-6)。

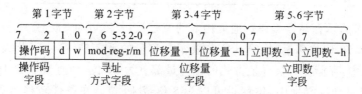

图 5-6 模型机指令格式示意图

其中,第 1 字节主要包含操作码,个别指令占用第 1 字节和第 2 字节的 reg 字段作为操作码。通常,第 1 字节的第 7~2 位(高 6 位)为指令的操作码。第 1 位 d 为方向位,在双操作数指令(不含立即寻址方式的操作数)中,指明源操作数和目的操作数的寻址方式各由第 2 字节的哪个字段(reg 字段或 mod 与 r/m 字段)确定。如果 d 为 1,则第 2 字节的 reg 字段表示目的操作数的寻址方式,mod 和 r/m 字段的组合表示源操作数的寻址方式;如果 d 为

0,则第 2 字节的 mod 和 r/m 字段的组合表示目的操作数的寻址方式,reg 字段表示源操作数的寻址方式。第 0 位 w 为字或字节操作指示。如果 w 为 1,表示指令对字进行操作;如果 w 为 0,表示指令对字节进行操作。

第 2 字节在大部分指令中表示寻址方式;在单操作数指令或带有立即寻址方式的指令中,其中的 reg 字段为辅助操作码字段。在表示寻址方式时,第 2 字节的 reg 字段表示一个操作数所在的寄存器号(寄存器地址),该字段与第 1 字节的第 0 位 w 相组合,分别指出 8 个 8 位寄存器和 8 个 16 位寄存器(参见表 5-1)。第 2 字节的 mod 和 r/m 字段相组合,表示另一个操作数的寻址方式。当 mod 字段为 00、01、10 时,表示存储器操作数的寻址方式;当 mod 字段为 11 时,表示寄存器寻址方式,该位与第 1 字节的第 0 位 w 相组合,分别指出 8 个 8 位寄存器和 8 个 16 位寄存器(参见表 5-2)。

表 5-1 reg 与 w 组合所确定的寄存器

reg	w=0	w=1	reg	w=0	w=1
000	AL	AX	100	AH	SP
001	CL	CX	101	CH	BP
010	DL	DX	110	DH	SI
011	BL	BX	111	BH	DI

表 5-2 mod 与 r/m 组合所确定的寻址方式

mod r/m	存储器寻址方式			寄存器寻址方式	
	00	01	10	11	
				w=0	w=1
000	(BX)+(SI)	D8+(BX)+(SI)	D16+(BX)+(SI)	AL	AX
001	(BX)+(DI)	D8+(BX)+(DI)	D16+(BX)+(DI)	CL	CX
010	(BP)+(SI)	D8+(BP)+(SI)	D16+(BP)+(SI)	DL	DX
011	(BP)+(DI)	D8+(BP)+(DI)	D16+(BP)+(DI)	BL	BX
100	(SI)	D8+(SI)	D16+(SI)	AH	SP
101	(DI)	D8+(DI)	D16+(DI)	CH	BP
110	D16	D8+(BP)	D16+(BP)	DH	SI
111	(BX)	D8+(BX)	D16+(BX)	BH	DI

第 3、4 字节表示存储器操作数地址构成的位移量,长度可为 8 位或 16 位(用 D8 或 D16 表示)。当表示 16 位位移量时,第 3 字节表示位移量的低 8 位,第 4 字节表示位移量的高 8 位。在模型机中,存储器直接寻址方式的位移量部分为 16 位,即直接表示 16 位主存地址。在变址寻址、基址变址寻址中,位移量可以为 8 位或 16 位。在条件转移指令中,位移量为 8 位,采用相对(PC)的寻址方式。在无条件转移指令中,采用 16 位或 8 位位移量。

第 5、6 字节表示立即操作数,长度可为 8 位或 16 位,当表示 16 位立即数时,第 5 字节表示立即数的低 8 位,第 6 字节表示立即数的高 8 位。

例 5-1 求指令 MOV AX,VAR 的二进制代码。

本条指令完成把 VAR 所指向的主存单元的一个字(2 个字节)内容传送到 AX 寄存器中。假设本条指令中的 VAR 表示 100H 的主存单元地址,寄存器—存储器型的 MOV 指令的操作码高 6 位为 100010(可参见附录中 8086 操作码)。由于目的操作数为寄存器寻址方式,所以,方向位字段 d=1;reg 字段表示目的操作数地址(AX)000;因为是字操作,所以表示字节/字操作的 w=1;mod-r/m 字段中的 mod 字段为 00,r/m 字段为 110;位移量-l 字段为 00000000;位移量-h 字段为 00000001。则本条指令为 4 字节指令,其二进制代码为:

操作码	d	w	mod	reg	r/m	位移量-l	位移量-h
100010	1	1	00	000	110	00000000	00000001

用十六进制表示为:$(8B060001)_H$。

例 5-2 求指令 MOV VAR,5678H 的二进制代码。

本条指令完成把立即数 5678H 传送到 VAR 所指向的主存单元中。假设本条指令中的 VAR 表示 2000H 的主存单元地址,立即数为 5678H;存储器—立即数型的 MOV 指令的操作码高 7 位为 1100011;reg 字段表示辅助操作码 000;表示字节/字操作的 w=1;mod-r/m 字段表示目的操作数地址,mod 字段为 00,r/m 字段为 110;位移量-l 字段为 00000000;位移量-h 字段为 00100000;立即数-l 字段为 01111000;立即数-h 字段为 01010110。则本条指令为 6 字节指令,其二进制代码为:

操作码	w	mod	reg	r/m	位移量-l	位移量-h	立即数-l	立即数-h
1100011	1	00	000	110	00000000	00100000	01111000	01010110

用十六进制表示为:$(C70600207856)_H$。

为简化模型机中 MOV、单操作数及双操作数算术逻辑运算指令的设计,在此假设这三类指令均包含操作码字段及寻址方式字段。

3. 模型机指令系统的指令流程

在进行指令流程设计时,通常采用根据指令类型进行指令流程的设计。这种设计方法比较易于把握每种指令执行的整体过程,也便于学习理解。在进行模型机指令流程设计的过程中,将采用此方法;并且采用方框图表示法来描述一条指令的执行过程,即描述一条指令的指令周期。在模型机指令流程图中,FI 表示从主存把指令取到指令寄存器 IR 的阶段;DST 表示访问目的操作数(或取目的地址)阶段;SRC 表示访问源操作数阶段;EXC 表示指令执行阶段。也可以把每个阶段看作一个机器周期。上述的 4 个阶段也可以称作取指令周期、目的周期、源周期及执行周期。在每个阶段(机器周期)的执行过程中,根据需要,可分成若干个不同的步骤,用 FIi、DSTi、SRCi 和 EXCi 表示。第 i 个步骤(即一个方框 FI0、FI1 等)描述数据在寄存器与寄存器之间,或寄存器与主存之间的一次流动(也可称作一个节拍或一个时钟周期)。在模型机指令系统中,执行时间最短的指令需要 2 个阶段(2 个机器周期),即取指令周期和执行周期。执行时间最长的指令需要 4 个阶段(4 个机器周期),即取指令周期、目的周期、源周期和执行周期。在指令执行的每个阶段中,根据指令的操作码和寻址方式的不同,所需要的操作是不同的,每个阶段所需要的时间是可以变化的。由此可知,每条指令的指令周期长短是不相同的。在指令流程图的结束处画有"—"符号,表示本条指令执行结束,CPU 查询有否中断请求。在没有中断请求时,则进入下一条机器指令的取指令周期 FI；如果有中断请求，则由中断系统完成中断响应，形成中断处理程序的入口地址，转到中断处理程序执行（即进入取指令周期 FI 执行）。CPU 在中断处理程序执行结束后返回原程序的断点，继续进入下一条机器指令的取指令周期 FI 执行。

(1) MOV 指令的指令流程

在 CPU 执行 MOV 指令时，则根据 MOV 指令的操作码和寻址方式执行 MOV 指令的指令流程（如图 5-7 所示）。

① FI 取指令周期

每条指令的执行均首先进入取指令阶段。在模型机的取指令周期中，完成按照 PC 中的主存地址，从主存把一条指令的前 2 个字节的内容传送到 CPU 的指令寄存器 IR 中的功能（在模型机中，每次取指令只取指令前 2 个字节的内容；如果指令的长度大于 2 个字节，则需要在指令的执行过程中到主存中访问其余的内容）。在取指令周期 FI 中，分 2 个步骤（2 个节拍）完成信息的传送。第 1 步（FI0）完成程序计数器 PC 的内容送主存地址寄存器 MAR 的数据传送。第 2 步（FI1）根据 MAR 的主存地址，从主存（在此简记为 M）把指令读出到主存数据寄存器 MDR 中，再传送到指令寄存器 IR 中。同时，PC 内容进行加 1，使 PC 指向指令的第 2 个字节。取指令周期是每条指令均要进入的周期，且完成的操作是相同的，因此可以称此周期为公共周期。

② DST 目的周期

在 MOV 指令的取指令周期 FI 结束后，机器则进入到目的周期 DST。在目的周期 DST 中，首先完成 PC 内容加 1 的操作；并且完成把主存单元的目的地址存放到主存地址寄存器 MAR 中的操作。根据需要，进行 PC 内容的调整。

在取指令阶段结束后，PC 指向本条指令的第 2 个字节。由于指令的前 2 个字节已经取出，并且 MOV 指令最短为 2 字节指令，因此，在此阶段，还需 PC 内容加 1，使 PC 指向本条指令的第 3 字节（如果 MOV 指令为 2 字节指令，此时 PC 则指向下一条指令的起始地址）。机器在执行 MOV 指令、进入到目的周期后，根据当前指令的寻址方式（IR 中的第 2 字节内容和第 1 字节中的 d 位相结合），进入目的周期的相应寻址方式分支。在图 5-7 中，Rd 表示目的寻址方式为寄存器寻址方式。[R]表示寄存器间接寻址方式。D16 表示直接寻址方式。D[R]表示变址寻址方式，D 表示 8 位或 16 位位移量，R 表示可作为变址寄存器使用的 BX、BP、SI、DI 四者之一的寄存器。D[Rb][Ri]表示基址变址寻址方式，Rb 表示 BX 和 BP 两者之一的寄存器；Ri 表示 SI 和 DI 两者之一的寄存器。下面分别介绍目的周期（DST 周期）针对各种寻址方式的指令流程：

Rd（寄存器寻址方式）：在这种寻址方式中，由于目的地不是存储器（是寄存器），所以，在此周期只需要完成 PC 加 1 操作即可。

[R]（寄存器间接寻址方式）：在 DST0 完成 PC 加 1 的操作。在 DST1 完成把寄存器 R 中的主存地址（目的地址）传送到主存地址寄存器 MAR 中。

D16（直接寻址方式）：在 DST0 完成 PC 加 1 的操作。此时，PC 指向第 3 字节。本条指令的第 3、4 字节为目的地址（主存地址），指令的长度至少为 4 字节指令。在 DST1 完成把 PC 内容送主存地址寄存器 MAR 的操作，为从主存把目的地址读出做好准备。在 DST2 完成把主存目的地址（位于主存的指令的第 3、4 字节）从主存 M 中读出传送到主存数据寄存器 MDR 中，再传送到主存地址寄存器 MAR 中，同时完成一次 PC 加 1 的操作。在 DST3，

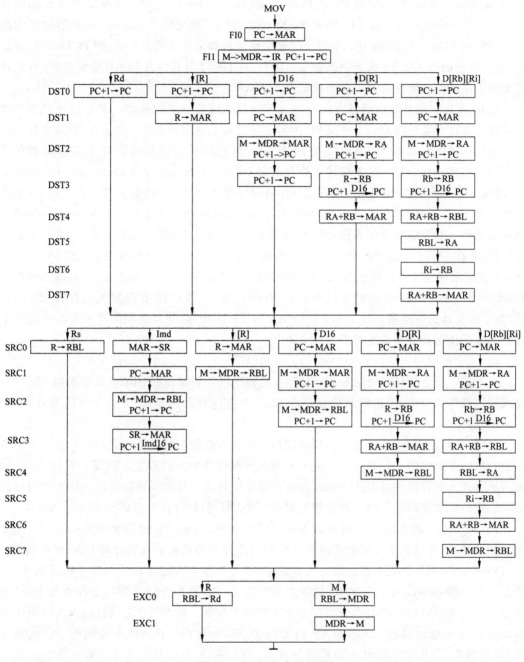

图 5-7 MOV 指令流程图

再进行一次 PC 加 1 的操作,使 PC 指向指令的第 5 字节(如果指令为 4 字节长,此时 PC 则指向下一条指令)。

D[R](变址寻址方式):在 DST0 完成 PC 加 1 的操作。本条指令的第 3 字节(或第 3、4 字节)为位移量,指令的长度至少为 3 字节(或 4 字节)指令。在 DST1 完成 PC 内容送主存地址寄存器 MAR 的操作,为从主存读出变址的位移量做好准备。在 DST2 完成从主存 M 把位移量读出传送到主存数据寄存器 MDR 中,再传送到 ALU 的 A 端输入暂存器 RA

中,为变址做好准备;同时完成 PC 内容加 1 的操作。在 DST3 完成把变址寄存器 R 的内容送 ALU 的 B 端输入暂存器 RB 中;如果位移量是 16 位,则还需在此进行 PC 内容加 1 的操作,使 PC 指向第 5 字节(或下一条指令的起始地址);如果位移量是 8 位,则 PC 不需要加 1, PC 指向指令的第 4 字节(或下一条指令地址)。在 DST4 完成 RA 加 RB 变址操作,并把计算出的主存目的地址传送到主存地址寄存器 MAR 中。

D[Rb][Ri](基址变址寻址方式):在 DST0 完成 PC 加 1 的操作。基址变址寻址方式需要进行 2 次变址。在 DST1 完成 PC 内容送主存地址寄存器 MAR 的操作,为从主存读出变址的位移量做好准备。在 DST2 完成从主存 M 把位移量读出传送到主存数据寄存器 MDR 中,再传送到 ALU 的 A 端输入暂存器 RA 中,为变址做好准备;同时完成 PC 内容加 1 的操作。在 DST3 完成把基址寄存器 Rb 的内容送 ALU 的 B 端输入暂存器 RB 中;如果位移量是 16 位,则还需在此进行 PC 内容加 1 的操作,使 PC 指向第 5 字节(或下一条指令的起始地址);如果位移量是 8 位,则 PC 不需要加 1,PC 指向指令的第 4 字节(或下一条指令地址)。在 DST4 完成 RA 加 RB,并把相加结果传送到总线暂存器 RBL 进行暂存。在 DST5 完成把在总线暂存器 RBL 中暂存的经过 1 次变址的内容送 ALU 的 A 端输入暂存器 RA 的操作。在 DST6 完成把变址寄存器 Ri 的内容送 ALU 的 B 端输入暂存器 RB 的操作,为 2 次变址做好准备。在 DST7 进行 RA 加 RB 的操作,把计算出的经过 2 次变址的主存目的地址传送到主存地址寄存器 MAR 中。

③ SRC 源周期

在 MOV 指令的目的周期 DST 结束后,机器则进入到源周期 SRC。在源周期 SRC 中,完成把源操作数取出,传送到总线暂存器 RBL 中进行暂存的操作,并且根据需要进行 PC 内容的调整。

机器在执行 MOV 指令、进入到源周期后,根据当前指令的寻址方式(IR 中的第 2 字节内容和第 1 字节中的 d 位相结合),进入源周期的相应寻址方式分支。在图 5-7 中,Rs 表示源寻址方式为寄存器寻址方式。Imd 表示立即寻址方式。其余 4 种存储器寻址方式与目的周期介绍的概念相同。下面分别介绍源周期(SRC 周期)针对各种寻址方式的指令流程:

Rs(寄存器寻址方式):这种寻址方式不用调整 PC 内容(PC 已调整到指向下一条指令的起始地址)。在 SRC0 完成把寄存器 R 中的源操作数传送到总线暂存器 RBL 中的操作。

Imd(立即寻址方式):在立即寻址方式中,指令存在立即数字段。如果立即数为 8 位,则指令的立即数字段为 1 个字节;如果立即数为 16 位,则指令的立即数字段为 2 个字节。在进入此周期时,PC 则指向指令中存放立即数的字节处。在 SRC0 完成目的周期中形成的目的操作数地址的备份,即将 MAR 内容送至 SR 中暂存。在 SRC1 完成把 PC 内容送 MAR 的操作,为从主存取出立即数做好准备。在 SRC2 完成从主存 M(指令的立即数字段)读出立即数存放到 MDR,再传送到总线暂存器 RBL 中的操作。同时 PC 内容进行加 1 操作。在 SRC3 恢复 SRC0 阶数备份的目的操作数地址,即将 SR 内容重新送至 MAR 中。此时,如果是 8 位立即数,则完成 PC 的调整,PC 指向下一条指令的起始地址。如果是 16 位立即数,则需要在 SRC3 对 PC 再进行一次加 1 操作,使 PC 指向下一条指令的起始地址。

[R](寄存器间接寻址方式):在 SRC0 完成把寄存器 R 中的源操作数的主存地址送主存地址寄存器 MAR 的操作,为到主存读取源操作数做好准备。在 SRC1 完成把主存 M 中的源操作数读出,通过 MDR 传送到总线暂存器 RBL 中的操作。

D16（直接寻址方式）：在 SRC0 完成 PC 内容送主存地址寄存器 MAR 的操作，为到主存读取源操作数地址（位于指令的位移量字段）做好准备。此时，PC 指向第 3 字节。本条指令的第 3、4 字节为源操作数的主存地址（位移量字段），指令的长度至少为 4 字节指令。在 SRC1 完成把主存 M 中的源操作数地址读出传送到主存数据寄存器 MDR 中，再传送到主存地址寄存器 MAR 中。同时，完成一次 PC 加 1 的操作。在 SRC2 完成把主存 M 中的源操作数读出，通过 MDR，传送到总线暂存器 RBL 中的操作；同时，再进行一次 PC 加 1 的操作，使 PC 指向下一条指令的起始地址。

D[R]（变址寻址方式）：在 SRC0 完成 PC 内容送主存地址寄存器 MAR 的操作，为从主存读出变址的位移量做好准备。在 SRC1 完成从主存 M 把位移量读出传送到主存数据寄存器 MDR 中，再传送到 ALU 的 A 端输入暂存器 RA 中，为变址做好准备；同时完成 PC 内容加 1 的操作。在 SRC2 完成把变址寄存器 R 的内容送 ALU 的 B 端输入暂存器 RB 中；如果位移量是 16 位，则还需在此进行 PC 内容加 1 的操作，使 PC 指向下一条指令的起始地址；如果位移量是 8 位，则 PC 不需要加 1。在 SRC3 完成 RA 加 RB 变址操作，并把计算出的主存目的地址传送到主存地址寄存器 MAR 中。在 SRC4 完成把主存 M 中的源操作数读出，通过 MDR 传送到总线暂存器 RBL 中的操作。

D[Rb][Ri]（基址变址寻址方式）：在 SRC0 完成 PC 内容送主存地址寄存器 MAR 的操作，为从主存读出变址的位移量做好准备。在 SRC1 完成从主存 M 把位移量读出传送到主存数据寄存器 MDR 中，再传送到 ALU 的 A 端输入暂存器 RA 中，为变址做好准备；同时完成 PC 内容加 1 的操作。在 SRC2 完成把基址寄存器 Rb 的内容送 ALU 的 B 端输入暂存器 RB 中；如果位移量是 16 位，则还需在此进行 PC 内容加 1 的操作，使 PC 指向下一条指令的起始地址；如果位移量是 8 位，则 PC 不需要加 1。在 SRC3 完成 RA 加 RB，并把相加结果传送到总线暂存器 RBL 进行暂存。在 SRC4 完成把在总线暂存器 RBL 中暂存的 1 次变址的内容送 ALU 的 A 端输入暂存器 RA 的操作。在 SRC5 完成把变址寄存器 Ri 的内容送 ALU 的 B 端输入暂存器 RB 的操作，为 2 次变址做好准备。在 SRC6 进行 RA 加 RB 的操作，把计算出的经过 2 次变址的主存目的地址传送到主存地址寄存器 MAR 中。在 SRC7 完成把主存 M 中的源操作数读出，通过 MDR，传送到总线暂存器 RBL 中的操作。

④ EXC 执行周期

在 MOV 指令的源周期 SRC 结束后，机器则进入到执行周期 EXC。在执行周期 EXC 中，完成把总线暂存器 RBL 中的源操作数传送到目的地的操作。

机器在执行 MOV 指令、进入到执行周期后，根据当前指令的寻址方式（IR 中的第 2 字节内容和第 1 字节中的 d 位相结合），进入执行周期的相应寻址方式分支。在图 5-7 中，R 表示目的寻址方式为寄存器寻址方式；M 表示目的寻址方式为存储器寻址方式。MOV 指令在进入执行周期时，源操作数已保存在总线暂存器 RBL 中，存储器型的目的地址已保存到 MAR 中。如果目的地是寄存器，则在 EXC0 完成把总线暂存器 RBL 中的源操作数传送到目的地 Rd 中的操作。如果目的地是在存储器中，则在 EXC0 完成把总线暂存器 RBL 中的源操作数传送到 MDR 中。在 EXC1 中，把 MDR 中的源操作数（按照 MAR 中的主存地址）写入到主存 M 中，即完成了 MOV 指令的数据传送功能。

指令在 EXC 执行周期结束后，进行中断请求查询、处理等操作，在发生中断请求时，则进入中断周期，处理完相应的操作，又重新进入 FI 取指令周期，进行下一条指令的取指操作。

例 5-3 设计指令"MOV AX,BX"的指令流程。

本条指令的目的操作数和源操作数的寻址方式均为寄存器寻址方式。指令长度为 2 字节。指令流程如下：

FI0： PC→MAR
FI1： M→MDR→IR；PC+1→PC
DST0： PC+1→PC
SRC0： BX→RBL
EXC0： RBL→AX

例 5-4 设计指令"MOV VAR,AX"的指令流程。假定 VAR 所表示的主存地址为 1000H。

本条指令的目的操作数寻址方式为直接寻址方式，目的地为主存单元，目的地址 1000H 保存在指令的第 3、4 字节，源操作数寻址方式为寄存器寻址方式。该指令长度为 4 字节。指令流程如下：

FI0： PC→MAR
FI1： M→MDR→IR；PC+1→PC
DST0： PC+1→PC
DST1： PC→MAR
DST2： M→MDR→MAR；PC+1→PC
DST3： PC+1→PC
SRC0： AX→RBL
EXC0： RBL→MDR
EXC1： MDR→M

例 5-5 设计指令"MOV 1234H[BX][SI],5678H"的指令流程。

本条指令的目的操作数寻址方式为基址变址寻址方式，目的地为主存单元，构成目的地址的位移量保存在指令的第 3、4 字节，源操作数寻址方式为立即寻址方式，立即数保存在指令的第 5、6 字节。该指令长度为 6 字节。指令流程如下：

FI0： PC→MAR
FI1： M→MDR→IR；PC+1→PC
DST0： PC+1→PC
DST1： PC→MAR
DST2： M→MDR→RA；PC+1→PC
DST3： BX→RB；PC+1→PC
DST4： RA+RB→RBL
DST5： RBL→RA
DST6： SI→RB
DST7： RA+RB→MAR
SRC0： MAR→SR
SRC1： PC→MAR
SRC2： M→MDR→RBL；PC+1→PC
SRC3： SR→MAR PC+1→PC
EXC0： RBL→MDR

EXC2：MDR→M

（2）双操作数算术逻辑运算指令的指令流程

模型机双操作数算术逻辑运算指令包括 ADD、SUB、AND、OR 及 XOR。指令流程图如图 5-8 所示。

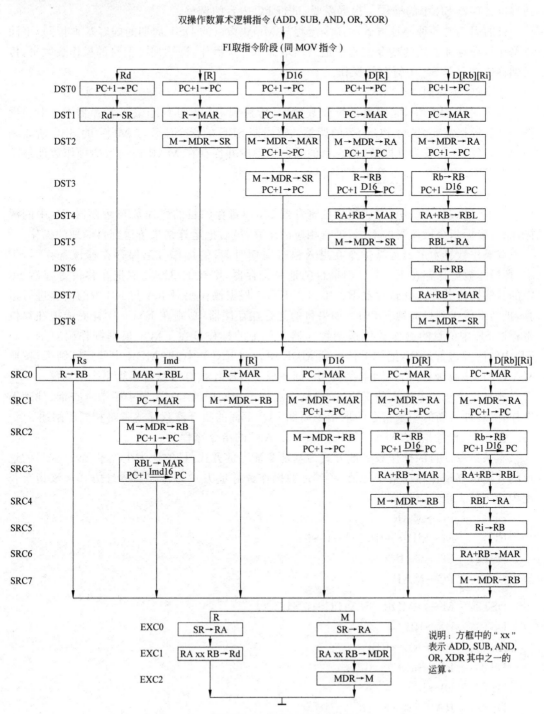

图 5-8 双操作数算术逻辑运算指令流程图

① FI 取指令周期

FI 取指令周期与 MOV 指令相同。

② DST 目的周期

在目的周期 DST 中,首先完成 PC 内容加 1 的操作;并且完成把目的操作数取出存放到移位寄存器 SR 中的操作。根据需要,进行 PC 内容的调整。

目的周期的各种寻址方式的指令流程与 MOV 指令的 DST 周期的内容基本相同,不同点是在每种寻址方式的指令流程的最后均增加了一步操作,即增加了把目的操作数取出,传送到移位寄存器 SR 中暂存的操作。

③ SRC 源周期

在源周期 SRC 中,完成把源操作数取出,传送到 ALU 的 B 端输入暂存器 RB 中的操作。并且根据需要,进行 PC 内容的调整。源周期 SRC 的指令流程与 MOV 的 SRC 阶段相似,只是当源操作数为立即数时,在目的周期中形成并保存在 MAR 内的目的操作数地址需要送至 RBL 中暂存,而不是送至 SR 中。

④ EXC 执行周期

在执行周期 EXC 中,完成把移位寄存器 SR 中暂存的目的操作数与暂存器 RB 中的源操作数,根据指令操作码的不同,进行相应的运算,最后把运算结果传送到目的地的操作。

双操作数算术逻辑运算指令在进入执行周期时,目的操作数已保存在移位寄存器 SR 中,源操作数已保存在 RB 中。如果目的地是寄存器,则在 EXC0 完成把在移位寄存器 SR 中的目的操作数传送到暂存器 RA 中。在 EXC1 根据操作码对 RA 与 RB 中的内容进行运算,把结果传送到目的地 Rd 中。如果目的地是在存储器中,则在 EXC0 同样完成把在移位寄存器 SR 中的目的操作数传送到暂存器 RA 中的操作。在 EXC1 根据操作码对 RA 与 RB 中的内容进行运算,把结果传送到 MDR 中。在 EXC2 中,把 MDR 中的运算结果(按照 MAR 中的主存地址)写入到主存 M 中,即完成了双操作数算术逻辑运算指令的功能。

所有指令在指令流程的 EXC 阶段结束后均进行同样的 DMA 及中断请求查询、处理等操作,然后进入新的一条指令的取指令周期 FI。下面的指令流程描述省略相同的阐述。

例 5-6 设计指令"ADD 12H[BX][DI],AX"的指令流程。

本条指令的目的操作数寻址方式为基址变址寻址方式,目的地为主存单元,构成目的地址的 8 位位移量保存在指令的第 3 字节,源操作数寻址方式为寄存器寻址方式。该指令长度为 3 字节。指令流程如下:

FI0: PC→MAR

FI1: M→MDR→IR;PC+1→PC

DST0: PC+1→PC

DST1: PC→MAR

DST2: M$\xrightarrow{B}$MDR→RA;PC+1→PC

DST3: BX→RB

DST4: RA+RB→RBL

DST5: RBL→RA

DST6: DI→RB

DST7: RA+RB→MAR

DST8: M→MDR→SR

SRC0: AX→RB
EXC0: SR→RA
EXC1: RA+RB→MDR
EXC2: MDR→M

(3) 单操作数算术逻辑运算指令的指令流程

模型机单操作数算术逻辑运算指令包括 INC、DEC 及 NOT。指令流程图如图 5-9 所示。

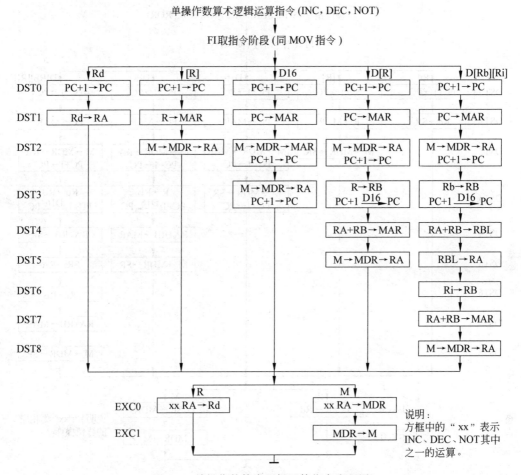

图 5-9 单操作数算术逻辑运算指令流程图

① FI 取指令周期

FI 取指令周期与 MOV 指令相同。

② DST 目的周期

在目的周期 DST 中,首先完成 PC 内容加 1 的操作;并且完成把目的操作数取出存放到 ALU 的 A 端输入暂存器 RA 中的操作。根据需要,进行 PC 内容的调整。由于是单操作数指令,指令周期只包含取指令周期、目的周期和执行周期。

③ EXC 执行周期

在执行周期 EXC 中,根据指令操作码的不同,对暂存器 RA 中的目的操作数进行相应的运算,最后把运算结果传送到目的地。

如果目的地是寄存器,则在 EXC0 根据操作码的功能对 RA 中的内容进行运算,把运算结果传送到目的寄存器 Rd 中。如果目的地是存储器,则在 EXC0 根据操作码的功能对 RA 中的内容进行运算,把运算结果传送到主存数据寄存器 MDR 中。在 EXC1 按照 MAR 中的主存地址,把 MDR 中的运算结果写入到主存的目的单元中。

(4) 移位指令的指令流程

模型机移位指令包括 SHL、SHR、SAL、SAR、ROL 及 ROR。指令流程图如图 5-10 所示。

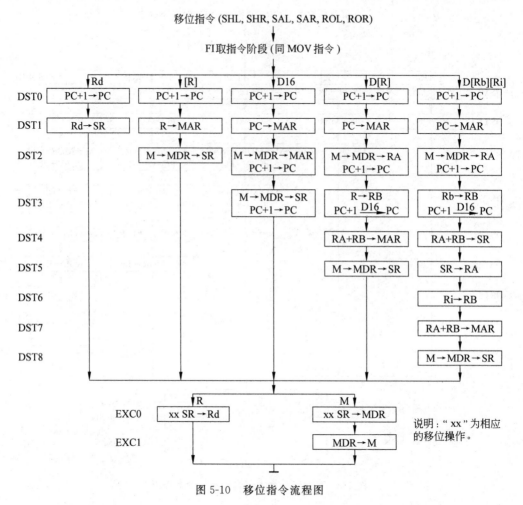

图 5-10 移位指令流程图

① FI 取指令周期

FI 取指令周期与 MOV 指令相同。

② DST 目的周期

在目的周期 DST 中,首先完成 PC 内容加 1 的操作;并且完成把目的操作数取出存放到移位寄存器 SR 中的操作。根据需要,进行 PC 内容的调整。移位指令在模型机中采用只移一位的操作功能,因此,与单操作数指令类似,指令周期只包含取指令周期、目的周期和执行周期。

③ EXC 执行周期

在执行周期 EXC 中,根据指令操作码的不同,对移位寄存器中的目的操作数进行相应的移位运算,最后把运算结果传送到目的地的操作。

如果目的地是寄存器,则在 EXC0 根据操作码的功能对 SR 中的内容进行移位,把移位结果传送到目的寄存器 Rd 中。如果目的地是存储器,则在 EXC0 根据操作码的功能对 SR 中的内容进行移位,把移位结果传送到主存数据寄存器 MDR 中。在 EXC1 按照 MAR 中的主存地址,把 MDR 中的移位结果写入到主存的目的单元中。

(5) 转移指令的指令流程

模型机转移指令包括无条件转移指令 JMP 和条件转移指令 JO、JS、JZ、JP 及 JC。指令流程图如图 5-11 所示。转移指令的指令周期只包含 2 个阶段,取指令周期和执行周期。

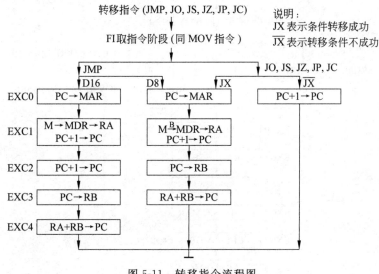

图 5-11 转移指令流程图

① FI 取指令周期

FI 取指令周期与 MOV 指令相同。

② EXC 执行周期

在执行周期 EXC 中,转移指令完成的功能是计算出应转向的地址,把其送到指令计数器 PC 中。转移指令只采用相对 PC 的转移方式。

JMP 无条件转移指令:如果转移指令中的位移量为 16 位,指令长度为 3 字节(第 1 字节为操作码字段,第 2、3 字节为位移量字段),则进入 D16 分支。在 EXC0 完成 PC 内容送 MAR 操作。在 EXC1 完成到主存把位移量读出送 RA 的操作,同时完成 PC 加 1 的操作。在 EXC2 完成 PC 再加 1 的操作,使 PC 指向下一条指令的起始地址。在 EXC3 完成 PC 内容送 RB 的操作。在 EXC4 完成 PC 内容与位移量相加、结果送 PC 的操作,即完成转移地址送 PC 的功能。实现了相对 PC 的程序转移功能。如果转移指令中的位移量为 8 位,指令长度为 2 字节(第 1 字节为操作码字段,第 2 字节为位移量字段),则进入 D8 分支。D8 分支的指令流程与 D16 相似,不同点是减少 D16 中的 EXC2 步骤,由于指令是 2 字节长度,所以在 FI1 和 EXC1 两个步骤进行 PC 加 1 操作,则完成了 PC 指向下一条指令的起始地址。其余过程与 D16 相同。

JO、JS、JZ、JP、JC 条件转移指令:条件转移指令在 EXC 执行周期,根据指令判断的条件进行分支。如果条件满足,则进入 JX 分支,计算出程序应转向的目的地址;如果条件不满足,则顺序执行下一条指令。转移指令中的位移量为 8 位,指令长度为 2 字节(第 1 字节为操作码字段,第 2 节为位移量字段)。当条件满足,则计算出应转向的指令地址,把其送入 PC 中,即完成了指令的功能。如果条件不满足,则应该顺序执行条件转移的下一条指令,在 EXC0 完成 PC 加 1 的操作即可。

(6) PUSH 指令的指令流程

模型机的 PUSH 指令完成源操作数的内容进栈的操作。PUSH 指令的指令周期包含 3 个阶段,取指令周期、源周期和执行周期。指令流程图如图 5-12 所示。

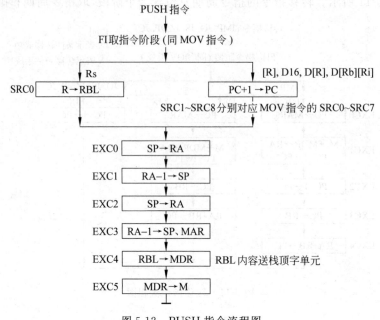

图 5-12　PUSH 指令流程图

① FI 取指令周期

FI 取指令周期与 MOV 指令相同。

② SRC 源周期

在源周期 SRC 中,完成把源操作数取出,传送到总线暂存器 RBL 中进行暂存的操作。并且根据需要,进行 PC 内容的调整。

如果源操作数寻址方式是寄存器寻址方式,则在 SRC0 完成寄存器中的源操作数送总线暂存器 RBL 的操作。指令长度为 1 个字节。如果源操作数寻址方式是存储器寻址方式,则指令长度为 2～4 个字节。在 EXC0 完成 PC 加 1 的操作,其余的操作与 MOV 指令的 SRC 周期的操作相同。

③ EXC 执行周期

在执行周期 EXC 中,PUSH 指令完成堆栈指针 SP 减 2,把保存在总线暂存器 RBL 中需要进栈的数据存入栈顶字单元的功能。在 EXC0~EXC3 步骤,完成堆栈指针 SP 减 2 的操作,并把 SP 的值送入主存地址寄存器 MAR 中,为写主存准备好地址。在 EXC4~EXC5 步骤,完成将保存在总线暂存器 RBL 中的源操作数存入栈顶字单元的功能。

(7) POP 指令的指令流程

模型机的 POP 指令完成将堆栈中栈顶字单元的内容送到目的地的操作。指令流程图如图 5-13 所示。

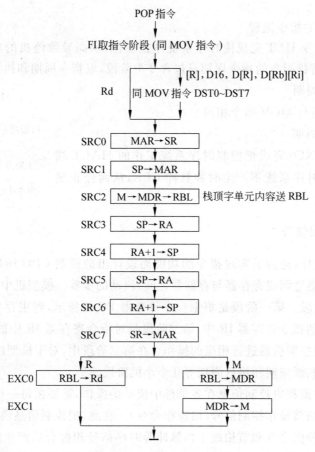

图 5-13 POP 指令流程图

① FI 取指令周期

FI 取指令周期与 MOV 指令相同。

② DST 目的周期

在目的周期 DST 中，完成把主存单元的目的地址存放到主存地址寄存器 MAR 中的操作。根据需要，进行 PC 内容的调整。对于目的寻址方式是寄存器寻址方式的指令，则不进行任何操作（即不需进入目的周期）。对于其他 4 种存储器寻址方式，其指令流程与 MOV 指令的目的周期 DST 的指令流程相同。

③ SRC 源周期

在源周期 SRC 中，先将目的周期中形成的目的操作数地址备份，即将 MAR 中的内容送至 SR 中，接着完成把栈顶字单元内容取出，传送到总线暂存器 RBL 中进行暂存，并且进行堆栈指针 SP 加 2 的操作，然后恢复目的操作数地址，即将 SR 中的内容重新送至 MAR 中。

④ EXC 执行周期

在执行周期 EXC 中，POP 指令完成把总线暂存器 RBL 中的出栈内容送到目的地。如果目的地是寄存器，则在 EXC0 完成总线暂存器 RBL 内容送目的寄存器 Rd 的操作。如果目的地址是主存单元，则在 EXC0 完成总线暂存器 RBL 内容送 MDR 的操作。在 EXC1 完成把 MDR 的内容写入主存目的单元中。即完成了把堆栈中栈顶的一个字的内容出栈送到目的地的操作。

（8）停机指令的指令流程

模型机停机指令 HLT 完成使时序系统停止工作,从而导致停机的功能。指令流程图如图 5-14 所示。转移指令的指令周期只包含 2 个阶段,取指令周期和执行周期。

① FI 取指令周期

FI 取指令周期与 MOV 指令相同。

② EXC 执行周期

在执行周期 EXC0 完成把控制时序系统工作的 HALT 端置为低电平,以使时序系统不产生时钟脉冲 CLK,从而停止整个机器的工作。

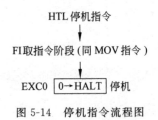

图 5-14　停机指令流程图

4. 微操作控制信号

指令流程的设计,是为了实现指令的功能而设计出的控制 CPU 所处理的信息在机器中（寄存器与寄存器之间或寄存器与存储器之间）流动的步骤。模型机中一条指令的执行过程可以分为两大阶段。第一阶段是根据程序计数器 PC 的指示,到主存中把指令的前两个字节取到 CPU 中的指令寄存器 IR 中;第二阶段是对指令寄存器 IR 中的操作码进行译码,根据操作码的功能控制机器进行相应的操作。在第二阶段中,对于模型机的指令系统而言,可以分成目的周期、源周期和执行周期等几个小的阶段。

为了实现指令流程中控制信息在各部件中流动的操作,需要在每一步操作（一个方框中的操作）发出具体的微操作控制信号（微操作命令）。在此,把控制信息流动所需要发的命令称作微命令;把各种微命令和节拍或工作脉冲等时序信号相配合后产生的具体控制机器工作的命令称作微操作控制信号,或控制信号、微操作命令。对于每一个微操作控制信号（见图 5-1）,通常是由相应的微命令和时序系统产生的时序信号（节拍、脉冲）相"与"之后所生成的控制信号。例如,对于总线暂存器 RBL 的 IBUS-RBL 控制信号而言,由于总线暂存器 RBL 要求是由脉冲信号控制打入暂存器,因此,把 IBUS-RBL 微命令和脉冲信号相"与"后,产生 IBUS-RBL 脉冲型控制信号。对于总线暂存器的 RBL-IBUS 控制信号而言,由于是控制打开总线暂存器 RBL 与 CPU 内总线 IBUS 之间的三态门,要求是电平信号,因此,把 RBL-IBUS 微命令与某节拍信号相"与",以产生节拍电平型的 RBL-IBUS 控制信号。产生这些控制信号的设计方案,是控制部件设计的一个重要内容。

在此,介绍对应于指令流程各步骤所应发出的微命令的设计方法。对于每条指令的每个步骤,应发出哪些微命令,需要根据各种指令的指令流程中的各种寻址方式等内容进行综合设计。

下面给出模型机取指令周期 FI 和 MOV 指令 DST 周期的前 2 步（DST0、DST1）各步骤所应发出的微命令的设计示例（在此采用左侧为指令流程的操作步骤,右侧为对应的微命令,微命令的名字可参见图 5-1 中的微操作控制信号）:

　　　　指令流程：　　　　微命令：
　　　　FI0：PC→MAR　　　PC-IBUS、IBUS-MAR

FI1：M→MDR→IR　　MAR-ABUS、MRD、W-B、BUS-MDR、$\overline{\text{I-DBUS}}$、MDR-IBUS、
　　　PC+1→PC　　　IBUS-IR、IBUS-PC、PC+1

MOV 指令 DST0、DST1 所应发出的微命令设计示例：

   指令流程：   微命令：
DST0：PC+1→PC   IBUS-PC、PC+1
DST1：[R]：R→MAR   RE([R])、W-B([R])、R-IBUS([R])
   D16、D[R]、D[Rb][Ri]： PC-IBUS(D16+D[R]+D[Rb][Ri])、
   PC→MAR   IBUS-MAR(D16+D[R]+D[Rb][Ri])

其中，括号"()"中的内容表示发出该微命令的条件。读者可以根据模型机指令流程，写出各步骤所需要发出的微命令。

下面给出一条具体指令在机器中运行时的指令流程和相应的微命令。

例 5-7 写出指令"MOV AL,1234H[BX]"的指令流程和微命令。

本条指令的目的操作数寻址方式采用寄存器寻址方式，源操作数寻址方式采用变址寻址方式；指令长度为 4 个字节，位移量 1234H 存储在指令的第 3、4 字节。指令完成字节数据的传送。

   指令流程   微命令
FI0：PC→MAR   PC-IBUS、IBUS-MAR
FI1：M→MDR→IR   MAR-ABUS、MRD、W-B、BUS-MDR、$\overline{\text{I-DBUS}}$、MDR-IBUS、
   PC+1→PC   IBUS-IR、IBUS-PC、PC+1
DST0：PC+1→PC   IBUS-PC、PC+1
SRC0：PC→MAR   PC-IBUS、IBUS-MAR
SRC1：M→MDR→RA MAR-ABUS、MRD、W-B、BUS-MDR、$\overline{\text{I-DBUS}}$、MDR-IBUS、
   PC+1→PC   IBUS-RA、PC+1、IBUS-PC
SRC2：BX→RB   （送 BX 地址→R 地址）、RE、W-B、R-IBUS、IBUS-RB
SRC3：RA+RB→MAR ADDC、ALU-IBUS、IBUS-MAR、PC+1、IBUS-PC
   PC+1→PC
SRC4：M$\xrightarrow{B}$MDR→RBL MAR-ABUS、MRD、$\overline{\text{W-B}}$、BUS-MDR、$\overline{\text{I-DBUS}}$、MDR-IBUS、
         IBUS-RBL
EXC0：RBL→AL   RBL-IBUS、（送 AL 地址）、WE、$\overline{\text{W-B}}$

例 5-8 写出指令"ADD AX,BX"的指令流程和微命令。

本条指令的目的操作数和源操作数寻址方式均采用寄存器寻址方式；指令长度为 2 个字节，指令完成寄存器之间字数据的传送。

   指令流程   微命令
FI0：PC→MAR   PC-IBUS、IBUS-MAR
FI1：M→MDR→IR   MAR-ABUS、MRD、W-B、BUS-MDR、$\overline{\text{I-DBUS}}$、MDR-IBUS、
   PC+1→PC   IBUS-IR、IBUS-PC、PC+1
DST0：PC+1→PC   IBUS-PC、PC+1
DST1：AX→SR   （送 AX 地址）、RE、W-B、R-IBUS、IBUS-SR
SRC0：BX→RB   （送 BX 地址）、RE、W-B、R-IBUS、IBUS-RB

EXC0：SR→RA　　　　SR-IBUS、IBUS-RA
EXC1：RA ADD RB→AX　　ADDC、ALU-IBUS、(送 AX 地址)、WE、W-B

5.3 微程序控制部件的组成与设计

CPU 中最核心的部件是控制部件 CU。控制部件是控制计算机正确运行的重要部件。计算机在加电开机后，由控制部件发出的一个个控制命令，控制着计算机有条不紊地运行存储在主存储器中的程序。

控制部件 CU 的设计方式可以分为微程序控制的设计方式及组合逻辑控制的设计方式。按照不同设计方式设计出的控制部件相应地称作微程序控制部件及组合逻辑控制部件（或称作硬连逻辑控制器、硬布线控制器）。微程序控制部件具有规整性、可修改性、设计效率高及可扩充性强等特点，目前已广泛地应用到各种规模的计算机系统结构中。组合逻辑控制部件在设计过程中由于面向的是机器的高速度以及使用尽量少的元器件，因此具有优化的电路结构及实现速度快等特点，目前该种结构的控制部件广泛地应用在 RISC 及一些超高速计算机系统结构中。

5.3.1 微程序控制部件的组成

1. 微程序控制部件

微程序控制部件 CU 通常由控制存储器（简称控存或 CM）、微程序计数器（μPC）、微指令寄存器（μIR）等部件组成。模型机的微程序控制部件由控制存储器 CM、微程序计数器 μPC、微指令寄存器 μIR、微地址形成电路、微地址暂存器、寄存器地址来源选择电路、微操作控制信号产生电路等部件组成（模型机微程序控制部件的组成框图见图 5-15）。

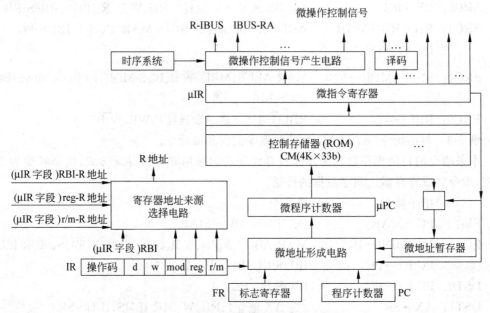

图 5-15　模型机微程序控制部件组成框图

模型机控制存储器 CM 由 ROM 构成,容量为 4K 字,其字长为 33 位(即一条微指令的长度)。控制存储器 CM 是微程序控制部件 CU 的核心部件,其功能是存储控制机器运行的一段段微程序。在机器设计完成后,其中的微程序则固化不变。

微程序计数器 μPC 字长为 12 位,可寻址 4K 字空间。微程序计数器 μPC 的功能是存储访问控存 CM 的微地址。在机器运行期间,根据 μPC 中的微地址,到控存 CM 中取出相应的微指令,由此产生一个个微操作控制命令,控制机器的运行。

微指令寄存器 μIR 字长为 33 位,用于暂存从控存 CM 中读出的、需要执行的微指令。

微地址形成电路根据指令寄存器 IR 中的指令内容、程序计数器 PC、标志寄存器 FR 等内容,形成即将执行的下一条微指令的地址。

微地址暂存器作为暂存调用微子程序的返回地址,在微主程序调用微子程序时,将当前微指令的下一条微指令的微地址保存在微地址暂存器中,供微子程序返回时使用。

寄存器地址来源选择电路作为寄存器组的地址(R 地址)来源的选择电路,产生需要访问的寄存器地址。

微操作控制信号产生电路把微指令中的微命令,根据需要与时序系统产生的节拍、工作脉冲等时序信号相配合,产生控制机器运行的微操作控制信号,以此控制机器有条不紊地工作。

2. 微程序控制原理

微程序的设计原理由英国剑桥大学教授 Wilkes 在 1951 年首先提出。微程序控制部件是利用微程序设计技术及存储逻辑方式来实现产生微操作控制信号的控制部件。

为了避免早期组合逻辑控制部件硬件线路繁杂等弱点,则采用微程序控制方法控制机器的运行。微程序控制部件控制机器工作的原理是将每条机器指令编码写成一段(或若干段)微程序。把这些微程序存到一个控制存储器中。每一段微程序包含若干条微指令,每一条微指令对应若干个微命令。每个微命令通常是由一位二进制代码表示,该位为 1,则表示在本条微指令中该微命令有效(发出该微命令);若该位为 0,则表示在本条微指令中该微命令无效(不发出该微命令)。每执行一条微指令则相应于执行指令流程中的一步操作,完成信息在数据通路中的一次流动。在机器运行时,一条一条地读出这些微指令,由此产生机器运行所需要的各种微操作控制信号,使机器的各相应部件执行微操作控制信号所规定的具体操作。

在采用微程序控制的 CPU 设计过程中,针对设计好的机器指令系统,进行微程序设计。最后,把设计好的全部微程序存入控制存储器 CM 中。当机器运行时,则由控存中存储的微程序所发出的微命令在时序系统的配合下形成微操作控制信号,由这些控制信号控制着机器的运行。

下面介绍与微程序控制相关的几个概念:

(1) 微命令与微操作的概念

微命令是最小单位的控制信号,由微指令经过译码或不译码直接发出。微操作是由相应的微命令控制实现的基本操作。每个微命令均对应着相应的微操作。微操作是微命令的一个具体操作。

(2) 相容性与相斥性微命令的概念

相容性微命令是在一个微周期中可以同时发出,控制机器进行并行操作的微命令。例如,MDR-IBUS 和 IBUS-RA 这两个微命令(可参见图 5-1)在同一个微周期可以同时发出,因此是相容性微命令。相容性微命令在微指令格式中应该分别安排在不同的两个字段中。相斥性微命令是在同一微周期内不能同时发出的微命令。例如，控制 ALU 部件进行的不同操作的微命令 ADDC(加法运算)、SUBC(减法运算)等，则是相斥性微命令，这两个微命令在同一微周期中只能发出其中之一的微命令。因此，在进行微指令格式的设计时，可以安排在同一个字段，通过译码分别发出相应的微命令。

(3) 微指令与微周期的概念

一条微指令是由多个微命令字段构成。一个微周期实现一条微指令的读取与执行。通常，把从控存中读取一条微指令并执行完微指令规定的全部微操作所需要的时间称作一个微周期。

(4) 主存与控存的概念

主存是在程序运行期间存放工作程序(或称作解题程序)的存储部件，通常以字或字节编址，由 RAM 构成；断电后，其中存放的内容则消失。控存(CM)是存放实现指令系统的微程序的存储部件，由 ROM 构成；其内容只可读出，不可写入；断电后其中的内容依然保存。控存通常根据微命令个数的实际需要，来确定其字长。一般而言，控存的字长比较长(与机器数据通路及指令格式等内容的复杂度相关)。

(5) 工作程序与微程序的概念

工作程序是程序设计者为解决某些问题而用机器指令编写的。该程序在机器运行过程中，装入主存加以执行。微程序是机器设计者为实现机器指令系统的功能而设计的。微程序在机器出厂前则已写入控存，用户不能修改其内容。在机器加电开机后，则由存储在控存的微程序控制着机器完成机器指令的读取与执行。

下面介绍一条机器指令执行的过程(可参见图 5-15 及表 5-4)。

(1) 在开机加电或按复位键后，则由硬件把微程序计数器 μPC 设置成取指令微程序段的第 1 条微指令所在控存的微地址值(例如，模型机中的取指令微程序从控存 CM 的 FFDH 号地址单元存放，则开机时把 μPC 置为 FFDH)。

(2) 根据微程序计数器 μPC 的内容，从控存中把取指令微程序(通常把取指令周期 FI 的功能设计为取指令公共微程序段)的第 1 条微指令读出到微指令寄存器 μIR 中。机器执行 μIR 中的微指令，根据微指令中发出的微命令，在时序系统的配合下，产生相应的微操作控制信号，由此完成取机器指令的第一步操作(在模型机取机器指令的微程序中，第一步则完成 PC→MAR 的数据传送)。在一条微指令执行结束后，则根据后继微地址的产生方式，对微程序计数器(μPC)中的微地址进行修改(模型机中设计为 μPC 加 1)，再按照 μPC 从控存取出第二条微指令执行(在模型机的取机器指令的微程序中，第二步则完成 M→MDR→IR，PC+1→PC 的操作)。在这两条微指令执行结束后，则实现了根据程序计数器 PC 的内容，到主存把一条机器指令取到指令寄存器(IR)中的操作。

(3) 由指令寄存器 IR 中的机器指令操作码部分和微指令中指定的若干位微地址相拼接，通过微地址形成电路，产生对应该条机器指令的微程序入口地址。

(4) 根据相应的微地址，从控存中读出一条微指令加以执行；根据本条微指令的顺序控制字段的内容，控制产生下一条微指令的地址(即设置 μPC)。再根据微地址到控存读取、执行下一条微指令。以此循环往复，使机器处于一条条微指令的执行中，直至停机。当一段微程序执行完，则完成了相应的一条机器指令的功能。

(5) 在执行完一条机器指令所对应的微程序后,返回控存取指令微程序的第 1 条微指令(模型机中为 FFDH 号控存单元),重新执行取机器指令微程序的第 1 条微指令。以此循环,则使机器在遇到停机指令前,一直不停地运转。

5.3.2 微指令的设计

1. 微指令结构设计

在进行微指令结构设计时,需要考虑一条微指令所需要实现的全部功能。在每条微指令中,需要给出完成机器指令执行过程中每个步骤所完成的各种操作所需要的全部微命令,并且还需要给出控制产生后继微指令地址(即下一条即将执行的微指令地址)的微命令。通常把微指令的结构分为两部分:一部分设计为微命令字段,另一部分设计为顺序控制字段(如图 5-16 所示)。微命令字段主要由控制机器执行机器指令功能的各个微命令组合而成。顺序控制字段主要由控制产生下一条即将执行的微指令地址的微命令组成。微指令结构设计主要对微指令结构中的微命令字段及顺序控制字段进行设计。

微命令字段	顺序控制字段

图 5-16　微指令结构图

下面分别介绍微指令结构中微命令字段及顺序控制字段的设计方式。

(1) 微命令字段的设计

微指令结构中微命令字段的设计方式,主要通过分析机器数据通路结构中各种微操作控制信号在机器运行过程中可能产生的并行性,以及机器指令的操作码及寻址方式构成的特点等内容,研究对各个微命令进行组合分段的编码方法。

微命令是控制机器运行的控制命令的最小单位。微命令在时序信号的配合下,构成控制机器运行的微操作控制信号(微操作命令,或称作控制信号)。机器在运行过程中,由 CPU 的控制部件发出一个个微操作控制信号,控制着机器执行相应的一个个微操作而完成相应微指令的功能。

在进行微指令中微命令字段结构设计时,对各个微命令采用的编码方法通常有直接控制编码法(或称作不译码法、直接表示法等)、字段直接编译法(或称作字段直接编码法、显式编码法等)、字段间接编译法(或称作字段间接编码法、隐式编码法等)及混合编码法(或称作混合表示法)。

直接控制编码法的设计思想是使微指令的微命令字段中的每一位代表一个微命令(参见图 5-17)。此编码方法具有直观、实现简单、操作并行性好及执行速度快等特点。对于数据通路结构比较简单、微命令总的数量不是很多的情况,可以采用直接控制编码法(不译码法)作为微指令中微命令字段的编码方法。在进行微程序设计时,根据每条微指令的功能,决定需要发出何种微命令。由此将本条微指令中表示该微命令的对应位设置成"1"即可,其余的位设置成"0"。通过微操作控制信号产生电路,根据需要把相应的微命令与时序系统产生的电位、脉冲信号相配合,形成机器数据通路中的各个微操作控制信号,以此控制整个机器的运行。

字段直接编译法是根据数据通路中可实现的各个微操作的并行性状况,把在同一个微指令周期中不可能同时出现的一组具有相斥性的微命令(例如控制各部件内容送总线的各

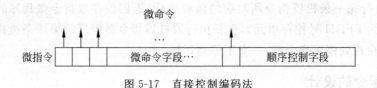

图 5-17 直接控制编码法

个微命令)组合成一个小字段,通过字段译码器对各个小字段进行译码,以此产生相应的微命令(参见图 5-18)。在采用这种方法对微命令进行设计时,通常将控制同一部件的微操作或同类的微操作中具有相斥性的微命令分配到同一字段中,对其独立进行编码。将在一个微指令周期中可以同时出现的(即可以并行发出的)具有相容性的微命令分配到不同的字段中。这样,在执行一条微指令时可以并行执行多个微操作,不仅提高了机器操作的并行性,还可以相应地缩短一条微指令的长度。

图 5-18 字段直接编译法

字段间接编译法的设计思想,是一个字段中的某些微命令需要由另一个字段中的某些微命令来解释,才可以实现其相应的功能(参见图 5-19)。在进行微指令结构设计时,对于采用字段间接编译法的各个字段,通常可以根据需要设计两种或多种具有不同功能的微命令。例如,图 5-19 中的字段 1 设计为两类具有不同功能的微命令。当字段 2 译码为 0 时,控制字段 1 发出第 1 类微命令;当字段 2 译码为 1 时,控制字段 1 发出第 2 类微命令。

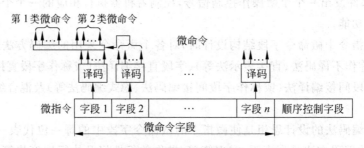

图 5-19 字段间接编译法

在微程序实现转移控制中,通常利用顺序控制字段的不同编码控制某些微命令字段通过译码发出相应的微命令,或者使这些字段不译码,直接输出作为转移微地址(全部或部分微地址),把其置入到微程序计数器(μPC)中,以此种方式实现微程序的转移。这种方式可以省略专门为微转移而设置转移字段,缩短微指令的长度。

字段间接编译法可以用在需要进一步缩短微指令字长的场合,但这种方法降低了微指令并行操作的功能,一般只作为直接编译法的一种辅助设计方式。

混合编码法通常是指把几种编码方法相结合,在一条微指令的微命令字段,可以有多种编码方法。这种设计方法既可缩短一条微指令的字长,又可兼顾到微程序的执行速度,因此,在微指令结构设计中常常被采用。

(2) 顺序控制字段的设计

微指令中顺序控制字段的设计是为了解决微程序在执行过程中如何产生后继微指令地址的问题。对于微程序的执行过程,机器设计者需要考虑两种情况:

第一种情况是在机器加电开机或按复位键后,如何执行存储在控存中的第 1 条应该执行的微指令。计算机在执行每条机器指令时,首先均需要完成从主存把相应的机器指令取出,存放到 CPU 中的指令寄存器中的操作。因此,需要考虑在机器启动时如何转去执行"取指令微程序"的第 1 条微指令。通常在机器加电开机后,在置程序计数器(PC)为第 1 条应该执行的机器指令主存地址的同时,还应自动把微程序计数器(μPC)的内容设置为存放于控存中的"取指令微程序"的第 1 条微指令的地址(模型机中由于把"取指令微程序"存放在控存的 FFDH 号单元开始的一段空间中,因此需要在启动机器时置 μPC 为 FFDH)。

第二种情况是机器在运行过程中(即在执行微程序的过程中)如何控制产生后继微指令地址的问题,即顺序控制字段的设计方式。在微程序执行过程中,后继微地址的形成主要有两种方式:

① 微程序入口地址的形成方式

在顺序控制字段的设计过程中,首先需要考虑每条机器指令相对应的每段微程序(微主程序)入口地址的确定方法。在用微程序控制方式组成控制部件的机器中,指令系统中的每一条机器指令都由一段微程序(其中可能包含若干微程序段)来实现其功能。当机器执行完公共的"取指令微程序"后,则完成把一条机器指令从主存取出存放到指令寄存器(IR)中的功能。随后机器应根据指令寄存器(IR)中机器指令的操作码来形成该机器指令所对应的相应微程序的入口地址(即下一条微指令的地址)。

② 后继微地址的形成方式

计算机在取指令微程序执行完,转移到某条机器指令所对应的微程序入口地址后,则开始执行本段微程序,以此来完成该条机器指令的功能。在此微程序的执行过程中,主要具有顺序执行和转移执行两种状态。因此,顺序控制字段的设计应该使机器可以实现顺序执行和分支转移的功能。通常在微程序控制部件中,可以设置一个微程序计数器(μPC),使其具有自加 1 功能或在顺序控制字段设置下地址字段产生后继微地址;通过设置转移方式控制字段或测试转移字段,实现微程序的多路转移控制。

常用的顺序控制字段的设计方式(即下一条微指令地址,或称作下地址、后继微地址等的产生方式)有计数器增量方式和断定测试转移方式两种。

① 计数器增量方式

计数器增量方式与用程序计数器(PC)产生机器指令主存地址的方式相似。在微程序控制部件中,设置一个微程序计数器(μPC)。在顺序执行微程序时,后继微地址的产生是对当前的 μPC 中的微地址进行加 1 操作,使 μPC 指向下一条即将执行的微指令。在这种控制方式的顺序控制字段中,不用设置下地址字段,后继微地址存放在 μPC 中。只有当发生转移时,才需要设置转移微地址。因此,在这种设计方式中,顺序控制字段一般设有转移微地址字段和转移方式字段(见图 5-20)。为了缩短微指令的长度,可以采用把微命令字段中某些在转移微指令中不使用的字段作为转移微地址字段使用,以减少微指令的字长。在模型机的微指令结构设计中,则采用了此种方案。

图 5-20　计数器增量方式

这种设计方式可以使微指令的顺序控制字段比较短,有利于缩短微指令字长,缩小微程序在控存中的存储空间。

② 断定测试转移方式

利用断定测试转移方式设计微指令结构时,通常在顺序控制字段设置测试字段和下地址字段(即后继微地址字段)。断定测试转移方式微指令结构如图 5-21 所示。当微程序顺序执行时,后继微地址直接由微指令顺序控制字段的下地址字段给出。当微程序有分支出现时,则由测试字段给出应测试的状态,根据测试的状态标志位(例如,可以是 CF、ZF 等标志位)产生相应的后继微地址。对于测试的条件,如果为 1 位,可以实现 2 路转移;如果有 2 位,则可以实现 4 路转移。这种方式在转移地址形成时,需要用组合逻辑电路产生相应的后继微地址。

图 5-21　断定测试转移方式

2. 微指令格式

微指令格式主要由微指令的编码方式来决定。一般分为水平型微指令和垂直型微指令两种。机器具体采用哪种微指令格式,通常由机器功能设计的需求而决定。

(1) 水平型微指令

水平型微指令格式是在一条微指令中并行定义多个微命令,并且在数据通路中能够并行执行多种微操作的微指令格式。通常在设计微命令字段时采用了直接控制编码法、字段直接编码法、字段间接编码法或混合编码法的微指令,都属于水平型微指令。

水平型微指令格式的设计优点是机器执行微操作的效率高,使得机器的运行速度快。但由于一条微指令中有多个微命令字段,使微指令字长比较长,设计的复杂度比较高,不易于微程序设计自动化的实现。

(2) 垂直型微指令

垂直型微指令格式的设计方式采用与机器指令操作码相似的设计方式。在微指令中设置微操作码字段、微地址码字段等相应字段,利用微操作码编译法实现微命令的设计。在垂直型微指令中,由微操作码规定微指令的功能,发出相应的微命令,机器一般只能完成一个微操作。

采用垂直型微指令格式的设计方法,每条微指令的功能比较简单,使得机器操作的并行能力比较低。在微程序设计中,需要用较长的微程序来实现机器的指令系统。机器的运行速度相对比较低。但由于微指令结构简单,比较便于掌握,易于实现微程序设计的自动化。

5.3.3 微程序设计

在机器的数据通路、指令系统、微程序控制部件及时序系统等相应部分设计完成后,可以进行实现机器指令系统的微程序设计。在进行微程序设计过程中,主要根据微指令结构及机器指令系统所需要实现的功能,进行相应的微程序设计。下面结合模型机的微指令结构及部分微程序设计方案,介绍微程序的设计方法。

1. 模型机微指令结构设计

模型机的微指令结构的设计采用分段结构设计方式,把各个微命令根据其在数据通路中的操作功能进行综合并分段。为了充分发挥数据通路的并行操作特性,在此尽可能地根据相应的控制功能把相容性的微命令分到不同的字段中,把相斥性的微命令组合到一个字段中。模型机的微指令结构由 15 个段构成,微指令字长为 33 位。模型机微指令结构如图 5-22 所示。

32~30	29 28	27	26 25	24~22	21~19	18 17	16	15	14~12	11~9	8	7 6	5	4	3~0
S_{TOIB}	S_{RSRW}	S_{W-B}	S_{RSEL}	S_{RBI}	S_{IBTOR}	S_{TOMDR}	S_{MDRDB}	S_{MARAB}	S_{ALU}	S_{SHIFT}	S_{PC}	S_M		S_{HALT}	$S_{\mu PC}$
1(3^b)	2(2^b)	3(1^b)	4(2^b)	5(3^b)	6(3^b)	7(2^b)	8(1^b)	9(1^b)	10(3^b)	11(3^b)	12(2^b)	13(2^b)		14(1^b)	15(4^b)

图 5-22 模型机微指令结构图

模型机微指令结构中各段的编码及其所对应的微命令介绍如下:

(1) S_{TOIB}:送 CPU 内总线 IBUS 的三态门控制字段(3 位)。

000:无操作;   100:SR-IBUS;
001:R-IBUS;   101:PC-IBUS;
010:ALU-IBUS;   110:MDR-IBUS;
011:RBL-IBUS;   111:MAR-IBUS。

(2) S_{RSRW}:寄存器组读/写控制字段(2 位)。

00:无操作;   10:WE;写寄存器组;
01:RE;读寄存器组;   11:-   (注:"-"表示未用)。

(3) S_{W-B}:字-字节选择控制字段(1 位)。

0:W-B=0;   1:W-B=1。

(4) S_{RSEL}:R 地址来源选择控制字段(2 位)。

00:无操作;   10:reg-R 地址;
01:RBI-R 地址;   11:r/m-R 地址。

(5) S_{RBI}:形成寄存器间接寻址[R]、变址寻址 D[R]及基址变址寻址 D[Rb][Ri]等寻址方式中的寄存器地址的控制字段(3 位)。

000:-;   100:-;
001:-;   101:BP;
010:-;   110:SI;
011:BX;   111:DI。

(6) S_{IBTOR}：接收 CPU 内总线 IBUS 上的数据的控制字段(3 位)。

000：无操作；   100：IBUS-RBL；
001：IBUS-RA；   101：IBUS-PC；
010：IBUS-RB；   110：IBUS-IR；
011：IBUS-SR；   111：IBUS-MAR。

(7) S_{TOMDR}：MDR 接收数据控制字段(2 位)。

00：无操作；
01：-；
10：BUS-MDR，I-DBUS＝0；MDR 接收来自数据总线 DBUS 的数据；
11：BUS-MDR，I-DBUS＝1；MDR 接收来自 CPU 内总线 IBUS 的数据。

(8) S_{MDRDB}：MDR 内容输出到数据总线 DBUS 的控制字段(1 位)。

0：无操作；   1：MDR-DBUS。

(9) S_{MARAB}：MAR 内容输出到地址总线 ABUS 的控制字段(1 位)。

0：无操作；   1：MAR-ABUS。

(10) S_{ALU}：ALU 算术逻辑运算控制字段(3 位)。

000：ADDC(加法运算)；   100：XORC(逻辑异或运算)；
001：SUBC(减法运算)；   101：NOTC(逻辑非运算)；
010：ANDC(逻辑与运算)；   110：INCC(A 端加 1)；
011：ORC(逻辑或运算)；   111：DECC(A 端减 1)。

(11) S_{SHIFT}：移位控制字段(3 位)。

000：无操作；   100：SARC(算术右移)；
001：SHLC(逻辑左移)；   101：ROLC(循环左移)；
010：SHRC(逻辑右移)；   110：RORC(循环右移)；
011：SALC(算术左移)；   111：-。

(12) S_{PC}：PC 加 1、清零控制字段(2 位)。

00：无操作；
01：IBUS-PC，PC＋1；   PC 计数加 1；
10：0-PC；   PC 清零；
11：-。

(13) S_M：存储器读/写控制字段(2 位)。

00：无操作；   10：MWR；写主存；
01：MRD；读主存；   11：-。

(14) S_{HALT}：停机控制字段(1 位)。

0：停机；   1：机器运行。

(15) $S_{\mu PC}$：后继微地址(μPC 内容)形成控制字段(4 位)。

0000：$\mu PC+1$；顺序控制。

0001：无条件转移；由微指令的高 12 位(第 32～21 位)给出在整个控存中微程序转移的微地址。例如，微指令的高 12 位设计为全 0，则可以使微程序的执行转移到控存的 0 号单元，即(μPC)＝0，执行 0 号单元的微指令。

0010：多路转移；微地址(μPC)的低6位由机器指令的操作码高6位部分决定，微地址的高6位由设计者指定。模型机中由本条微指令的高6位（第32~27位）给定微地址的高6位。例如，设计者指定微地址的高6位为000000（即本条微指令的高6位，第32~27位给定为000000）时，若指令寄存器IR中的高6位操作码为001001，则指定下条微指令地址（μPC内容）为000000001001（即009H）；如果指令寄存器IR中的高6位操作码为100001，则指定下条微指令地址（μPC内容）为000000100001（即021H）；由此方式实现微程序的多路转移。

0011：条件转移；CF=1，按本条微指令的高12位（第32~21位）给定的微地址转移（即将本条微指令的高12位作为μPC的内容）；CF=0，顺序执行（即μPC内容加1）。

0100：条件转移；PF=1，按本条微指令的高12位（第32~21位）给定的微地址转移（即将本条微指令的高12位作为μPC的内容）；PF=0，顺序执行（即μPC内容加1）。

0101：条件转移；ZF=1，按本条微指令的高12位（第32~21位）给定的微地址转移（即将本条微指令的高12位作为μPC的内容）；ZF=0，顺序执行（即μPC内容加1）。

0110：条件转移；SF=1，按本条微指令的高12位（第32~21位）给定的微地址转移（即将本条微指令的高12位作为μPC的内容）；SF=0，顺序执行（即μPC内容加1）。

0111：条件转移；OF=1，按本条微指令的高12位（第32~21位）给定的微地址转移（即将本条微指令的高12位作为μPC的内容）；OF=0，顺序执行（即μPC内容加1）。

1000：转微子程序；微指令的第32~21位给出微子程序的入口地址；微子程序的返回地址（当前μPC内容加1后的微地址）保存到微地址暂存器中。模型机中只允许单级微子程序调用。

1001：微主程序返回；微地址暂存器中的微子程序返回地址送μPC。

1010：条件转移；当机器指令操作码字段的第1位：d=1时，转到由微指令的第32~21位给出的微地址执行；d=0时，顺序执行微指令。

1011：条件转移；当机器指令操作码字段的第0位：w=1时，转到由微指令的第32~21位给出的微地址执行；w=0时，顺序执行微指令。

1100：多路转移；微地址（μPC）的低3位由机器指令第2字节的reg字段决定，微地址的高9位由设计者指定。模型机中由本条微指令的高9位（第32~24位）给定微地址的高9位。

1101：多路转移；微地址（μPC）的低2位由机器指令第2字节的mod字段决定，微地址的高10位由设计者指定。模型机中由本条微指令的高10位（第32~23位）给定微地址的高10位。

1110：条件转移；如果mod字段不为11，则转到由微指令的第32~21位给出的微地址执行；否则，顺序执行。

1111：多路转移；微地址（μPC）的低3位由机器指令第2字节的r/m字段决定，微地址的高9位由设计者指定。模型机中由本条微指令的高9位（第32~24位）给定微地址的高9位。

模型机微指令中有些字段采用了直接控制编码法（不译码法），这些字段的各位可以直接输出作为相应的微命令；有些字段采用了分段编译法（直接或间接分段编译法），对于这些字段，需要经过译码，才可产生相应的微命令。例如，S_{MDRDB}字段采用了直接控制编码法（不译码法），S_M字段则采用了分段直接编译法。微指令的高12位字段则采用了分段间接编译法，该字段在$S_{\mu PC}$字段的组合下，形成具有不同含义的字段。当$S_{\mu PC}$字段为0001（或为0100、0101、0110、0111、1000及1001）时，该字段表示12位转移微地址；否则，该字段的含义则为模型机微指令结构中定义的相应字段的内容。

模型机微操作控制信号的产生方式有两种。对于微指令中不需要和时序系统产生的节拍、工作脉冲时序信号相配合的微命令,则采用把微指令寄存器(μIR)中的微命令字段直接或经译码后输出,作为微操作控制信号。按照这种形式产生的控制信号,在整个微周期中均有效。例如,MAR-ABUS、HALT 等。对于需要和时序信号相配合的微命令,则根据机器设计的需要,把各微命令和相应的时序信号(节拍、工作脉冲)相配合,由微操作控制信号产生电路加以输出。例如,在一条微指令中,需要完成暂存器 RA 接收总线暂存器 RBL 的数据,则需要把 RBL-IBUS 与某节拍(假设为节拍 T1)相"与",把 IBUS-RA 与工作脉冲 CLK 相"与",形成相应的微操作控制信号(见图 5-23)。机器执行此条微指令,则可以完成上述功能。

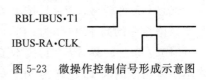

图 5-23 微操作控制信号形成示意图

2. 取指令微程序设计

微程序的设计,可以根据指令流程、微命令及微指令结构设计出一条条相应微指令,由此构成相应的微程序。

取指令微程序是机器在运行每条机器指令时都需要执行的微程序,可以称作公共微程序。取指令微程序的功能是按照指令计数器 PC 中的主存地址,到主存中把一条机器指令的前 2 个字节读出,传送到指令寄存器 IR 中暂存,为对指令进行译码及执行做好准备。

在进行取指令微程序设计过程中,首先应该根据微程序需要完成的功能,设计出相应的指令流程。在此基础上,参照数据通路中微操作控制信号,设计出指令流程中各步骤(一个步骤对应一条微指令)所应发出的微命令(即设计出相应的微程序)。最后根据微指令结构,把各微命令转化为相应的二进制代码,写入控制存储器 CM 中。假设模型机的取指令微程序段从控存 CM 的 FFDH 号单元开始存放。

取指令阶段的指令流程需要 2 个步骤(即 2 条微指令),在此还需在最后增加 1 个步骤(即 1 条微指令),以实现微程序根据取出的机器指令操作码进行多路转移,即转移到该条机器指令所对应的微程序入口。例如,取出的机器指令是 MOV 指令,则取指令微程序的最后一条微指令完成根据 MOV 操作码转移到 MOV 指令的微程序入口处。假定在模型机中,取指令微程序存储在控存 CM 的 FFDH、FFEH 及 FFFH 号单元中,则在 FFFH 号控存单元中的微指令完成根据操作码实现多路转移的功能。此时,μPC 的高 6 位指定为 000000,低 6 位设定为操作码的高 6 位。取指令阶段的指令流程与微命令(相应的微程序)如表 5-3 所示(采用微命令助记符方式表示微程序中的各条微指令)。

表 5-3 取指令微程序

微地址	指令流程	微命令
FFDH(FI0)	PC→MAR	PC-IBUS、IBUS-MAR; 后继微地址(即 μPC 内容)形成控制字段:$S_{\mu PC}=0000$
FFEH(FI1)	M→MDR→IR, PC+1→PC	MAR-ABUS、MRD、W-B=1、BUS-MDR、I-DBUS=0、MDR-IBUS、IBUS-IR、IBUS-PC、PC+1;$S_{\mu PC}=0000$
FFFH(FI2)	根据操作码转移	μPC 的高 6 位:000000;μPC 的低 6 位为机器指令操作码的高 6 位。 $S_{\mu PC}=0010$

根据微指令中相应微命令的设置,编制的取指令公共微程序如下(采用二进制代码表示微程序中的各条微指令):

微地址	S_{TOIB}	S_{RSRW}	S_{W-B}	S_{RSEL}	S_{RBI}	S_{IBTOR}	S_{TOMDR}	S_{MDRDB}	S_{MARAB}	S_{ALU}	S_{SHIFT}	S_{PC}	S_M	S_{HALT}	$S_{\mu PC}$
FFDH	101	00	0	00	000	111	00	0	0	000	000	00	00	1	0000
FFEH	110	00	1	00	000	110	10	0	1	000	000	01	01	1	0000
FFFH	000	00	0	00	000	000	00	0	0	000	000	00	00	1	0010

对于上述的取指令微程序段,采用十六进制代码表示如下:

微地址	微指令
FFDH	140380010H
FFEH	1883480B0H
FFFH	000000012H

3. 模型机指令系统的微程序设计

模型机指令系统的微程序设计,可以参照本章 2.2 节中给出的各种指令的指令流程,逐条指令进行相应的微程序设计。在模型机指令系统微程序设计中,为了简化设计,在实现每条机器指令的微程序段结束后,直接进入到取指令微程序(未考虑中断的处理)。在进行微程序设计时,需要考虑的重点及难点是怎样根据指令操作码及寻址方式等字段的不同,设计好相应的多路转移及多路汇合。

例如,在设计 MOV 指令目的周期(DST 阶段)的微程序时,需要根据指令操作码字段的高 6 位内容进行分支,转移到相应的 MOV 指令微程序的入口地址。由于模型机指令系统与 8086 指令系统中的相应指令采用了相同的设计方案,对于不同类型的操作数寻址方式,有多种不同的操作码(可参见附录中相应指令的操作码)。因此,微程序在根据 MOV 指令操作码字段的高 6 位进行转移后,还需要根据指令第 1 字节的第 1 位(方向位 d)、第 0 位(w 位)、寻址方式字段的 reg、mod 及 r/m 字段等内容进行进一步的分支,最终进入目的周期 DST 的相应寻址方式的微程序段执行(可参见图 5-7 中 MOV 指令的流程图)。在处理目的周期的各种寻址方式的各段微程序结束时,应进行多路微程序的汇合,即无条件转到处理 MOV 指令的源周期 SRC 微程序段的入口,再按照源操作数寻址方式进行分支,转向相应的取源操作数微程序段进行处理。在源周期结束时,源周期中各路分支微程序段均应汇合、转向 MOV 指令的执行周期 EXC 进行数据传送的处理。由于模型机的取指令微程序是从控存 CM 的 FFDH 号微地址单元开始存放,因此,在 MOV 指令执行周期 EXC 的各微程序段中,最后一条微指令应该为无条件转移微指令。该条微指令使微程序的执行转向控存 CM 的 FFDH 号微地址,即把 μPC 设置为 FFDH,使机器又重新运行到取机器指令的微程序段进行取下一条机器指令等工作。

在进行指令系统的微程序设计时,由于实现各种功能的微程序是由一个个微程序小段构成,因此,需要统筹分配好各小段微程序在控存中的位置,以使控存中各段微程序尽可能安排紧凑,减少控存中的"碎片",以减少整个微程序对控存的占用空间。

模型机指令系统微程序的设计方法,可采用按照上述指令流程进行设计,还可以根据需要,重新设计指令流程。例如,把具有相同处理功能的操作设计成微子程序。在需要进行同样功能的操作时,调用微子程序实现所需要的功能。采用微子程序设计方法,可以节省控存的存储容量。在调用微子程序过程中,采用把微子程序的返回地址先保存到微地址暂存器中,再把微子程序的入口地址设置到 μPC 中,则可以实现微子程序的调用。

表 5-4 以 MOV 指令的部分微程序为例,重点介绍微程序的分支及汇合的设计。

表 5-4 模型机部分微程序

	微地址	指令流程操作步骤	微 命 令
ADD 入口	000H	…	
	001H	…	
	…		
SUB 入口	00AH	…	
	…		
MOV 入口 1	022H	无条件转到 MOV 指令微程序段(040H 开始进入 MOV 指令的目的周期)	微指令高 12 位为 040H(即 000001000000),$S\mu PC=0001$
MOV 入口 2	023H		
	028H	…	
	…		
	031H		
	…		
MOV 指令目的周期 DST 入口	040H	按"d"分支转移	d=1:Rd 寄存器寻址方式,转到 08EH 处;(μPC)=08EH;d=0:4 种存储器寻址方式,顺序执行;$S\mu PC=1010$
	041H	多路转移	按 r/m 字段转移;高 9 位为 000001010;$S\mu PC=1111$
	…		
基址变址入口	050H	无条件转到基址变址寻址微程序段	微指令高 12 位为 080H,$S\mu PC=0001$
	…		
变址寻址入口	…	无条件转到变址寻址微程序段	微指令高 12 位为 070H,$S\mu PC=0001$
	…		
寄存器间接寻址入口	…	无条件转到寄存器间接寻址微程序段	微指令高 12 位为 060H,$S\mu PC=0001$
	…		
存储器直接寻址入口	…	无条件转到直接寻址微程序段	微指令高 12 位为 06AH,$S\mu PC=0001$
	…		
寄存器间接寻址微程序段	060H	PC+1→PC	IBUS-PC、PC+1;$S\mu PC=0000$
	…		
该微程序段最后一条微指令	…	微程序汇合到 090H 源周期 SRC 入口,无条件转移	微指令高 12 位为 090H,$S\mu PC=0001$

续表

	微地址	指令流程操作步骤	微命令
	...		
存储器直接寻址微程序段	06AH		
	...		
该微程序段最后一条微指令		微程序汇合到090H源周期SRC入口,无条件转移	微指令高12位为090H,$S_\mu PC=0001$
	...		
变址寻址微程序段	070H		
	...		
该微程序段最后一条微指令		微程序汇合到090H源周期SRC入口,无条件转移	微指令高12位为090H,$S_\mu PC=0001$
	...		
基址变址寻址微程序段	080H		
	...		
该微程序段最后一条微指令		微程序汇合到090H源周期SRC入口,无条件转移	微指令高12位为090H,$S_\mu PC=0001$
	...		
Rd寄存器寻址微程序段	08EH	PC+1→PC	IBUS-PC,PC+1;$S_\mu PC=0000$
	08FH	微程序汇合到090H源周期SRC入口,无条件转移	微指令高12位为090H,$S_\mu PC=0001$
MOV指令源周期SRC入口	090H	...	
	...		
MOV指令执行周期EXC入口	0C0H		
	...		
MOV指令微程序结束		转取指令微程序	微指令高12位为FFDH,$S_\mu PC=0001$,即$(\mu PC)=$ FFDH
	...		
取指令微程序入口	FFDH	PC→MAR	PC-IBUS、IBUS-MAR;后继微地址(μPC内容)形成控制字段;$S_\mu PC=0000$
	FFEH	M→MDR→IR,PC+1→PC	MAR-ABUS、MRD、W-B=1、BUS-MDR、I-DBUS=0、MDR-IBUS、IBUS-IR、IBUS-PC、PC+1;$S_\mu PC=0000$
	FFFH	根据操作码高6位,实现多路转移	μPC的高6位:000000;μPC的低6位为机器指令操作码的高6位;$S_\mu PC=0010$

机器指令系统微程序的设计,读者可以参考上述设计方案,自行进行设计。

5.4 组合逻辑控制部件的组成与设计

由组合逻辑控制部件构成 CPU 控制部件的方式是早期机器设计的一种方式。这种设计方式采用硬布线逻辑电路作为微操作控制信号发生器,以此产生控制机器运行的微操作控制信号,控制着机器的不断运行。这种控制方式与微程序控制方式相比较速度较快。近期在一些高速新型的计算机组成结构中又采用了组合逻辑控制部件。有些机器还采用组合逻辑控制与微程序控制相结合的控制部件。

5.4.1 组合逻辑控制部件的组成

组合逻辑控制部件主要由多级时序电路以及微操作信号发生器等逻辑电路组成。模型机组合逻辑控制部件的组成框图可参见图 5-24。

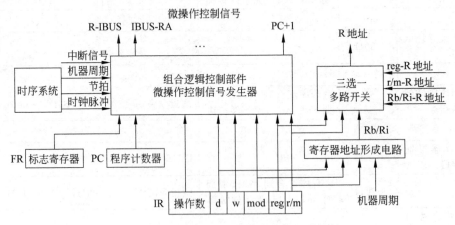

图 5-24 模型机组合逻辑控制部件组成框图

模型机组合逻辑控制部件中的时序系统采用三级时序构成,即时序系统产生机器工作周期、时钟周期(节拍)及时钟脉冲(也称做工作脉冲)。详细内容可参见本章 2.2 节中的时序系统内容。组合逻辑控制部件的核心部件是微操作信号发生器。机器在微操作控制信号发生器所发出的微操作控制信号的控制下,循环往复地执行一条条机器指令,直至遇到停机指令而停止机器的运行。模型机组合逻辑控制部件中的寄存器地址形成电路,主要为选择寄存器组(Registers)中的寄存器产生相应的寄存器地址。

5.4.2 微操作控制信号发生器的设计

在设计组合逻辑控制部件中的微操作控制信号发生器的过程中,首先应根据机器的数据通路结构及指令系统,设计出相应的时序系统及指令流程。为了使数据在数据通路中按照要求正确地流动,根据指令流程中每个节拍(指令流程中的一个步骤,在组合逻辑控制部件的设计中称为节拍或时钟周期)所需要发出的微操作控制信号,把相应的微命令分配到相应的周期和节拍中,并根据需要为每个微命令确定相应的节拍或工作脉冲信号,即设计微操作时间表。在此基础上,对全部微命令进行逻辑综合,并优化逻辑表达式,从而得到相应的微操作控制信号(在此,把微命令与时序信号相配合后所生成的信号称作微操作控制信号)。

最后,采用组合逻辑电路设计出微操作控制信号发生器。由此发出一个个微操作控制信号,控制着机器循环往复地完成对机器指令的执行。

1. 微操作时间表的设计

微操作时间表的设计是为每个微命令分配相应的机器周期、节拍及时钟脉冲,建立与微命令相对应的微操作的执行时间(即设计出相应微操作控制信号的产生时间)。

模型机组合逻辑控制部件的时序系统的结构可参考图 5-4。模型机时序系统可以根据需要,产生相应的机器周期(FI、DST、SRC、EXC、INT 等周期)和相应的节拍(T0、T1、T2、…)。周期及节拍的切换时刻为时钟脉冲 CLK 的下降沿(可参见图 5-2 中机器周期及脉冲的切换时刻)。机器周期的产生及切换方法是通过发出 1→FI 微命令,以及在时钟脉冲 CLK 的下降沿到来时,使机器状态转换到取指令周期。在此,采用 1→FI($\overline{CLK}$) 表示在时钟脉冲 CLK 的下降沿置 1 取指令周期(FI)标志。在下一个时钟脉冲 CLK 到来时,则机器进入取指令周期。同理,如果使机器进入目的周期,则需要发出 1→DST($\overline{CLK}$) 微命令。发出 1→SRC($\overline{CLK}$) 微命令,则使机器进入源周期;发出 1→EXC($\overline{CLK}$) 微命令,则使机器进入执行周期。对于节拍的产生及切换方法与机器周期的转换方法相似,也在时钟脉冲 CLK 的下降沿进行切换。如果需要进入 T0 节拍,此时应在 CLK 的下降沿发出 1→T0($\overline{CLK}$) 微命令,则机器进入 T0 节拍。如果需要节拍继续计数(例如,从 T1 节拍进入 T2 节拍),则需要发出 T+1($\overline{CLK}$) 微命令。对于打入寄存器等脉冲型微命令,在此设计为利用时钟脉冲信号 CLK 的上升沿打入。因此,应该把此微命令与时钟脉冲信号 CLK 相"与"。例如,IBUS-RA 是脉冲型微命令,其功能是完成把内总线 IBUS 上的内容在 CLK 的上升沿打入到暂存器 RA 中。为了表明该信号的发出,应该写为:IBUS-RA(CLK)。为了简化书写,在此,利用 CLK 上升沿工作的脉冲信号可以省略,简写为:IBUS-RA。在某节拍如果需要发出电位型微命令,则只需要把该微命令安排在相应的节拍即可。因此,在相应的节拍,只需写出应该发出的电位型微命令。例如,在 T2 节拍需要把总线暂存器 RBL 的内容送内总线 IBUS,则在 T2 节拍发出电位型微命令 RBL-IBUS;在此,在 T2 节拍只写出 RBL-IBUS 即可。1→FI、1→T0、T+1 等微命令为机器周期、节拍的电位型切换微命令,在 CLK 的下降沿起作用,在微操作时间表中表示为:1→FI($\overline{CLK}$)、1→T0($\overline{CLK}$)、T+1($\overline{CLK}$)。

下面以模型机取指令周期 FI 和 MOV 指令 DST 周期的前 2 步(DST0、DST1)为例,设计出相应的微操作时间表(见表 5-5)。

表 5-5　MOV 指令的取指令周期和部分目的周期微操作时间表

机器周期(CPU 周期)	节拍	微操作控制信号(电位型)	微操作控制信号(脉冲型)
FI(取指令周期)	T0	PC-IBUS、T+1($\overline{CLK}$)	IBUS-MAR
FI	T1	MAR-ABUS、MRD、W-B、$\overline{I\text{-}DBUS}$、MDR-IBUS、PC+1、1→DST($\overline{CLK}$)、1→T0($\overline{CLK}$)	BUS-MDR、IBUS-IR、IBUS-PC
DST(目的周期)	T0	PC+1、T+1(Rd)($\overline{CLK}$)、1→SRC(Rd)($\overline{CLK}$)、1→T0(Rd)($\overline{CLK}$)	IBUS-PC

续表

机器周期(CPU 周期)	节拍	微操作控制信号(电位型)	微操作控制信号(脉冲型)
DST	T1	RE([R])、W-B([R])、 R-IBUS([R])、PC-IBUS (D16+D[R]+D[Rb][Ri])、 T+1([R])($\overline{CLK}$)、 1→SRC([R])($\overline{CLK}$)、 1→T0([R])($\overline{CLK}$)	IBUS-MAR(D16+D[R]+D[Rb][Ri])

微操作时间表主要表示出各微命令所在的机器周期、节拍及是否是脉冲型信号,即表示出各机器周期、节拍所应发出的微操作控制信号。在此,微操作时间表可以采用在相应的机器周期、节拍及脉冲下写出应发的微操作控制信号,并进行简化表示。

下面以上述例 5-8 为例,给出与指令流程相对应的微操作控制信号。

例 5-9 写出指令"ADD AX,BX"的指令流程和微操作控制信号。

	指令流程	微操作控制信号
FI0：	PC→MAR	PC-IBUS、IBUS-MAR、T+1($\overline{CLK}$)
FI1：	M→MDR→IR, PC+1→PC	MAR-ABUS、MRD、W-B、BUS-MDR、I-DBUS、MDR-IBUS、 IBUS-IR、IBUS-PC、PC+1、1→T0($\overline{CLK}$)、1→DST($\overline{CLK}$)
DST0：	PC+1→PC	IBUS-PC、PC+1、T+1($\overline{CLK}$)
DST1：	AX→SR	(送 AX 地址)、RE、W-B、R-IBUS、IBUS-SR、1→T0($\overline{CLK}$)、 1→SRC($\overline{CLK}$)
SRC0：	BX→RB	(送 BX 地址)、RE、W-B、R-IBUS、IBUS-RB、1→T0($\overline{CLK}$)、 1→EXC($\overline{CLK}$)
EXC0：	SR→RA	SR-IBUS、IBUS-RA、T+1($\overline{CLK}$)
EXC1：	RA ADD RB→AX	ADDC、ALU-IBUS、(送 AX 地址)、WE、W-B、1→T0($\overline{CLK}$)、 1→FI($\overline{1→INT}$)($\overline{CLK}$)

在例 5-9 中的 EXC1 节拍,由于是本条指令的最后一步操作,在没有中断请求的情况下,指令则进入取指令周期。在此,采用 1→FI($\overline{1→INT}$)($\overline{CLK}$) 表示在 EXC 周期的 T1 节拍,若没有中断发生,则在时钟脉冲 CLK 的下降沿,置 1 取指令周期状态标志 FI,使机器在下一个时钟脉冲到来时,进入取指令周期。

在设计指令的微操作时间表或微操作控制信号时,应该设计出包括节拍转换和周期转换的所有微命令。并需要清楚了解各种微命令的类型,为微命令的逻辑综合做好准备。

2. 微操作控制信号的逻辑综合

在设计好指令系统中全部指令的微操作时间表后,对所有的微操作控制信号进行综合分析,列出每个微操作控制信号组成的逻辑表达式。在进一步对逻辑表达式进行化简的基础上,得到最优的微操作控制信号逻辑表达式。

微操作控制信号逻辑表达式的输入变量有:指令操作码、寻址方式、机器周期、节拍、时钟脉冲、标志位等内容。输出值则为微操作控制信号。下面给出部分微操作控制信号的部分逻辑表达式:

PC-IBUS=FI·T0+MOV·DST·T1(D16+D[R]+D[Rb][Ri])+…
PC+1=FI·T2+DST·T0+MOV·DST·T2(D16+D[R]+D[Rb][Ri])+…
IBUS-IR=FI·T1(CLK)
T+1=FI·T0+MOV·DST·T0($\overline{Rd}$)+MOV·DST·T1($\overline{[R]}$)+…
…

对于控制寄存器组的地址"R 地址"输入的微操作控制信号有：reg-R 地址、r/m-R 地址和 Rb/Ri-R 地址三个，主要完成控制选择送入寄存器组的寄存器地址。

当操作码字段的 $d=1$ 时，由寻址方式字段的 reg 字段在目的周期及执行周期提供寄存器型目的地址。其微操作控制信号的逻辑表达式为：

$$\text{reg-R 地址}=d(\text{DST}+\text{EXC})+\bar{d}·\text{SRC}$$

当 mod=11 时，如果 $d=1$，则由 r/m 字段在源周期 SRC 提供寄存器型源地址；如果 $d=0$ 时，则 r/m 字段在目的周期 DST 和执行周期 EXC 提供寄存器型目的地址。其微操作控制信号的逻辑表达式为：

$$\text{r/m-R 地址}=(\text{mod}=11)(d·\text{SRC}+\bar{d}(\text{DST}+\text{EXC}))$$

当 mod≠11 时，如果 $d=1$，则由寄存器地址形成电路在源周期 SRC 产生[R]、D[R]及 D[Rb][Ri]寻址方式中的相应寄存器地址(可参见表 5-2)；如果 $d=0$，由寄存器地址形成电路在目的周期 DST 产生[R]、D[R]及 D[Rb][Ri]寻址方式中的相应寄存器地址。其微操作控制信号的逻辑表达式为：

$$\text{Rb/Ri-R 地址}=(\text{mod}\neq 11)(d·\text{SRC}+\bar{d}·\text{DST})$$

3. 微操作控制信号发生器

在综合出实现机器指令系统的全部微操作控制信号的逻辑表达式后，即可以采用组合逻辑电路设计出微操作控制信号发生器。逻辑电路主要是由与、或、与非、与或非等一些逻辑单元组合而成，其中可以采用相应的芯片完成相关的设计。在进行逻辑电路设计时，应当考虑逻辑电路中的逻辑级数以及各级门的载荷。

微操作控制信号发生器的输出信号是控制着机器运行的控制信号。机器在这些微操作控制信号的控制下，循环往复地执行着一条条机器指令。

下面介绍由组合逻辑控制部件组成的模型机控制执行机器指令的过程。

(1) 在机器启动或按复位键后，时序系统开始工作，产生时钟脉冲(CLK)、节拍(T0、T1…)信号，并使机器周期状态发生器的 FI 输出端置 1，使机器进入取指令周期(FI)。

(2) 随着机器进入取指令周期的第 0 节拍(T0)、第 1 节拍(T1)，机器则根据程序计数器(PC)中的指令地址，完成从主存把一条机器指令的前 2 个字节读出，存放到 CPU 中的指令寄存器(IR)中(可参见图 5-7 中 MOV 指令的取指令周期的指令流程)。

(3) 微操作控制信号发生器根据取出并存放在指令寄存器(IR)中指令的操作码字段和寻址方式字段等内容，在时序信号的配合下，相继进入目的周期、源周期及执行周期；并发出一个个控制机器运行的微操作控制信号，完成对指令的执行。在指令执行过程中，PC 的值根据需要修改为下一条指令的地址。例如，当前取出的指令是 MOV 指令，则机器按照 MOV 指令的指令流程(参见图 5-7)进行相应的操作，直到本条指令执行结束。

(4) 在机器没有中断请求的情况下,则使机器周期状态发生器的 FI 输出端置为 1,机器则又进入取下一条机器指令的周期。机器由此不断循环执行着一条条机器指令,直至执行停机指令,则使机器停止工作。

组合逻辑控制部件由于其高速性,目前在 RISC 等高速 CPU 的设计中被采用。

在机器的控制部件(CU)设计完成之后,把由 CU 产生的各微操作控制信号与数据通路(见图 5-1)中的各控制信号相连接(对主存进行操作控制的微操作控制信号应通过控制总线发送)。在完成 CPU 设计后,通过对主存储器进行设计,把 CPU 和主存部件与系统总线相连接,则完成了模型机主机系统的设计。在测试主机系统工作时,可以预先把用模型机指令系统中的指令编写的程序写入主存储器中(假设存储到从 0 号主存单元开始的主存空间)。这样,在时序系统被启动后,整个机器则可以根据程序计数器(PC)中的指令地址(在机器启动时,PC 设置为 0),有条不紊、连续不断地把指令从主存取到 CPU 加以执行,直至停机。根据程序的运行状况,设计者通过对 CPU 性能的评价,可以修改设计中的不足,使机器的设计满足性能要求。

5.5 CPU 的发展简介

在 CPU 的发展进程中,早期传统的 CPU 是由运算器和控制器两大部件组成。随着大规模、高密度集成电路技术的发展,以及用户对机器处理程序速度要求的不断提高,使 CPU 的设计技术有了很大的提高。在 CPU 执行指令的过程中,需要到主存储器把指令取到 CPU 中。由于主存的访问速度较 CPU 的运行速度慢得多,因此极大地影响 CPU 对整体程序的执行速度。为解决 CPU 与主存速度的差距、弥补主存速度的不足,目前的机器都采取了在 CPU 和主存之间设置高速缓冲存储器(Cache)来解决两者速度的不匹配问题。为了加快 CPU 对程序的执行速度,在当今的 CPU 中,都采用了流水线技术,以加快程序整体的执行。为了提高 CPU 对指令的执行速度,在流水线技术的基础上,进一步设计出了 RISC 机器,使得机器结构简洁,加快了机器的运行速度。近期,在 CPU 设计技术上采用了多核处理技术,随着多核技术的不断成熟,可以使机器的速度性能达到更高的标准。

1. 高速缓冲存储器(Cache)

高速缓冲存储器(Cache)是在 CPU 和主存储器之间设置的一个高速、小容量的存储器,由此构成 Cache-主存存储层次(或称作 Cache 存储系统)。通常,Cache 采用高速的静态随机访问存储器(SRAM)组成,其访问速度接近于 CPU 的速度。Cache 与主存储器之间以块为单位进行数据交换。CPU 在访问主存的同时访问 Cache,如果需要访问的信息在 Cache 中,则 CPU 可以快速地取出并加以处理。这样,从 CPU 的角度来看,访存的速度则为访问 Cache 的速度,但容量是主存的容量。

通常在 CPU 中设计有 1 级 Cache,容量较小,速度很快;在主板上设计有 2 级 Cache,容量较大,速度较 1 级 Cache 慢。目前,在高性能处理机中,采用 3 级 Cache 结构,1 级 Cache 和 2 级 Cache 都设计在 CPU 中,进一步提高了 CPU 的访存速度。在一般情况下,Cache 对应用程序员和系统程序员都是透明的。

高速缓冲存储器技术在提高 CPU 处理程序的速度性能上起着很大的作用。

2. 流水线技术

传统机器的 CPU 设计,是按照串行执行指令的方式进行设计的,即一条指令执行结束后,再开始取下一条指令,并加以执行。为了加快 CPU 对整个程序的执行速度,机器设计者提出了采用流水线方式进行 CPU 设计的方案,即在一条指令送入流水线后,还未全部执行完,则可以向流水线送入下一条指令去执行。如果每个时钟周期都可以向流水线中送入一条指令,则在第 1 条指令运行结束、从流水线流出开始,使机器可以每个时钟周期都输出一条处理完的指令。这样,可以极大地提高机器的吞吐率。

流水线(Pipelining)是一种能够实现多条指令在 CPU 中重叠执行的技术。流水线技术在提高 CPU 对程序的处理速度上起着很关键的作用。目前的 CPU 都采用了流水线设计技术。例如,8086 CPU 结构设计中采用了总线接口部件(BIU)和执行部件(EU)的 2 级流水设计。在同一时刻,总线接口部件和执行部件同时重叠地在工作。例如,总线接口部件完成从主存预取指令的操作,而执行部件则对处于运算阶段的指令进行相应的运算操作。由此构成了指令的重叠执行。在 Pentium CPU 结构中,设置了具有 8 级流水的浮点运算部件。在 IBM360/91 处理机的浮点运算部件中,浮点加法器采用了 2 级流水结构,浮点乘、除法器则采用了 6 级流水结构。

通过多级流水线的设计,可以使机器同时处理多条指令。流水线技术在加快程序总体执行速度、提高指令级并行处理的技术中起着重要的作用。

3. RISC 技术

在 20 世纪 70 年代末期,随着 VLSI 技术的迅速发展,为提高机器的运行速度及效率,减少系统的额外开销,D. Patterson 等人提出了精简指令系统计算机(RISC)的概念。RISC 的 CPU 设计技术是在流水线技术之上进一步采用了加快机器运行的技术。RISC 机器的设计中采用的主要技术有:

(1) 采用优化的流水线结构,并采用延迟转移及指令取消技术实现指令的调度,达到高的流水效率。

(2) 在 CPU 中设置大量寄存器,并采用重叠寄存器窗口技术,以获得更高的机器运行速度。

(3) 在采用有限的简单指令集作为指令系统的基础上,实现优化编译技术,减少访存,调整指令流,从而提高流水线执行效率,缩短程序整体的执行时间。

4. 多核技术

随着 CPU 设计技术的不断发展,目前,多核时代已经到来。早期的 CPU 是单核的 CPU 芯片。为了提高 CPU 的运行速度,针对在 CPU 内部的时钟周期难于再提高、流水线的功能部件难于再细分(流水线的流水级难于再增加)以及大量的多线程应用等需求,提出了多核处理器(即在一块芯片上集成多个运算内核)的设计思想,从而提高 CPU 的计算能力。

IBM、HP、SUN 等厂商最早提出了双核处理器的设计方案,并把此方案运用于服务器的设计中。在台式机上的应用是由 Intel 和 AMD 推广普及的。多核技术主要应用于数据库服务器、Web 服务器、编译器、多媒体应用、科学计算、CAD、CAM 等应用中。

下面简要介绍多核技术相关的几个概念：

(1) 片上多处理器(也称做多核处理器或多核 CPU)(CMP：Chip Multi-Processor)技术：是在一块芯片上集成多个内核(或称做多核)，在每个核中是单线程运行。多核技术一般指 CPU 的集成度。片上多处理器(CMP)是一种特殊的多处理器，属于 MIMD(多指令流多数据流)结构的处理器。其特点是在不同的核上执行不同的线程。

(2) 片上多线程(CMT：Chip Multi-Threading)技术：在一个核上可以执行多个线程。但执行的多个线程并非在同一时刻执行。

(3) 并发多线程(或称作同时多线程)(SMT：Simultaneous Multi-Threading)技术：在同一个核上可以同时执行多个独立的线程。SMT 技术又称作多线程技术。该技术使一个内核同时执行多个独立的线程，可以把一个处理器虚拟为多个逻辑 CPU。例如，一个线程在浮点运算部件中执行的同时，另一个线程可以使用整数运算部件进行处理。对于不具备并发多线程的机器，则在任一时刻只能使用浮点运算部件或整数运算部件执行单一的线程。

(4) 硬件多线程(HMT：Hardware Multi-Threading，或 MCMT：Multi-Core Multi-Threading)技术：通常指多核多线程技术，即在一块芯片上集成多个核，在每个核中可以运行多个线程的技术。

综上所述，把多核技术与多线程技术相结合，可以构成不同形式的处理器结构：

(1) 单核结构(标准的单处理器结构)

(2) 单核多线程结构(单核并发多线程结构)

(3) 多核单线程结构

(4) 多核多线程结构(多核并发多线程结构)

对于 SMT 结构，有些设计者把超过 8 个并发线程的结构称为超线程结构。

在多核 CPU 结构的设计中，不同厂家采用了不相同的设计技术。例如，IBM 生产的 POWER4 芯片，采用了双内核设计，同时采用了片上分布式高速开关以及均衡的高带宽设计，使采用该处理器芯片组成相应的服务器系统能够具有简洁的结构及高速的系统性能。Intel 的双核处理器是用电路把两个独立的内核结合在一起，通过处理器外部的仲裁器负责两个内核之间的任务分配及缓存数据的同步等协调工作。两个内核共享前端总线，并且依靠前端总线在两个内核之间传输缓存的同步数据。从结构设计来看，其实现技术简单，只需要把两个相同的处理器内核封装在同一块基板上即可；但需要解决好多个内核之间产生的前端总线资源的竞争以及降低功耗等问题。AMD 的双核结构是把两个内核集成在一块晶片硅上，在双核处理器内部设置了一个系统请求队列(SQR：System Request Queue)仲裁设备。每个核将其请求放入 SQR 中，当获得资源后，将把请求送往相应的执行内核处理。所有处理过程都在 CPU 核心范围之中进行。因此，不仅使功耗相对较低，还可以较好地发挥双核的效率。

随着多核技术的不断发展，将会促进 CPU 设计技术及计算机系统结构的进一步发展，提高计算机的计算性能，使计算机以更快的速度为人类服务。

习题

5.1 简述 CPU 的功能。

5.2 简述微程序控制部件的基本组成及其工作原理。

5.3 简述组合逻辑控制部件的基本组成及其工作原理。

5.4 简述微指令、微命令、微操作控制信号、微周期及微程序的概念。

5.5 简述一条机器指令的执行过程。

5.6 简述时序系统中三级时序的概念。

5.7 简述指令周期的概念。

5.8 给出模型机中下列机器指令的目标代码：

(1) MOV AX,1234H

(2) MOV AL,20H[SI]

(3) MOV 16H[DI],CX

(4) ADD AX,BX

(5) SUB CX,[BX]

(6) AND AL,BL

(7) OR AH,BH

(8) XOR AX,5678H

5.9 根据模型机数据通路结构，给出控制执行下述 MOV 指令的指令流程及微操作控制信号：

(1) MOV AX,BX

(2) MOV AL,BL

(3) MOV AX,15A8H[SI]

(4) MOV 1C26H[BX][DI],0F28H

5.10 根据模型机数据通路结构，给出控制执行下述双操作数算术逻辑运算指令的指令流程及微操作控制信号：

(1) ADD BX,AX

(2) SUB CX,1234H[SI]

(3) AND AL,1AH[BX][SI]

(4) OR [DI],1A2BH

(5) XOR 83A0H[BX],5678H

5.11 根据模型机数据通路结构，给出控制执行下述移位指令的指令流程及微操作控制信号：

(1) SHL AX,1

(2) SAR BX,1

(3) ROL CX,1

5.12　根据模型机数据通路结构，给出控制执行下述单操作数算术逻辑运算指令的指令流程及微操作控制信号：

(1) INC AX

(2) DEC BL

5.13　根据模型机数据通路结构，给出控制执行下述转移指令的指令流程及微操作控制信号：

(1) JMP SUB1（相对位移量为16位）

(2) JC LAB1（相对位移量为8位）

5.14　参照模型机微指令结构，给出控制执行下列指令的微程序段（微地址根据需要可自行设置，写出各条微指令中相应的微命令即可）：

(1) MOV [BX], AX

(2) ADD AX, BX

(3) SUB BL, AL

(4) MOV CX, 1234H[BX]

5.15　参照模型机微指令结构，给出上题微程序段各条微指令的二进制代码。

第6章 存储系统

现代计算机系统都以存储器为中心,从程序员角度看,机器如果要开始工作,必须把有关程序和数据装载到存储器中之后,程序才能开始运行。在程序执行过程中,中央控制器所需要的指令从存储器中提取,运算器所需要的原始数据要通过程序中的访问存储器指令从存储器中提取,各种输入/输出设备也直接与存储器交换数据。因此,在计算机运行过程中,存储器是各种信息存储和交换的中心。由于超大规模集成电路(VLSI)的制作技术,极大提升了CPU的处理速度,而存储器的存取速度与之很难适配,这使计算机系统的运行速度在很大程度上受存储器速度的制约。通常,对于存储器的性能要求不仅仅体现在高速度,同时还要求其容量足够大,能放下所有系统软件及多个用户软件,而且价格又只能占整个计算机系统硬件价格中一个较小并合理的比例。然而,存储器价格、速度和容量的要求是互相冲突的。在存储器件一定的条件下,容量越大,因其延迟增大会使速度越低,存储器总价格会越大。

为满足系统对存储器性能的要求,人们一直在研究如何改进工艺、提高技术、降低成本,生产出价格低廉而速度更快的存储器件。但即使如此也无法做到仅靠采用单一工艺的存储器能同时满足容量、速度和价格的要求。因此,系统中必须使用由多种不同工艺存储器组成的存储系统(Memory System),使所有信息以各种方式分布于不同的存储器上。

本章重点介绍存储器的分类、主要技术指标、工作原理、构成方式以及与其他部件的联系。同时面向存储系统的层次结构,阐述了高速缓冲存储器(Cache)及虚拟存储器的基本组成和工作原理,并详细描述了辅助存储器及一些高速存储器的基本工作机理,最后针对冗余磁盘阵列(RAID)的组成原理做出简要介绍。

6.1 存储器概述

概括地讲,计算机中的存储系统包括两大部分,即主存储器和辅助存储器。主存储器也称为主存,用来存放计算机在运行过程中所使用的程序和数据,一般置于系统中靠近CPU的位置,以便方便地与CPU通信;辅助存储器又称为外部存储器,主要由磁带、磁盘和光盘等存储器构成,逻辑上离CPU较远,用来存放暂时不用,在需要时成批调入主存中的程序和数据。

6.1.1 存储器分类

随着计算机系统结构和存储技术的发展,存储器的种类日益繁多,从不同的角度出发,存储器可以分为不同的种类。

1. 按存储介质分类

所谓存储介质是指记忆二进制代码所采用的物质。根据存储器所采用的存储介质的不同,存储器可分为半导体存储器、磁介质存储器和光介质存储器等。

半导体存储器的存储介质为 TTL 或 MOS 半导体器件,如 SRAM、DRAM、SDRAM、MROM、PROM、EPROM、EEPROM 等。磁介质存储器的存储介质为磁性材料,如磁盘、磁带等。激光介质存储器的存储介质为金属或磁性材料,但它们都是通过激光束来读/写信息,如光盘。由于在存储容量、存取速度、价格等方面各有其长处,因此它们的功能和使用的场合也各不相同。

2. 按信息的可保存性分类

根据断电后存储信息是否丢失,可分为易失性和非易失性存储器。目前计算机的主存主要使用随机存取存储器 RAM(Random Access Memory),它是易失性的,如半导体存储器中的 SRAM、DRAM、SDRAM 等。另外也使用少量的只读存储器 ROM(Read Only Memory),断电后存储的数据不丢失,即非易失性的,如 PROM、EPROM、EEPROM 等。ROM 的写入通常要在非正常写入环境下进行。作为辅存的磁介质、光介质存储器都是非易失性的存储器。

3. 按存取方式分类

(1) 随机存取存储器(Random Access Memory,RAM)

所谓随机存取是指 CPU 可以对存储器中的内容随机地存取,CPU 对任何一个存储单元的写入和读出时间是一样的,即存取时间相同,与其所处的物理位置无关。RAM 读/写方便,使用灵活,主要用作主存储器,也可用作高速缓冲存储器。

(2) 只读存储器(Read Only Memory,ROM)

ROM 可以看作 RAM 的一种特殊形式,其特点是:存储器的内容只能随机读出而不能写入。这类存储器常用来存放那些不需要改变的信息。由于信息一旦写入存储器就固定不变了,即使断电,写入的内容也不会丢失,所以又称为固定存储器。ROM 除了存放某些系统程序(如 BIOS 程序)外,还用来存放专用的子程序,或用作函数发生器、字符发生器及微程序控制器中的控制存储器。

(3) 顺序存取存储器(Sequential Access Memory,SAM)

SAM 的存取方式与前两种完全不同。SAM 的内容只能按某种顺序存取,存取时间的长短与信息在存储体上的物理位置有关,所以 SAM 只能用平均存取时间作为衡量存取速度的指标。磁带就是这样一类存储器。

(4) 直接存取存储器(Direct Access Memory,DAM)

DAM 既不像 RAM 那样能随机地访问任一个存储单元,也不像 SAM 那样完全按顺序存取,而是介于两者之间。当要存取所需的信息时,第一步直接指向整个存储器中的某个小区域(如磁盘上的磁道);第二步在小区域内顺序检索或等待,直到找到目的地后再进行读/写操作。这种存储器的存取时间也是与信息所在的物理位置有关的,但比 SAM 的存取时间要短。磁盘就属于这类存储器。

由于 SAM 和 DAM 的存取时间都与存储体的物理位置有关,所以又可以把它们统称为串行访问存储器。

4. 按在计算机系统中的功能分类

按在计算机系统中存储器完成功能的不同,存储器可分为主存储器、辅助存储器、缓冲存储器、控制存储器。

主存储器主要用来存放 CPU 正在执行的程序和数据,即任何程序只有调入主存储器才能被执行。辅助存储器用来存放暂时不用的程序和数据,而它是非易失性的存储器,并且存储容量很大。缓冲存储器用来实现 CPU 与主存储器、CPU 与 I/O 设备、I/O 设备与主存储器、I/O 设备与 I/O 设备之间的速度匹配,如高速缓冲存储器、显示缓冲存储器、打印机缓冲存储器等。控制存储器只在采用微程序控制器的计算机中使用,它是 CPU 中控制器的一部分,存放的是微程序。

6.1.2 存储器的主要技术指标

存储器的主要技术指标有三个:容量、速度和位价格。

1. 存储容量

存储容量是指存储器能存放二进制信息的总数,即

$$存储容量 = 存储单元个数 \times 存储字长$$

目前的计算机存储容量基本单位是字节(Byte),1 个 Byte 是 8 位二进制位(bit),因而存储容量也可用字节总数来表示,即

$$存储容量 = 存储单元个数 \times 存储字长/8$$

为了方便标识,人们更多地使用下面一些常用的缩写来标识存储器的存储容量:
- KB(Kilo Byte):1KB= 2^{10} Bytes
- MB(Mega Byte):1MB= 2^{20} Bytes
- GB(Giga Byte):1GB= 2^{30} Bytes
- TB(Tera Byte):1TB= 2^{40} Bytes
- PB(Peta Byte):1PB= 2^{50} Bytes
- EB(Exa Byte):1EB= 2^{60} Bytes

2. 存储器的速度

存储器的速度参数有三项,即存取时间、存储周期和数据传输率。

(1) 存取时间 T_A(Memory Access Time):又称为存储器的访问时间,是指从启动一次存储器操作开始到该操作完成所经历的时间。

(2) 存储周期 T_M(Memory Cycle Time):是连续启动两次独立的存储器操作所需的最小间隔时间。此参数比存取时间 T_A 严格,因为像动态存储器一类,在读出之后信息被破坏,就需要时间重写;而存储器的读/写电路和驱动部件也需要有一段恢复时间,所以存储周期 T_M 一般略大于存取时间 T_A。到 20 世纪 80 年代初,采用 MOS 工艺的存储器,其存储器存储周期最快已达 100ns,目前已达到了 10ns。

(3) 数据传输率 Bm:又称带宽,也常简称为速度。是指存储器在单位时间内读/写的二进制位数。最常用的单位为 bit/s,也采用 B/s。影响带宽的因素有存储周期 T_M 和存储

器一次能够读/写的位数,后者就是存储器的数据总线宽度 W,它们之间存在如下关系:
$Bm = W/T_M$(b/s)。

3. 存储器的位价格

存储器的价格又称为存储器的成本,一般用位价格来描述,它等于存储器的总成本除以总容量。位价格与存储器的容量、结构类型和速度有关。

6.1.3 存储系统的分层结构

现代计算机存储系统是多级的。从 CPU 内的通用寄存器、主板或 CPU 内嵌入的 Cache、主存储器到主板可以连接的辅助存储器等,构成了一个种类繁多的、速度差异很大的层次式的存储系统。图 6-1 给出了计算机存储系统中常见部件的层次结构示意图。

图 6-1 中的存储部件由上到下,位价格越来越低,速度越来越慢,容量越来越大,CPU 访问的频度越来越少。图 6-1 中所描述的主要存储部件的特点和功能可以简单地归纳如下:

图 6-1 计算机存储系统的层次结构示意图

- 寄存器(Register)主要用来存放指令、数据及控制信息等,通常都制作在 CPU 芯片内部,寄存器中的数据直接在 CPU 内部参与运算,它们的速度最快、容量最小、位价格最高。

- 高速缓冲存储器(Cache)是计算机发展过程中出现的概念和技术。高速缓冲存储器介于主存储器和 CPU 之间,存放那些运行程序中近期将要用到的指令和数据,由存储器管理部件控制,达到对主存储器内数据的快速访问。实际上,Cache 内的数据是主存储器中局部数据的副本(copy),由于 Cache 速度比主存储器快得多,所以待访问数据在 Cache 中有相应副本时,CPU 将直接从 Cache 中获得数据(而不是从主存),进而加快访问速度。Cache 技术在计算机系统中有着不可替代的作用和地位,随着 Cache 技术的发展,现代计算机系统内的 Cache 进一步划分,构成了一个多级的 Cache 存储子系统,目前已存在 L1、L2、L3 级 Cache。

- 主存储器是计算机系统中与 CPU 联系最紧密的存储部件,是存储系统的核心。CPU 的指令可以直接访问,也是用户能够使用的编程空间。存储系统中的各项技术措施都是为了改善主存储器的性能,并且,辅助存储器中的数据一般都要通过主存储器才能进入 CPU 进行处理。

- 辅助存储器通常由软盘、硬盘组成,具有容量大、位价格低的特点,用来存放暂时未用到的程序和数据文件。随着计算机技术的发展,特别是虚拟存储管理技术的引入,辅助存储器的性能好坏已经成为衡量现代计算机系统的一个重要指标。

- 脱机大容量存储器通常由磁带、光盘、移动存储设备等组成,是为了扩展和延伸主机功能而设计的。由于它们的种类繁多,因此它们的功能、材质、性能等都有很大的差异。例如,光盘具有存储容量大、易保存等优点,因此,计算机主板中都提供对应的接口来满足光驱设备的接入,而且可以联机访问光盘中的数据。再如,现代的计算机系统中都提供足够数量的 USB 接口，用以连接 USB 存储设备等。

实际上，存储器的层次结构主要体现在高速缓冲存储器—主存储器和主存储器—辅助存储器这两个存储层次上，如图 6-2 所示。

从 CPU 角度来看，高速缓冲存储器—主存储器这一层次的速度接近于高速缓冲存储器，其容量和位价格却接近于主存储器；主存储器—辅助存储器这一层次的速度接近于主存储器，容量接近于辅助存储器，平均位价格也接近于低速、廉价的辅助存储器，这样就解决了速度、容量、成本三者之间的矛盾。因而，现代的计算机系统几乎都具有这两个存储层次，构成了高速缓冲存储器、主存储器、辅助存储器三级存储系统。

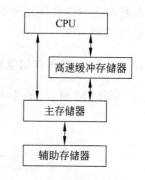

图 6-2　高速缓冲存储器—主存储器和主存储器—辅助存储器层次结构示意图

6.2　随机存取存储器和只读存储器

目前主存储器通常采用半导体存储介质，按存取方式主要分为随机存取存储器(RAM)和只读存储器(ROM)。由于 RAM 芯片主存储的数据可随时从任一指定的主存单元中读出或写入数据，而且存取的时间并不因为给出的主存单元的地址大小而有区别，因此有随机存储器之称。按照存储机理的不同，RAM 芯片是构成计算机系统的主要主存芯片，一般用户所使用的主存区域都是在 RAM 芯片（组）中。ROM 芯片也是半导体芯片，但是从使用功能上看，其存储单元只能被读出，而不能被一般用户写入。

计算机系统一般都配备 RAM 和 ROM 两类不同的存储区域。前者主要用来存放系统工作现场使用的数据、程序以及其他的必要信息；后者主要是用来存放系统监测等系统软件以及字库等基础数据。

RAM 芯片所用的器件主要有双极型和 MOS 型两种。

- 双极(Bipolar)型：由 TTL(Transistor-Transistor Logic)晶体管逻辑电路构成。具有速度快的优点，但是其集成度低、功耗大、价格偏高。
- 金属氧化物半导体型(MOS 型)：集成度高、功耗低、价格便宜，但是速度较双极型器件要慢。同时它可以用来制作多种半导体存储器件，如 SRAM(Static RAM)、DRAM(Dynamic RAM)、ROM 等。

现在的 RAM 多为 MOS(金属－氧化物－半导体)型半导体电路，它分为静态和动态两种：SRAM 和 DRAM。SRAM 是靠双稳态触发器来记忆信息的，只要不断电，信息就不会丢失；DRAM 是靠 MOS 电路中的电容存储电荷来记忆信息的，使用时需要不断给电容充电才能使信息保持。SRAM 存取速度快，但集成度低、功耗大，而 DRAM 读/写速度较 SRAM 慢，而且需要定时刷新，但集成度高，功耗小，主要用于大容量存储器。

6.2.1　SRAM 存储器

不管主存容量有多大，存储一位二进制信息(0 或者 1)的存储位元(Cell)是基础。既然主存的基本元器件是位元级部件,因此了解位元的存储特性及其存取方法是掌握主存组织和存取的基础。

1. SRAM 的基本存储电路

对于 SRAM 而言,最常用的 SRAM 的一个存储位元是由 6 个 MOS 管构成的,如图 6-3 所示。

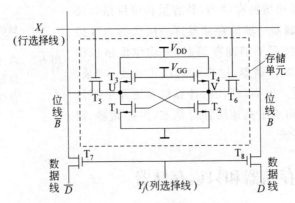

图 6-3 静态 MOS 六管基本存储电路

虚线框内的 6 个 MOS 管($T_1 \sim T_6$)构成 SRAM 的一个存储位元,其中:

- T_1 和 T_2 是工作管,T_3 和 T_4 是负荷管。T_3 和 T_1 构成一个反相器,T_4 和 T_2 构成另一个反相器。因此,$T_1 \sim T_4$ 构成一个可以存储一位二进制数值的基本双稳态电路。

- T_5、T_6 为本位元的控制门,当 T_5、T_6 导通时,存储位元与位线接通,因此位元的存储信息可以通过位线读出或者写入;当 T_5、T_6 截止时,存储位元与位线隔离,因此存储位元可以保持原有的信息。在图 6-3 的结构中,T_5、T_6 导通与否是由所谓的行选择线 X_i 控制的,即当 $X_i=1$ 时,T_5、T_6 导通,否则 T_5、T_6 截止。

- T_7、T_8 是一组存储位元的公用控制门,不是一个存储位元特有的,因而六管 SRAM 位元并不包括它们。T_7、T_8 用于控制位线与数据线的连接,它是由所谓的列选择线 Y_j 控制的,即当 $Y_j=1$ 时,T_7、T_8 导通,位线与数据线联通。因此,在图 6-3 所示的结构中,只有当行选择线和列选择线均有效时,存储位元才真正和数据线接通,数据才能通过数据线进入或者流出存储位元。

对于图 6-3 所示的一个存储位元的基本操作过程我们可以简单描述如下:

- 保持操作:没有位元选中信号,即 $X_i=0$,T_5、T_6 都截止。双稳态电路与位元隔离,保持原状态。

- 写操作:$X_i=1$,使 T_5、T_6 导通,接通位线。如果写入 0,要使 $\overline{B}$ 加低电平、B 加高电平,所以 B 的高电平通过 T_6 使 V 端电平升高而导致 T_1 导通,接下来 U 端放电至低电平,双稳态电路成功写入并保存了 0;如果写入 1,要使 $\overline{B}$ 加高电平、B 加低电平,所以 $\overline{B}$ 的高电平通过 T_5 使 U 端电平升高而导致 T_2 导通,接下来 V 端放电至低电平,双稳态电路成功写入并保存了 1。

- 读操作:它需要对位线 $\overline{B}$ 和 B 预充电,之后 $X_i=1$,使 T_5、T_6 导通。如果存储位元存为 0,即 T_1 导通但 T_2 截止,所以 T_1 的导通使 T_1、T_5 和地形成放电回路,因此位线 $\overline{B}$ 出现电流,放大后读出 0;类似地,如果存储位元存储为 1,即 T_2 导通但 T_1 截止,所以 T_2 的导通使 T_2、T_6 和地形成放电回路,因此位线 B 出现电流,放大后读出 1。

下面讨论如何将一位的位元单元组织成按字或者字节存取的所谓存储单元。

2. SRAM 的结构

将静态 RAM 的基本存储电路排成阵列,再加上地址译码电路和读/写控制电路,就可以构成存储单元的内部结构。下面以 Intel 2114 芯片为例介绍其构成。

Intel 2114 芯片是 $1K \times 4$ 的静态 RAM 芯片,单一的 +5V 电源,所有的输入端、输出端均与 TTL 电路兼容。采用 NMOS 工艺,其结构框图、引脚排列如图 6-4 所示。

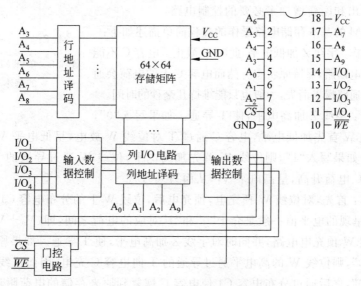

图 6-4 2114 SRAM 芯片结构框图及引脚排列

2114 SRAM 芯片中共有 4096 个六管 NMOS 静态基本存储电路,排成 64×64 的矩阵。地址输入端有 10 个($A_0 \sim A_9$),因而片内可寻址 1K 个存储单元,这些地址线中的 $A_3 \sim A_8$ 通过地址译码电路产生 64 条行选择线,对存储矩阵的行进行控制;另外 4 条地址线 A_0、A_1、A_2、A_9 通过列地址译码电路对存储矩阵的列线进行控制,每条列线可同时接至 4 位,所以实际为 64 列。4 位共用的数据输入/输出端($I/O_1 \sim I/O_4$)采用三态控制,即每个存储单元可存储 4 位二进制数据。

2114 SRAM 芯片只有一个片选端 $\overline{CS}$ 和一个写使能控制端 $\overline{WE}$。存储芯片内部通过 I/O 电路及输入三态门与外部数据总线相连,并受 $\overline{CS}$ 和 $\overline{WE}$ 的控制。当 $\overline{CS}$ 和 $\overline{WE}$ 均为低电平时,输入三态门打开,信息由外部数据总线写入存储器;当 $\overline{CS}$ 为低电平而 $\overline{WE}$ 为高电平时,则输出三态门打开,从存储器读出信息送至外部数据总线。而当 $\overline{CS}$ 为高电平时,不管 $\overline{WE}$ 为何状态,该芯片既不读出也不写入,而是处于静止状态并与外部数据总线高阻隔开。

6.2.2 DRAM 存储器

SRAM 的一个存储位元所用的 MOS 管数目多、功耗大,因此集成度受到限制。相对而言,DRAM 则更容易制作出高集成度的主存芯片,因此得到更广泛的应用。DRAM 的存储数据的原理是基于 MOS 管栅极电容电荷的存储效应。由于漏电流的存在,电容存储的数据不能长久保存,因此必须定期刷新,以给电容补充电荷,避免存储数据的丢失。

1. DRAM 的基本存储电路

常见的 DRAM 基本存储电路有三管式和单管式两种,图 6-5 示意了单管 MOS 动态 RAM 的基本存储电路。

单管 DRAM 相对于 6 管的 SRAM 而言,主要的特点有:

- 信息存储:利用电容,当电容 C 有电荷表示"1",无电荷表示"0"。
- 为了读出和刷新增加了必要的控制电路。

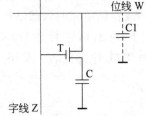

图 6-5 单管 MOS 动态 RAM 的基本存储电路

单管 DRAM 的基本存储电路操作的过程简单描述如下:

- 保持操作:字线 Z 加低电平,此时 T 截止。电容 C 不能形成放电回路,保持原状态。然而电容 C 上的电荷会通过泄漏通路慢慢消失,一般也只能维持几毫秒的时间。
- 写操作:字线 Z 加高电平,使 T 导通。如果写入"0",则位线 W 首先加低电平,电容 C 通过 T 对位线 W 放电,呈低电平 V_0,该位元被写入"0";如果写入"1",则位线 W 首先加高电平,位线 W 通过导通的 T 对电容 C 充电,使 C 电荷升高,呈高电平 V_1,从而写入"1"。
- 读操作:首先,对位线 W 预充电,预充电后,位线 W 上的分布电容 C1 具有了一定的电荷,呈现的电平值一般是介于"0"和"1"对应的电荷之间,即 $(V_0+V_1)/2$。然后断开位线 W 预充电电路,并同时对字线 Z 加高电平,使 T 导通。如果原来存储位元存储为"0",则位线 W 的高电平通过导通的 T 向电容 C 充电,因而位线 W 电平下降,读出"0",之后通过分布电容 C1 使电容 C 恢复到原来存储的电荷附近;如果原来存储位元存储为"1",则电容 C 通过导通的 T 向位线 W 放电,因而位线 W 电平上升,读出"1"。

显然,DRAM 的读出过程属于破坏性读出,需要读后重写(称为再生),可由芯片内的外围电路自动实现。

2. DRAM 的结构

DRAM 典型的例子是 Intel 2116,该芯片是 16K×1 动态 RAM,所有输入/输出引脚都与 TTL 电路兼容。

Intel 2116 芯片共有 16 个引脚,其结构框图、引脚排列如图 6-6 所示,采用 3 组电源供电,V_{DD} 为 +12V,V_{BB} 为 −5V,V_{CC} 为 +5V,V_{SS} 接地。它的地址码的输入和控制方式不同于前面讨论的 SRAM。Intel 2116 是 16K×1 的芯片,需要有 14 位地址码对其控制,所以芯片本应由 14 个引脚作为地址线,但实际上只有 7 个引脚用作地址线。为了实现 14 位地址控制,采用分时技术将 14 位地址码分两次从 7 条地址线上送入芯片内部,而在片内设置两个 7 位地址锁存器,分别成为行锁存器和列锁存器。14 位地址码分为行地址(低 7 位地址)和列地址(高 7 位地址),在两次输入后分别寄存在行锁存器和列锁存器内。基本存储电路排列成 128×128 的存储矩阵。

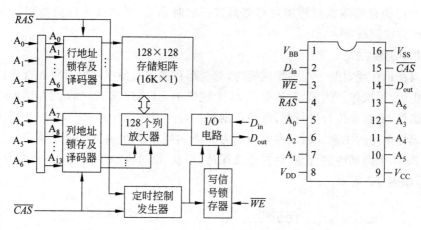

图 6-6　Intel 2116 DRAM 芯片结构框图及引脚排列

Intel 2116 芯片操作的过程简单描述如下：

- 地址选择操作：用行地址选通信号 $\overline{RAS}$ 把先出现的 7 位地址送到行锁存器，由随后出现的列地址选通信号 $\overline{CAS}$ 把后出现的 7 位地址送到列锁存器。行、列译码器把存于行、列锁存器中的地址分别译码，形成 128 条行选择线和 128 条列选择线对 128×128 存储阵列进行选址。

- 读/写操作：当行选择结束后，128 行中必然有一行被选中，这一行中的 128 个基本存储电路的信息都选通到各自的读出放大器，以便对每个基本存储电路存储的逻辑电平进行鉴别、放大和刷新。列译码的作用是选通 128 个读出放大器中的一个，从而唯一地确定要读/写的基本存储电路，并将选中的基本存储电路通过读出放大器、I/O 控制门输入数据锁存器或输出锁存器及缓冲器，完成其读/写操作。读出和写入操作是由写使能信号 $\overline{WE}$ 控制的，当 $\overline{WE}$ 为高电平时，进行读操作，数据从引脚 D_{out} 输出；当 $\overline{WE}$ 为低电平时，进行写操作，数据从引脚 D_{in} 输入并锁存于输入锁存器中，再写入选定的基本存储电路。三态数据输出端受 $\overline{CAS}$ 信号控制，与 $\overline{RAS}$ 信号无关。

- 刷新操作：128 列逐行选择刷新，同时行选通信号 $\overline{RAS}$ 加低电平，而列选通信号 $\overline{CAS}$ 加高电平。这样，尽管仍然整行地对基本存储电路进行读操作，把一行中 128 个基本存储电路存储的信息都选通到各自的读出放大器，进行放大锁存，但不进行列选择，不会有真正的输出，只是把锁存的信息再写回原来的基本存储电路，实现刷新。

3. DRAM 的刷新

从 DRAM 基本存储电路（见图 6-5）中可以看出，字线 Z 为低电平时，T 管截止，电容 C 上的电荷因无放电回路而保持。然而，虽然 MOS 管入端阻抗很高，但总有一定的泄漏电流，这样会引起电容放电。为此，必须定时重复地对 DRAM 的基本存储电路存储的信息进行读出和恢复，这个过程叫存储器刷新。刷新时间间隔一般要求在 1～100ms 之间，工作温度为 70℃时，典型的刷新时间间隔为 2ms，这个时间叫做刷新周期，或叫再生周期。

尽管一行中的各个基本存储电路在读出和写入时都进行了刷新，但对存储器中各行的访问是随机的,无法保证一个存储器模块中的每个存储单元都能在2ms内进行一次刷新。只有通过专门的存储器刷新周期对存储器进行定时刷新,才能保证存储器刷新的系统性。通常有三种方式刷新:

(1) 集中刷新方式

集中刷新是在规定的一个刷新周期内,对全部存储单元集中一段时间逐行进行刷新,此时必须停止读/写操作。例如,对具有1024个记忆单元(排列成32×32的存储矩阵)的存储芯片进行刷新,刷新是按行进行的,而且每刷新一行占用一个存取周期,所以共需32个周期完成所有记忆单元的刷新。假设存取周期为500ns,则在2ms内共可以安排4000个存取周期,从0~3967个周期内进行读/写操作或保持,而从3968~3999最后32个周期集中安排刷新操作,如图6-7所示。

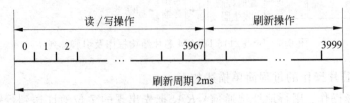

图6-7 集中刷新方式示意图

集中刷新方式的优点是读/写操作时不受刷新工作的影响,因此系统的存取速度比较快,主要缺点是在集中刷新期间必须停止读/写,这段时间称为"死区",而且存储容量越大,死区就越长。

(2) 分散刷新方式

分散刷新是指对每行存储单元的刷新分散到每个读/写周期内完成。把存储周期分成两段,前半段用来读/写或保持,后半段用来刷新。这种刷新方式增加了系统的存取周期,如果存储芯片的存取周期为500ns,则系统的存取周期就为$1\mu s$。仍然以前述的32×32矩阵为例,在2ms内只能安排2000个存取周期,整个存储芯片刷新一遍需要$32\mu s$,如图6-8所示。

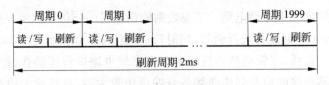

图6-8 分散刷新方式示意图

从图6-8可以看出,这种刷新方式没有"死区",但是却存在明显的缺点,一是加长了系统的存取周期,降低了整机的速度;二是刷新过于频繁(本例中每$32\mu s$就重复刷新一遍),在整个2ms刷新周期内存在很大的浪费,2000个存取周期中实际只需要利用32个周期刷新即可。

(3) 异步刷新方式

这种刷新方式可以看成前述两种方式的结合,充分利用了刷新周期,把刷新操作平均分配到2ms时间内进行,因而存在如下关系:

相邻两行的刷新间隔=刷新周期(即2ms)/行数

对于前述的 32×32 矩阵,在 2ms 内需要将 32 行刷新一遍,所以相邻两行的刷新时间间隔=2ms/32=62.5μs,即每隔 62.5μs 安排一个刷新周期,在刷新时停止读/写,如图 6-9 所示。

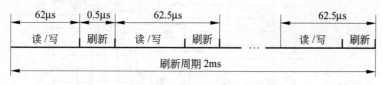

图 6-9　异步刷新方式示意图

异步刷新方式虽然也有"死区",但比集中刷新方式的"死区"小得多,仅为 0.5μs。这样可以避免使 CPU 连续等待过长的时间,而且根据存储容量决定刷新间隔,大大减少了刷新次数,是比较实用的一种刷新方式。

消除"死区"的方法,还可采用不定期的刷新方式。我们可以把刷新操作安排在 CPU 不访问存储器的空闲时间里,如利用 CPU 对指令的译码阶段,这时,刷新操作对 CPU 是透明的,又称为透明刷新。这种方式既不会出现"死区",又不会降低存储器的存取速度,但是控制比较复杂,实现起来比较困难。

6.2.3　主存容量的扩展

通常单个存储器芯片的容量是有限的,很难满足实际的需要,因此,主存储器需要采用多个芯片组成。使用多个芯片组织成为存储器的技术称为存储器扩展技术。如果只是扩展存储器的存储单元的个数,称为"字扩展";如果只是扩展存储器每个单元的数据位数,称为"位扩展";如果两者都要扩展,称为"字位扩展"。主存储器同 CPU 连接时,要完成地址线、数据线和控制线的连接,还要涉及芯片间的片选译码等。

1. 位扩展

当所选用存储器芯片的每个单元的数据位不够计算机所需要的位数时,要采用位扩展。位扩展的连接方式是将所有芯片的地址线、片选线、读/写线分别对应并联,数据线分别引出。

如用 8K×1 位的 SRAM 存储器芯片构成 8K×8 位的存储器,所需芯片数为:

$$\frac{8K\times 8}{8K\times 1}=8 \text{ 片}$$

在这种情况下,CPU 将提供 13 根地址线、8 根数据线与存储器相连;而存储芯片仅有 13 根地址线、1 根数据线。具体连接方法是:8 个芯片的地址线 $A_{12} \sim A_0$ 分别连在一起,各芯片的片选信号 $\overline{CS}$ 以及读/写控制信号 $\overline{WE}$ 也都分别连在一起,只有数据线 $D_7 \sim D_0$ 各自独立,每片代表一位,如图 6-10 所示。

当 CPU 访问该存储器时,发出的地址和控制信号同时传给 8 个芯片,选中每个芯片的同一单元,相应单元的内容被同时读至数据总线的各位,或将数据总线上的内容分别写入相应单元。

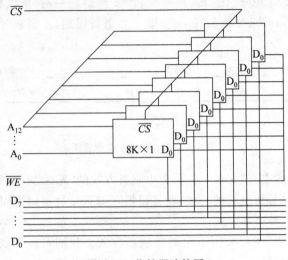

图 6-10 位扩展连接图

2. 字扩展

当所选用存储器芯片的每个单元的数据位数满足计算机需要,但芯片的总容量不能满足计算机需要时,要采用字扩展。字扩展的连接方式是将所有芯片的地址线、数据线、读/写线分别对应并联后连接到 CPU 总线上,每个芯片的片选线要用译码器将高位地址译码后分别连接。

如用 16K×8 位的 SRAM 存储器芯片构成 64K×8 位的存储器,所需芯片数为:

$$\frac{64K \times 8}{16K \times 8} = 4 \text{ 片}$$

在这种情况下,CPU 将提供 16 根地址线、8 根数据线与存储器相连;而存储芯片仅有 14 根地址线、8 根数据线。具体连接方法是:4 个芯片的地址线 $A_{13} \sim A_0$、数据线 $D_7 \sim D_0$ 及读/写控制信号 $\overline{WE}$ 都是同名信号并联在一起,高位地址线 A_{15}、A_{14} 经过一个地址译码器产生 4 个片选信号 $\overline{CS_i}$,分别选中 4 个芯片中的一个,如图 6-11 所示。其中 $\overline{E}$ 引脚是译码器的使能端,当 $\overline{E}=0$,称为有效,译码器工作,它的输出满足输入的二进制译码规律;当 $\overline{E}$ 无效,芯片不使能,即不工作,它的所有输出引脚都是高电平(全部无效)。$\overline{E}$ 通常与 CPU 的存储器请求引脚连接。

下面计算每个存储器芯片所分配的存储空间:0 号芯片的片选引脚 $\overline{CS}$ 连接到译码器的 $\overline{Y_0}$ 输出引脚,它对应 $A_{15}A_{14}=00$ 状态,而 $A_{13} \sim A_0$ 由 0 号芯片自己译码,因此,它在该 64KB 存储器中的空间分配是第一个 16KB。同理,1 号~3 号芯片分别分配是第 2~4 个 16KB。表 6-1 描述了每个芯片地址空间分配的情况。

3. 字位扩展

当构成一个容量较大的存储器时,往往需要在字数方向和位数方向上同时扩展,这将是前两种扩展的组合,实现起来也是很容易的。

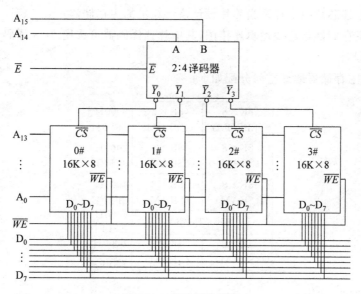

图 6-11 字扩展连接图

表 6-1 芯片地址空间分配情况

芯片号	译码器地址 $A_{15}A_{14}$	芯片自身地址空间 $A_{13} \sim A_0$	芯片在存储器的地址空间
0	00	00 0000 0000 0000 ⋮ 11 1111 1111 1111	0000H ⋮ 3FFFH
1	01	00 0000 0000 0000 ⋮ 11 1111 1111 1111	4000H ⋮ 7FFFH
2	10	00 0000 0000 0000 ⋮ 11 1111 1111 1111	8000H ⋮ BFFFH
3	11	00 0000 0000 0000 ⋮ 11 1111 1111 1111	C000H ⋮ FFFFH

不同的扩展方法可以得到不同容量的存储器。在选择存储芯片时,一般应尽可能使用集成度高的存储芯片来满足总的存储容量的要求,这样可减少成本,还可减轻系统负载,缩小存储器模块的尺寸。

例 6-1 CPU 具有 16 根地址总线($A_{15} \sim A_0$),16 根双向数据总线($D_{15} \sim D_0$),控制总线中与主存有关的信号有 $\overline{MREQ}$(允许访存,低电平有效),$R/\overline{W}$(高电平读命令,低电平写命令)。主存按字编址,其地址空间分配如下:$0 \sim 1$FFFH 为系统程序区,由 EPROM 芯片组成,从 2000H 起共 16K 地址空间为用户程序区,最后(最大地址)4K 地址空间为系统程序工作区。现有如下芯片:

EPROM:8K×8 位(控制端仅有 $\overline{CS}$),16K×8 位

SRAM:16K×1 位,2K×8 位,4K×8 位,8K×8 位

(1) 请从上述芯片中选择适当芯片设计该计算机的主存储器；

(2) 画出主存储器与总线逻辑连接图，其中片选译码器可选用 3：8 译码器 74LS138 或者采用逻辑门设计。

解答：(1) 主存储器地址空间分配如下：

8K×8 (EPROM)	8K×8 (EPROM)	0000H 1FFFH
8K×8 (SRAM)	8K×8 (SRAM)	2000H 3FFFH
8K×8 (SRAM)	8K×8 (SRAM)	4000H 5FFFH
36K×16(空)		6000H EFFFH
4K×8 (SRAM)	4K×8 (SRAM)	F000H FFFFH

根据给定条件，选用：

EPROM：8K×8 位芯片 2 片

SRAM：8K×8 位芯片 4 片，4K×8 位芯片 2 片

(2) 下面分析每个芯片的地址与存储器地址的特点：

$$
\begin{array}{ll}
0000\text{H} & 0000\ \underline{0000\ 0000\ 0000} \\
\ \vdots & \quad\ \vdots \\
1\text{FFFH} & 0001\ \underline{1111\ 1111\ 1111}
\end{array} \Big\} 8\text{K}\times8\ \text{EPROM 芯片 2 片}
$$

$$
\begin{array}{ll}
2000\text{H} & 0010\ \underline{0000\ 0000\ 0000} \\
\ \vdots & \quad\ \vdots \\
5\text{FFFH} & 0101\ \underline{1111\ 1111\ 1111}
\end{array} \Big\} 8\text{K}\times8\ \text{SRAM 芯片 4 片}
$$

$$
\begin{array}{ll}
\text{F000H} & 1111\ \underline{0000\ 0000\ 0000} \\
\ \vdots & \quad\ \vdots \\
\text{FFFFH} & 1111\ \underline{1111\ 1111\ 1111}
\end{array} \Big\} 4\text{K}\times8\ \text{SRAM 芯片 2 片}
$$

其中有下划线的二进制地址位表示可直接连接到芯片地址引脚上的地址线和它的地址编码范围，其他的二进制地址位是芯片片选的特征信息。由芯片选择的特征信息可分析出地址译码方案如下。

将地址的高 3 位 A_{15}、A_{14}、A_{13} 经过 3：8 译码器译码后实现片选，具体连接如下：

a. 将 $\overline{Y_0}$ 作为 2 片 8K×8 位 EPROM 的 $\overline{CS}$；

b. 将 $\overline{Y_1}$、$\overline{Y_2}$ 分别作为前 2 片和后 2 片 8K×8 位 SRAM 的 $\overline{CS}$；

c. 将 $\overline{Y_7} \cdot A_{12}$ 作为 2 片 4K×8 位 SRAM 的 $\overline{CS}$；

从而画出主存储器的扩展图及其与总线逻辑连接图如图 6-12 所示。

6.2.4 主存与 CPU 的连接

在讨论了主存的结构后，进一步了解主存和 CPU 之间的连接是十分必要的。

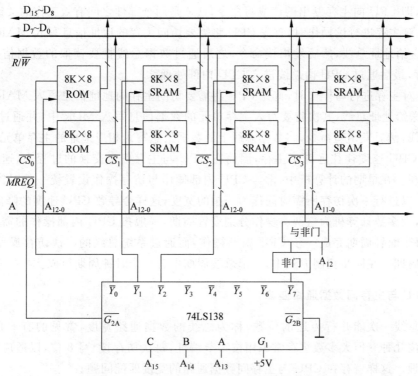

图 6-12 主存储器扩展及其与总线逻辑连接图

1. 主存和 CPU 之间的连接通路

主存与 CPU 的连接通路主要包括三组连线：地址总线（AB）、数据总线（DB）和控制总线（CB），统称为系统总线。CPU 与主存间进行信息交换的基本架构如图 6-13 所示。此时，存储器地址寄存器（MAR）和存储器数据寄存器（MDR）是主存和 CPU 之间的接口。MAR 可以接收来自程序计数器（PC）的指令地址或来自运算器的操作数地址，以确定要访问的单元。MDR 是向主存写入数据或从主存读出数据的缓冲部件。MAR 和 MDR 从功能上看属于主存，但在小型计算机、微型计算机中常放在 CPU 内。

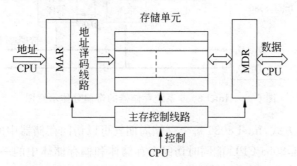

图 6-13 主存与 CPU 间信息交换的基本架构

2. CPU 对主存的基本操作

前面所说的 CPU 与主存的连接是两个部件之间联系的物理基础，而两个部件之间还有软连接,即 CPU 向主存发出的读或写命令,这才是两个部件之间有效工作的关键。

CPU 对主存进行读操作时,首先 CPU 将需要访问主存的地址信息写入 MAR 中,并通过 MAR 送给地址总线,然后发出读命令,之后通过数据总线把要读取的数据信息传送至 MDR 锁存,最后通过 CPU 内总线进入 CPU 内部处理。

CPU 对主存进行写操作时,首先 CPU 将需要访问主存的地址信息写入 MAR 中,并通过 MAR 送给地址总线,其次将要写入主存单元的数据信息写入 MDR 中,并通过 MDR 送给数据总线,然后发出写命令,将数据总线上的数据信息写入相应地址的主存单元中。

由于 CPU 速度往往远高于主存,因而在 CPU 与主存信息交换的过程中,速度匹配问题值得重视。在早期的计算机中,常为 CPU 内部操作与访存操作设置统一的时钟周期,也称为节拍,以进行一次访存所需时间作为一拍的宽度,这样会导致 CPU 速度的降低。

现在,大多数计算机为这两类操作分别设置周期,一般按 CPU 内部操作的需要划分时钟周期,每个时钟周期完成一步 CPU 内部操作,而通过系统总线的一次访存操作,则占用一个总线周期。在同步控制方式中,一个总线周期由若干个时钟周期组成。

3. CPU 与主存间数据通路匹配

数据总线一次能并行传送的位数,称为总线的数据通路宽度,常见的有 8 位、16 位、32 位、64 位几种。但大多数主存常采用按字节编址,每次访存读/写 8 位,以适应对字符类信息的处理。这样就存在 CPU 与主存间数据通路的宽度匹配问题。

例如,Intel 8086 是 16 位 CPU,其数据通路宽度是 16 位,而主存按字节编址。为了实现数据通路匹配,可将存储器分为两个存储体:一个存储体的地址编码均为偶数,称为偶存储体,与低 8 位数据总线相连;另一个存储体的地址编码均为奇数,称为奇存储体,与高 8 位数据总线相连。地址线 $A_{19} \sim A_1$ 同时送往两个存储体,最低位地址线 A_0 和 Intel 8086 的"总线高允许"信号 $\overline{BHE}$ 用来选择存储体,均为低电平有效,如图 6-14 所示。

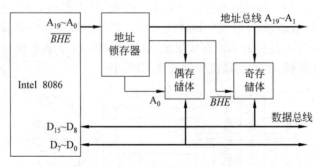

图 6-14　Intel 8086 系统存储器的奇偶分体示意图

通过存储器分体方式,Intel 8086 每个存储周期就可以访问存储器中的 8 位或 16 位信息。从图 6-14 中可以看出,8086 CPU 能同时访问奇存储体和偶存储体中的一个字节,以组成一个存储字(16 位),要访问的一个字的低 8 位存放在偶存储体中,称为"对准的"字,这是一种规则的存放字。对于"对准的"字,8086 CPU 只要一个总线周期就能完成对该字的访问;当要访问的 16 位字的低 8 位字节存放在奇存储体中,称该字位"未对准的"字,这是一种非规则的存放字,必须用两个总线周期才能访问该字。下面分析一个"未对准的"字的写入过程。

在第一个总线周期中,与对奇存储体写入字节一样,送出奇地址($A_0=1$),并发出 $\overline{BHE}=0$ 信号,然后由 8086 CPU 把该字的低 8 位传送到数据总线的高 8 位,写入存储器的奇存储体;然后 8086 CPU 又发出一个由该奇地址加 1 的偶地址,此时 $A_0=0$,$\overline{BHE}=1$,8086 CPU 把该字的高 8 位传送到数据总线的低 8 位,写入存储器的偶地址区。这样,经过两次存储器访问周期,把一个"未对准的"字写入存储器的两个存储体中。

6.2.5 半导体只读存储器

ROM 正常工作时只能读出,不支持随机写入。使用 ROM 的主要目的是掉电不丢失数据,因此特别适合存储在运行中极其重要但又不需要改变的信息。虽然辅助存储器也是非易失性的,但 ROM 的优势是读出速度与普通的 RAM 相当,并且能够直接组织在主存中。

半导体只读存储器根据制造工艺的不同分为 3 类。

1. 掩模式只读存储器 MROM(Mask ROM)

掩模式只读存储器 MROM 是规模化生产的 ROM,工厂根据用户的信息,设计出相应的集成电路光刻掩模版,直接制造出用户需要的 ROM 芯片。MROM 成本低,可靠性高,是定型批量生产计算机设备的首选 ROM。

图 6-15 给出了一个由 MOS 管构成的容量是 4×4 的 MROM 芯片对应的存储矩阵,其中有 MOS 管的地方表示存储"0",而无 MOS 管的位元存储"1"。

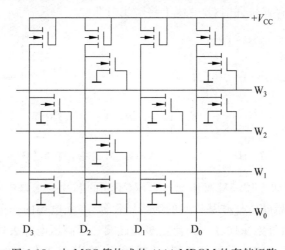

图 6-15 由 MOS 管构成的 4×4 MROM 的存储矩阵

MROM 芯片在计算机中有很广泛的应用,特别适合于制作容量需要大而且不需更改的场合。例如:

- 显示器或者打印机的字符发生器。众所周知,显示器或者打印机的数据输出是按照字符点阵形式进行的,所以存储量很大。但是,对于特定的显示或者打印设备来讲,这些字符点阵又是相对固定的,因此特别适合于用 MROM 芯片来完成。
- 计算机的微程序代码。一旦计算机的指令系统和其控制逻辑被确定,那么其任何机器指令的微程序代码就固定了,因此可以用 MROM 芯片来存储。

2. 可编程只读存储器 PROM（Programmable ROM）

可编程只读存储器 PROM 通常是指用户能够进行一次性编程写入信息的成品 ROM 芯片。用户在编程时使用较高的写入电压，熔断相应位的熔丝得到"0"（或者"1"）。而正常工作电压+5V 对熔丝无损，因此，这种 ROM 的可靠性好，价格也低，主要用于定型生产的产品和小批量试制产品。

3. 可擦除可编程只读存储器 EPROM（Erasable PROM）

可擦除可编程只读存储器 EPROM，包括紫外线擦除可改写 EPROM 和电可改写 EEPROM（Electrically Erasable Programmable ROM，或称为 E^2PROM）。可改写 EPROM 满足了用户在计算机设备的研制和调试阶段需要不断修改 ROM 内容的要求，同时，小批量生产的设备也可以采用 EPROM。目前 EPROM 的价格也不高，它已成为计算机设备的研究开发者最常用的固件，在一些计算机控制领域有广泛的应用。

（1）紫外光可擦除 EPROM 的基本存储电路

如图 6-16 所示是一个 P 沟道 EPROM 的基本存储电路。它在 N 型硅衬底上制造了两个 P^+ 区，分别引出源极 S 和漏极 D。在 S 和 D 之间，有一个用多晶硅做成的栅极，它被埋在 SiO_2 绝缘层中，与外部绝缘，因而称之为浮空多晶硅栅。在芯片制造出厂后，浮空多晶硅栅上没有电荷，在工作电压下，两个 P^+ 区之间没有导通沟道，即 S 与 D 间不导通，若行地址选择线为"1"，选中此存储位元时，I/O 线上将输出"1"。

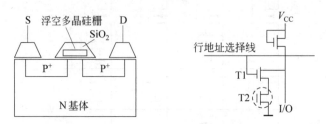

图 6-16 紫外光可擦除 EPROM 的基本存储电路

如果在 S 和 D 间加+12.5V 高压编程电压（不同的芯片要求该电压是不同的），脉宽约为 50ms，由于浮空多晶硅栅与硅基片间的绝缘层很薄，在强电场的作用下，S 和 D 之间被瞬时击穿，于是有电子通过绝缘层注入到浮空多晶硅栅。当高压电源去掉后，因为浮空多晶硅栅被绝缘层包围，故注入的电子无处泄漏，硅栅变负，吸引 N 基体中的正电荷，于是就形成了导电沟道，从而使 T2 导通，此时，若行地址选择线为"1"，即选中此存储位元时，I/O 线上将输出"0"。

EPROM 芯片在封装的正面上有一个石英玻璃窗口，专门为紫外线擦除使用。擦除时，紫外光通过窗口照射浮空多晶硅栅若干分钟后（一般为 7~15 分钟），浮栅上的电子获得能量穿过 SiO_2 绝缘层跑掉，于是擦除了整个芯片原先写入的"0"信息。经过重新编程又可以写入想要的内容。EPROM 正常使用时，应该用不透光的纸贴封住擦除窗口，以免设备被意外的紫外光照射擦除了存放的信息。常见的 EPROM 芯片有 2716（2KB）、2732（4KB）、2764（8KB）、27128（16KB）等。

(2) 电可改写 E^2PROM

紫外光可擦除 EPROM 虽然满足了用户可以改写的需求,但擦除过程费力费时,尤其是不能够对某个单元进行擦除改写。E^2PROM 突出的优点是可以在线擦除和改写,不必用紫外线照射才能擦除。较新的 E^2PROM 产品在写入时能自动完成擦除,且不需要专门的编程电源,可以直接使用系统的+5V 电源。E^2PROM 既具有 ROM 的非易失性的优点,又能像 RAM 一样随机地进行读/写,每个单元可重复进行一万次改写,保留信息的时间长达 20 年,不存在紫外光可擦除 EPROM 在日光下缓慢丢失的问题。

图 6-17 是 E^2PROM 的存储单元基本结构图。它在浮空栅上方的 SiO_2 上又蒸发了金属层,构成一个控制栅。要擦除本存储单元的信息时把控制栅接地,并且在源极 S 加较高的正电压,使浮空栅在较强的电场力作用下,把它的电子拉出吸到源极。E^2PROM 的擦除可以按字节,也可以按块进行。擦除一个字节的典型时间是 10ms。读出时间与普通 DRAM 相当。E^2PROM 的编程写入方法与 EPROM 类似。随着技术的进步,在 E^2PROM 的制造工艺中把埋藏浮空栅的 SiO_2 层做得更薄,使许多 E^2PROM 芯片型号在写入数据时不需要先擦除原来存储的数据,也不需要额外提高擦除和写入电压,支持在线写入,只是写入时间比 RAM 大得多而已。

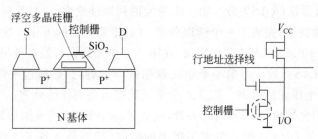

图 6-17 E^2PROM 的基本存储电路

E^2PROM 的另外一个类型是"闪速存储器(Flash Memory)",它是 Intel 公司于 20 世纪 80 年代后期推出的新型存储器,其擦写速度比常规的 E^2PROM 快得多,但还是比不上普通的 DRAM,而读出速度与之相当,基本具备了随机读/写功能。计算机的显卡、网卡、声卡、主板,都有使用 Flash E^2PROM 作为 BIOS 储存数据的设置。闪存也被用于固态盘,市场上出售的 U 盘就属于此种固态盘,因其体积小、容量大、速度高、可靠性高,存储的信息可长期保存,各项指标都优于原来的软盘,使软盘遭到淘汰。从原理上说,U 盘根本不是盘,而是半导体器件,但其作用与软盘相近;又因其通过 USB 接口和计算机相连而得此名。从原理上说,完全可以用闪存组成大容量存储设备代替硬盘,但是成本较高,目前只是在特殊场合(例如航天飞行器)有这种应用。E^2PROM 还常常做成串行读/写方式,只要有一对电源引脚和一个时钟引脚、一个数据引脚,就可以完成读出、写入的全部操作,因此封装体积非常小,用于各种 IC 卡和电子设备的数据存储器。在操作时,输入一组控制码,就可以将数据写入/读出 E^2PROM。"软件狗"也是利用串行 E^2PROM 制成的,它将部分数据写入 E^2PROM 内保存,在运行时读取该数据并且核查是否正确,若错误的话就拒绝执行,甚至销毁自己,以达到保护知识产权的目的。E^2PROM 还应用在许多即插即用(Plug and Play)的接口卡中,系统可以随时到 E^2PROM 内读取该接口卡的设置数据,并且系统也可以很快地更改这些设置,不需要自己去调整"跳线"。

6.2.6 新型存储器芯片

衡量存储器的两个重要指标即速度和容量一直是人们致力解决的问题。计算机技术的飞速发展对存储器不断提出更高速度和更大容量的要求,同时在主存的组织和设计模式上也发生了重大的变化。由最早期的 RAM 芯片开始,相继出现了 FPM DRAM、CDRAM、DRDRAM、SDRAM 和 DDR SDRAM 等新型的存储器芯片。下面做一些简要介绍。

1. 快速页面模式 DRAM(Fast Page Mode DRAM,FPM DRAM)

FPM DRAM 是 DRAM 发展中的一个重要的主存模式类型,曾经是主存设计的主要手段。如前所述,DRAM 芯片的存储体是一个二进制位元的矩阵,每一个位有一个行地址和一个列地址,因此,对于基本的 DRAM 芯片而言,主存控制器要通过分时给出行、列地址才能存取 DRAM 芯片中的数据。然而,FPM DRAM 在引进了主存的页面组织后,可以对相同页面的数据进行突发式连续存取。例如,假设要读取主存的连续 4 个单元的数据,那么看看普通的 DRAM 芯片和 FPM DRAM 是如何完成的。

对于普通的 DRAM 芯片而言,它的大概过程如下:(1)$\overline{RAS}$被激活,第一个单元的行地址送出;(2)$\overline{CAS}$被激活($\overline{RAS}$失效),第一个单元的列地址送出;(3)数据引脚被激活,$\overline{CAS}$失效,第一个数据被读出,完成了一个读取周期;(4)重复上面的工作 3 次,将其余的 3 个数据读出。但是对于 FPM DRAM 芯片来讲,在第一个单元数据行地址送出后,它仍然被锁存下来,并且维持着$\overline{RAS}$有效。当第一个单元数据被读出后,只是通过重新激发$\overline{CAS}$和改变列地址来存取第二个单元的数据。第 3、4 个单元数据也是同样的处理。当第 4 个单元的数据开始传送的时候,$\overline{RAS}$和$\overline{CAS}$才同时失效,完成了一个 FPM 的读取周期。这样的工作模式显然相对于普通的 DRAM 模式节省了很多的时间,特别是节省了 3 次$\overline{RAS}$激活和行地址缓存及译码的时间,从而进一步提高的效率。

2. 高速缓存 DRAM(Cached DRAM,CDRAM)

CDRAM 是日本三菱电气公司开发的专有技术,通过在 DRAM 芯片上集成一定数量的高速 SRAM 作为高速缓冲存储器 Cache 和同步控制接口,来提高存储器的性能。这种芯片使用单一的+3.3V 电源,低压 TTL 输入/输出电平。目前,三菱电气公司可以提供的 CDRAM 为 4MB 和 16MB 版本,其片内 Cache 为 16KB,与 128 位内部总线配合工作,可以实现 100MHz 的数据访问。

3. Direct Rambus 接口 DRAM(Direct Rambus DRAM,DRDRAM)

DRAM 的有效带宽不仅依赖于存储器芯片的结构,还依赖于总线的性质。在存储器芯片相同的情况下,可以用提高总线传输速度的方法提高存储器的带宽。Rambus 公司研究出一种提高总线传输速度的专利技术,它设参考电压 V_{ref} 的值为 2V,用(V_{ref}+0.3)代表 1;(V_{ref}-0.3)代表 0,电压波动幅度小可以减小信号的传输时间。Rambus 公司将这种电压波动幅度小的信号称为微分信号,并为这种微分信号的传输设计出专门总线,称为 Rambus 通道。

与 Rambus 通道配套使用的芯片是 Rambus DRAM(RDRAM),由 RDRAM 构成的内存条是 Rambus 直插存储模块(Rambus in-line memory module,RIMM),它是双面 184 线

内存条,其工作频率已达 400MHz。

从 1996 年开始,Rambus 公司就在 Intel 公司的支持下制定出新一代 RDRAM 标准,这就是 DRDRAM。它与传统 DRAM 的区别在于引脚定义会随命令而变,同一组引脚线可以被定义成地址,也可以被定义成控制线。其引脚数仅为正常 DRAM 的三分之一。当需要扩展芯片容量时,只需要改变命令,不需要增加芯片引脚。这种芯片可以支持 400MHz 外频,再利用上升沿和下降沿两次传输数据,可以使数据传输率达到 800MHz。同时通过把单个主存芯片的数据输出通道从 8 位扩展成 16 位,这样在 100MHz 时就可以使最大数据输出率达到 1.6Gb/s。

4. 同步 DRAM(Synchronous DRAM,SDRAM)

同步 DRAM 是一种与主存总线同步运行的 DRAM,相对于以前的异步 DRAM 有 2 点改进。

(1) 在时钟信号控制下与主存总线同步运行,取消了异步工作所需的应答等待,减少了数据传送中的延时。

(2) 采用交叉编址的双存储体结构,2 个存储体交叉工作。

由于采用了以上改进措施,当 CPU 从一个存储体存取数据时,同时另一个存储体已将准备读/写的数据提前准备好,通过两个或者多个存储体的交叉存取,可以使主存的存取效率得到成倍提高。SDRAM 是目前最受欢迎的主存芯片之一,是目前主推的 PC 100 和 PC 133 规范所广泛使用的主存类型,绝大多数的奔腾级主板都支持这种类型的主存芯片。它的带宽为 64 位,使用单一的+3.3V 电压,目前产品的最高速度可达 5ns。

5. 双数据传输率 SDRAM(Double Data Rate SDRAM,DDR SDRAM)

在 SDRAM 基础上,采用延时锁定环(Delay-Locked Loop)技术提供数据选通信号对数据进行精确定位,在时钟脉冲的上升沿和下降沿都可传输数据(而不是第一代 SDRAM 仅在时钟脉冲的下降沿传输数据),这样就在不提高时钟频率的情况下,使数据传输率提高一倍。目前主流的芯片组都支持 DDR SDRAM,同时随着技术的发展,DDR2 SDRAM 也很快出现。DDR2 SDRAM 虽然同样是采用在时钟的上升沿和下降沿同时进行数据传输,但是 DDR2 SDRAM 芯片比普通的 DDR SDRAM 芯片拥有两倍的主存预取能力,相当于提供 DDR 两倍的主存带宽。因此,从理论上说,DDR2 SDRAM 芯片能够以 4 倍于系统总线的速度进行数据读/写。当然,DDR 或者 DDR2 SDRAM 芯片由于受读/写延时以及预取精度等因素影响,实际存取速度会小于理论值。

6. 同步链 DRAM(Synchronous Link DRAM,SLDRAM)

这是一种在 DDR SDRAM 基础上发展起来的高速动态读/写存储器。它具有与 DRDRAM 相同的高数据传输率,但其工作频率要低一些,可用于通信、消费类电子产品、高档 PC 和服务器中。由 IBM、惠普、苹果、NEC、富士通、东芝、三星和西门子等大公司联合制定,原本最有希望成为标准高速 DRAM 的存储器,但由于 SLDRAM 联盟成员之间难以协调一致,加上 Intel 公司不支持这种标准,所以这种 DRAM 最终未投入市场。

7. 虚拟通道存储器（Virtual Channel Memory，VCM）

VCM 是目前大多数最新的主板芯片组都支持的一种主存标准，是由 NEC 公司开发的一种缓冲式 DRAM。它集成了所谓的"通道缓冲"，由高速寄存器进行配置和控制。VCM 与 SDRAM 的差别主要是：不管数据是否经过 CPU 处理，VCM 都先行进行处理；但是 SDRAM 只能处理经 CPU 处理以后的数据。因此，VCM 要比 SDRAM 处理数据的速度快。在实现高速数据传输的同时，VCM 还维持着与传统 SDRAM 的高度兼容性，所以通常也把 VCM 主存称为 VCM SDRAM。在设计上，系统不需要做大的改动，便能提供对 VCM 的支持。VCM 可从主存前端进程的外部对所集成的这种"通道缓冲"执行读/写操作。对于主存单元与通道缓冲之间的数据传输，以及主存单元的预充电和刷新等内部操作，VCM 要求它独立于前端进程进行，即后台处理与前台处理可同时进行。由于专为这种"并行处理"创建了一个支撑架构，所以 VCM 能保持一个非常高的平均数据传输速度。

8. 扩展数据输出动态存储器（Extended Data Out DRAM，EDO DRAM）

在 DRAM 芯片之中，除存储单元之外，还有一些附加逻辑电路。通过在 DRAM 芯片中增加附加的逻辑电路，可以提高主存的带宽，即在单位时间内的数据流量。EDO DRAM 主要在原来 DRAM 的基础上增加了少量的 EDO 逻辑电路，所以成本几乎没有提高，但读/写速度大大提高。EDO DRAM 芯片一经推出，便很快进入了市场。而且目前的 EDO DRAM 也不断发展，采用了更强的突发式主存存取技术，所以也经常被叫做 BEDO（Burst EDO）。EDO 的工作方式是基于 FPM 改造的：先触发主存中的一行，然后触发所需的那一列。但是当找到所需的那条信息时，EDO DRAM 不是简单地将列锁存信号失效、关闭缓冲区，而是将数据缓冲区保持开放，直到下一列存取或下一读周期开始。由于数据缓冲区保持开放，因而 EDO 使数据传送更加迅速。

9. 快速循环动态存储器（Fast Cycle RAM，FCRAM）

FCRAM 由富士通和东芝联合开发，数据吞吐速度可达普通 DRAM/SDRAM 的 4 倍。FCRAM 将目标定位在需要极高主存带宽的应用中，例如，业务繁忙的服务器、3D 图像及多媒体处理等。FCRAM 最主要的特点便是行、列地址同时访问，而不像普通 DRAM 那样以顺序方式进行（首先访问行数据，再访问列数据）。此外，在完成上一次操作之前，FCRAM 便能开始下一次操作。在制造工艺上，由于采用的是 $0.22\mu m$ 工艺，所以 FCRAM 号称能做出世界上最小的主存颗粒。由于芯片面积减少，所以在相同的硅晶片上，可生产出更多的主存颗粒，从而有效地提高了这种主存的产量，一方面降低了生产成本，另一方面则提高了产品性能。

6.3 高速存储器

随着计算机应用领域的不断扩大，处理的信息量也越来越多，对存储器的工作速度和容量要求越来越高。此外，因 CPU 的功能不断增强，I/O 设备的数量不断增多，使主存的存取速度已成为计算机系统的瓶颈。为了提升访存速度，一方面可以通过改进制造工艺并采用先进芯片处理技术,形成一些高速的存储器芯片,如前所述;另一方面还可以通过调整主存的结构,进行合理的主存组织,来改善存储器的性能。下面简要介绍几种典型高速存储器的基本工作原理。

6.3.1 双端口存储器

双端口存储器的结构如图 6-18 所示。一个存储体具有 2 个端口,分别用 L 和 R 表示左端口和右端口,每个端口都有各自独立的读/写控制线路和各自的数据总线、地址总线和控制总线,从而可以通过两个端口同时对存储器进行读写操作,来提高存储器的存取速度。

图 6-18 中间是存储体,左、右是两个相互独立的端口,即左端口和右端口,它们分别有各自的地址总线、数据总线和控制总线,还有各自的读/写控制电路,可以对存储器中任何单元的数据进行独立的并行的存、取操作。因为访问的是同一个存储器,如果两个端口访问的存储单元的地址不同,它们各自的读/写操作一定不会发生冲突。但是当两个端口同时访问存储器的同一个存储单元时,就会发生读/写冲突。因而需要一个仲裁电路确定谁的优先级更高,令优先级较低的操作推迟进行。

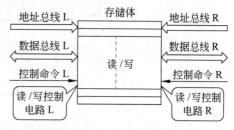

图 6-18 双端口存储器结构示意图

6.3.2 多体并行交叉存储器

多体并行交叉存储器(Interleaved Memory)由多个独立的、容量相同的存储模块构成。每个存储模块都有各自的读/写线路、地址寄存器和数据寄存器,各自以等同的方式与 CPU 传递信息,每个体的读/写过程可以重叠进行。

交叉访问的存储器通常有两种工作方式,一种是地址码高位交叉,另一种是地址码低位交叉。

在高位交叉访问存储器中,地址码的低位部分指明各存储体的体内地址,高位部分是存储体的体号。采用高位交叉访问的主要目的是用来扩大存储器的容量,而且存储容量的扩展十分方便。只有在多任务或多处理机系统中,可以通过将不同的任务分配在不同的存储体中来提高存储器的访问速度。

低位交叉访问存储器的主要目的是提高存储器的访问速度。当然,在提高访问速度的同时,由于增加了存储器模块的数量,同时也就增加了存储器的容量。

低位交叉访问存储器的结构如图 6-19 所示,地址的编码方法与高位交叉访问存储器不同,地址码的低位部分指明存储体的体号,高位部分是各存储体的体内地址。

对于低位交叉访问存储器,为了提高其访问速度,在一个存储周期内,n 个存储体必须分时启动,虽然对每个体而言,存取周期均未缩短,但由于 CPU 交叉访问各体,最终在一个存取周期的时间内,实际上向 CPU 提供了 n 个字,大大提高了存储器的带宽。对于 n 个存储体的多体低位交叉存取存储器,如果都是顺序地取指令,效率是可以提高到近 n 倍的;但如果程序中有转移指令的存在,并且由于数据的随机性,就可能产生存储器冲突,效率就会下降。

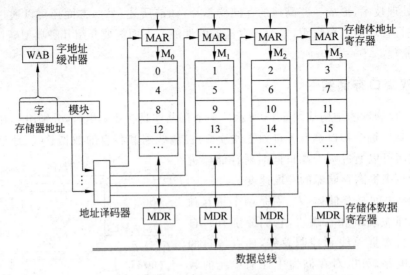

图 6-19 低位交叉四体并行存储器结构示意图

6.3.3 相联存储器

1. 相联存储器 CAM(Content Addressable Memory)的基本原理

一般的存储器都是按地址访问的,相联存储器是一种按内容访问的存储器。在前面描述的随机存储器或只读存储器中,被选择的地址都是已知的,根据地址码读/写该单元。多数情况下还会遇到如下情况:人们不知道所要选择内容的地址,只知道要选择内容的特征字段。这种情况在事务处理中经常遇到,例如,存储器中存放了全校所有教职工的档案,如果需要知道"职工号是 01045 的人员姓名是什么?"或者"教师年龄大于 40 岁的人员有多少?"这样的任务如果用传统的随机存取存储器,就只好逐个从教职工档案中取出人员信息,如果满足条件,则提取出人员姓名信息,或者统计计数,都需要执行一段程序。而相联存储器按内容访问,就可以在一个存储周期内完成,可以节省大量的时间。

一般而言,相联存储器是指其中任一存储字都可以直接用其中一部分内容来寻址的存储器。这部分内容我们称之为关键字。相联存储器的基本原理是把存储单元所存内容的某一部分作为关键字,去检索该存储器,并将存储器中与该检索项存在着某种关系(如相等、大于、小于、大于等于、小于等于)的存储单元的内容进行统计、读出或写入。

通常,相联存储器有两种工作方式:相关工作方式和随机工作方式。对于随机工作方式,同其他的存储器工作方式相同。这里主要介绍相关工作方式。

2. 相联存储器的基本结构

相关工作方式下的相联存储器由存储体、比较寄存器 CR、屏蔽寄存器 MR、查找结果寄存器 SRR、暂存寄存器 TR、字选择寄存器 WSR、控制线路等组成。其基本组成框图如图 6-20 所示。

(1) 存储体:通常用双极型半导体存储器构成,以求快速存取。在图 6-20 左下方是一个 n 字×m 位的二维相联存储器位阵列,即存储体。阵列中的每个位是一个与比较逻辑门

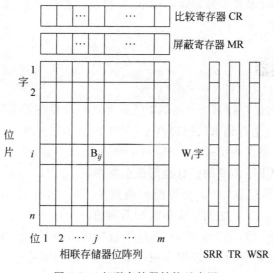

图 6-20 相联存储器结构示意图

和读/写控制电路相连的触发器。每个位单元可以清零、写入、读出或与外部比较数进行比较。

(2) 比较寄存器(CR)：用来存放检索比较时用的关键字，即被比较的内容。比较寄存器的位数和相联存储器的存储单元的位数相等，即有 m 位。

(3) 屏蔽寄存器(MR)：用来存放比较时用的屏蔽码，以控制相联存储器的哪些位将不参与并行比较，也有 m 位。如果将存储器阵列中的所有字的同一位看成一个位片的话，当 MR 的第 i 位为 0 时，就使存储器阵列的第 i 个位片不参与检索比较。

(4) 查找结果寄存器(SRR)：用来保存本次查找的响应结果。它是一个 n 位的寄存器，每位与存储体的每个字一一对应。当存储器中第 i 字在检索时，内容与比较数寄存器中关键字匹配，就将该寄存器第 i 位置成"1"，否则，则置成"0"。

(5) 暂存寄存器(TR)：用来保存前次或前几次查找的响应结果，以便处理机可对这几次查找的响应结果作进一步的"与"、"或"、"非"等逻辑运算，实现更为复杂的功能。它也是 n 位的，与存储体的每个字一一对应。所有这些寄存器都可以置"1"、复位，或从外部装入所需的二进制信息。

(6) 字选择寄存器(WSR)：用来控制存储器阵列中的哪些字参与本次查找操作，哪些字不参与本次查找操作。例如，当字选择寄存器的第 i 位为 1 时，其对应的第 i 个存储器字参与查找(比较)，否则不参与查找(比较)。WSR 在某些相联存储器里没有设计。

开始检索前，首先设定好比较寄存器中的检索关键字和屏蔽寄存器的屏蔽位。然后，发出检索信号，相联存储器的硬件电路在一个时钟节拍就能完成所有字的检索，并且将查找结果送到查找结果寄存器 SRR，它的合乎比较条件的字对应的位被置"1"。

相联存储器按照内容访问存储器，使数据库的检索时间开销成为最小，效益是非常明显的。虚拟存储器系统的快表及高速缓冲存储器的目录表通常采用相联存储器构建，达到按内容快速查找的目标。20 世纪 80 年代后期，随着器件技术的飞速发展，使得半导体相联存储器的使用越来越广泛。例如，在对大容量数据库、知识库进行检索的专用系统中，在进行逻辑推理的模式匹配中,以及多种相联操作中,为提高访存的速度,就使用了相联存储器作为处理机的数据存储器。

6.4 Cache 存储器

现代计算机系统均以存储器为核心,CPU 和大量 I/O 设备需要频繁地与主存进行信息交换。通常 I/O 设备向主存请求的级别高于 CPU,就会出现 CPU 等待 I/O 访存的现象,从而降低 CPU 的工作效率。为了避免 CPU 与 I/O 争抢访存,可在 CPU 与主存间加设一级缓存,这样,主存可将 CPU 需要的信息提前送至缓存,一旦主存与 I/O 交换信息时,CPU 可直接从缓存中读取所需信息,不必空等而影响效率。同时,在存储系统中增加高速缓存 Cache,也能解决主存与 CPU 之间速度不匹配的问题。

但是,增加了 Cache 后,是否能保证 CPU 不直接访问主存,而主要从 Cache 中获取信息呢？通过大量典型程序的分析,发现程序往往重复使用它刚刚使用过的数据和指令,近期内被访问的代码,很可能不久又将再次被访问,地址上相邻近的代码可能会被连续地访问。这是由于指令和数据在主存内都是连续存放的,而且程序编制过程中经常会使用循环或子程序的架构。上述这种规律称为程序访问局部性原理。根据这种原理,很容易设想,只要把 CPU 近期要用到的程序和数据,提前从主存送至 Cache,就可以做到 CPU 在一定时间内只访问 Cache。

6.4.1 高速缓存工作原理

Cache 的基本结构如图 6-21 所示,把 Cache 和主存按照机器字长的整数倍分成相同大小的数据块,每一块是由若干个字组成。由于主存的容量远大于 Cache 的容量,因此,主存的块数也远大于 Cache 的块数。Cache 工作时,它的每个字块都按照一定的映像关系调入了主存的某个字块的副本。每当处理器给出一个主存字地址访问主存时,都必须通过主存—Cache 地址映像变换机构判定该访问字所在的字块是否已在 Cache 中。如果在 Cache 中,称为命中,则经地址映像变换机构将主存地址变换成 Cache 地址后去访问 Cache,这时 Cache 与处理机之间进行单字宽信息的传输；如果不在 Cache 中,则称为 Cache 访问不命中。这时就需要按照某种预先设计的算法处理,例如直接访问主存,并且把包含该字的整个字块信息调入 Cache 中,如果处理器下次再顺序访问的话,肯定是命中的。

Cache 与主存交换数据由 Cache 映像管理器完成,它可以在处理器不访问主存的空隙进行,也可以通过并行存储器的方式与主存进行多字宽的快速数据交换。当然,刚才的新字块要进驻到 Cache 还有一番论证,如果该 Cache 中的各个字块都已装满,新的字块调入 Cache 就发生了块冲突。这时需要按照预先设计的替换算法将可以替换的字块替换掉,并把新的字块在 Cache 中的地址按地址映像关系修改为该字块在主存中的地址标记,还有该字块的有效标志和使用状态标志等信息。替换操作由 Cache 控制器的替换部件完成。

为了提高 CPU 访问 Cache 的速度,Cache 的地址映像和变换、替换算法、页面调度等都采用专门的硬件来实现。Cache—主存层次的使用对程序员是透明的。

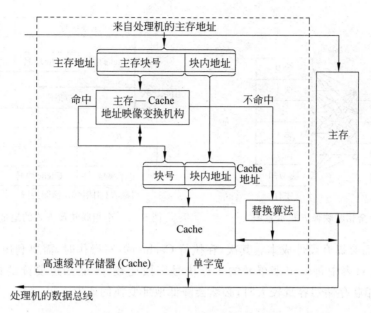

图 6-21　Cache 结构示意图

6.4.2　主存与 Cache 的地址映像

所谓地址映像就是 Cache 块与主存块的函数关系。而地址变换则是指当主存的块按该映像规则装入 Cache 后,处理器每次访问主存时将主存地址变换成对应的 Cache 地址的过程。常用的地址映像主要有全相联映像、直接映像和组相联映像,地址映像的方式不仅影响地址变换的速度,而且还影响 Cache 的块冲突率和 Cache 空间的利用率。

1. 全相联映像及地址变换

全相联映像方式是主存中的任意一块可以映像到 Cache 中任意的块位置上。如果 Cache 的块数为 C,主存的块数为 M,则主存和 Cache 块之间的映像关系共有 $C\times M$ 种。全相联映像方式如图 6-22 所示。

全相联映像方式的地址变换过程如图 6-23 所示。对 CPU 送来的主存地址,用其块号字段作为相联查找的关键字,与目录表中的主存块号字段进行并行比较,若找到一个相同的主存块号字段,并且有效位为 1 时,称为命中,则取其 Cache 块号与块内地址拼接在一起,形成 Cache 地址送 Cache 地址寄存器;若在相联查找中没有发现相同的主存块号字段,表示该主存数据块尚未装入 Cache,则从主存中将该块调入 Cache 中,并修改目录表。目录表字单元个数总是和 Cache 总块数 C 一致。

全相联映像方式的优点是明显的,对 Cache 的使用可以有最大的灵活性,Cache 存储器的空间利用率最高。只要 Cache 中尚有空闲的单元,又有新的主存单元的内容要写入 Cache 时,则一定能执行写操作。当 Cache 所有单元都被占用,又有新的主存单元的内容要写入 Cache 时,也可以比较方便地选择一个 Cache 单元进行腾空,接着完成写入操作,因而采用这种映像方式,可以使 Cache 命中率最高。但是,全相联映像方式的缺点也是非常突出的。首先,随着 Cache 总块数的增长,目录表的总容量也随之增加,要求相联存储器的容量

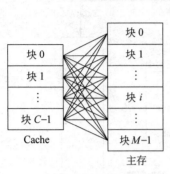

图 6-22 全相联映像方式示意图

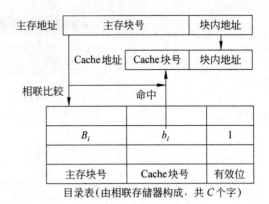

图 6-23 全相联映像方式的地址变换

做得很大,从而会提升硬件成本。其次,在执行 Cache 读/写操作时,需要利用主存地址中的块号字段与目录表中每一个字单元的主存块号字段比较,才能知道要读的信息是否已在 Cache 中,当相联存储器容量较大时,必然会降低地址变换的速度。

2. 直接相联映像及地址变换

直接相联映像方式是将主存中的一块唯一映像到 Cache 中的一块,而 Cache 中的一块要对应主存中的若干块的方式。设主存中的块号为 B,Cache 中的块号为 b,则映像关系可以表示为:

$$b = B \bmod C$$

直接相联映像方式如图 6-24 所示。

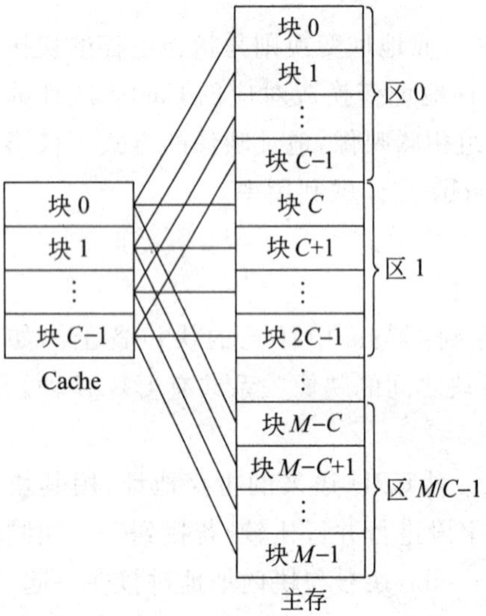

在直接相联映像方式中,将块容量为 M 的主存按 Cache 的大小划分为 M/C 个区,主存各区中区内块号相同的那些块都映像到 Cache 中同一个块号的位置上。因此,Cache 的地址与主存的地址除区号外的低位部分完全相同。在这种方式中,利用区表保存地址变换信息,其字单元个数与 Cache 总块数 C 相同,字长为主存地址中区号的长度,另加一个有效位。

直接相联映像地址变换如图 6-25 所示。用主存地址中的块号去访问区表,把读出的区号与主存地址中的区号相比较,如果区号相同,有效位也为"1",则命中且相应 Cache 块为有效块,以主存地址中的块号和块内地址作为 Cache 地址,访问 Cache。如果区号相同且有效位为"0",则表示 Cache 中虽然有要访问的块,但该块和已经被修改过的主存副本块内容不一致,已经被作废,需要再从主存中调入一次来重写该块,并且把有效位置成"1"。如果区号比较结果不相等,有效位为"1",则表示没有命中,但该 Cache 块为有效块,需要把该 Cache 块调出,写入主存,修改主存中相应的副本块,然后从主存中调入所需要的新块。如果区号比较结果不相等,有效位为"0",则表示没有命中而且该 Cache 块已作废,可以直接调入所需要的新块。

图 6-24 直接相联映像方式示意图

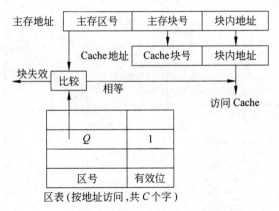

图 6-25 直接相联映像方式的地址变换

直接相联映像方式的优点是映像函数简单,实现硬件简单,不需要相联存储器,地址变换的速度也较快。如果一旦命中且有效,那么主存地址除掉区号后的低位部分就是 Cache 地址。直接相联映像方式的缺点是 Cache 利用率不高,块冲突率比较高,从而命中率最低。当两个或两个以上的块映射到相同的 Cache 块位置而发生冲突时,即使其他 Cache 块位置空闲也不能被利用。

3. 组相联映像及地址变换

组相联映像方式是介于全相联映像和直接相联映像方式之间的一种折中方式,是目前应用较多的一种地址映像方式。

组相联映像方式如图 6-26 所示。在组相联映像方式中,将块容量为 M 的主存按 Cache 的大小划分为 M/C 个区,主存中的各区和 Cache 再按同样大小划分为数量相等的组,组内再划分为块,主存的组到 Cache 的组之间采用直接相联映像方式,组内各块之间采用全相联映像方式。在这种方式中,利用块表保存地址变换信息。块表存储器采用按地址访问和相联访问两种方式工作,其字单元个数与 Cache 总块数 C 相同,字长为主存地址中区号、组内块号与 Cache 地址的组内块号长度之和,另加一个有效位及其他控制字段等。

组相联映像地址变换如图 6-27 所示。用主存地址中的组号 G 按地址访问块表,从块表存储器中读出一组字,字数为组内的块容量。把这些字中的区号和块号与主存地址中相应的区号和块号进行相联比较。如果发现有相等的,且有效位为"1",则命中且相应 Cache 块为有效块,从这个字中取出 Cache 块号和主存地址中送来的组号 G 及块内地址拼接起来形成 Cache 地址,访问 Cache。如果不等或有效位不为"1",则不命中,应调入新块。

在组相联映像方式中,由于组内采用全相联映像,大大降低了组内块冲突的概率,同时也大大提高了 Cache 中同一组内的空间利用率,组的容量越大,同一组内的块冲突概率就越低。但由于组之间采用的是直接映像,因此在整个 Cache 未装满的情况下,也会发生块冲突的情况。总的来说,组相联映像的 Cache 块冲突率和空间利用率均介于直接映像和全相联映像之间,其地址变换的硬件复杂度也介于两者之间。

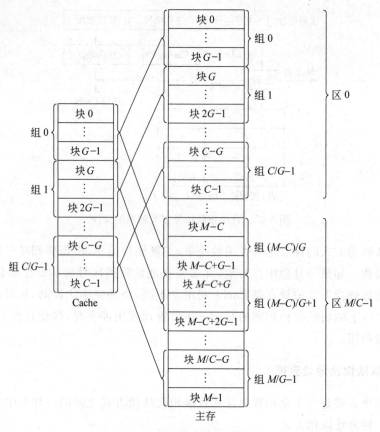

图 6-26 组相联映像方式示意图

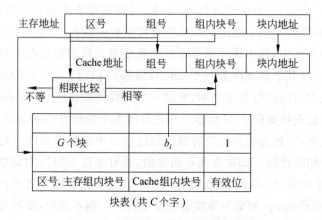

图 6-27 组相联映像方式的地址变换

6.4.3 替换策略

由于 Cache 的容量远比主存小,所以它只能保存主存的一部分副本。当 CPU 访问不命中时,Cache 控制器就要把主存的该块内容调入 Cache 中,这就牵涉到替换算法。对于直接相联映像方式,因为 Cache 中只有一个字块可被替换,因此不需要替换算法。对于全相联和组相联映像方式,就要从多个字块中选出一个被认为应该替换的,就涉及替换算法或称替换策略。

在 Cache 存储器中,替换算法全部由硬件实现,对程序员是透明的。选择替换算法的依据是维护存储器的总体性能,主要考虑 Cache 的命中率。常用的替换算法有以下 4 种。

(1) 随机算法(RAND,Random)

随机算法是一种最简单的替换算法。随机算法完全不管 Cache 块的过去、现在及将来的使用情况,而是简单地根据一个随机数,选取 Cache 中的一块替换掉。这种策略硬件实现容易,而且速度快。缺点是随意替换掉的字块很可能马上又要用到,从而降低了命中率和 Cache 的工作效率。但这个负面影响随着 Cache 容量增大会减少,模拟研究表明随机替换算法的功效只是稍逊于 LRU 算法。

(2) 先进先出算法(FIFO,First In First Out)

先进先出算法是每次替换时把映像关系中最早调入 Cache 的字块替换掉。这种算法比较容易实现,只需要在标记存储器中记录该块的时间队列即可,替换时按照队列淘汰最早进入的。先进先出算法是机械型的算法,有时先进入的可能使用还很频繁,例如反复调用某个子程序等。

(3) 近期最少使用算法(LRU,Least Recently Used)

近期最少使用算法能比较正确地利用程序访问局部性原理,替换出近期用的最少的存储块,因为近期最少访问的数据,很可能在最近的将来也最少访问。LRU 算法在实现过程需要对 Cache 中每块设置一个位数很长的计数器,用以记录其被使用的情况,因此完全按照此算法实现比较困难。一般使用其变形,把近期最久未访问过的块作为被替换块,将"多"和"少"变成"有"和"无"实现起来就方便得多,这种变形的 LRU 算法称为最久没有使用算法(LFU,Least Frequently Used)。实现 LRU 或 LFU 算法的方法有许多,包括计数器法、寄存器堆栈法、比较对法等。

(4) 最优化算法(Optimization,OPT)

最优化算法是一种以将来使用最少作为替换目标的一种算法。这种算法是一种理想化的算法,实际过程中很少使用,常被用作评价其他替换算法优劣的标准。最优化算法和 LRU 算法一样,都属于堆栈型算法,它根据 Cache 中将来最少被使用的块作为要替换的块,是效率最高的一种算法。

6.4.4 Cache 的写操作策略

虽然 Cache 是主存的一部分副本,主存中某单元的内容却可能在一段时期内会与 Cache 中对应单元的内容不一致。例如,CPU 写 Cache,修改了 Cache 中某单元的内容,可主存中对应此单元的内容没有改变,这时如果 I/O 处理机和其他处理机要经主存交换信息,那么这种主存内容跟不上 Cache 对应内容变化的不一致就会造成错误。同样,I/O 处理机或其他处理机把新的内容写入主存某个区域,而 Cache 中对应此区域的副本内容却仍是原来的。这时,如果 CPU 要从 Cache 中读取信息,也会因这种 Cache 内容跟不上主存对应内容变化的不一致而造成错误。

解决因中央处理机写 Cache 使主存内容跟不上 Cache 对应内容变化造成不一致问题的关键是选择好更新主存内容的算法,也称为 Cache 的写操作策略。通常有两种写操作策略:

写直达法和写回法。

(1) 写直达法(Write Through,WT)

写直达法也称全写法,是利用 Cache 存储器在处理机和主存之间的直接通路,每当处理机写入 Cache 的同时,也通过此通路直接写入主存。这样在块替换时,不必先写回主存就可调入新块。但是利用这种方法,会使得每次 CPU 写 Cache 时都要增加一个比写 Cache 时间长得多的写主存时间,导致系统效率降低。为了缓解这种不利因素,通常在使用写直达法时,会准备少量高速小容量的缓冲存储器,将写 Cache 所要求的要写回主存的内容进行缓存,使 CPU 不必等待这些写主存操作完成就能往下运行。由于写直达法可以使 Cache 和主存的内容同时更新,所以一致性保持得比较好,可靠性比较高,操作过程简单。

(2) 写回法(Write Back,WB)

写回法也称为抵触修改法,是在 CPU 执行写操作时,信息只写入 Cache,仅当需要替换时,才将改写过的 Cache 块先写回主存,然后再调入新块。因此,在主存—Cache 的地址映像表中需要为 Cache 中每个块设置一个"修改位",作为该块装入 Cache 后是否被修改过的标志。只要修改过,就将该标志位置成"1"。这样在块替换时,根据该块的修改位是否为"1",就可以决定替换时是否需要先将该块写回主存。

写回法的优点是 Cache 的速度比较高,因为每次访问命中时的写操作只写 Cache,只有发生替换时才将修改过的块写入主存。但在替换时要将一块内容写回主存,此时 CPU 不能继续访问 Cache 及主存,可能处于等待状态。为改善这一缺陷,通常也设置少量高速小容量的缓冲存储器,先将写入的数据与地址存入此缓冲区,以便 CPU 可以继续工作,而缓冲存储器可以与 CPU 的处理工作并行,将数据写入主存。写回法因为有一段时间 Cache 内容与主存内容不一致,所以可靠性比写直达法差,而且控制操作比较复杂。

不论采用哪种写操作的方法,当遇到写操作访问不命中的时候,可以有两种处理方法,一种是不按写分配法,即当 Cache 写不命中时,则直接将数据写入主存,该地址对应的数据块不调入 Cache;另一种是按写分配法,即数据写入主存的同时,将该数据块也调入 Cache。在实际应用中,通常写回法在不命中时采用按写分配法处理,而写直达法则采用不按写分配法。

6.5 虚拟存储器

虚拟存储器又称虚拟存储系统,其概念是 1961 年英国曼彻斯特大学的 Kilbrn 等人提出的,到了 20 世纪 70 年代被广泛地应用于大中型计算机系统中。目前,许多小型计算机及微型计算机系统中都在使用虚拟存储器。

6.5.1 虚拟存储器基本概念

一般用户程序所需的主存容量要大于实际的主存,要解决程序长度与主存容量之间的矛盾,其方法是:用户根据主存容量,将程序分成若干个能独立运行的程序段,把先要执行的程序段存于主存中,其余各段存于辅存中,以逐段执行、逐段调入和覆盖技术相结合的方法运行整个程序。通过这种方法,在硬件和系统软件的共同管理下,可以使用户编程时不必考虑该程序执行时到底是访问主存还是辅存,逻辑上把主存和辅存构成的庞大的虚拟存储空间都当作主存使用,从而扩大了主存容量,这种利用虚拟技术设计的存储器称为虚拟存储器,它不仅有效地解决了存储容量和存取速度的矛盾,而且是管理存储设备的有效方法。"虚拟"两字的含义是:面向应用程序员的是一个虚拟存储空间,该空间远大于实际的主存空间。

虚拟存储器的工作原理和 Cache 的工作原理十分相似,它把主存和辅存划分成若干小块,主存中每一小块都是辅存中对应小块的副本。程序和数据一开始都存放在辅存中,在 CPU 用到它们时才调入主存,如果主存已被装满,则采用适当的替换算法在主存和辅存之间交换。

和 Cache 不同之处在于虚拟存储器主要由软件管理。在计算机系统中,各种存储器硬件以及管理这些存储器的软硬件构成了计算机的存储系统。存储器管理软件属于操作系统的一部分,处理所有的软件操作,包括确定哪个页面从主存中移出去以便腾出空间装入新的页面,以及何时将一个页面从辅存中调入主存等。

在虚拟存储器中,有三种地址空间,第一种是虚拟地址空间,也称为虚空间或虚拟存储器空间,它是应用程序员用来编写程序的地址空间;第二种空间是主存储器的地址空间,也称主存物理空间或实存地址空间;第三种是辅存地址空间,也就是磁盘存储器的地址空间。与这三种地址空间相对应,有三种地址,即虚拟地址(虚地址)、主存地址(主存物理地址)和磁盘存储器地址(辅存地址)。在虚拟存储器工作过程中,必须将用户利用虚地址编写的程序按照某种规则装入到主存中,并建立多用户虚地址与主存物理地址之间的对应关系,称为地址映像;程序被装入主存之后,在实际运行时,还需要把多用户虚地址变换成主存物理地址或辅存地址,称为地址转换。

根据所采用的地址映像和地址转换方法的不同,有多种不同类型的虚拟存储器。目前主要有页式虚拟存储器、段式虚拟存储器和段页式虚拟存储器 3 种。

6.5.2 段式虚拟存储器

从程序设计和存储器管理的角度看,段这个词有特定的含意。段是模块化程序设计的产物,在程序设计过程中,通常会把在逻辑上、处理功能上有一定的独立性的程序段落单独划分成一个独立的程序单位,供主程序或其他程序部分调用,一个大的程序是由许多程序单位经过连接而组成的。此时的每个程序单位就是一个程序段,可以用段名或段号来指明程序段,每个段的长度是随意的,由组成程序段的指令条数决定,或由组成数据段的数据数目决定。

段式虚拟存储器就是以程序的逻辑结构(如模块)为信息分配处理单元的存储管理方式。在段式虚拟存储器中,将用户程序按其逻辑结构(过程、子程序等)分为若干段,各段的大小与模块的大小相同。相应的虚拟存储空间也是随程序结构的不同而动态分段,通过段表建立虚拟空间地址和主存物理地址之间的映射关系。段表中每一行记录了某个段对应的若干信息,包括段号、段起点、段长、装入位和其他控制位等,通常驻留在主存中。段号代表段在虚拟空间的编号;段起点指明每个段的起始位置所占虚拟空间的存储单元的值,也叫段基址;段长表示某段占存储空间的大小,一般是子模块的大小;装入位用来标记当前段是否在主存中,若在则为"1",否则为"0";其他控制位包括读、写、执行等操作信息。

编程使用的虚地址包含两部分:高位是段号,低位是段内地址。CPU 根据虚地址访存时,首先将段号与段表的起始地址合成,形成访问段表对应行的地址,然后根据段表内装入位判断该段是否已调入主存。若已调入主存,则从段表读出该段在主存的起始地址,与段内地址相加,得到相应的主存实地址。若未调入,则先执行调入命令,再用相同的方法产生主存实地址,并提供给 CPU。图 6-28 给出了段表结构及段式虚拟地址与实地址的转换方式。

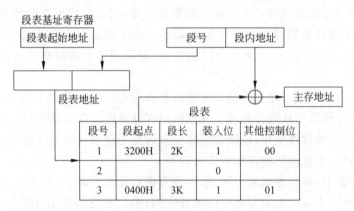

图 6-28 段表结构及段式虚拟地址与实地址的转换方式

由于段的分界和程序的自然分界相对应,因而段式虚拟存储器有利于程序的编译、管理、修改和保护,便于各段之间的共享。但是,由于段的大小不固定,段的起点和终点不易确定,致使段表结构和算法复杂。另外由于段与段之间的空白区不易控制,容易造成一些碎片,浪费存储空间。

6.5.3 页式虚拟存储器

页式虚拟存储器是以页为基本信息传送单位的虚拟存储器。在页式虚拟存储器中,把主存物理空间和虚拟空间都划分为大小相等的固定区域称为页面。主存物理空间的页称为实页,虚拟空间的页称为虚页。页的大小随计算机不同而不同,通常是 2 的整数次幂。其划分的方法一般以有利于主存与外存间的调度为主,页面从 0 开始编号。用户编程时将程序的逻辑空间也分为若干页,其数目和虚页的数目相同。在页式虚拟存储器中,虚地址由虚页号和页内地址组成,实地址由实页号和页内地址组成。高位字段是实(虚)页号,低位字段是页内地址,页内地址的范围和页的大小相关,如页面大小为 4KB,则页内地址的范围为 0000H~0FFFH。在主存中建立一种页表,提供虚实地址之间的转换关系,并记录程序的虚页调入主存时被安排在主存中的位置。页表是存储管理软件根据主存运行情况自动建立的,主存中的固定区域存放页表。页表中的每一行记录了与某个虚页对应的若干信息,包括虚页号、装入位和实页号等。CPU 执行程序时,提供虚地址访问主存,首先将虚页号与页表的起始地址合成,形成访问页表对应行的地址,然后根据装入位判断该地址的存储内容是否已被调入主存,如果不在的话,则产生缺页中断,以中断的方式将所需的页内容调入主存。如果在主存中,找出该存储内容在主存中的那一页,即对应的实页号,构成实地址供 CPU 访问。页表的组成以及虚实地址之间的转换如图 6-29 所示。

页式虚拟存储器优点在于:页的大小相等,若知道某一页所在的虚拟空间的位置,容易推算其他页在虚拟空间的位置,算法容易实现;缺点在于:由于分页到最后一页时,不足一页的容量也要占用一页大小的空间,容易造成主存的"间隙",使主存的利用率不高;另外,由

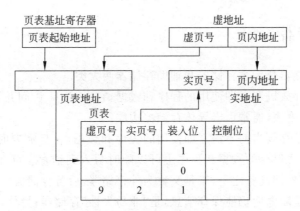

图 6-29　页表结构及页式虚拟地址与实地址的转换方式

于页不是逻辑上独立的实体，在截取页的时候可能把某些程序、数组等数据结构截断，所以在对页面进行修改、保护和共享等方面，页式虚拟存储器不如段式虚拟存储器方便。

6.5.4　段页式虚拟存储器

段页式虚拟存储器是综合了段式虚拟存储器和页式虚拟存储器两种方法的优点的一种虚拟存储管理方法。它将程序按其逻辑结构分段，每段再划分为若干大小相等的页；主存空间也划分为若干同样大小的页。虚存和实存之间以页为基本传送单位，每个程序对应一个段表，每段对应一个页表。CPU 访问主存时，虚地址包含段号、段内页号、页内地址三部分。首先将段表起始地址与段号合成，得到段表地址；然后从段表中取出该段的页表起始地址，与段内页号合成，得到页表地址；最后从页表中取出实页号，与页内地址合成形成主存实地址。整个过程中需要两级查表才能完成地址转换，较为费时。

段页式虚拟存储器将存储空间按逻辑模块分为段，每段又分成若干个页，访存通过一个段表和若干个页表进行。段的长度必须是页长的整数倍，段的起点也必须是某一页的起点。操作系统按段进行保护和共享，按页在主存和辅存之间进行调入调出操作。

6.5.5　快表和慢表

在虚拟存储器中，如果不采取有效的措施，访问主存的速度将要降低几倍，这是因为在页式和段式虚拟存储器中，必须先查页表或段表；在段页式虚拟存储器中，既要查段表也要查页表。如果页表和段表都在主存中，那么主存的访问速度将要降低 2~3 倍。

要想使访问虚拟存储器的速度接近于访问主存的速度，必须加快查表的速度。由于程序在执行过程中具有局部性的特点，因此，对页表的访问并不完全是随机的。在一段时间内，对页表的访问只是局限在少数几个存储器字内。为了将访问页表的时间降低到最低限度，许多计算机将页表分为快表和慢表两种。将当前最常用的页表信息存放在一个小容量的高速存储器中，称为"快表"，当快表中查不到时，再从存放在主存中的页表中查找实页号。与快表相对应，存放在主存中的页表称为"慢表"。快表只是慢表的一个副本，而且只存放了慢表中很少的一部分，通常用相联存储器实现快表。

实际上，快表和慢表也构成了一个由两级存储器组成的存储系统，其访问速度接近于快表的速度，存储容量是慢表的容量。

6.6 辅助存储器

计算机中的存储器分为主存储器和辅助存储器两大类。

主存储器用来存放机器立即使用的程序和数据，它由 CPU 访问并且和 CPU 的关系密切，因此要求存取速度快，通常由半导体存储器构成。

辅助存储器用于存放当前不需立即使用的程序和数据，一旦需要时能够成批地调入到主存。同时，机器需要保存的数据和程序也可以随时写入到辅存。因此它是主存的后备和补充，是主机的主要外部设备之一，于是又称为外存储器、后备存储器、二级存储器等。辅助存储器的主要特点是断电后仍能保存信息，是"非易失性"存储器；另外，它还具有容量大、成本低的特点。

当前广泛使用的辅助存储器主要有磁表面存储器和光存储器两大类。

磁表面存储器是将磁性材料沉积在盘片（或带）的基体上形成记录介质，并以绕有线圈的磁头与记录介质的相对运动来写入或读出信息。在现代计算机系统中所使用的磁表面存储器又有数字式磁记录和模拟式磁记录两种，数字式磁记录主要有硬盘、软盘和磁带。早期的计算机还曾使用过磁鼓，现已淘汰。模拟式磁记录是指录音和录像设备，过去多作为家用电器设备，随着多媒体技术的发展，在多媒体计算机中，录音机与录像机已作为计算机的一种新配置。磁表面存储器是历史最久、应用最广的辅助存储器，而且存储信息的位价格（存储 1 位二进制信息的价格）最低。

用于计算机系统的光存储器主要是光盘（optical disk）。光盘的记录原理不同于磁盘，它是利用激光束在具有感光特性的表面上存储信息的。光盘的容量比磁盘的容量大，是很有发展前途的辅助存储器。

随着计算机硬件的发展，目前市场上也出现了多种移动存储设备，包括 USB 电子盘（简称 U 盘）和移动式硬盘等，在其速度、容量、价格方面都有很大的优势。U 盘的出现已经使软磁盘遭到淘汰，移动硬盘的需求也在快速增长。

6.6.1 磁表面存储器原理

众所周知，铁磁材料在外磁场作用下会被磁化，而硬磁性材料被磁化后即使外磁场消失，其磁性仍不消失，即有剩磁。磁表面存储器就是利用硬磁材料剩磁方向的不同来存储二进制数据 0 或 1 的。

1. 磁记录介质

二进制信息记录在一层很薄的硬磁材料中，这层材料与其附着的载体就称为记录介质。它是存储信息的基础，可以脱机保存，并且可以作为不同系统之间信息交换的手段，因此又称为磁记录媒体。

根据记录介质的载体不同，主要有软性介质（磁带和软磁盘片）和硬性介质（硬磁盘片）两种。磁性材料也有颗粒材料和连续材料两类。一种好的记录介质应该具有记录密度高、输出信号幅度大、噪音低、表面组织紧密、光滑、无麻点、厚薄均匀，对周围环境的温度、湿度不敏感，能长期保持磁化状态等特点。载体和磁性材料两者都可能影响记录介质的性能。

载体是由非磁性材料制成的,如硬磁盘的盘片是铝合金材料或玻璃,软磁盘的盘片和磁带的带基是聚酯薄膜材料。形成磁层的磁性材料有两类:一类是氧化铁磁层,常用 r-Fe_2O_3,将它研磨成极细的粉末再与聚合粘合剂混合制成磁胶,均匀地涂覆在载体上。另一类是用 Co、Ni、Fe 和 P 等金属,按一定比例组合后采用电镀沉积等方法镀到载体上。

2. 磁头及读/写过程

磁头是磁表面存储器用以实现磁—电转换的关键元件,磁头上绕有线圈,用于写入或读出信息。磁头的作用是实现电—磁转换,它把代表二进制代码的电脉冲转换成磁场,并且磁化相应区域的磁记录介质完成写入操作。而磁记录介质上的磁化信息又要通过磁头实现磁—电转换,转换成电脉冲后再通过电路转换成为二进制数据。因此磁头的性能对读/写、记录密度和读出速度等均有直接的影响。

磁头通常用两种软磁材料做成,一种是金属软磁材料,如坡莫合金、铁铝合金等。这类材料导磁率高,饱和磁感应强度大,矫顽力小,但高频特性差,加工困难,多用于工作频率较低的磁表面存储器;另一种是铁氧体材料,如锰锌铁氧体等。这种材料电阻率十分高,损耗小,高频磁性能好,虽然导磁率和饱和磁感应强度低,但仍然广泛应用。

磁头的工作方式可以分为接触式磁头和浮动式磁头两种。接触式磁头在读/写时,磁头与记录介质直接相接触。它常用于磁带机和软磁盘机中,其结构简单,但磁头极尖区和介质摩擦要受到磨损,磨损程度与介质相对于磁头的移动速度、极尖的几何形状、磁性材料的硬度、介质表面质量等因素有关。浮动式磁头是由介质高速运动时所产生的气流,在磁头与介质表面之间形成一层极薄的空气薄膜(气垫),故使磁头与介质表面脱离接触而浮动。浮动间隙是浮动式磁头的重要参数,一般为微米量级,它的减小可以提高记录密度。硬磁盘采用浮动式磁头,由于盘片高速旋转,磁头由气垫浮起不与盘片表面接触,因而硬磁盘的寿命长、存取速度快,可靠性高。但在盘片停止旋转之前为防止磁头划伤盘面,磁头必须从读/写位置退到原始位置;同样,启动磁盘工作时,须待盘片达到一定转速后磁头才能进入到盘片上面执行寻道操作,否则可能损坏磁盘。

磁头对记录介质的写入过程如图 6-30 所示,记录介质在磁头下匀速通过,若在磁头线圈中通入一定方向和一定大小的电流,则磁头导磁体被磁化,建立一定方向和强度的磁场。由于磁头上存在工作间隙,在间隙处的磁阻较大,因而形成漏磁场。在该漏磁场的作用下,将工作间隙下面的介质表面上的微小区域的磁性粒子向

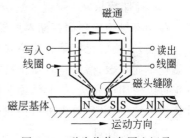

图 6-30 磁头将信息写入记录
介质示意图

某一方向磁化,形成一个磁化单元。当漏磁场消失以后,磁层的硬磁材料呈现剩磁状态保存了所记录的信息。而磁头是良好的软磁材料,线圈的电流消失以后,又回到未磁化状态。如此在磁头的写入线圈中连续通入不同方向的电流,使介质上被磁化单元的方向不同而得到不同的剩磁状态,用以代表二进制信息的"1"和"0"。随着写入电流的变化和记录介质的运动,就可将二进制数字序列转化为介质表面的磁化单元序列。

磁头对记录介质的读出过程就是要将介质上记录好的磁化单元序列还原为二进制信息"0"和"1"序列的过程。当记录介质在磁头下匀速通过时,不论磁化单元是哪一种剩磁状态,

磁头和介质的相对运动都将切割磁力线,因而在磁头读出线圈的两端产生感应电压e。e的大小与磁头中磁通ϕ的变化率成正比,e的方向与磁通变化方向相反。不同的磁化状态,所产生的感应电压方向不同。这样,不同方向的感应电压经读出放大器放大鉴别,就可判定出读出的信息是"1"还是"0"。

3. 磁表面存储器的主要技术指标

辅助存储器的主要技术指标是存储密度、存储容量、寻址时间等。这些指标最初都是用于描述磁表面存储器的,对于光盘存储器也仍这样定义。

(1) 存储密度

存储密度是指单位长度或单位面积磁层表面所存储的二进制信息量。

① 道密度

对于磁盘存储器,因为磁盘旋转,而磁头可处在不同的半径上,于是在介质表面上形成的磁化轨迹是多个同心圆,称为磁道。磁道具有一定的宽度,叫道宽。它取决于磁头的工作间隙长度及磁头定位精度等因素。为避免干扰,磁道与磁道之间需间隔一定的保护距离,相邻两条磁道中心线之间的距离叫道距。道密度是指垂直于磁道方向上单位长度中的磁道数目,因而等于道距的倒数,道密度的单位是道/毫米(Tracks Per Millimeter,TPM)或道/英寸(Tracks Per Inch,TPI)。对于磁带存储器,其磁道是沿着磁带长度方向的直线,由于在磁带的宽度上一般为9条磁道并且位置是固定的,因此它的道密度没有必要描述。

② 位密度

对于磁带存储器,主要使用位密度来描述,是指沿磁道方向上单位长度磁道所能记录二进制信息的位数,单位是位/毫米(bits per millimeter,bpm)或位/英寸(bits per inch,bpi)。常用的磁带记录位密度为800bpi、1600bpi和6250bpi等多种,目前最高到数万bpi。

③ 面密度:面密度=道密度×位密度。

(2) 存储容量

存储容量指磁表面存储器所能存储的二进制信息的总量。一般以字节为单位。对于磁盘存储器,有格式化容量和非格式化容量两个指标。非格式化容量是磁记录表面可以利用的磁化单元总数;格式化容量指按照某种特定的记录格式所能存储信息的总量,也就是用户真正可以使用的容量,一般约为非格式化容量的60%~80%左右。将磁盘存储器用于某个计算机系统中,必须首先进行格式化处理,然后才能供用户记录信息。

(3) 寻址时间

磁盘存储器采取直接存取方式,寻址时间包括两部分:一是磁头寻找目标磁道所需的寻道时间;二是找到磁道后,磁头要等待所要读/写的特定扇区旋转到磁头下面的等待时间。寻道时间的大小与磁头相距目标磁道的位置有关系,例如,目标磁道正好在相邻磁道时最快,隔得远就慢。同样,磁头等待时间在该磁道的不同扇区位置也不同,因此,通常取它们的平均值来描述,分别称为平均寻道时间和平均等待时间,而平均寻址时间则为两者之和。

平均寻址时间是磁盘存储器的一个重要指标。不同设备的技术性能差别很大,硬磁盘存储器的平均寻址时间为毫秒量级,比软磁盘存储器速度快得多。

磁带存储器的磁头固定为一排,每个磁道都有一个磁头对应,因此不需要寻道时间。但磁带采取顺序存取方式,需要考虑磁头寻找记录区的等待时间,所以寻址时间指的是磁带空转到磁头应访问记录区的时间。

(4) 数据传输率

磁表面存储器在单位时间内向主机传送数据的位数或字节数，称为数据传输率。数据传输率与存储设备和主机接口逻辑两者的性能有关。从磁表面存储器设备方面考虑，它正比于记录密度和记录介质的运动速度。

(5) 误码率

误码率是衡量磁表面存储器出错概率的参数。它等于从辅存读出的出错信息位数和读出的总信息位数之比。

4. 磁记录方式

为了提高磁表面存储器的性能，扩大存储容量，加快存取速度，不仅要了解磁记录的物理过程和记录介质与磁头的性能，而且还要研究磁记录方式对提高记录密度和可靠性的影响。

磁记录方式是一种编码方法，它按照某种规律将一连串的二进制数字信息变换成存储介质磁层的相应磁化翻转形式，能够通过读/写控制电路实现这种转换规律。采用高效可靠的记录方式，是提高记录密度的有效途径之一。图 6-31 是几种常见的磁记录方式的写入电流波形。

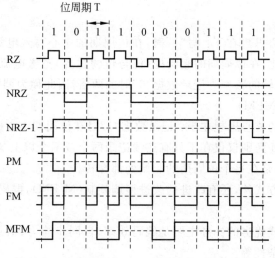

图 6-31　几种常见磁记录方式的写入电流波形

(1) 归零制(RZ)

归零制编码的核心思想在于：给磁头写入线圈送入的一串脉冲电流中，正脉冲表示"1"，负脉冲表示"0"，从而使磁层在记录"1"时从未磁化状态转变到某一方向的饱和磁化状态，而在记录"0"时从未磁化状态转变到另一方向的饱和磁化状态。在两位信息之间，线圈内的电流为零。因为磁层为硬磁材料，改写时，需要先去磁后写入。所以改写磁层上记录的数据比较困难。

(2) 不归零制(NRZ)

不归零制编码的核心思想在于：写"1"时，整个位周期时间里磁头线圈都输入正向电流;写"0"时,整个位周期时间里磁头线圈都输入负向电流;磁头线圈里没有无电流的状态。

不归零制对连续记录的"1"和"0",写电流的方向是不改变的。因此,这种记录方式比归零制减少了磁化翻转的次数,但它也失去了自同步能力,即在接收端无法恢复同步时钟信号。需要一个同步信号对写入编码和读出译码同步,否则无法精确判断在某个磁化方向上究竟记录了多少个"1"或者"0"。工程上,当连续记录"1"、"0"的个数很少时能够区分,例如只有几个时,同步时钟的误差不会造成误判;但连续成千上万的就无法判断准确了。这时可以对写入信息进行二次编码,限制连续"1"、"0"的个数,才能够在工程实际中应用。

(3)见"1"就翻不归零制(NRZ-1)

NRZ-1制编码的核心思想在于:写"1"时,在位周期的中心写入电流要翻转;写"0"时磁头线圈里的电流方向不变。和不归零制一样,在记录信息时磁头线圈中始终有电流通过。不同之处在于,流过磁头的电流只有在记录"1"时变化方向,使磁层磁化方向翻转;记录"0"时,电流方向不变,磁层保持原来的磁化方向。本方式记录"1"具有自同步能力,而记录"0"就没有自同步能力,因此也需要配合二次编码方法才能投入工程应用。

(4)调相制(PM)

调相制编码的核心思想在于:写"1"时,在位周期的中心写入电流为负跳变;写"0"时,在位周期的中心写入电流为正跳变,即利用两个相位相差180°的磁化翻转方向代表数据"0"和"1"。当连续出现两个或两个以上"1"或"0"时,为了维持相位原则,写入电流需要在位周期起始处翻转一次。

(5)调频制(FM)

调频制编码的核心思想在于:写"1"时,在位周期的中心写入电流翻转;写"0"时,在位周期内写入电流不变化;在位周期的起始处(位与位的边界)写入电流必须翻转一次。由于记录数据"1"时磁化翻转的频率为记录数据"0"时的两倍,因此称为调频制,又称"倍频制"。

(6)改进调频制(MFM)

改进调频制编码的核心思想在于:记录数据"1"时在位周期中心磁化翻转一次,记录数据"0"时不翻转,与FM区别仅仅在于只有连续记录两个或两个以上"0"时,才在位周期的起始位置翻转一次,而不是在每个位周期的起始处都翻转。

除上述几种记录方式外,还有改进的改进型调频制(M^2FM)、群码制(GCR)以及游程长度受限码(RLLC)等。

评价一种记录方式优劣的标准主要是编码效率、自同步能力、信息相关性、抗干扰能力和编码译码电路的复杂性等。

6.6.2 磁带存储器

磁带存储器借鉴于磁带录音机,因此是辅存中最早应用的磁表面存储器。磁带的带基介质是柔韧的聚酯薄膜,磁带存储器属于按顺序存取(Sequential Access)的存储器,因此寻址时间长,数据传输率低。但它的存储容量巨大、位价格便宜,在大型机和中型机系统中仍然使用。

磁带存储器按外形分类,可以分为开盘式和盒式两种;按磁带机的结构分类,可以分为开盘式启停磁带机和数据流磁带机。其中,12.7mm(1/2英寸)开盘式启停磁带机和6.35mm(1/4英寸)盒式数据流式磁带机用得最多。

1. 开盘式启停磁带机

开盘式磁带指磁带缠绕在圆形的带盘上，磁带的头端是自由的。磁带的头和尾各贴有一块铝反光膜，磁带机的光电检测元件可以检测到这两个标记知道磁带的位置。磁带信息可以按文件存储，也可以按数据块存储。

磁带存储器和磁盘存储器不同，磁带的运动方向可以正走和反走，以便寻找记录区。因此，读/写完毕一个数据块后，磁带机立即停止走带，磁头停留在两个记录区之间的间隔区上。如果再读/写另一个数据块，磁带机又快速启动走带，当磁头走出间隙区时，磁带的运行速度已经达到了额定速度，可以进行正常的读/写了。因此这种运行方式被形象地称为启停式磁带机。

开盘式磁带按照并行位数读/写，有多少磁道，就有多少磁头，这些磁头被固定为一排，磁带走带时以接触方式通过磁头。为了保证快速启停和走带平稳，开盘式启停磁带机是非常精密和复杂的设备。

2. 数据流磁带机

数据流磁带机采用盒式磁带，类似于录音带和录像带。小型机以及微型机常用的数据流磁带机的磁带宽度为 6.35mm（1/4 英寸），长度为 137m 和 183m 两种，最大存储容量为 1.35GB。当采用数据压缩技术时，1/4 英寸盒式数据流磁带机的容量可达 2.7GB。数据流磁带机的磁道格式与磁盘类似，各数据块之间的间隙很小，磁头在间隙处并不停止，由于处于连续进行读/写状态，因此称为数据流磁带机。也正是因为去掉了启停式磁带机的快速精确的启停机构，所以数据流磁带机简单、经济。

数据流磁带机采用单磁头串行逐道读/写，在数据块的安排上类似于磁盘格式。数据流磁带机目前主要用来作为磁盘的后援存储器。

6.6.3 磁盘存储器

磁盘存储器由于旋转使磁道寻址具有回归性，因此存取速度比磁带快，使用最广泛。磁盘存储器分为硬盘存储器和软盘存储器，由于软盘已经很少应用，在这里主要介绍硬盘存储器的结构及工作原理。

1. 硬盘存储器的基本结构与分类

硬盘存储器具有存储容量大，使用寿命长，存取速度较快的特点。硬盘存储器的硬件包括硬盘控制器、硬盘驱动器以及连接电缆。

硬盘控制器（HDC）对硬盘进行管理，并在主机和硬盘之间传送数据。硬盘控制器以适配卡的形式插在主板上或直接集成在主板上，然后通过电缆与硬盘驱动器相连；许多新型硬盘则已将控制器集成到了驱动器单元中。

硬盘驱动器（HDD）中有盘片、磁头、主轴电机（盘片旋转驱动机构）、磁头定位机构、读/写电路和控制逻辑等。为了提高单台驱动器的存储容量，在硬盘驱动器内使用了多个盘片，每个盘片都由铝合金或者玻璃制造，盘片两面镀有磁性材料，一个盘片有两个记录面，每个记录面都有一个读/写磁头,多个盘片固定在一根轴上旋转。图 6-32 示意了硬盘的基本结构。常用的硬盘均采用 IBM 温彻斯特(Winchester Disk)技术,简称温盘,即把盘片和驱动部件、磁头及其定位驱动系统都封装在一个超净密封的金属盒子中。磁盘的转轴由磁盘电机驱动高速旋转;磁头由旋转产生的高速气流浮置;磁头臂是连动的,寻道操作由音圈电机驱动,为保证磁头寻道定位精度,采用了闭环控制和伺服方式位置检测技术控制磁头作径向移动。这种结构可抗震动,并且防尘性能很好,可靠性极高。

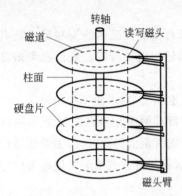

图 6-32 硬盘结构示意图

根据磁头是否可移动,硬盘存储器可分为固定头硬盘和活动头硬盘两类。固定头硬盘机中,每个磁道对应一个磁头。工作时,磁头无径向移动,其特点是存取速度快,省去了磁头找磁道的时间,磁头处于加载工作状态即可开始读/写。但由于磁头太多,使磁盘的道密度不可能很高,而整个磁盘机的造价却比较高。活动头硬盘机中,每个盘面上只有一个读/写头,安装在读/写臂上,当需要在不同磁道上读/写时,要驱动读/写臂沿盘面作径向移动。由于增加了寻道时间,所以其存取时间比固定头硬盘机要长。

2. 硬盘存储器的物理地址格式

硬盘存储器的物理地址由柱面号、磁头号和扇区号构成。
(1) 磁道和柱面

磁道是密布于磁盘每个记录面上的同心圆磁记录轨迹。最外圈的磁道编号为 0 道,靠近圆心的最内圈磁道编号为末道。

柱面由磁盘存储器的所有记录面的相同磁道号组成。磁头工作时最大的特点就是所有的磁头都处于同一柱面上,因此,组织信息的存取时,按磁头号顺序进行操作,读/写完本柱面所有记录面后再移动磁头到下一个柱面,这样可以节省时间。柱面的编号与磁道的编号一致,所有记录面的 0 磁道就组成了 0 柱面。磁头号也是记录面号,是硬盘地址的第二个字段。

(2) 扇区

把一个磁道分为若干个区段,每个区段称为一个扇区。扇区是按格式化时记录在盘面的扇区地址编码和间隙编码信息划分的。用户信息按扇区为单位存放。因此,扇区号就是硬盘地址的第三个字段,是地址的最小单位。

(3) 硬盘读/写地址的确定

在 IDE 接口中,硬盘的物理地址由柱面号、磁头号、扇区号三段二进制数字拼接而成。

例如要读/写 7 号盘面,512 号柱面,46 号扇区,需要向硬盘控制器输出的硬盘物理地址字段为 1000000000 0111 101110。该地址的字段顺序为柱面号字段、磁头号字段、扇区号字段,都是二进制编码。其中,柱面号字段的 10 位二进制数字用来控制磁头寻道,找到 512 号磁道;磁头号字段的 4 位二进制选中 7 号磁头;扇区号字段的 6 位二进制再让该磁头在当前磁道上寻找到 46 号扇区。硬盘寻址一旦完成,立即按照 CPU 的要求在该扇区进行读/写操作。

现在的 IDE 接口已不使用物理地址模式(CHS)，而使用逻辑地址模式(LBA)。该模式采用逻辑磁头号 4 位、逻辑柱面号 16 位、逻辑扇区号 8 位，共 28 位逻辑硬盘地址。它的优点是不区分硬盘的型号结构，统一按逻辑地址访问，由硬盘控制器自己把逻辑地址转换为物理地址具体实施寻址操作，使 IDE 接口更加标准化。

3. 硬盘的主要性能指标

(1) 硬盘容量

硬盘容量当然是越大越好，目前，微型计算机中的硬盘容量已经高达上百 GB。

(2) 主轴转速

从理论上来说，转速越快，硬盘的速度越快。但提高转速要受到散热、稳定性等多方面的制约，因此硬盘转速的提高是有限度的。最初，大多数硬盘的主轴电机转速一般都在 3600r/min，然而现在则有很多硬盘达到更高的旋转速率，多数现代的硬盘速率可变，转速可以是 4200r/min，5400r/min，10 000r/min 或 15 000r/min。

(3) 道密度

因为盘片组是密封的、不可更换的，硬盘上的磁道密度可以非常高。目前的硬盘驱动器在介质上的道密度可达 38 000TPI 或更高。

(4) 平均存取时间

平均存取时间是指磁盘在读/写数据时，磁头从起始位置到达目标位置稳定下来，并从目标位置上找到要读或写的数据的扇区所需要的全部时间。这个时间等于平均寻道时间和平均等待时间(所需要读/写数据的扇区旋转到磁头下方所需要的时间)之和。目前平均寻道时间已缩短到 10ms 以下；平均等待时间通常为盘片旋转一周所需时间的一半，一般应在 4ms 以下，从而使得平均存取时间在 14ms 以下。

(5) 缓存

缓存存在的目的是为了解决硬盘内部与接口数据之间速度不匹配的问题，它可以提高硬盘的读/写速度。目前多数硬盘上已经采用了高达 2MB 的缓存设计。

(6) 数据传输率

硬盘的数据传输率分为内部数据传输率和外部数据传输率。内部数据传输率主要依赖于硬盘的旋转速度，因硬盘的品牌及型号不同而有着较大的差异。外部数据传输率指的是系统总线与硬盘缓冲区之间的数据传输率，外部数据传输率与硬盘接口类型和缓存大小有关。

4. 硬盘的接口标准

硬盘的接口标准可分为 IDE 和 SCSI 两种。传统微型机和便携机采用标准的 IDE 接口，而工作站和服务器则多采用 SCSI 接口。

(1) IDE(Integrated Drive Electronics)标准

IDE 标准由 COMPAQ 公司提出，IDE 接口又称为 ATA 接口，使用 40 芯电缆连接硬盘驱动器，把原先由硬盘控制器包含的许多部件，例如控制器、缓冲器管理错误校验器、缓冲器管理控制处理器、高速缓冲存储器等，都集成到硬盘驱动器中，允许采用不同的磁记录方式，以提高磁记录的位密度、提高数据传输率和减少出错概率。

通过改进 IDE 标准,形成了 EIDE(Extended IDE)标准,增加了对于逻辑块寻址方式(Logical Block Addressing,LBA)的支持,并且由于寻址范围的扩大,可以支持容量更大的硬盘。EIDE 标准和相应控制器在其他方面也有改进,例如提高了数据传输率,可用于控制 CD-ROM 驱动器等。

(2) SCSI(Small Computer System Interface)标准

SCSI 标准将所有的硬盘控制逻辑,包括数据缓存、DMA 控制逻辑等全部放在硬盘驱动器中。按照 SCSI 标准设计的接口是一种系统级的标准接口,是当前流行的小型机和微型机的外设接口标准。

SCSI 是一种连接智能外设的通用 I/O 总线,除了支持大容量高速度的硬盘驱动器之外,还可以连接磁带机、打印机和扫描仪等外设以及其他主机。SCSI 接口采用 50 芯的电缆接口,允许多台外设并行工作,也允许多台主机共享外设。目前小型机一般都配有 SCSI 接口,微型机上通常都不配。如果需要接口 SCSI 设备时,需要购买一块 SCSI 适配器插在微型机的 PCI 插槽上,安装专门的 SCSI 驱动程序。

5. 硬盘控制器

硬盘控制器是主机与硬盘驱动器之间的接口,它是主机里的一个插件,插在主机里的一个总线插槽上,再通过扁平电缆连接到硬盘驱动器上。目前在微机里已经集成在主板上了。通常硬盘控制器包含两个部分。

(1) 系统级接口:用来控制辅存与主机总线之间交换数据。它主要支持辅存以中断方式传输和 DMA 方式传输数据,解决辅存与主机之间的数据批量交换。

(2) 设备级接口:主要根据主机的命令来控制设备的操作。由于硬盘驱动器的操作非常复杂,在工程上不断进行改进与完善,因此,硬盘控制器里的设备级接口分工界面并不清楚,哪些工作该由硬盘驱动器承担、哪些该由硬盘控制器完成没有明确的界限。

6. 硬盘驱动器

硬盘驱动器主要由盘片组、主轴驱动机构、磁头、磁头驱动和定位机构、读/写电路、接口电路等组成,每种部件的功能作用如下:

- 盘片组:由多片磁盘组成,但在一个时刻只能有一个记录面工作。
- 主轴驱动系统:使磁盘以额定转速稳定地转动。
- 磁头:采用浮动磁头技术,利用磁通的变化,将信息写入/读出磁盘。
- 磁头驱动和定位系统:由音圈电动机驱动磁头寻找到所需磁道,并予以精确的定位。
- 读/写电路:完成读出信号检测、数据分离;将写数据信号转换成电流。
- 接口电路:完成主机与硬盘控制器的读/写数据及状态控制信号的交换。

硬盘驱动器的工作过程如下:

(1) 主机向硬盘控制器送出有关寻址信息,包括驱动器号、柱面号(磁道号)、记录面号(磁头号)、起始扇区号、交换量。

一台主机可以连接几台磁盘驱动器,所以需送出驱动器号或盘号。调用硬盘常以文件为单位,如果是连续存放,则寻址信息给出起始扇区所在的柱面号与记录面号、起始扇区号,并给出扇区数。如果各扇区不连续,则需要参照扇区映射表,以扇区为单位分别送出寻址信息。

(2) 寻道

盘片组在主轴电机的带动下高速旋转。硬盘驱动器从硬盘地址寄存器里计算分离出主机要访问的柱面号,并且把它保存在柱面号寄存器中;通过比较电路知道当前磁头所在的柱面位置,于是控制电路计算出磁头需要移动的方向和位移量的大小,通过磁头驱动电路控制音圈电机作径向移动;在移动过程中,伺服位置检测电路不断检测出磁头所在的磁道位置,并且存入当前柱面号寄存器。该反馈数据与给定柱面号再进行比较,供给控制电路进一步闭环调节磁头的移动方向和位移,直到找到要访问的柱面。这时会产生一个寻道完成信号。

速度检测电路在主轴转速达不到额定转速时,通过磁头保护电路控制音圈电机不把磁头移入盘片工作区,或者在工作状态下迅速把磁头移出工作区,保护盘片记录面和磁头不被相互摩擦损坏。因为转速不够就不能够产生合格的高速气流浮起磁头,要把磁头停泊在主轴附近的一圈空白区内,那里的盘面涂有润滑剂。

(3) 磁头选择

从硬盘地址寄存器里得到的磁头号被存入到磁头号寄存器保存,再通过译码器译码,磁头选择矩阵选中需要访问的记录面上的磁头,并且通过该磁头寻找所要访问的扇区。

(4) 扇区寻址

从硬盘地址寄存器里计算分离出的扇区地址号被存入到扇区号寄存器,通过比较电路,不断与磁头读出的扇区号比较,当找到要访问的扇区时,发出扇区找到信号。

(5) 信息读/写

当寻道信号和扇区找到信号都得到后,说明硬盘寻址已经完成,于是立即按照硬盘控制器的命令对该扇区进行读/写。

读出扇区数据时,硬盘控制器发出读命令,硬盘驱动器控制磁头在扇区的数据区到来时读出串行记录的数据,经过读出电路的放大整形、校验纠错,译码器再进行解码,整理成为规定长度的并行数据,例如 16 位,存入数据寄存器。再通过硬盘控制器送到主机的数据总线上。

写入数据到扇区时,硬盘控制器发出写命令,硬盘驱动器把数据寄存器里要写的数据进行并行—串行转换,再编码为硬盘的记录制式,写入电路控制磁头的写入线圈,在扇区的数据区到来时逐个串行记录到硬盘上,最后还要记录下数据区的 CRC 校验码。

6.6.4 光盘存储器

相对于利用磁通变化和磁化电流进行读/写的磁盘而言,用光学方式读/写信息的圆盘称为光盘,以光盘为存储介质的存储器称为光盘存储器。按照光盘存储技术的不同,光盘存储器可分为:

(1) 只读型光盘 CD-ROM(Compact Disk ROM):信息由厂家在批量生产过程中形成,用户只能读出不能写入;

(2) 一次性写入光盘 CD-R:信息可由用户一次性写入,多次读出;

(3) 可重写光盘 CD-RW(CD-rewritable):用户可以擦除并重写的光盘;

(4) DVD(Digital Versatile Disk)光盘:记录密度更高的 CD-ROM。

1. 光盘存储器的组成及工作原理

光盘存储器由光盘控制器、光盘驱动器和光盘盘片组成。目前,微机采用的光盘控制器是 IDE 接口。光盘控制器主要包括数据输入缓冲器、记录格式器、编码器、读出格式器和数据输出缓冲器等部分。光盘驱动器由主轴驱动机构、寻道定位机构、读/写光头和光学系统、读/写电路及其译码器、编码器、纠错电路、寄存器等电路组成,是一个机光电结合的精密设备。

(1) CD-ROM 光盘的制作和读取原理

制造 CD-ROM 光盘时,需要采用精密聚焦的高密度激光束和规定的一次性写入光盘制作出"主盘(Master)",或者称为"母盘"。再由该母盘制作出辅盘,也称为"模版(stamper)"。辅盘把母盘的凹坑变为突起,再由它作印版印出副本,就是该母盘的 CD-ROM 光盘。

CD-ROM 光盘上有一条从内向外的由凹痕和平坦表面相互交替而组成的连续的螺旋形路径,数据和程序都是以刻痕的形式保存在盘片上的。当一束激光照射在盘面上,依赖于盘面上有无凹痕的不同反射率来读出程序和数据。因为程序和数据文件是按内螺旋线的规律顺序存放在盘上的,不能像硬盘驱动器那样读取文件的每个扇区,所以读出速度较慢。

当光驱读取这些盘片时,激光头射出的激光束在穿过表面的透明基片后,直接聚焦在盘片反射层上,被反射回来的激光会被光感应器检测到。每当激光通过凹痕时光强会发生变化,代表读取到数据"1";而激光通过平坦表面时光强不发生变化,则代表读取到数据"0"。光驱的信号接收系统则负责把这种光强的变化转换成相应的电信号再传送到系统总线,从而实现数据的读取。

(2) CD-R 光盘的读/写原理

CD-R 光盘的写入是利用聚焦成 $1\mu m$ 左右的微光束的热能,使记录介质表面的形状发生永久性变化而完成的,所以只能写入一次,不能擦除和改写。

计算机送来的数据,先在光盘控制器内调制成记录序列,然后变成相应的记录脉冲信号,该脉冲信号在电流驱动电路内变为电流,送到激光器,激光器以 20mW 左右的功率发光,并聚焦成 $1\mu m$ 左右的微小光点,落在记录介质表面上,CD-R 光盘上有一个有机染料刻录层,激光可以对该层的一个微小的区域加热,烧透染料层使其不透明,即打出一个微米级的凹坑。有凹坑代表写入"1",无凹坑代表写入"0"。

读出时,用低于写入功率的激光束连续照射在光盘上。由于有凹坑处的反射光弱,无凹坑处的反射光强,根据这一原理,当激光照射到光盘后,由光检测器将介质表面反射率的变化转变为电信号,经过数据检测、译码后送到计算机中,即可读出光盘上记录的信息。由于读出光束的功率仅是写入光束功率的 1/10,因此不会熔出新的凹坑。CD-R 的盘片有金碟、绿碟、蓝碟 3 种,它们主要因记录层和反射层采用的材料不同而呈现出不同的颜色。

(3) CD-RW 光盘的读/写原理

CD-RW 光盘是利用激光照射引起记录介质的可逆性物理变化来进行读/写的,光盘上有一个相位变化刻录层,所以 CD-RW 光盘又称为相变光盘。

相变光盘的读/写原理是利用存储介质的晶态、非晶态可逆转换,引起对入射激光束不同强度的反射(或折射),形成信息一一对应的关系。

写入时,利用高功率的激光聚焦于记录介质表面的一个微小区域内,使晶态在吸热后至熔点,并在激光束离开瞬间骤冷转变为非晶态,信息即被写入。

读出时,由于晶态和非晶态对入射激光束存在不同的反射和折射率,利用已记录信息区域的反射与周围未发生晶态改变区域的反射之间存在着明显反差的效应,将所记录的信息读出。

擦除时,利用适当波长和功率的激光作用于记录信息点,使该点温度介于材料的熔点和非晶态转变温度之间,使之产生重结晶而恢复到晶态,完成擦除功能。

2. 光盘驱动器及其主要技术指标

CD-ROM 驱动器有内置式和外置式两种。内置式可以安装在 PC 机箱内 5.25 英寸软驱位置上,工作电源由机箱内电源提供。外置式 CD-ROM 驱动器需要用数据线与主机相连,电源也是独立的。衡量光盘驱动器的性能指标主要有如下几项。

(1) 数据传输率

在制定 CD-ROM 标准时,把 150KB/s 的传输率定为标准。随着硬件技术的发展,驱动器的传输速率越来越快,相继出现了倍速、四倍速直至现在的 24 倍速、32 倍速、50 倍速或者更高。高数据传输率的驱动器速度快,但要求很高的容错性和纠错性能。

(2) 接口类型

目前常用的光驱接口有 IDE、EIDE、SCSI 及 SCSI-2 等。与 IDE 接口的驱动器相比,SCSI 接口的驱动器占用 CPU 资源较少,对于同样的任务,性能自然要好得多,原来的大多数主板只集成了 IDE 接口,现在,SCSI 接口卡逐渐成为主导产品。

(3) 纠错能力

纠错能力即读"烂盘"能力,纠错能力是光驱很重要的一项指标,有的光驱刚买的时候读盘能力还不错,可越用越差,质量稍差的光盘根本不能识别。随着数据读取技术趋于成熟,大部分主流产品的容错能力还是可以接受的。有些产品是通过调大激光头发射功率来达到纠错目的,使用较长的时间以后,激光头老化,性能就会大幅度下降。另一部分产品采用了先进的容错技术和较好的伺服系统,再加上中等功率的激光发射,在读盘能力较强的前提下,始终保持良好的表现,算得上真正的"超强纠错"。

(4) 数据缓冲器容量

CD-ROM 驱动器内都有数据缓冲器,其作用是提供一个数据的缓冲区域,将读取的数据暂时保存,然后一次性进行传输和转换,目的是解决光驱和计算机其他部分速度不匹配问题。数据缓冲器容量最少要有 128KB,现在的光驱一般具有 256KB 或者 512KB 的数据缓冲器。

3. 数字视盘 DVD

DVD 的原意是 Digital Video Disk,即数字视频光盘,现改称为 Digital Versatile Disk,即数字多用光盘,这是一种比 VCD 更高的 CD 产品,采用 MPEG2 标准,把分辨率更高的图像和伴音经压缩编码后存储在高密度光盘上,光盘容量达(单面)3~5GB 以上,读出速率超过 1MB/s,每张光盘可存放 2 小时以上高清晰度的影视节目。

DVD 光盘目前按功能可分为 5 类:

(1) DVD-VIDEO:用于记录视频信息,可重放 135 分钟 720 行的电视节目;

(2) DVD-ROM:用于记录多媒体信息;

（3）DVD-AUDIO：用于记录更高品质的或更长时间的音频信息；

（4）DVD-R：用于一次性写入上述 3 类光盘格式的信息；

（5）DVD-E：用于多次擦写的 DVD。

另外，DVD 光盘还有单面单涂层、单面双涂层、双面单涂层和双面双涂层之分。所谓双涂层是指同一面上刻有 2 层深浅不同的坑，以用于分别读取。

DVD-ROM 的读取过程与 CD-ROM 相似，只是 DVD 驱动器采用了波长更短的激光束来读取数据。通过使用光盘的两个面，可以使 DVD 初始容量加倍，还可通过在每个面上增加另一数据层，使容量再得到加倍。第二数据层刻写在第一数据层下面一个单独基片上，第一层允许激光部分地穿透本层的基片。将激光聚焦在两个基片之一上，光驱可在相同的表面区域上读取约两倍的数据。

通过使用先进的蓝光激光技术，未来光盘的容量还会有很大扩充。与目前的 CD-ROM 技术比较，DVD 驱动器也是非常快的，其标准传输速率为 1.3MB/s，近似等于 CD-ROM 驱动器标准传输速率的 9 倍。典型的访问时间在 150～200ms 范围内，其突发传输速率可达 12MB/s 或更高。许多 DVD 光驱列出了两个速度，一个是读取 DVD 盘的速度，另一个是读取 CD 盘的速度。

6.6.5 移动存储设备

近年来，多媒体技术、互联网的普及以及工作文件交换的日益频繁，使人们的"让数据移动"的愿望越来越强烈，产生了很大的市场需求。随着计算机硬件的不断更新、软件的逐步升级，以及 Internet 的普及，人们已经不再满足于小型文件备份和数据交换，而是对计算机间交换、共享数据有着更迫切的需求。从网上下载的大量软件、图片、MP3 音乐、RM 播放文件等，这样数兆或者数十兆的文件是软盘所鞭长莫及的；另一方面，对于商务办公人士来说，公司与公司、公司与家庭的计算机之间，大容量的信息交换已经很平常。USB 电子盘、闪存卡以及大容量的移动硬盘应运而生，它们与磁盘、光盘等传统存储产品相比表现出更为旺盛的生命力。

1. USB 电子盘

USB 电子盘简称 U 盘，这是一种基于闪速存储介质和 USB 接口的移动存储设备，被称为移动存储的新一代产品。

U 盘采用 USB 接口，无须外接电源，可以实现即插即用。U 盘可长期保存数据，并具有写保护功能，擦写次数可达百万次以上。

按照不同的功能和用途，U 盘大致分为加密型、无驱动型和启动型。

（1）加密型：可以把 U 盘分割成几个区域，有些区域没有保密功能，任何人都可以使用，有些区域具有保密功能，只有经过密码验证之后才能存取；

（2）无驱动型：无驱动型最大的优点就是无论在什么样的操作系统下工作，都不需要安装驱动程序就能使用，真正实现即插即用。

（3）启动型：启动型就是像软盘、硬盘、光盘那样可以自带引导文件，作为启动盘使用。

除此之外，许多 U 盘还具有压缩功能，可以对存入的信息进行压缩，对取出的信息进行解压缩。

2. 闪存卡

闪存卡(Flash Card)是利用闪存(Flash Memory)技术达到存储电子信息的存储器,一般应用于数码相机、掌上计算机、手机、MP3 等小型数码产品中作为存储介质,由于样子小巧,有如一张卡片,所以称之为闪存卡。对于闪存卡来说,最重要的指标是容量,其次是读/写速度。写入速度高意味着数码相机可以迅速地把拍摄到的数据传送到闪存卡中,准备好进行下一次拍摄。读出速度高的闪存卡可以缩短图像数据上传到计算机所需的时间。常见闪存卡有 SM 卡、CF 卡、MMC 卡、SD 卡、MS 卡、XD 卡、TF 卡等。

(1) SM(Smart Media)卡

SM 卡是由东芝公司于 1995 年 11 月发布的闪存卡。它受到了 Toshiba、Samsung、Sony、Sharp、JVC、Philips、NEC 等众多厂家的支持。Smart Media 体积很小,其尺寸为 45mm×37mm×0.76mm,且很轻很薄,全重只有 1.8 克。存储卡上只有 Flash Memory 模块和接口,而没有控制芯片,兼容性相对较差,不同厂家和不同设备及不同型号间的 SM 卡有可能互不兼容。Smart Media 目前的主流容量为 128MB,常见的容量还有 32M 和 64M。

(2) CF(Compact Flash)卡

CF 卡的兼容性非常好,因而被广泛应用。Compact Flash 是美国 SanDisk 公司于 1994 年推出的,由于把 Flash Memory 存储模块与控制器做在了一起,这样 CF 卡的外部设备就可以做得比较简单而且没有兼容性问题,特别是升级换代时也可以保证与旧设备的兼容性,保护了用户的投资,而且几乎所有的操作系统都支持它。CF 卡无论是在笔记本电脑中还是其他数码产品中都得到了非常广泛的应用。CF 卡的大小为 43mm×36mm×3.3mm,只有 PCMCIA 卡的 1/4,而且 CF 卡本身还兼容 PCMCIA-ATA 功能及 TrueIDE。CF 卡同时支持 3.3 伏和 5 伏的电压,可以在这两种电压下工作。它有两种接口标准:CF Type Ⅱ 和 CF Type Ⅰ,从物理结构上来看,CF Type Ⅱ 卡和 CF Type Ⅰ 卡的每个插孔的间隔大小一样,但是 CF Type Ⅱ 卡比 CF Type Ⅰ 卡厚一些。CF Type Ⅰ 卡看起来只有 CF Type Ⅱ 厚度的一半。另外,CF Type Ⅱ 比 CF Tpye Ⅰ 插槽要宽,所以 CF Type Ⅱ 卡不能在 CF Type Ⅰ 卡插槽上使用。目前 LEXAR 公司已经推出高达 4GB 的 CF 卡。

(3) SD(Secure Digital)卡

SD 卡即安全数码卡,是由日本松下公司、东芝公司和美国 SanDisk 公司于 1999 年 8 月共同研制开发而成。虽然 SD 卡是根据 MMC 卡开发的,但是基本上两者还是不同的产品,只是在设计时考虑到兼容问题,所以在大多数情况下这两种产品能够互换,是一款具有大容量、高性能,并且更为安全等多种特点的多功能存储卡。它比 MMC 卡多了一个进行数据著作权保护的暗号认证功能(SDMI 规格)。现多用于 MP3、数码摄像机、电子图书、微型计算机、AV 器材等。大小尺寸比 MMC 卡略厚一点,为 32mm×24mm×2.1mm,容量则要大许多,刚上市时的 SD 卡单卡容量为 8MB~64MB 不等,传输速度为 2MB/s,而到 2002 年初单卡容量已经高达 512MB,2004 年容量更是达到了 2G 的水平,数据传输率也提升到 10MB/s,这样,在传输一些较大的文件时具有一定的优势。另外此卡的读/写速度比 MMC 卡要快 4 倍,达 2MB/s。同时与 MMC 卡兼容,SD 卡的插口大多支持 MMC 卡。从性能上看,这两者最大的分别在于 SD 卡强调资料的安全性,可以通过特定的软件设置卡内程序或资料的使用权限,以避免用户任意复制,损害所有者的利益。当然对于一般用户而言,这个功能没什么用处，相反有关的系统及加密资料会占用记忆卡 900K 容量，另外 SD 卡和 MMC 卡都采用了一体化固体介质，没有任何移动部分，所以完全不用担心机械运动的损坏而导致数据的丢失。

(4) MMC(Multi Media)卡

MMC 卡从字面含义上来翻译就是多媒体卡，是由美国 SanDisk 公司和德国西门子公司于 1997 年共同开发的多功能存储卡。可用于手机、数码相机、数码摄像机、MP3 等多种数码产品。它具有体积小、重量轻的特点，外形尺寸只有 32mm×24mm×1.4mm，重量在 2 克以下，并且耐冲击，可反复进行读/写记录 30 万次以上，驱动电压为 2.7～3.6V。目前有 64M 和 128M 两种类型，多用于数码摄像机、数码相机和 MP3。

(5) MS(Memory Stick)卡

MS 卡是 Sony 公司于 1997 年推出的移动存储器，因其外形像一条口香糖，又被称为"口香糖"存储卡。目前只有索尼公司对其支持。与其他 Flash Memory 存储卡不同，Memory Stick 规范是非公开的，需签协议方可使用。Memory Stick 具有写保护开关，内含控制器，采用 10 针接口，数据总线为串行，最高频率可达 20MHz，电压为 2.7～3.6V，电流平均为 45mA。目前 Memory Stick 的主流容量已达 256MB，为了适应版权保护的需求，1999 年 12 月 Sony 公司又推出了新的 MagicGate Memory Stick，加入了 MagicGate 版权保护技术。新的 MagicGate Memory Stick 与 Memory Stick 的兼容，外壳变成了白色，并且在反面多加一个突出的点以示区别。

(6) XD(Extreme Digital)卡

所谓 XD 卡，是英文 Extreme Digital 的缩写，也就是极端数码的意思。XD 卡仅有 20mm×25mm×1.7mm，共 0.85cm^3，2 克重，体积只有 SM 卡的一半，它的闪存读/写速度是目前存储卡中最快之一，读取速度为每秒 5MB、16MB 及 32MB。写入速度为每秒 1.3MB，而 64MB 或更高容量的写入速度是每秒 3MB，驱动时的耗电低于 SM 卡，仅 25mW。

(7) TF(Trans Flash)卡

SanDisk 公司于 2004 年 10 月 26 日宣布推出 256MB 的 Trans Flash。Trans Flash 是目前世界上最小的闪存卡，约为 SD 卡的 1/4，尺寸为 15mm×11mm×1mm。利用适配器可以在使用 SD 作为存储介质的设备上使用。Trans Flash 主要是为照相手机拍摄大幅图像以及能够下载较大的视频片段而开发研制的。Trans Flash 卡可以用来存储个人数据，例如数字照片、MP3、游戏及用于手机的应用和个人数据等，还内设置版权保护管理系统，让下载的音乐、影像及游戏受保护；未来推出的新型 Trans Flash 还备有加密功能，保护个人数据、财政记录及健康医疗文件。体积小巧的 Trans Flash 让制造商无须顾虑电话体积即可采用此设计，而另一项弹性运用是可以让供货商在交货前随时按客户不同需求做替换，这个优点是嵌入式闪存所没有的。

3. IEEE 1394 的便携式硬盘

IEEE 1394 移动硬盘具有热插拔的使用特性，可以方便地进行插拔操作，实现即插即用。在 IEEE 1394 标准接口的通信协议上已经规定，当网络上增加和撤销结点时，能够自动实现重构和自动分配 ID，具有相对较高的稳定性，对关键部门的用户尤为重要。

IEEE 1394 移动硬盘具有高速的传输速率及实时性。400Mb/s 的接口速率完全可以满足高速大规模数据存取的需要,与传统硬盘相比传输速率相差无几,反而是硬盘技术不能够满足接口速度要求。随着 IEEE 1394 新标准的推广,采用 800Mb/s 甚至 3.2GB/s 的产品也将陆续问世。

高度自由的拓扑结构是 IEEE 1394 接口的另一大优势。利用 IEEE 1394 可以实现混合连接,允许采用菊花链与接口分支。若只采用串接的方式,最多能连接 16 台设备,而采用混合连接则可以连接多达 63 台设备之多。虽然有着各设备间的连线距离不可超过 4.5 米的限制,不过如果大于 4.5 米,可以采用中继设备解决。这样一来,IEEE 1394 的移动硬盘在可扩容性方面就具有相对较强的优势,可以在不更换设备的前提下进行大规模的扩容,因此具有较强的系统伸缩性。

由于 IEEE 1394 接口的各种优势所在,目前部分厂商已经推出了采用 IEEE 1394 标准接口的移动硬盘产品,如爱国者、WD、科软等,另外 IEEE 1394 也在 Mac 上逐渐推广,对于 PC 与 Mac 共享数据来说也带来了一定的方便。

对于现在的计算机使用者来说,移动硬盘的需求正在快速增长,因为需要携带的文件越来越大,小小的软驱已经不能满足需求,而 CD-R 光盘则显得太浪费。便携式移动硬盘无疑是解决这个需求的好方法。

6.6.6 磁盘阵列 RAID

尽管单个硬盘的容量、速度和可靠性每年都在提高,但是仍然满足不了日益增长的需求。RAID(Redundant Array of Inexpensive Disks:便宜的冗余磁盘阵列)最早是由美国加州大学伯克利分校的一个研究小组提出来的。其设想是采用多个性能不高的磁盘驱动器,用同时从多个磁盘中存取数据的分布式方法提高数据存储容量、提高 I/O 请求响应速率和数据传输率。为了获得多种操作系统和多种数据库的支持,工业上多盘数据库的设计已经通过了 RAID 的标准方案。该方案分为 0~5 级(共 6 级),它们具有不同的结构,但都具有如下 3 个共同特性。

(1) RAID 是一组物理磁盘驱动器,在操作系统下被视为一个单逻辑驱动器;
(2) 数据分布在一组物理磁盘上;
(3) 冗余磁盘容量用于存储奇偶校验信息,在磁盘损坏时能恢复数据。

第(2)、(3)个特性的详细内容在不同的 RAID 级别中是不同的,RAID0 级不支持第(3)个特性。

1. RAID0 级

RAID0 级不是 RAID 家族中的真正成员,因为它不采用冗余来改善性能。对于 RAID0,用户和系统数据分布在阵列中的所有磁盘上,它与单个大容量磁盘相比的显著优点是:如果两个 I/O 请求正在等待两个不同的数据块,则被请求的块有可能在不同的盘上。因此,两个请求能够并行发送,因而减少了 I/O 的排队时间。

RAID0 级以及其他的 RAID 级,与在磁盘阵列中简单地分布数据相比,能以条区(strip)的形式在可用磁盘上分布数据,因而更为完善。所有的用户和系统数据被看成是存储在一个逻辑磁盘上,磁盘以条区的形式划分,每个条区是一些物理的块、扇区或其他单元。数据条区以轮转方式映射到连续的阵列磁盘中。在一个有 n 个磁盘的阵列中,第 1 组的 n

个逻辑条区依次物理地存储在 n 个磁盘的第 1 条区上,第 2 组的 n 个逻辑条区分布在每个磁盘的第 2 个条区上,依次类推。这种分布的优点在于:如果单个 I/O 请求由多个逻辑相邻的条区组成,则请求 n 个条区可以并行处理,这样大大减少了 I/O 的传输时间。

2. RAID1 级

RAID1 级和 RAID2 级到 RAID5 级的区别在于实现冗余的方法,在其他的 RAID 方案中,采用了某些形式奇偶校验计算来引入冗余。

RAID1 级采用镜像冗余数据备份的方法来提高数据可靠性。图 6-33 是 RAID1 级的镜像数据分布示意图,它由两套相同数据的 RAID0 级磁盘组作存储器,通过磁盘阵列管理软件进行镜像管理和逻辑映射。如果某个磁盘损坏,数据可以由它的镜像盘中读出,并且支持在线更换损坏的磁盘和恢复数据。

图 6-33　RAID1 级的镜像数据分布示意图

RAID1 级的读出操作可以智能化,即在两个镜像盘中,哪个磁盘的磁头寻址更快,则读取哪个盘;而在多个 I/O 请求下,两个镜像盘可以分别服务。因此,读出的速度比 RAID0 级快。但写数据时,两个镜像盘都必须并行进行写操作,以保持镜像。这时速度与 RAID0 级一样。RAID1 级的缺点是需要两套物理盘,价格昂贵。另外,当两个镜像盘的数据出现差异时,究竟哪个盘是错误的有时难于判定。RAID1 级适合作系统盘和重要的数据盘。

3. RAID2 级

RAID2 和 RAID3 都使用了并行存取技术。RAID2 级和 RAID3 级工作在并行存取阵列时,所有的成员物理盘都并行地操作响应每个 I/O 请求。这时所有的磁头都处于同一个位置上,可以设计使用一个硬盘驱动器里的各个记录面作为 RAID2 级和 RAID3 级的物理盘。

如图 6-34 所示,RAID2 级的条区一般取得很小,常常以 1 个字节或者 1 个字作为一个条区。校验盘上的数据校验码给每个数据磁盘的相应位置的数据进行校验。

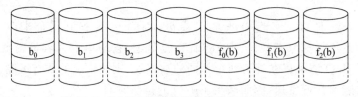

图 6-34　RAID2 级的数据及校验码分布示意图

RAID2 级采用海明码校验,当数据读出时,所有磁盘同时读取,请求的数据和相关的纠错码被传送到阵列控制器,如果有 1 位出错,则能够给予纠错更正。通常,海明校验码能够检错两位。当进行写入操作时,在写入数据的同时,由磁盘阵列控制器生成校验码也同时写入校验磁盘。尽管 RAID2 需要比 RAID1 少的磁盘，但价格仍然相当高。冗余磁盘的数目是与数据磁盘数目的记录成正比的。

4. RAID3 级

如图 6-35 所示，RAID3 级的组织方式与 RAID2 相同，所不同的是不管磁盘阵列多大，RAID3 只需要一个冗余盘。RAID3 采用并行存取，数据分布在较小的条区集上，它不采用纠错码，采用位交错奇偶校验，只能检 1 位错。

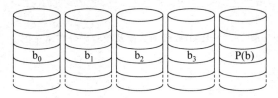

图 6-35　RAID3 级的数据及校验码分布示意图

RAID2 级和 RAID3 级都能够对某个损坏的磁盘进行数据恢复操作，只要替换下坏盘，就能依靠其余的数据盘和校验盘数据在新盘上生成全部的正确数据。RAID3 级适用于数据可靠性要求不高但 I/O 量特别大的图像及 CAD 数据等。

5. RAID4 级

RAID4 级和 RAID5 级都采用一种独立存取技术，主要适应大量的高速 I/O 请求情况。在 RAID4 和 RAID5 系统中，每个成员物理盘的操作都是独立的，能够对各个 I/O 请求进行并行处理。图 6-36 示意了 RAID4 级的数据分布和校验码形式。

图 6-36　RAID4 级的数据及校验码分布示意图

从图中可以看到，RAID4 级和 RAID3 级的数据分布和校验码形式都是类似的，校验码采用的也都是奇偶校验。RAID4 级的区别是其工作方式采用独立存取方式，因此其条区容量安排一般比 RAID3 级的大。

在 RAID4 级中，当 I/O 请求需要写磁盘操作时，除了写入数据之外，还需要修改相应的校验码。因而在写数据操作时，必须牵涉到读出该块区的原数据和校验盘的相应原数据，进行运算，再写入访问的物理盘数据块区和相应的校验盘块区。显然，任何一个物理盘的写入都要对校验盘进行读出和写入，这称为"写损失"，这样会使校验盘成为并行 I/O 请求处理的瓶颈。

6. RAID5 级

为了克服专门的校验盘成为 I/O 请求处理的瓶颈的缺陷，RAID5 级对 RAID4 级进行了改进，它把校验块采用循环方式均匀地分布于所有的物理盘，如图 6-37 所示。对于 n 磁盘阵列，奇偶校验块区在不同的磁盘的第 n 个块区，并且依次重复。这样分散了 RAID4 专门校验盘的瓶颈效应，性能得到了改善。

图 6-37　RAID5 级的数据及校验码分布示意图

习题

6.1　解释下列概念。

存储系统　　虚拟存储器　　Cache　　页表　　段表　　快表　　慢表　　虚地址
实地址　　相联存储器　　双端口存储器　　RAID　　多体并行交叉存储器
集中刷新　　分散刷新　　异步刷新　　磁表面存储器

6.2　计算机为什么要采用多级结构的存储系统？

6.3　多级存储系统的建立基于什么原理？

6.4　简述存储器的主要技术指标。

6.5　按存取方式分类，存储器可分为哪几种？各有什么特点？

6.6　ROM 存储器中的存储单元能否被随机地访问？

6.7　在电可擦写的 ROM 中存储的信息可以任意擦除并修改，它是否可以代替 RAM 成为计算机的主存芯片？

6.8　存储器芯片的容量通常用 $a \times b$ 的方式表示，其中 a 为字数，b 为每个字的位数。以下几种存储器芯片分别有多少地址线和数据线？

(1) 2K×16

(2) 64K×8

(3) 16M×32

(4) 4G×8

6.9　某半导体存储器容量为 16K×8 位，可选 RAM 芯片容量为 4K×4/片。地址总线 $A_{15} \sim A_0$，双向数据线 $D_7 \sim D_0$，由 $R/\overline{W}$ 线控制读/写。请设计并画出该存储器逻辑图，注明地址分配、片选逻辑式及片选信号极性。

6.10　某半导体存储器容量为 15K×8 位。其中固化区 8K×8，可选 EPROM 芯片为 4K×8/片；可随机读/写区 7K×8，可选 SRAM 芯片有 4K×4/片、2K×4/片、1K×4/片。地址总线 $A_{15} \sim A_0$，双向数据线 $D_7 \sim D_0$，由 $R/\overline{W}$ 线控制读/写，$\overline{MREQ}$ 为低电平时允许存储器工作。请设计并画出该存储器逻辑图，注明地址分配、片选逻辑式及片选信号极性。

6.11　用 4K×8 的存储器芯片构成 8K×16 位的存储器，共需多少片？如果 CPU 的信号线有读/写控制信号 $R/\overline{W}$，地址线 $A_{15} \sim A_0$，存储器芯片的控制信号有 $\overline{CS}$ 和 $\overline{WE}$，请设计并画出该存储器逻辑图,注明地址分配、片选逻辑式及片选信号极性。

6.12 某机器中,已知配有一个地址空间为 0000H～3FFFH 的 ROM 区域,现在再用一个 RAM 芯片(8K×8)形成 24K×16 位的 RAM 区域,起始地址为 8000H,假设 RAM 芯片有 $\overline{CS}$ 和 $\overline{WE}$ 信号控制端。CPU 的地址总线为 $A_{15} \sim A_0$,数据总线为 $D_{15} \sim D_0$,读/写控制信号为 $R/\overline{W}$,$\overline{MREQ}$ 为低电平时允许存储器工作。请设计并画出该存储器逻辑图,注明地址分配、片选逻辑式及片选信号极性。

6.13 请指出普通存储器和相联存储器的主要差别。

6.14 请用图示说明三级存储体系分别由哪些部分组成,并比较 Cache—主存和主存—辅存这两个存储层次的相同点和不同点。

6.15 试叙述页式虚拟存储器的地址变换过程。

6.16 计算机中设置 Cache 的作用是什么?能否将 Cache 的容量扩大,最后取代主存,为什么?

6.17 画出 NR、NRZ、NRZ-1、PE、FM 写入数字串 11010011 的写入电流波形图。

6.18 磁表面存储器和光盘存储器记录信息的原理有何不同?

6.19 请对磁盘阵列存储器中的 RAID0 和 RAID1 的信息冗余度和容错能力加以比较。

6.20 磁表面存储器有哪些主要技术指标?试简述磁盘的寻址时间和数据传输率两个指标的含义。

6.21 开盘式启停磁带机和盒式数据流式磁带机各有什么特点?

6.22 请简述 RAID5 改进 RAID4 的瓶颈的原理。

第7章 输入/输出系统及外围设备

计算机通过输入/输出设备(又称外围设备)同外界通信或交换数据,称为"输入/输出"。程序、原始数据和各种现场采集到的信息,都要通过输入设备送给计算机;计算结果或各种控制信号需要输出到各种输出设备,以便显示、打印和实现各种控制动作。随着计算机系统的不断发展,应用范围的不断扩大,输入/输出设备的数量和种类也愈来愈多,它们与主机的联络方式及信息的交换方式也多种多样。因此,在计算机系统与输入/输出设备之间需要形成复杂的输入/输出系统,来连通计算机的各个功能部件和设备,在它们之间实现数据交换。输入/输出系统的硬件部分主要由计算机总线和输入/输出接口两部分组成,软件方面则需要有操作系统软件的支持。

本章重点介绍输入/输出系统的基本功能及组成,并对计算机主机与输入/输出设备间信息传输的控制方式(程序直接控制方式、中断方式、DMA 方式、通道方式和输入/输出处理机方式)给予详细分析,同时简单描述一些常用的输入/输出设备,而且针对计算机系统与外围设备间总线通信及外设接口方面的内容做出相关阐述。

7.1 输入/输出系统概述

输入/输出系统是完整计算机系统的重要组成部分,对计算机系统的运行性能有巨大影响,它的主要作用是连通计算机的各个功能部件和设备,在它们之间实现数据交换。输入/输出系统也许是计算机系统中最复杂多变的部分,其原因是多方面的。首先,存在多种 CPU 系列和型号,它们各自的运行速度、处理功能、接口逻辑都不相同;又有很多的外围设备,它们各自的运行原理、提供的功能、读/写速度、接口逻辑更是千差万别。要把这么多不同的部件(设备)都连接到一起,显然不是一件简单的事情;其次,在计算机系统中,会有许多不同的使用要求,不同的人和不同的应用场合,对算题速度、输入/输出速度、单位时间输入/输出的数据量、发生事件的响应与处理的速度、系统总体性能的要求上各不相同,所以企图用一种方式、一套办法全面解决这些问题显然是不现实的。因而,形成一套完善、合理的输入/输出系统,需要在系统配置的灵活性、良好的可扩展性、硬件与软件的配合等多方面综合考虑。

首先,众多的部件和设备要相互连接与交换信息,建立尽可能公用的交换信息的通路是必要的,而且要提供各部件(设备)协调使用这些通路的规则,这些组成部分,在计算机内就是总线系统(bus system),正如同在城市修筑的马路和建立的交通信号灯系统一样。硬件上怎样组成总线,总线分为哪几部分,各自承担的功能是什么,怎样协调众多设备请求使用总线的要求,总线性能对计算机系统总体性能的影响如何,有哪些提高总线性能和系统输入/输出的数据吞吐量的方案,将是我们在总线一节要讨论的问题。

其次,要把众多不同的 CPU 与各种不同的输入/输出设备连接起来,要求两者任何一方做出修改以适应对方都是不可接受的。最好的办法是在两者之间放置一个功能电路,把两者之间的连接、沟通、匹配、缓冲等种种需求都放到这个电路中解决。由于该电路要解决的只是一个确定的 CPU 和一个确定的设备的对接，其复杂程度大为简化。这种电路称为接口(interface)电路。为连接多种 CPU 和多种设备，接口电路种类数目最大的理论值就是两者种类数目的乘积。在输入/输出系统组成一节将会对硬件接口内容进行相关介绍。

最后，如何支持多个 I/O 设备并发(同时)执行输入/输出操作，如何降低在输入/输出操作过程中对 CPU 干预的需求。与 CPU 相比，许多设备的读/写速度是非常慢的，如果要求 CPU 一定等待这些设备读/写完成之后才开始执行下一条指令，CPU 的大部分时间将花在等待上，系统性能会大幅度降低。为此，需要在主机与外围设备通信的控制方式上进行合理设计，引进了程序中断方式和存储器直接访问方式(DMA)，甚至于另外配备一台小型计算机专门协助主 CPU 处理输入/输出操作，以保证主 CPU 的更强的计算能力被用到更重要的处理中。这些内容会作为本章重点，在后续多个章节中分别讨论。

7.1.1 输入/输出系统的基本功能

输入/输出系统的基本功能是管理主机与外设以及外设与外设之间的信息交换，由硬件和软件共同完成此项任务，其基本原则是：不丢失数据，快速交换数据，成本低廉，主机和外设、外设和外设尽可能并行工作以充分发挥各自的潜力。

7.1.2 输入/输出系统的组成

输入/输出系统由软件和硬件两部分组成。

1. 输入/输出系统软件

输入/输出系统软件的主要任务是：
(1) 将用户编制的程序(或数据)输入至主机内；
(2) 将计算结果输出给用户；
(3) 实现输入/输出系统与主机协调工作等。

不同结构的 I/O 系统所采用的软件技术差异很大。一般而言，当采用接口模块方式时，应用机器指令系统中的 I/O 指令及系统软件中的管理程序，便可使 I/O 与主机协调工作。当采用通道管理方式时，除 I/O 指令外，还必须有通道指令及相应的操作系统。即使都采用操作系统，不同机器操作系统的复杂程度差异也是很大的。

2. 输入/输出系统硬件

输入/输出系统的硬件主要由计算机总线和输入/输出接口两部分组成。
(1) 计算机总线

计算机总线是计算机各部件之间传输信息的公共通路，包括传输数据(信息)信号的逻辑电路、管理信息传输协议的逻辑线路和物理连线。根据总线传送信息的性质，可将其进一步细分为数据总线、地址总线和控制总线。关于总线方面的详细信息会在 7.5 节中介绍。
(2) 输入/输出接口

输入/输出设备种类繁多，可以是机械式的、机电式的、电子式的或其他形式。输入信息的类型也不相同，可以是数字量、模拟量(模拟式电压或电流)，也可以是开关量(两个状态的信息),而且传送信息的速度相差也很大,可以是手动的键盘输入,也可以是微秒级的磁盘输入。因此外围设备与计算机相连时不能采用存储器那样简单的方法,必须经过中间电路再与系统相连,这部分电路称为输入/输出接口电路,简称I/O接口。也就是说,I/O接口是位于系统与外设间,用来协助完成数据传送和传送控制任务的电路。由于I/O设备的多样性,接口电路成为计算机系统中最复杂的部分。一般来说,接口电路具有以下功能:

- 进行地址译码,以实现CPU与某一指定设备间的信息交换;
- 对传送数据提供缓冲,以便CPU快速地与各种速度的外围设备进行速度匹配;
- 信息交换,使CPU与外围设备信息的格式、电平一致;
- 提供有关数据传送的协调状态,如设备准备好、设备忙等;
- 提供时序控制,以满足各种外设在时序控制方面的要求等。

目前接口电路已系列化和标准化,既有通用的接口电路,也有专用的接口电路,有些接口芯片具有可编程功能,使用方便灵活。

① 主机与外设间的接口信息

- 数据信息:这类信息可以是通过输入设备送到计算机的输入数据,也可以是经过计算机运算处理和加工后送到输出设备的结果数据。传送可以是并行的,也可以是串行的。
- 控制信息:这是CPU对外设的控制信息或管理命令,如外设的启动和停止控制、输入/输出操作的指定、工作方式的选择、中断功能的允许和禁止等。
- 状态信息:这类信息用来标志外设的工作状态,例如,输入设备数据准备好标志,输出设备忙、闲标志等。CPU在必要时可通过对它的查询来决定下一步的操作。
- 联络信息:这是主机和外设间工作的时间配合信息,它与主机和外设间的信息交换方式密切相关。通过联络信息可以决定不同工作速度的外设和主机之间交换信息的最佳时刻,以保证整个计算机系统能统一协调地工作。
- 外设识别信息:这是I/O寻址的信息,使CPU能从众多的外设中寻找出与自己进行信息交换的唯一的设备。

② 接口的基本组成

接口中要分别传送数据信息、控制信息和状态信息,这些信息都通过数据总线来传送。大多数计算机都把外部设备的状态信息视为输入数据,而把控制信息看成输出数据,并在接口中分设各自相应的寄存器,赋以不同的端口地址,各种信息分时地使用数据总线传送到各自的寄存器中去。接口的基本组成及与主机、外设间的连接如图7-1所示。

一般来说,接口中包含有数据端口、命令端口和状态端口。存放数据信息的寄存器称为数据端口,存放控制命令的寄存器称为命令端口,存放状态信息的寄存器称为状态端口。CPU通过输入指令可以从有关端口中读取信息,通过输出指令可以把信息写入有关端口。CPU对不同端口的操作有所不同,有的端口只能写或只能读,有的端口既可以读又可以写。例如,对状态端口只能读,可将外设的状态标志送到CPU中去;对命令端口只能写,可将CPU的各种控制命令发送给外设。为了节省硬件,在有的接口电路中,状态信息和控制信息可以共用一个寄存器(端口),称为设备的控制/状态寄存器。

③ 接口的分类

为了从不同的角度观察接口的特点,可按不同方式将接口进行分类。

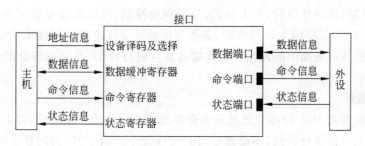

图 7-1　接口组成及与主机、外设间的连接

- 按数据传送的方式分类——并行接口和串行接口

接口和外设之间的数据传送有并行和串行之分,而接口和总线之间的数据传输总是并行的。在并行接口中,外设与接口每次数据传送是一个字节或一个整字,所需数据线的数量多。在串行接口中,每次数据传送是一位,所需数据线的数量少,成本较低,适合于低速设备和远距离传输。由于接口与总线间的数据传输是并行的,所以串行接口中需要串行—并行或并行—串行的数据格式转换。

- 按是否需要统一的控制时钟分类——同步接口和异步接口

主控设备与从设备间通信时,如果需要统一的时钟来控制数据的传输速率,则对应接口为同步接口,否则为异步接口。前者的控制逻辑简单;后者通过主—从设备"应答"方式传送信息,因而控制逻辑稍显复杂,适应于速度差别很大的设备之间通信。

- 按通用性分类——专用接口和通用接口

专用接口是为某种外设专门设计的,而通用接口则可供多种外设使用。一般来说,通用接口是可编程的,可通过编程的方法来改变该接口芯片的功能,从而适应不同外设的需求。

- 按 CPU 访问外设的控制方式分类——程序查询接口、程序中断接口、DMA 接口以及通道控制器等。

7.1.3　输入/输出设备的编址与输入/输出指令

为了能在众多的输入/输出设备中寻找或挑选出要与主机进行信息交换的外设,就必须对外设进行编址。另外,为了实现 CPU 与外设之间数据交换,通常在计算机指令系统中会设置输入/输出指令,以便 CPU 对外设进行访问和控制。

1. 输入/输出设备的编址

输入/输出设备的识别是通过地址总线和接口电路中的外设识别电路来实现的。I/O 端口地址就是主机与外设直接通信的地址,CPU 可以通过端口发送命令、读取状态和传送数据。如何实现对这些端口的访问,这就是 I/O 端口的编址方式。

I/O 端口编址方式有两种:一种是 I/O 映射方式,即把 I/O 端口地址与存储器地址分别进行独立编址;另一种是存储器映射方式,即把端口地址与存储器地址统一编址。

（1）独立编址

在这种编址方式中,主存地址空间和 I/O 端口地址空间是相对独立的,分别单独编址。例如,在 Intel 8086 中,其主存地址范围是从 00000H～FFFFFH 连续的 1MB 空间,其 I/O 端口的地址范围从 0000H～FFFFH,它们互相独立,互不影响。CPU 访问主存时,由主存读/写控制线控制;访问外设时,由 I/O 读/写控制线控制,所以在指令系统中必须设置专门的 I/O 指令。当 CPU 使用 I/O 指令时,其指令的地址字段直接或间接地指示出端口地址。这些端口地址被接口电路中的地址译码器接收并且进行译码,与之相符合的外设的寄存器将被 CPU 访问。

(2) 统一编址

在这种编址方式中,I/O 端口地址和主存单元的地址是统一编址的,把 I/O 接口中的端口作为主存单元一样进行访问,不设置专门的 I/O 指令。当 CPU 访问外设时,把分配给该外设的地址码(具体到该外设接口中的某寄存器号)送到地址总线上,然后各外设接口中的地址译码器对地址码进行译码,如果符合即是 CPU 指定的外设寄存器。

2. 输入/输出指令

在 I/O 端口采用独立编址时,计算机指令系统中需要设置专门的输入/输出指令,对具有通道的 I/O 系统还需在通道中设置专门的通道指令,并在计算机指令系统中设置管理通道的指令。

(1) 通常的输入/输出指令

输入/输出指令是机器指令的一类,其指令格式与其他指令既有相似之处又有不同之点。输入/输出指令可以和其他机器指令的字长相等,但它还应该能反映 CPU 与 I/O 设备交换信息的各种特点,如它必须反映出对多台 I/O 设备的选择,以及在完成信息交换过程中,对不同设备应做哪些具体操作等。I/O 指令的一般格式如图 7-2 所示。

操作码	命令码	设备码

图 7-2 I/O 指令的一般格式

图 7-2 中的操作码字段可作为 I/O 指令与其他类指令(如访存指令、算逻指令等)的判别代码;命令码用来体现 I/O 的具体操作;设备码是作为对多台 I/O 设备的选择码。

输入/输出指令的命令码,一般可表述如下几种情况:

① 将数据从 I/O 设备输入至主机。例如,将某台设备接口电路中的数据缓冲寄存器中的数据读至 CPU 的某个寄存器中。

② 将数据从主机输出至 I/O 设备。例如,将 CPU 中的某个寄存器中的数据写入到某台设备接口电路中的数据缓冲寄存器内。

③ 状态测试。利用命令码检测各个 I/O 设备所处的状态是"忙"还是"准备就绪",以便决定下一步是否可进行主机与 I/O 交换信息。

④ 形成某些操作命令。不同 I/O 设备与主机交换信息时,需完成不同的操作。如对于磁盘驱动器,需要读扇区、写扇区、找磁道、扫描记录标记符等。

输入/输出指令的设备码相当于设备的地址。只有对不同的 I/O 设备赋以不同的编号,才能准确选择某台设备与主机交换信息。

例如,80x86 机器中通常采用 I/O 端口独立编址,在其指令系统中就设置有专用 I/O 指令 IN 和 OUT,并具有直接寻址和间接寻址两种类型。直接寻址 I/O 端口的寻址范围为 0000~00FFH,至多为 256 个端口地址。间接寻址由 DX 寄存器间接给出 I/O 端口地址,DX 寄存器长 16 位,所以最多可寻址 64K 个端口地址。CPU 一次可实现字节(8 位)、字(16 位)或双字(32 位)的数据传送。32 位端口应对准可被 4 整除的偶地址;16 位端口应对准偶地址；8 位端口可定位在偶地址，也可定位在奇地址。

(2) 通道指令

通道指令是对具有通道的 I/O 系统专门设置的指令，这类指令一般用以指明参与传送（写入或读出）的数据块在主存中的首地址；指明需要传送的字数或所传送数据块的末地址；指明所选设备的设备码及完成某种操作的命令码。

通道指令又叫通道控制字(CCW)，它是通道用于执行 I/O 操作的指令，它可以由管理程序存放在主存的任何地方，由通道从主存中取出并执行。通道程序即由通道指令组成，它完成某种外围设备与主存传送信息的操作。如将磁带记录区的部分内容送到指定的主存缓冲区内。

通道指令是通道自身的指令，用来执行 I/O 操作；而通常的输入/输出指令是 CPU 指令系统的一部分，是 CPU 用来控制输入/输出操作的指令，由 CPU 译码后执行。在具有通道结构的机器中，输入/输出指令不实现 I/O 数据传送，主要完成启、停 I/O 设备，查询通道和 I/O 设备的状态及控制通道所作的其他一些操作。具有通道指令的计算机，一旦执行了启动 I/O 的指令后，就由通道代替 CPU 对 I/O 进行管理。

7.1.4 主机与输入/输出设备间信息传输的控制方式

主机和输入/输出设备间的信息传输控制方式，经历了由低级到高级，由简单到复杂，由集中管理到各部件分散管理的发展过程，按其发展的先后次序和主机与外设并行工作的程度，可以分为 4 种。

1. 程序直接控制方式

程序直接控制方式是由程序控制主机与外设之间的数据交换。通常的方法是用户在程序中安排一段由 I/O 指令和其他指令组成的程序，由它来直接控制外设的工作，由于数据的交换是通过执行该程序段完成的，因此何时进行这种传送是编程时确定的。

这种方式控制简单，但外设和主机不能同时工作，各外设之间也不能同时工作，系统效率很低，因此，仅适用于外设的数目不多，对 I/O 处理的实时要求不高，CPU 的操作任务比较单一，并不很忙的情况。

2. 程序中断方式

在主机启动外设后，CPU 继续执行原来的程序，外设在做好输入/输出准备时，向主机发中断请求，主机接到请求后就暂时中止原来执行的程序，转去执行中断服务程序对外部请求进行处理，在中断处理完毕后返回原来的程序继续执行。显然，程序中断不仅适用于外部设备的输入/输出操作，也适用于对外界发生的随机事件的处理。程序中断方式在信息交换方式中处于最重要的地位，它不仅允许主机和外设同时并行工作，并且允许一台主机管理多台外设，使它们同时工作。但是完成一次程序中断还需要许多辅助操作，当外设数目较多时，中断请求过分频繁，可能使 CPU 应接不暇。另外，对于一些高速外设，由于信息交换是成批的，如果处理不及时，可能会造成信息丢失，因此，它主要适用于中、低速外设。

3. 直接存储器存取方式

程序中断方式大大提高了 CPU 的利用率,但是它仍由 CPU 通过程序来控制数据的传输过程,每次传送还要保护断点和现场,需要用许多指令,因而通常传送一个字节大约需要几十微秒到几百微秒,这对于高速的 I/O 设备及成组数据交换场合,例如磁盘与主存信息交换,就显得速度太慢了。直接存储器存取(Direct Memory Access,DMA)方式使用 DMA 控制器芯片来完成数据传输的控制过程。如主存地址的修改、字节长度的控制等。在这种方式下,CPU 将数据总线、地址总线及控制总线的控制权交给 DMA 控制器管理,使得外设和主存的信息传送速度高达 0.5MB/s 以上,而且 CPU 和 DMA 可以并行工作,大大提高了 CPU 的工作效率。

4. 通道控制方式

通道控制方式是 DMA 方式的进一步发展,在系统中设有通道控制部件,每个通道挂若干外设,主机在执行 I/O 操作时,只需启动有关通道,通道将执行通道程序,从而完成 I/O 操作。

通道是一个具有特殊功能的处理器,它能独立地执行通道程序,产生相应的控制信号,实现对外设的统一管理和外设与主存之间的数据传送。但它不是一个完全独立的处理器,它要在 CPU 的 I/O 指令指挥下才能启动、停止或改变工作状态,是从属于 CPU 的一个专用处理器。一个通道执行输入/输出过程全部由通道按照通道程序自行处理,不论交换信息多少,只打扰 CPU 两次(启动和停止时)。因此,主机、外设和通道可以并行同时工作,而且一个通道可以控制多台不同类型的设备。

7.2 程序直接控制方式

利用用户程序直接控制主机与外设之间的数据交换时,根据外设的特点,一般可采用直接输入/输出方式和程序查询输入/输出方式两种。

7.2.1 直接输入/输出方式

直接输入/输出方式是指在外部控制过程的时间是固定的,且在已知的条件下进行数据传送的方式。I/O 端口总是准备好接收主机的输出数据,或总是准备好向主机输入数据,因而 CPU 无须查询外设的工作状态,默认外设始终处于准备就绪状态。在 CPU 认为需要时,随时可直接利用 I/O 指令访问相应的 I/O 端口,实现与外设之间的数据交换。这种方式的优点是软、硬件结构都很简单,但要求时序配合精确,否则会出错。对于一些简单的外设可以使用这种方式,如开关、LED 显示器等。

7.2.2 程序查询输入/输出方式

当慢速的外设与 CPU 交换数据时,经常采用这种方式。由于很多外设的工作状态是很难事先预知的,例如何时按键,打印机是否能接收新的打印输出信息等。当 CPU 与外设工作不同步时,很难确保 CPU 在执行输入操作时,外设一定是"准备好"的;而在执行输出操作时,外设一定是"缓冲器空"的。为了保证数据传送的正确进行,就要求 CPU 在程序中查询外设的工作状态。如果外设尚未准备就绪,CPU 就循环等待。只有当外设已做好准备,CPU 才能执行 I/O 指令进行数据传送,这就是程序查询方式。因而其接口部分除了数据传送端口之外,还必须有传送状态信号的端口,状态的检查是由 CPU 执行一段程序完成的。

程序查询输入/输出方式的工作过程如图 7-3 所示,简要说明如下。

1．预置传送参数

在传送数据之前,由 CPU 执行一段初始化程序,预置传送参数。传送参数包括存取数据的主存缓冲区首地址和传送数据的个数。

2．向外设接口发出命令字

当 CPU 选中某台外设时,执行输出指令向外设接口发出命令字启动外设,为接收数据或发送数据做应有的操作准备。

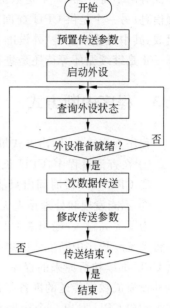

图 7-3　程序查询输入/输出方式工作流程图

3．从外设接口取回状态字

CPU 执行输入指令,从外设接口中取回状态字并进行测试,判断数据传送是否可以进行。

4．查询外设标志

CPU 不断查询状态标志,如果外设没有准备就绪,CPU 就原地等待,一直到外设准备就绪,并发出"外设准备就绪"信号为止。

5．传送数据

只有外设准备好,才能实现主机与外设间的一次数据传送。输入时,CPU 执行输入指令,从外设接口的数据缓冲寄存器中接收数据;输出时,CPU 执行输出指令,将数据写入外设接口的数据缓冲寄存器中。

6．修改传送参数

每进行一次数据传送之后必须要修改传送参数,其中包括主存缓冲区地址加 1,传送个数计数器减 1 等。

7．判断传送是否结束

如果传送个数计数器不为零,则转第 3 步,继续传送,直到传送个数计数器为零,表示传送结束。

程序查询输入/输出方式是最简单、最经济的 I/O 方式,只需很少的硬件。通常接口中至少有两个寄存器,一个是数据缓冲寄存器,即数据端口,用来存放与 CPU 进行传送的数据信息;另一个是供 CPU 查询的设备状态寄存器,即状态端口,这个寄存器由多个标志位组成,其中最重要的是"外设准备就绪"标志。当 CPU 得到该标志位后就进行判断,以决定下一步是继续循环等待还是进行 I/O 传送。

7.3 程序中断方式

程序查询输入/输出方式虽然简单,但却存在着下列明显的缺点:
① 在查询过程中,CPU 长期处于等待状态,使系统效率大大降低;
② CPU 在一段时间内只能和一台外设交换信息,其他设备不能同时工作;
③ 不能发现和处理预先无法估计的错误和异常情况。

为了提高输入/输出能力和 CPU 的效率,20 世纪 50 年代中期,程序中断方式被引进计算机系统。程序中断方式的思想是:CPU 在程序中安排好在某一时刻启动某一台外设,然后 CPU 继续执行原来的程序,不需要像查询方式那样一直等待外设的准备就绪状态。一旦外设完成数据传送的准备工作(输入设备的数据准备好或输出设备的数据缓冲器空)时,便主动向 CPU 发出一个中断请求,请求 CPU 为自己服务。在可以响应中断的条件下,CPU 暂时中止正在执行的程序,转去执行中断服务程序为中断请求者服务,在中断服务程序中完成一次主机与外设之间的数据传送,传送完成后,CPU 仍返回原来的程序,从断点处继续执行。图 7-4 给出了程序中断方式的示意图。

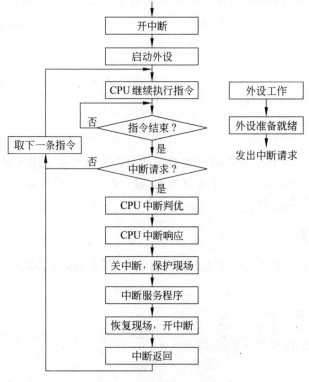

图 7-4 程序中断方式示意图

7.3.1 中断的基本概念

当主机正在繁忙地处理它的具体事务时,某个外设向主机提出需要临时处理问题的请求,于是主机响应外设请求暂时中断正在执行的程序,转去处理外部事件,处理完后再返回到被中断程序的断点处继续执行原程序的过程,称为中断。其中,被中断的程序称为主程序,在中断过程中执行的程序称为中断服务程序。

中断的前提是外设已经准备好与主机进行通信,例如外设需要及时地向主机传送一个数据并且该数据已经准备好了;或者外设执行完主机的某个任务,要求主机再传送一个数据等,就向主机提出中断请求。生活中这类例子很多,例如教师布置课堂作业,布置完作业后教师不去做任何其他事情,一心一意等待并且观察学生完成了没有,如果学生已经完成,再布置新的作业,这就是程序查询输入/输出方式。如果教师布置完作业后继续做自己的事情,当学生完成作业后就向教师举手请求,这时教师再放下正在做的事,转去处理学生的请求(例如布置新的作业)。这就是中断方式的处理思想,提高了 CPU 的利用率。

从图 7-4 中可以看出,中断方式在一定程度上实现了 CPU 和外设的并行工作,使 CPU 的效率得到充分的发挥。不仅如此,由于中断的引入,还能使多个外设并行工作,CPU 根据需要可以启动多个外设,被启动的外设分别同时独立地工作,一旦外设准备就绪,即可向 CPU 发出中断请求,CPU 可以根据预先安排好的优先顺序处理外设与自己的数据传送。另外,计算机在运行过程中可能会发生预料不到的异常事件,如运算错、掉电、溢出等,由于中断的引入,使计算机可以捕捉到这些故障和错误,及时予以处理。所以,现代计算机无论是巨型机、大型机、小型机还是微型计算机都具有中断处理的能力。

从图 7-4 中还可以看出,中断的处理过程实际上是程序的切换过程,即从现行程序切换到中断服务程序,再从中断服务程序返回到现行程序。CPU 每次执行中断服务程序前总要保护现场,执行完中断服务程序返回现行程序之前又要恢复现场,这些中断的辅助操作都将会限制数据传送的速度。

中断系统是计算机实现中断功能的软、硬件总称。一般在 CPU 中配置中断机构,在外设接口中配置中断控制器,在软件上设计相应的中断服务程序。

7.3.2 中断源和中断类型

在程序中断方式中,可能会存在很多种中断源及中断类型,中断系统的复杂性就是由中断源的多样性引起的。

1. 中断源

引起中断的各种事件称为中断源。中断源可以是系统外部,也可以是系统内部,甚至是处理机本身。中断可以是由硬件引起的,也可以是由软件引起的。常见的中断源有外围设备、处理机中断、存储器产生的中断、控制指令、定时、硬件故障等。

按照中断源的性质不同,通常中断源可以分成以下 6 种类型:

(1) 重新启动中断

专为操作人员重新启动程序使用,由处理机提供。

(2) 机器检验出错中断

当发生硬件或软件错误时,常提供这类中断。如运算器误动作、主存储器校验错等。

(3) 程序性错误引起的中断

包括由指令或数据格式错误、程序执行过程中出现的非法编码、地址越界等错误。

(4) 访问管理程序中断

当用户程序要访问管理程序时,执行访管指令引起的中断。

(5) 外部事件中断

来自机器外部或内部的用于计时、控制等定时中断。

(6) 输入/输出中断

用于处理机管理各种外围设备、通道等产生的中断。

2. 中断的基本类型

(1) 自愿中断和强迫中断

自愿中断又称程序自中断,它不是随机产生的中断,而是在程序中安排的有关指令,这些指令可以使机器进入中断处理的过程,例如,Intel 80x86 指令系统中的软中断指令 INT n。强迫中断是随机产生的中断,不是程序中事先安排好的。当这种中断产生后,由中断系统强迫计算机中止现行程序并转入中断服务程序。

(2) 程序中断和简单中断

程序中断就是前面提到的中断,主机在响应中断请求后,通过执行一段中断服务程序来处理更紧迫的任务,这样的中断处理过程将在后面详细讨论,它需要占用一定的 CPU 时间。

简单中断就是外设与主存间直接进行信息交换的方法,即 DMA 方式。这种中断不去执行中断服务程序,故不破坏现行程序的状态。主机发现有简单中断请求(也就是 DMA 请求)时,让出一个或几个存取周期供外设与主存交换信息,然后继续执行程序。简单中断是早期对 DMA 方式的一种提法,为避免误解,现在一般很少使用这个名词。

(3) 内中断和外中断

内中断是指由于 CPU 内部硬件或软件原因引起的中断,如单步中断、溢出中断等。

外中断是指由 CPU 以外的部件引起的中断。通常,外中断又可以分为不可屏蔽中断和可屏蔽中断两种。CPU 用程序的方法可以允许某些中断源的中断申请,也可以禁止某些中断源的申请,这个过程称为中断屏蔽。所谓可屏蔽中断是指这种中断请求可以在 CPU 的内部被屏蔽掉,即 CPU 可以控制这种中断被响应或不被响应;所谓不可屏蔽中断是指该中断请求不能在 CPU 的内部被屏蔽,一旦提出请求,CPU 必须立即响应。

(4) 向量中断和非向量中断

向量中断是指那些中断服务程序的入口地址是由中断事件自己提供的中断。中断事件在提出中断请求的同时,通过硬件向主机提供中断服务程序入口地址,即向量地址。

非向量中断的中断事件不能直接提供中断服务程序的入口地址。

(5) 单重中断和多重中断

单重中断在 CPU 执行中断服务程序的过程中不能被再打断。

多重中断在执行某个中断服务程序的过程中,CPU 可去响应级别更高的中断请求,又称为中断嵌套。多重中断表征计算机中断功能的强弱,有的计算机能实现 8 级以上的多重中断。

7.3.3 中断处理过程

从图 7-4 中可以看出,中断处理过程分为 5 个阶段:中断请求、中断判优、中断响应、中断处理及中断返回。

1. 中断请求

通常,一台计算机允许有多个中断源。由于每个中断源向 CPU 发出中断请求的时间是随机的,为了记录中断事件并区分不同的中断源,可采用具有存储功能的触发器来记录中断源,这个触发器称为中断请求触发器(INTR)。当某一个中断源有中断请求时,其相应的中断请求触发器置成"1",表示该中断源向 CPU 提出中断请求。

中断请求触发器可以分散在各个中断源中,也可以集中到中断接口电路中。在中断接口电路中,多个中断请求触发器构成一个中断请求寄存器。中断请求寄存器的每一位对应一个中断源,其内容称为中断字或中断码。中断字中为"1"的位就表示对应的中断源有中断请求。

各中断源的中断请求信号必须传送给 CPU,其连接方式既要考虑硬件的节省,又要有利于优先级的判断,常用的连接方式有三种:独立请求线、公共请求线以及二维结构请求线方式。中断源较多的系统中通常采用二维结构请求线方式。

2. 中断判优

当多个中断源同时发出中断请求时,CPU 在任何瞬间只能接受一个中断源的请求。究竟首先响应哪一个中断请求呢?通常,把全部中断源按中断的性质和处理的重要程度安排优先级,并进行排队。

确定中断优先级的原则是:对那些提出中断请求后需要立刻处理,否则就会造成严重后果的中断源规定最高的优先级;而对那些可以延迟响应和处理的中断源规定较低的优先级。如故障中断一般优先级较高,其次是简单中断,接着才是 I/O 设备中断。每个中断源均有一个为其服务的中断服务程序,每个中断服务程序都有与之对应的优先级别。另外,CPU 正在执行的程序也有优先级。只有当某个中断源的优先级别高于 CPU 现在的优先级时,才能中止 CPU 执行现在的程序。

中断判优的方法可分为下列两种。

(1)软件判优

所谓软件判优法,就是用程序来判别优先级,这是最简单的中断判优方法。当 CPU 接到中断请求信号后,就执行查询程序,逐个检测中断请求寄存器的各位状态。检测顺序是按优先级的大小排列的,最先检测的中断源具有最高的优先级,其次检测的中断源具有次高优先级,如此下去,最后检测的中断源具有最低的优先级。

软件判优方法简单,可以灵活地修改中断源的优先级别;但查询、判优完全是靠程序实现的,不但占用 CPU 时间,而且判优速度慢。

(2)硬件判优电路

采用硬件判优电路实现中断优先级的判定可节省 CPU 时间,而且速度快,但是成本较高。根据中断请求信号的传送方式不同,有不同的优先排队电路。常见的方案有独立请求线的优先排队电路、公共请求线的优先排队电路等。这些排队电路的共同特点是:优先级别高的中断请求将自动封锁优先级别低的中断请求的处理。硬件排队电路一旦设计连接好之后,将无法改变其优先级别。

3. 中断响应

CPU 响应中断必须满足下列条件:

(1) CPU 接收到中断请求信号。

(2) CPU 允许中断,即开中断。CPU 内部有一个中断允许触发器,只有当中断允许触发器内容为"1"时,才允许响应中断。通常,中断允许触发器由开中断指令来置位,由关中断指令或硬件自动使其复位。

(3) 一条指令执行完毕。这是 CPU 响应中断请求的时间限制条件。

CPU 响应中断之后,首先,为了保证在中断服务程序执行完毕能正确返回原来的程序,必须将原来程序的断点(即程序计数器的内容)保存起来。断点可以装入堆栈,也可以存入主存的特定单元中。其次,在中断服务程序中,为了保护中断现场(即 CPU 的主要寄存器状态)期间不被新的中断所打断,必须要关中断,从而保证被中断的程序在中断服务程序执行完毕之后能接着正确地执行下去。然后,取出中断服务程序的入口地址送程序计数器。对于向量中断和非向量中断,引出中断服务程序的方法是不相同的。

现代计算机系统中广泛采用向量中断结构,即当 CPU 响应某一中断请求时,硬件能自动形成并找出与该中断源对应的中断服务程序的入口地址。

向量地址通常有两种情况:

(1) 向量地址是中断服务程序的入口地址。

如果向量地址就是中断服务程序的入口地址,则 CPU 不需要再经过处理就可以进入相应的中断服务程序,Z-80 单板机的中断方式就是这种情况。各中断源在接口中由硬件电路形成一条含有中断服务程序入口地址的特殊指令(重新启动指令),从而转入相应的中断服务程序。

(2) 向量地址是中断向量表的指针。

如果向量地址是中断向量表的指针,则向量地址指向一个中断向量表,从中断向量表的相应单元中再取出中断服务程序的入口地址,此时中断源给出的向量地址是中断服务程序入口地址的地址。目前,大多数微型计算机都采用这种方法,例如 Intel 8086 就属于这种情况。

中断源向 CPU 提供一个中断类型码,Intel 8086 用一个字节表示中断类型码,因此可有 256 个类型码,分别表示的中断源如图 7-5 所示。将各中断处理程序的入口地址组织成一个中断向量表,存在地址 000H~3FFH 区间。每个中断源的处理程序入口地址在向量表中占 4B 单元,其中 2B 为偏移量 IP,2B 为段基值 CS。CPU 得到中断类型码后,将其乘以 4 得到中断向量表首地址,据此访问存储器,从中断向量表中连续读取 4B 地址信息,按 8086 的地址形成方法产生 20 位入口地址,从而转入中断服务程序。

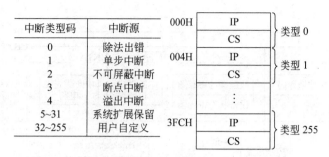

图 7-5 Intel 8086 中断类型码及中断向量表示意图

4. 中断处理

中断处理主要是执行中断服务程序的过程。不同设备的中断服务程序是不相同的,可它们的程序流程又是类似的,一般中断服务程序的流程为保护现场、中断服务、恢复现场。

(1) 保护现场

保护现场有两个含意,其一是保存程序的断点;其二是保存通用寄存器和状态寄存器的内容。在中断服务程序的起始部分安排若干条存数指令,将寄存器的内容存至存储器中保存,或用进栈指令将各寄存器的内容压入堆栈保存,即将程序中断时的"现场"保存起来。

(2) 中断服务(设备服务)

这是中断服务程序的主体部分,不同中断源的中断服务操作内容是不同的,如打印机要求 CPU 将需打印的一行字符代码通过接口送入打印机的缓冲存储器中,以供打印机打印;显示设备要求 CPU 将需显示的一屏字符代码通过接口送入显示器的显示存储器中。

(3) 恢复现场

这是中断服务程序的结尾部分,要求在退出服务程序前,将原程序中断时的"现场"恢复到原来的寄存器中。通常可用取数指令或出栈指令,将保存在存储器(或堆栈)中的信息送回到原来的寄存器中。

5. 中断返回

当中断服务程序完成处理任务,并使 CPU 的内部寄存器和程序状态字恢复到被中断之前的情况后,才返回原程序。

中断返回就是执行一条中断返回指令,这时堆栈弹出断点地址给程序计数器,机器就转移到了原来程序的断点继续运行。

7.3.4 程序中断方式的基本接口

向量式中断是现代计算机系统中广泛采用的方式,具有向量中断能力的外设接口是由程序查询式接口加上中断控制机构组成的。简化的中断式接口如图 7-6 所示。从其逻辑功能来看,这个接口不仅可以保证中断式传送,而且也可以提供程序查询式传送。

中断控制机构至少应包括下列几部分:

1. 中断请求电路

当中断源有请求且中断开放时,向 CPU 发中断请求信号。

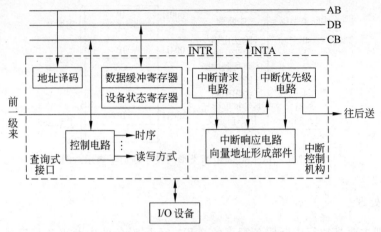

图 7-6　程序中断式接口示意图

2. 中断优先级电路

保证优先级别最高的中断源首先获得 CPU 的服务。

3. 向量地址形成部件

用来产生向量中断时需要的向量地址.并且根据这个向量地址转向该中断源所对应的中断服务程序。

7.3.5　单级中断和多级中断

中断处理可分为单级中断和多级中断。单级中断是指在执行中断服务程序的过程中，只能为本次中断服务，不允许打断该服务程序，只有在服务程序完成后，才能响应新的中断请求，这种情况称单级中断。前面介绍的都是单级中断情况。

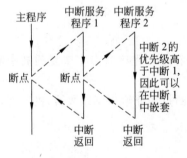

图 7-7　两级中断嵌套示意图

多级中断是指在 CPU 执行中断服务程序过程中，若优先级高的中断源有中断请求，那么级别低的中断服务程序被中断，转去响应优先级更高的中断服务程序。这样就可能出现多重中断嵌套，如图 7-7 所示。

要使计算机具有多级中断的能力，首先要能保护多个断点，而且先发生中断请求的断点，先保护后恢复；后发生中断请求的断点，后保护先恢复。堆栈的先进后出特点正好满足多级中断这一先后次序的需要。同时，在 CPU 进入某一中断服务程序之后，系统必须处于开中断状态，否则中断嵌套是不可能实现的。

利用中断屏蔽技术，即通过设定中断接口或者 CPU 内部的屏蔽字，有选择地允许某些中断源的中断请求而屏蔽掉某些中断源，除了可以用来管理中断源，还经常用来进行辅助中断优先级的设置，从而构成想要的中断嵌套。

例如，当 CPU 已响应某个高级别的中断请求并且进入该中断服务程序后，在中断服务程序中编写一段程序，把自己的优先级降低，提升另外的中断源为高优先级，并且开中断。这样，原来级别低的中断源就可以得到优先响应机会并且嵌套于正在处理的中断。另外，还可以通过屏蔽较高级别的中断源，有意识地开放较低优先级别的中断源，给予低级别中断源机会。但这样的操作是在某个适当的时间或者条件下才能够被采用。这样的处理完全由程序员控制，称为动态优先级调整，从而提高了中断系统的灵活性。

7.4 直接存储器存取方式

直接存储器存取方式(Direct Memory Access，DMA)是直接依靠硬件在主存与 I/O 设备间传送数据的一种工作方式，在传送期间不需要 CPU 参加传送操作。由于省去了 CPU 取指令、取数和送数操作，因此节省了 CPU 大量的时间；而且主存与外设之间数据传输速度并不比 CPU 参与时传输慢，因此是一种非常好的数据成块传送模式，主要用于主存与高速 I/O 设备交换数据，例如，主存与硬盘、光盘、网络通信和高速数据采集接口直接交换数据，其数据传输速率一般在 MB/s 量级以上。

DMA 方式为了适应高速传送的需要，一方面，数据传送任务不依靠程序切换方式实现，而直接依靠硬件实现传送；另一方面，在连续传送过程中所执行的是一种简单传送操作，允许由硬件直接控制，不一定需要程序控制。

7.4.1 DMA 方式的基本概念

无论程序查询还是程序中断方式，主要的工作都是由 CPU 执行程序完成，这需要花费时间，因此不能实现高速外设与主机的信息交换。

DMA 方式是在外设和主存之间开辟一条"直接数据通道"，在不需要 CPU 干预也不需要软件介入的情况下，使两者之间进行高速数据传送的方式。在 DMA 传送方式中，对数据传送过程进行控制的硬件称为 DMA 控制器。当外设需要进行数据传送时，通过 DMA 控制器向 CPU 提出 DMA 传送请求，CPU 响应之后将让出系统总线，由 DMA 控制器接管总线进行数据传送。

DMA 方式具有下列特点：

① 改变了主存与 CPU 的固定联系，主存既可被 CPU 访问，又可被外设访问；
② 在数据块传送时，主存地址的确定、传送数据的计数等都由硬件电路直接实现；
③ 主存中要开辟专用缓冲区，及时供给和接收外设的数据；
④ CPU 和外设并行工作，提高了系统的效率；
⑤ DMA 在传送开始前要通过程序进行预处理，结束后要通过中断方式进行后处理。

DMA 方式和程序中断方式的明显区别：

① 中断方式是程序切换，需要保护和恢复现场；而 DMA 方式除了开始和结尾时以外，不占用 CPU 的任何资源。
② 中断响应时间只能发生在每条指令执行完毕时；而对 DMA 请求的响应时间可以发生在每个机器周期结束时。
③ 中断传送过程需要 CPU 的干预；而 DMA 传送过程不需要 CPU 的干预，故数据传

输速率非常高，适合于高速外设的成组数据传送。

④ DMA 请求的优先级高于中断请求。

⑤ 中断方式具有对异常事件的处理能力，而 DMA 方式仅局限于完成传送数据块的 I/O 操作。

7.4.2 DMA 传送方式及过程

DMA 的种类很多，但基本的操作如下：

① 当外设需要与主存成批交换数据时，由外设发出 DMA 申请信号；

② CPU 响应外设请求，释放总线控制权，由 DMA 控制器接管；

③ 在 DMA 控制器的管理下发出存储器地址和读/写操作信号，进行数据传送，同时 DMA 控制器还要完成数据计数和校验工作；

④ 当 DMA 传送结束，DMA 控制器要通知 CPU，并且释放总线控制权，CPU 重新接管总线。

在 DMA 操作中，成批的数据传送前的准备工作和传送结束后的处理操作都是由管理程序完成的，DMA 控制器只是负责数据的传送操作。尽管如此，DMA 控制器仍然非常复杂，有的甚至比得上简单机器的 CPU。

1. DMA 传送方式

DMA 控制器和 CPU 通常采用下面三种方式访问主存。

(1) CPU 暂停方式

主机响应 DMA 请求后，让出存储总线，直到一组数据传送完毕后，DMA 控制器才把总线控制权交回 CPU。采用这种工作方式的 I/O 设备，在其接口中一般设置有小容量的存储器。在传送数据时，I/O 设备先与小容量存储器交换数据，然后再由小容量存储器与主机交换数据，这样可减少 DMA 传送时占用存储总线的时间，即减少 CPU 暂停工作的时间。

(2) CPU 周期窃取方式

每当 CPU 同意一次 DMA 请求后，让出 1 个或者几个存储周期给 DMA 控制器访问主存，于是 CPU 推迟工作。当 DMA 控制器传送完一个数据后又释放存储总线，CPU 继续工作，因此形象地称为 DMA 控制器"窃取"了 1 个或者几个存储周期。如果此时正好 CPU 不访问存储器，该次窃取并不影响 CPU 工作。如果 CPU 采用了指令流水线和数据流水线，也会减少存储器访问冲突。CPU 周期窃取方式既考虑了 DMA 传送的实效，又兼顾了 CPU 的并行工作，是一种好的方式。但 DMA 控制器频繁地经历申请总线控制权过程、建立总线控制权过程和归还总线控制权过程，对系统的效率有较大的影响。

(3) DMA 与 CPU 交替访问存储器方式

把 CPU 和 DMA 控制器访问存储器的时间分割开来，例如，规定 CPU 在 1、3、5、7 等奇数存储周期访问存储器，而 DMA 控制器在 2、4、6、8 等偶数存储周期访问存储器，这样，双方都不产生访问冲突，外设也不需要申请 DMA 操作，是一个理想的想法，称为"透明的 DMA 方式"。但这种方式等于把存储器访问时间延长为两倍，这种方式使用的环境只能是 CPU 速度比存储器的存取速度慢两倍以上的机器。

2. DMA 传送过程

DMA 传送过程分为如下 5 步：DMA 初始化，DMA 请求，DMA 响应，DMA 传送，DMA 结束。

（1）DMA 初始化

由于 DMA 在进行数据传送时，是直接依靠硬件来控制传送，所以不需要 CPU 程序的干预。但是，要实现主存与 I/O 设备之间的数据传送，必须事先给出两者的地址与传送方向、数据块的大小等。所以，CPU 应当执行一段程序，测试外设的状态，向 DMA 控制器的有关寄存器置初值、设置传送方向、设置主存起始地址、设置数据传输个数、启动该外部设备等，称为 DMA 初始化。

（2）DMA 请求

在初始化工作完成之后，CPU 继续执行原来的程序，在外设准备好发送的数据（输入）或接收的数据已处理完毕（输出）时，外设向 DMA 控制器发 DMA 请求，再由 DMA 控制器向 CPU 发总线请求。

（3）DMA 响应

CPU 一旦接收到外设的 DMA 请求，如果正在进行存储器读/写周期的话，结束后再响应，否则 CPU 会立即响应，向外设发出 DMA 响应信号，并且释放出总线。如果有多个 DMA 请求，需要纳入判优逻辑，然后才给予响应。

（4）DMA 传送

DMA 控制逻辑电路接收到 CPU 的总线响应信号后，立即接管总线，开始总线操作。DMA 的数据传送能以单字节（或字）为基本单位，也能以数据块为基本单位。对于以数据块为单位的传送，DMA 控制器占用总线后的数据输入/输出操作都是通过循环来实现的，其传送过程如图 7-8 所示。

（5）DMA 结束

当传送长度计数器计到 0 时，DMA 操作结束，DMA 控制器向 CPU 发中断请求，CPU 停止原来程序的执行，转去执行中断服务程序进行 DMA 结束处理工作，包括检查数据传送过程中是否有错误发生，以及由 CPU 决定是否需要启动下一次数据传输等。

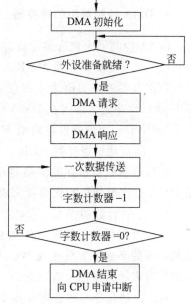

图 7-8　DMA 传送过程示意图

7.4.3　DMA 接口

DMA 接口也称为 DMA 控制器，图 7-9 示意了一个磁盘 DMA 控制器的框图。磁盘驱动器是具有较高传输速率的外设，而且目前计算机的多媒体软件比较庞大，因此普遍采用了 DMA 传输。当磁盘的程序或者数据要传输到主存时，需要 DMA 控制器把磁盘某个地址（柱面、磁头、扇区）的内容逐个读出、逐个写入到主存的规定地址中；而主存内容需要传送到磁盘保存时，DMA 控制器需要把主存的某个数据块逐个读出再逐个写入到磁盘的规定地址中。因此，DMA 控制器包括 8 个主要的寄存器和逻辑电路。

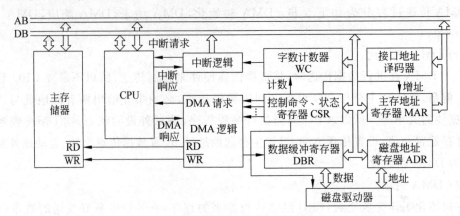

图 7-9 磁盘 DMA 控制器组成示意图

1. DMA 控制器中的寄存器

DMA 控制器中包含多个寄存器，其中主要的寄存器有：

（1）主存地址寄存器 MAR

该寄存器的初始值为主存缓冲区的首地址（或者末地址），其值是在 DMA 传送前由 CPU 执行程序送入的。在 DMA 传送中，主存缓冲区地址是连续的。主存与外设每交换一个字（或字节），便由硬件逻辑给 MAR 自动加 1，从而构成逐次传送使用的主存地址。

（2）磁盘地址寄存器 ADR

存放磁盘数据所在的驱动器号、柱面号、磁头号和扇区号等。其内容由 CPU 执行程序在 DMA 操作前的初始化设置完成。

（3）字数计数器 WC

该计数器用于对规定的传送数据个数进行计数。在传送前，由 CPU 执行程序将要传送的数据的字或字节数送入 WC，以后每送出一个字（或字节），计数器自动减 1，当 WC 内容为零时表示数据已全部送达。

（4）控制命令与状态寄存器 CSR

该寄存器用来存放控制字和状态字，实际上是两个寄存器，即控制字寄存器（CPU 写）和状态字寄存器（CPU 读）。控制命令字有启动位、传送方向位、增址传送/减址传送位、中断屏蔽位等。状态位主要有错误位、工作完成位、指示位和别的信息位等。

（5）数据缓冲寄存器 DBR

该寄存器用来暂存 I/O 设备与主存传送的数据。通常，DBR 与主存之间是按字为单位传送的，而 DBR 与设备之间可能是按字节或位传送的，因此，DBR 还可能要包括装配和拆卸字信息的硬件，如数据移位缓冲寄存器、字节计数器等。

以上各寄存器均有自己的接口 I/O 地址，CPU 在初始化 DMA、传送结束时对这些寄存器进行读/写操作。

2. 中断控制逻辑

DMA 完成后，DMA 控制器申请中断请求 CPU 进行善后处理，因此，DMA 接口仍然需要中断控制逻辑电路，用于申请中断、中断判优以及中断向量的传送等。

3. DMA 控制逻辑

该控制逻辑一般包括产生 DMA 请求信号的线路和 DMA 优先排队逻辑电路，在 DMA 取得总线控制权后产生主存读/写和控制信号等。

4. 接口地址译码器

接口地址译码器主要是在 CPU 访问本接口时，从地址总线上译出 CPU 要访问的寄存器地址并且选通它们。

图 7-9 所示的磁盘 DMA 控制器是一个简单的 DMA 控制器，工程中主要使用选择型 DMA 控制器和多路型 DMA 控制器。

选择型 DMA 控制器可以连接多个外设，通过 I/O 指令来选择需要连接的外设，它的特点是数据传输率很高，几乎可以达到主存的传输速度。

多路型 DMA 控制器有链式多路型和独立请求式多路型几种，主要适合同时为多个慢速外设进行 DMA 传送。

7.5 通道控制方式与输入/输出处理机

在大型计算机系统中，由于所连接的 I/O 设备数量较多，I/O 操作频繁，整体速度要求较快，仅仅依赖 CPU 采取中断和 DMA 等控制方式已不能满足要求，为了进一步提高 CPU 的工作效率，提出了通道控制方式。通道实际上是一个具有特殊功能的处理器，它有自己的指令系统，通过执行程序专门负责数据输入/输出的传输控制，而 CPU 将"传输控制"的功能下放给通道后只负责"数据处理"功能。这样，通道与 CPU 分时使用主存，实现了 CPU 内部运算与 I/O 设备的并行工作，使 CPU 完全摆脱了管理和控制输入/输出设备的负担。一种具有通道结构的系统组成如图 7-10 所示。

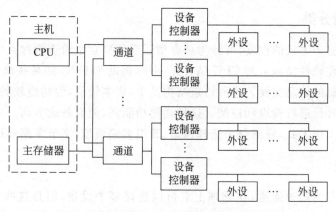

图 7-10 一种具有通道结构的系统组成示意图

随着通道结构进一步发展，出现了两种计算机 I/O 系统结构。一种是通道结构的 I/O 处理器，通常称为输入/输出处理机（IOP）。IOP 可以和 CPU 并行工作，提供高速的 DMA 处理能力，实现数据的高速传送。但它不独立于 CPU 工作，而是主机的一个部件。这类 IOP 广泛应用于中小型及微型计算机中。另一种是外围处理机（PPU）。PPU 基本上是独立于主机工作的，它有自己的指令系统，完成算术/逻辑运算、读/写主存储器、与外设交换信息等。这种方式一般应用于高效率的计算机系统中。

7.5.1 通道的功能

通道控制方式是 DMA 方式的进一步发展。实质上，通道也是实现外设和主存之间直接交换数据的控制器。与 DMA 控制器相比，两者的主要区别在于：

- DMA 控制器是通过专门设计的硬件控制逻辑来实现对数据传送的控制，而通道则是一个具有特殊功能的处理器，它具有自己的指令和程序，通过执行通道程序来实现对数据传送的控制，故通道具有更强的独立处理数据输入/输出的功能。
- DMA 控制器通常只能控制一台或少数几台同类设备。而一个通道则可以同时控制许多台同类或不同类的设备。

从逻辑结构上讲，通道控制方式具有 4 级连接：主机—通道—设备控制器—外部设备。通道是一种高级的 I/O 控制部件，它在一定的硬件基础上利用软件手段实现对 I/O 的控制和传送，更多地免去了 CPU 的介入，从而使主机和外设的并行工作程度更高。当然，通道并不能完全脱离 CPU，它还要受到 CPU 的管理，例如启动、停止等，而且通道还应该向 CPU 报告自己的状态，以便 CPU 决定下一步的处理。通道的基本功能有以下几个：

① 接收 CPU 的 I/O 指令，按指令要求与指定的外围设备进行通信。

② 从主存中选取属于该通道程序的通道指令，经译码后向设备控制器和设备发送各种命令。

③ 组织外围设备和主存之间进行数据传送，如为主存或外设装配和拆卸数据字，提供数据缓存的空间，以及指示数据存放的地址和传送的数据量。

④ 从外围设备得到设备的状态信息，形成并保存通道本身的状态信息，根据要求将这些状态信息送到主存的指定单元，供 CPU 使用。

⑤ 将外围设备的中断请求和通道本身的中断请求，按次序及时报告 CPU。

7.5.2 通道的分类

按照通道独立于主机的程度，可分为结合型通道和独立型通道两种类型。

结合型通道在硬件结构上与 CPU 结合在一起，借助于 CPU 的某些部件作为通道部件来实现外设与主机的信息交换。这种通道结构简单，成本较低，但功能较弱。独立型通道完全独立于主机对外设进行管理和控制。这种通道功能强，但设备成本高。

根据通道的工作方式，通道分为选择通道、数组多路通道、字节多路通道三种类型。

1. 选择通道

选择通道又称为高速通道，在物理上它可以连接多个设备，但是这些设备不能同时工作，在某一段时间内通道只能选择一个设备进行工作，在这段时间内只允许执行一个设备的通道程序，只有当它与主存交换完毕信息后，才能执行其他设备的通道程序。

选择通道主要用于连接高速外围设备，如磁盘、磁带等，信息以成组方式高速传输，因此具有很高的传输速率。但是由于这类设备的辅助操作时间很长，如磁盘机寻道、磁带机走带期间，通道都处于等待状态，因此整个通道的利用率不是很高。

2. 数组多路通道

数组多路通道实际上是对选择通道的一种改进，它的基本思想是当某设备进行数据传送时，通道只为该设备服务。当设备在执行寻址等动作时，通道暂时断开与这个设备的连接，转而去为其他设备服务，即执行其他设备的通道程序。

数组多路通道在物理上可以连接多个设备，而且在一段时间内能交替执行多个设备的通道程序，即在逻辑上可以连接多个设备，所以它们包含有若干个子通道。这样既保留了选择通道高速传输数据的优点，又充分利用了控制性操作的时间间隔为其他设备服务，使通道利用率得到充分提高，因此数组多路通道在实际系统中应用得较多。

3. 字节多路通道

字节多路通道主要用于连接大量的低速设备，如键盘、打字机等，以交叉方式传送信息，是一种简单的共享通道。与数组多路通道不同的是，字节多路通道不仅允许多个设备同时操作，而且也允许它们同时进行传输型操作，此外，字节多路通道与设备之间数据传送的基本单位是字节（数组多路通道与设备之间数据传送的基本单位是数据块），通道为一个设备传送一个字节后，又可以为另一个设备传送一个字节，因此各设备与通道间的数据传送是以字节为单位交替进行的。

7.5.3 通道的工作过程

通道完成一次数据传输的主要过程分为如下 3 步：

① 在用户程序中使用访管指令进入管理程序，由 CPU 通过管理程序组织一个通道程序，并启动通道。

② 通道执行 CPU 为它组织的通道程序，完成指定的数据输入/输出工作。

③ 通道程序结束后向 CPU 发中断请求，CPU 响应这个中断请求后，第二次进入操作系统，调用管理程序对中断请求进行处理。

这样，每完成一次输入/输出工作，CPU 只需要两次调用管理程序，大大减少了对用户程序的影响。

7.5.4 输入/输出处理机（IOP）与外围处理机（PPU）

IOP 是通道方式的进一步发展，与传统意义上的通道相比，IOP 的指令系统更丰富、更通用，因而功能更强；其结构更接近于常规 CPU，更具独立性，可有独立的局部存储器；除了能够完成传统通道的数据输入/输出功能外，还能进行一些较复杂的预处理，如码制转换、格式变换、搜索、错误检测与纠错、字与字节的拼装/拆卸等。

在更大型的计算机系统中，IOP 更加独立，与主机的耦合程度更低，处理功能更强，甚至就用通用计算机来担任 IOP。由于基本上自成系统，可独立于主机而工作，也可承担更多的数据处理任务,因而常称为外围处理机(PPU)。从某种意义上说,这种系统已经变成分布式的多机系统了。

外围处理机方式可完成 I/O 通道所要完成的 I/O 控制,还可完成码制转换、格式处理以及数据块的检错、纠错等操作。PPU 可具有相应的运算处理部件、缓冲部件,还可形成 I/O 程序所必需的程序转移方式。有了外围处理机,不但可简化设备控制器,而且可用它作为维护、诊断、通信控制、系统工作情况显示和人机交互的工具。

外围处理机基本上独立于主机工作,在某些大型计算机系统中,设置多台外围处理机,分别承担 I/O 控制、通信、维护、诊断等任务。有了外围处理机后,使计算机系统结构有了质的飞跃,由功能集中式发展为功能分散的分布式系统。

7.6 总线

在计算机系统中,CPU 在工作期间经常要和存储器、I/O 设备交换大量的信息,总线是连接 CPU 和各部件之间的信息传输通路,是计算机中的重要资源。总线是指计算机中多个部件之间公用的一组连线,它是若干互连信号线的集合,由它构成系统插件间、插件的芯片间或系统间的标准信息通路。总线结构采用模块结构设计方法,便于系统的设计、扩充和升级,也便于系统故障的诊断与维护。同时,采用标准化的总线结构也便于各功能部件的相互兼容,为计算机系统的资源共享提供了方便,因而是目前微型计算机系统与局域网系统中广泛采用的连接方式之一。

7.6.1 概述

总线是一组能为多个部件分时共享的公共信息传送线路。共享是指总线上可以挂接多个部件,各个部件之间相互交换的信息都可以通过这组公共线路传送;分时是指同一时刻总线上只能传送一个部件发送的信息,如果系统中有多个部件,它们是不能同时使用总线的。

在计算机系统中,常用的总线分类方法是根据总线的位置分为以下 3 种:

1. 片内总线

片内总线主要是指芯片内部的总线,主要完成芯片内部各寄存器、控制器及功能部件之间的连接。如 CPU 内部的总线,主要用于 CPU 中寄存器与寄存器之间、寄存器与算术逻辑单元之间及总线控制部件之间的信息传输。

2. 系统总线

系统总线主要指 CPU、存储器、I/O 接口及插件板之间的连线,通常这些连线通过主板上的总线插槽连接,故又称板级总线。

3. 通信总线

通信总线又称外总线,是计算机主机系统与外围设备之间的通信线路,也用来作为计算机系统与计算机系统之间连接的通信线路。由于外围设备的功能各异,所需要传输的信号的数量与性能也不相同,因而通信总线的标准、信号线的根数及要求也不相同。

总线通常具备以下特性。

1. 物理特性

总线的物理特性主要指总线在连接时的一些物理性能,如总线的根数,总线两端插头和插座的几何尺寸、形状以及引脚的排列方式等。

2. 电气特性

总线的电气特性是指对总线中每一根线上的信号电平及信号传输方向的规定。如数据总线是双向的,地址总线是单向的,而控制总线则有由 CPU 发出的控制信号,也有由 I/O 设备发送给 CPU 的状态信号,但每一根则是单向的。另外,还规定了信号电平是高电平有效还是低电平有效。

3. 功能特性

功能特性主要描述总线中每一根信号线的功能,如地址总线的宽度,指明系统可以直接访问存储空间的寻址范围;数据总线的宽度指明与存储器、外设交换数据时的数据位数。还指明每根控制总线的功能,如存储器读/写信号、I/O 读/写信号、中断允许信号等。

4. 时间特性

时间特性指明了计算机系统中总线上各信号之间的时序关系,如读/写数据时的有效时间与读/写控制信号之间的时序关系,I/O 接口与 CPU 交换数据时的有效时间与 I/O 控制信号之间的关系等。

总线的特性提供了各设备之间的机械连接与电气连接,为 CPU 与各功能部件之间的数据交换提供了基本保证。在衡量总线的性能时,通常采用的技术指标包括如下各项。

1. 数据总线的宽度

数据总线宽度是指总线能同时传送的数据位数,用位(bit)表示,如 8 位、16 位、32 位、64 位等。数据总线的位宽越宽,则总线每次可以传输的数据位越多,相应可提高总线的传输速率。

2. 总线的工作时钟频率

总线的工作时钟频率以 MHz 为单位,工作频率越高,总线工作速度就越快。

3. 总线的最大传输率

总线的最大传输率取决于数据总线的宽度和总线的工作频率,指明在总线上每秒钟能传输的最大字节数,单位为 MB/s。

4. 总线控制方式

包括总线的仲裁方式、并发功能及逻辑方式等。

其他一些指标,如总线中地址总线、数据总线、控制总线的数目,总线的负载能力,电源电压的等级,是否具有可复用性、可扩展性,中断方式及纠错能力等,对系统设计也是十分重要的。

7.6.2 总线的控制方式

在总线连接的计算机系统中,由于在总线上挂有多个设备,必须要对总线上信号传输的方式进行管理和控制。如在什么时候允许哪个部件发送信息,什么时候允许哪个设备接收信息,都必须按照一定的规则由总线控制器统一管理。

连接到总线上的功能模块,按其对总线有无控制权分为主设备与从设备。主设备对总线有控制权,从设备只能响应主设备的请求与命令。除 CPU 可以控制总线外,I/O 设备也可以提出总线请求,但每次只能有一个主设备具有总线控制权,因而在多个设备提出总线请求时,必须按某种方式对其进行仲裁,选择其中的一个设备为主设备。在对多个 I/O 设备的总线申请进行仲裁时,通常由总线控制器的判优仲裁逻辑按优先等级判断方式进行仲裁。总线控制器的仲裁方式有集中式仲裁和分布式仲裁两种。

1. 集中式仲裁

集中式仲裁方式有以下三种优先权判断方式:

(1) 链式查询方式

链式查询方式如图 7-11 所示。BR 是由 I/O 设备送往总线控制器的总线请求信号,BG 是由总线控制器送出的总线授权信号。采用链式查询方式时,总线授权信号 BG 串行地从一个端口到下一个端口。如果 BG 到达的端口有总线请求,则该接口获得了总线控制权,并建立总线忙信号 BS,表示它占用了总线,BG 信号不再往下传送。若 BG 信号到达的端口没有总线请求,则继续往下传 BG 信号。离总线仲裁部件最近的端口,具有最高的优先权;离它越远,则优先级别越低。

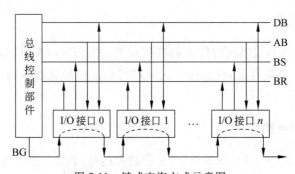

图 7-11 链式查询方式示意图

链式查询方式的优点在于只用很少几根线就可以完成优先级的判断,实现总线仲裁,易于扩充设备。其缺点在于对电路故障敏感,当查询链中的某个节点出现故障时,该节点后的所有设备都不能工作。

(2) 计数器定时查询方式

计数器定时查询方式如图 7-12 所示。在计数器定时查询方式中,总线上的任何一个设备需要使用总线时,都要发出总线请求信号 BR。总线控制器接到总线请求信号后,在 BS=0 的情况下让计数器开始计数,该计数值通过一组地址线向各设备发出,当某个有总线请求的设备地址与计数值一致时,该设备获得总线控制权,并将 BS 置"1",终止计数查询。每次计数时,计数器的值可以从"0"开始,表示各设备的优先次序是一定的;计数器的值也可以从中止点重新开始计数,此时所有设备具有相同的优先级。计数器的初值也可以由程序来设置,可以方便地改变各设备的优先次序。

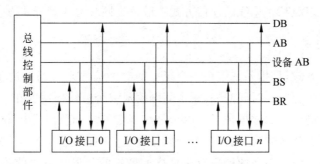

图 7-12 计数器定时查询方式示意图

采用计数器定时查询方式的优点在于比较灵活,对电路故障不太敏感,其缺点在于增加了地址线的根数,总线控制较复杂。

(3) 独立请求方式

独立请求方式如图 7-13 所示。在独立请示方式中,每一个设备都有一根总线请求信号线 BR_i、一根总线授权信号线 BG_i。当设备要求使用总线时,需要发出总线请求信号 BR_i,总线控制器的优先级排队电路根据优先级别确定可以响应哪一个设备的请求。

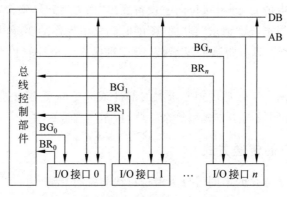

图 7-13 独立请求方式示意图

独立请求方式的优点在于响应速度快,优先级次序可以灵活地改变。其缺点在于硬件连线较多,硬件控制复杂。

2. 分布式仲裁

分布式仲裁没有中央总线仲裁控制器,而将总线仲裁功能放在每个主功能模块中。当某一设备有总线请求时,由该设备根据自己的仲裁号与总线上的仲裁号进行比较,若该设备的仲裁号比总线上的仲裁号小，则该设备的总线请求不予响应，撤销该设备的总线请求。若该设备取得了总线控制权后，则必须将自己的仲裁号保留在总线上，供别的总线仲裁器判断使用。

7.6.3 总线的通信方式

主机与外设通过总线进行信息交换时，必然存在着时间上的配合和动作的协调问题，否则系统的工作将出现混乱。总线的通信方式一般分为同步方式和异步方式。

1. 同步通信方式

所谓同步通信方式，是指系统采用一个统一的时钟信号来协调发送和接收双方的传送定时关系。时钟产生相等的时间间隔，每个间隔构成一个总线周期。在一个总线周期中，发送和接收双方可以进行一次数据传送。由于是在规定的时间段内进行 I/O 操作，所以发送者不必等待接收者有什么响应，当这个时间段结束后，就自动进行下一个操作。

同步方式中的时钟频率必须能适应在总线上最长的延迟和最慢的接口的需要。因此，同步方式的效率较低，时间利用也不够合理，同时，也没有办法知道被访问的外设是否已经真正的响应，故可靠性比较低。

2. 异步通信方式

异步通信方式也称为应答方式。在这种方式下，没有公用的时钟，也没有固定的时间间隔，完全依靠传送双方相互制约的"握手"信号来实现定时控制。通常，把交换信息的两个部件或设备分为主设备和从设备，主设备提出交换信息的"请求"信号，经接口传送到从设备，从设备接到主设备的申请后，通过接口向主设备发出"回答"信号，整个"握手"过程就是一问一答地进行的。必须指出，从"请求"到"回答"的时间是由操作的实际时间决定的，而不是由 CPU 的节拍规定的，所以具有很强的灵活性，而且对提高整个计算机系统的工作效率也是有好处的。

异步控制能保证两个工作速度相差很大的部件或设备间可靠地进行信息交换，自动完成时间的配合，但是控制较同步方式稍复杂一些，成本也会高一些。

7.6.4 总线上信息的传送方式

按总线上信息传送方式的不同可分为串行总线与并行总线。

1. 串行总线

当信息以串行方式传输时，只需要一根数据传输线。串行传输时，传输线上按顺序逐位传送数据，这种方式节省传输线，但速度慢。在远距离传输时通常采用串行总线，以降低成本。

2. 并行总线

并行总线一般有 2 根以上的数据传输线，可同时传输多位数据信号。采用并行传输方式的优点在于传输速度快,但需要的传输线较多,因而一般用于计算机系统内部的数据传输或近距离通信应用中。

7.6.5 典型标准总线

为了便于部件或系统间的互连,或不同厂家产品的互换与兼容,必须采用标准总线。在总线标准方面,出现较早的是 S-100 总线,它是业余计算机爱好者为 PC 而设计的,后来被工业界所承认并广泛使用。经 IEEE 修改,成为总线标准 IEEE-696。

随着计算机系统的发展,在计算机界先后出现了一些有代表性的总线。

1. ISA(Industrial Standard Architecture)总线

ISA 总线最早用 PC/AT 机,因而也称 AT 总线。它是在原 PC/XT 总线 62 线的基础上又增加一个 36 线的扩展槽,成为 16 位的总线标准,以支持 8/16 位的数据传送和 24 位寻址。

2. MCA(Micro Channel Architecture)总线

IBM 公司于 1987 年推出了 32 位微通道结构 MCA 总线,并在 PS/2 机上使用。MCA 总线的数据线和地址线都扩展到 32 位,成为标准的 32 位扩展总线系统。但因 MCA 总线与 ISA 总线不兼容,故市场占有率不高。

3. EISA(Extended ISA)总线

随着 Intel 80486 芯片的推出,解决总线瓶颈的需求日益增强,为此,以 Compaq 为代表的 9 家公司联合研制了一个新的系统总线标准 EISA,不仅具有 MCA 的全部功能,同时保持了与传统 ISA 总线的完全兼容。

4. VESA(Video Electronic Standard Association)总线

为了提高总线数据传输的速度,提出了局部总线。因为局部总线能以系统速度进行通信,且能够传输 32 位或 64 位,使机器执行速度提高了很多。局部总线有两个常用标准:VESA 局部总线标准和 PCI 局部总线标准。

VESA 总线又称为 VL(VESA Local)总线,主要目标是支持高速视频控制器,同时也支持一些其他的外设,如硬盘控制器、网卡以及一些需要高速接口的外设。

5. PCI(Peripheral Component Interconnect)总线

PCI 总线,又称为外围部件互连总线,是一种独立于处理器的高性能局部总线,广泛应用于奔腾系列计算机系统中。从结构上看,PCI 是在 CPU 和原来的系统总线之间插入的一级总线,由一个桥接电路实现对这一层的总线管理,协调数据的传送,使图形、视频、音频和通信设备能共同工作。PCI 总线以其高性能、低成本,具有较好的兼容性和可靠性得到了普及和应用。

在 PCI 总线结构中,通过 PCI 总线控制器实现 PCI 总线的控制。通过 PCI 桥接器,可以将 PCI 总线转换成标准总线,使慢速的标准总线,如 ISA 总线可以挂接在 PCI 总线上,使其具有较好的兼容性和可扩展性。

6. PCI-X 总线

由 IBM、HP 和 Compaq 公司共同开发的 PCI-X 总线是 PCI 总线的一种扩展结构,它允许只与单个 PCI 目标设备进行数据交换,类似于资源独占的工作模式。若 PCI-X 设备无任何数据传送,总线会自动将 PCI-X 设备移去以减少 PCI-X 设备间的等待时间,在相同频率下,PCI-X 能提供比 PCI 高 14％～35％的性能。

PCI-X 使用同 PCI 相同的接口,有 8 位和 16 位两种,当前主要应用于服务器、工作站、嵌入式系统和信息交换环境。

7. PCI-E 总线

PCI-E 总线,即 PCI-Express 总线,是由 Intel 主导制订的一种高性能 I/O 总线,称为第 3 代 I/O 总线技术。

PCI-E 总线采用串行通信模式,以及同 OSI 网络模型相类似的分层结构,该分层结构自上至下由软件层、会话层、事务处理层、数据链路层和物理层组成。PCI-E 的设计标准是完全连续的 I/O 结构(串行 I/O 互连),依照内部独立数据传输通道的数量,可以将其配置成 x1、x2、x4、x8、x16、x32,甚至更高,在 x32 规格下其数据传输带宽即可达 10GB/s。

8. AGP(Accelerated Graphics Port)

多媒体计算机应用的发展要求计算机能快速处理复杂的图形及 I/O 处理能力,而随着计算机处理速度的不断提高,PCI 总线的图形处理能力已不能满足要求而成为高速图形处理时数据传输的瓶颈。Intel 公司开发的 AGP(图形加速端口),在计算机系统的主存储器与显示卡之间提供一个专用的高速通道,可以大幅度提高对 3D 图形数据的处理能力。AGP 基于 PCI,且 AGP 插槽外形与 PCI 类似,但它有增加的信号,同时在系统中的定位不同,是专门为系统中的视频卡设计的。

9. USB(Universal Serial Bus)总线

USB 是一种外设总线标准,它的设计为计算机的外设带来了即插即用功能。其使用目的在于可以通过一个 USB 端口,使显示器、键盘、鼠标、打印机、调制解调器、数码相机等各种外围设备都能连接到计算机上,而不受计算机端口数量的限制。带有 USB 的计算机可以支持对外设的自动识别与设置,只需要将外设在物理上连接到计算机即可,而不需要重新启动或运行安装程序。

USB 在一台计算机上最多可以同时支持 127 台设备的运行。USB 有两种工作方式:全速方式与慢速方式。在全速方式下,USB 的数据传输率为 12Mb/s;在慢速方式下,数据传输率为 1.5Mb/s。现在普遍应用的 USB 2.0 在原 USB 规格上增加了高速数据传输模式,其数据传输率可达 480Mb/s,比串行通信端口的速度要快得多,可以满足需要大量数据交换的外设的要求。

10. IEEE 1394

由 Apple 公司开发并成为 IEEE 1394-1995 标准的 IEEE 1394 是一种高速串行总线接

口标准,又称为"火线"。作为一种数据传输的开放式技术标准,这种接口允许把计算机、计算机外围设备和各种家电设备(如数码相机、摄像机等)以非常简单的形式连接在一起。通过 IEEE 1394 可以创建高速的内部局域网络,以传输多媒体信息及设备控制信息。IEEE 1394 能够以 100Mb/s,200Mb/s 和 400Mb/s 的速率来传送动画、视频、音频等大容量数据,并且同一网络中可以采用不同的速率进行传输。如在 AV 设备中可以通过两组数据线分别传输视频信息和音频信息,可以提高数据的传输速率。IEEE 1394 具有一个重要特点,它不要求连接计算机,可以用来直接将数字视频(DV)摄像机连接到 DV-VCR 进行磁带复制或编辑。

7.7 外围设备概述

外围设备是计算机系统的重要组成部分。外围设备的概念相当广泛,通常把计算机系统中除 CPU 和主存以外的其他设备都看作外围设备。严格来讲,外围设备是指在计算机系统中,除处理机本身以外,直接或间接与处理机进行信息交换并改变信息形态的装置。通过外围设备可以实现计算机与其他设备之间的信息交换以及计算机与用户之间的信息交换。

7.7.1 外围设备的作用

无论如何先进的处理机,如果没有相应的外围设备与之配合,计算机的高性能将无法发挥出来。外围设备的功能具体可归纳为以下 4 个方面。

1. 对信息的形式进行变换

通常,人们习惯使用字符、汉字以及图形、图像等来表达信息的含义,而处理机使用的却是用电信号表示的二进制代码,因此,处理机与外界联系时必须要进行信息形式的变换,利用外围设备可以实现这一转换。

2. 提供人机交互的通道

计算机应用系统从研制开发到应用,必须有人的参与,这种人机交互联系也是通过输入/输出设备来完成的。

3. 为大量计算机系统软件和信息的存储提供便利

随着计算机技术的发展,系统软件、数据库以及大量的数据信息已经不可能全部存放在主存中,而是必须存放在各种各样大容量的辅助存储器中。

4. 促进计算机在各个领域的应用

计算机在各个领域应用的需求推动了输入/输出设备的发展,反过来,输入/输出设备的发展又促进了计算机的应用。如数字化仪、扫描仪、绘图仪等为解决图形输入/输出问题提供了强有力的支持;又如光学字符识别系统、语音输入识别器等促进了办公自动化等方面的发展。

7.7.2 外围设备的分类

外围设备的种类很多,从它们的功能及其在计算机系统中的作用来看,可以分为以下

5类。

1. 输入设备

从计算机的角度出发,向计算机输入信息的外部设备称为输入设备。输入设备有键盘、鼠标、扫描仪、数字化仪、磁卡输入设备、语音输入设备等。

2. 输出设备

从计算机的角度出发,接收计算机输出信息的外部设备称为输出设备。输出设备有显示设备、绘图仪、打印输出设备等。

3. 外存设备

外存设备是指主机以外的存储装置,又称为辅助存储器。辅助存储器的读/写,就其本质来说也是输入/输出,所以可以认为辅助存储器也是一种复合型的输入/输出设备。

4. 终端设备

终端设备由输入设备、输出设备和终端控制器组成,通常通过通信线路与主机相连。终端设备具有向计算机输入信息和接收计算机输出信息的能力,具有与通信线路连接的通信控制能力,有些还具有一定的数据处理能力。终端设备一般分为通用终端设备和专用终端设备两大类。专用终端设备是指专门用于某一领域的终端设备,它仅能完成自身部门所要求的功能,而不具备其他方面的功能;而通用终端设备则适用于各个领域,它又可分为会话型终端、远地批处理终端和智能终端。

5. 过程控制设备

当计算机进行实时控制时,需要从控制对象取得参数,而这些原始参数大多数是模拟量,需要先用模/数转换器将模拟量转换为数字量,然后再输入计算机进行处理。而经计算机处理后的控制信息,需先经数/模转换器把数字量转换成模拟量,再送到执行部件对控制对象进行自动调节。模/数、数/模转换设备均是过程控制设备,有关的检测设备也属于过程控制设备。

7.8 输入设备

输入是计算机工作的起点,输入设备将外部信息通过一定转换后送入计算机。常用的文字输入设备包括键盘、手写板、语音输入设备等。常用的坐标定位设备包括鼠标、轨迹球、操纵杆、触摸屏等。常用的图像输入设备包括扫描仪、数码相机、数码摄像机、数码摄像头等。本节主要介绍键盘、鼠标、图像输入设备和语音输入设备等。

7.8.1 键盘

键盘是计算机中使用最普遍的输入设备。一般由键开关、编码器、盘架及接口电路组成。键开关分为接触式和非接触式两大类。

接触式键开关中有一对触点,最常见的接触式键开关是机械式键,它是靠按键的机械动作来控制开关开启的。当键帽被按下时,两个触点被接通;当释放时,弹簧恢复原来触点断开的状态。这种键开关结构简单、成本低,但开关通、断会产生触点抖动,而且使用寿命较短。

非接触式键开关的特点是开关内部没有机械接触,只是利用按键动作改变某些参数或利用某些效应来实现电路的通、断转换。非接触式键开关主要有电容式键和霍尔键两种,其中电容式键是比较常用的。这种键开关无机械磨损,不存在触点抖动现象,性能稳定,寿命长,已成为当前键盘的主流。

键盘是计算机系统的主要输入设备。人们可以通过按键处理机输入数字、字符、文字和命令等。键盘的关键是如何把键盘上的按键动作转换为相应的编码,供处理器接收,这里存在一个键码识别的问题。

按照键码的识别方法,键盘可分为两大类型:编码键盘和非编码键盘。编码键盘是用硬件电路来识别按键代码的键盘,当某键按下后,相应电路即给出一组编码信息(如 ASCII 码)送主机进行识别及处理。编码键盘的响应速度快,但它以复杂的硬件结构为代价,并且其硬件的复杂程度随着键数的增加而增加。

非编码键盘是用较为简单的硬件和专门的键盘扫描程序来识别按键的位置,即当按某键以后并不给出相应的 ASCII 码,而提供与按下键相对应的中间代码,然后再把中间代码转换成对应的 ASCII 码。非编码键盘的响应速度不如编码键盘快,但是它通过软件编程可为键盘中某些键的重新定义提供更大的灵活性,因此得到广泛的使用。

计算机中使用的主要是非编码键盘。非编码键盘按内部结构的不同分为矩阵式键盘和智能式键盘。对于小键盘,内部结构一般采用矩阵式,而对于 PC 系列微机键盘都采用智能式。

1. 矩阵式键盘

矩阵式键盘是指键开关按行列排列,形成二维矩阵的结构。图 7-14 所示为 4×4 键盘矩阵。

对矩阵式键盘,工作过程可以分两步。首先确定键盘上是否有键按下,确定键的位置;然后针对按键规定的功能完成相应的动作。可以通过一个简单的接口电路,再辅之以程序来完成上述工作。常用的键码识别方法有行扫描法、行反转法及列扫描法等。在按键时往往会出现键的机械抖动,容易造成误动。为了防止形成误判,在键盘控制电路中专门设有硬件消抖电路,或采用软件技术,便可有效地消除因键的抖动而出现的错误。

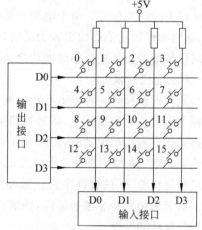

图 7-14 4×4 键盘矩阵输入电路示意图

2. 智能式键盘

智能式键盘的特点是在键盘的内部装有专门的单片机(如 8048、8049 等),单片机通过执行固化在 ROM 中的键盘管理和扫描程序,完成键盘开关矩阵的扫描、键盘扫描码的读取和键盘扫描码的发送。这样,键盘作为一个独立的输入设备就可以和主机脱离,仅仅依靠传输线(一般采用5芯电缆)和主机进行通信。

PC系列键盘一般都采用智能式键盘,从按键的数量看,微型计算机的键盘有83键(PC/XT)、84键(PC/AT)、101和102键(386、486机)、104键(Pentium)、105键、108键、109键等多种。目前市场占主流地位的是104键和108键的键盘。108键在传统104键盘的基础上增加了Windows 98功能键Power、Sleep、Wake Up和FN组合键,使操作计算机更得心应手。

7.8.2 图形图像输入设备

目前,计算机系统常用的图形输入设备有鼠标器、轨迹球等;常用的图像输入设备有扫描仪、数码相机、数码摄像机、数码摄像头等。通过这些输入设备,可以将外界丰富多彩的图形、图像信息传送到计算机系统内部进行处理。

1. 鼠标器

鼠标器是控制显示器光标移动的输入设备,由于它能在屏幕上实现快速精确的光标定位,可用于屏幕编辑、选择菜单和屏幕作图。随着Windows操作系统环境越来越普及,鼠标器已成为计算机系统中必不可少的输入设备。

鼠标器按其内部结构的不同可分为机械式、光机式和光电式三大类。尽管结构不同,但从控制光标移动的原理来讲,三者基本相同,都是把鼠标器的移动距离和方向变为脉冲信号送给计算机,计算机再把脉冲信号转换成显示器光标的坐标数据,从而达到指示位置的目的。

(1) 机械式鼠标

机械式鼠标的结构最为简单,由鼠标底部的胶质小球带动X方向滚轴和Y方向滚轴,在滚轴的末端有译码轮,译码轮附有金属导电片与电刷直接接触。鼠标的移动带动小球的滚动,再通过摩擦作用使两个滚轴带动译码轮旋转,接触译码轮的电刷随即产生与二维空间位移相关的脉冲信号。由于电刷直接接触译码轮和鼠标小球与桌面直接摩擦,所以精度有限,电刷和译码轮的磨损也较为厉害,直接影响机械鼠标的寿命。因此,机械式鼠标已基本被同样价廉的光机式鼠标取而代之。

(2) 光机式鼠标

光机式鼠标是一种光电和机械相结合的鼠标,是目前市场上最常见的一种鼠标。光机鼠标在机械鼠标的基础上,将磨损最厉害的接触式电刷和译码轮改为非接触式的LED对射光路元件。当小球滚动时,X、Y方向的滚轴带动码盘旋转。安装在码盘两侧有两组发光二极管和光敏二极管,LED发出的光束有时照射到光敏三极管上,有时则被阻断,从而产生了两组相位相差90°的脉冲序列。脉冲的个数代表鼠标的位移量,而相位表示鼠标运动的方向。由于采用的是非接触部件,使磨损率下降,大大地提高了鼠标的寿命,也能在一定范围内提高鼠标的精度。

(3) 光电式鼠标

光电式鼠标是利用发光二极管(LED)发出来的光投射到鼠标板上,其反射光经过光学透镜聚焦投射到光敏管上。由于鼠标板在X、Y方向皆印有间隔相同的网格,当鼠标器在该板上移动时,反射的光有强弱之分,在光敏管中就变成强弱不同的电流,经放大、整形变成表示位移的脉冲序列。鼠标的运动方向是由相位相差 90°的两组脉冲序列求得的。光电鼠标的分辨率较高,且由于接触部件较少,鼠标的可靠性大大增强,不过光电鼠标的价格较贵,且必须要配有专用的光学鼠标板。

鼠标按键数可以分为传统双键、三键和新型的多键鼠标。三键鼠标多了个中键,使用中键在某些特殊程序中往往能起到事倍功半的作用,例如在 AutoCAD 软件中就可以利用中键快速启动常用命令,使工作效率成倍提高。多键鼠标是新一代多功能鼠标,如有的鼠标上带有滚轮,使得上下翻页变得极其方便。有的新型鼠标上除了有滚轮,还增加了拇指键等快捷按键,进一步简化了操作程序。

2. 轨迹球

轨迹球的结构很像一个倒置的鼠标,其工作原理与机械式鼠标完全相同。朝着指定的方向转动小球,光标就在屏幕上朝着相应的方向移动。轨迹球可以独立使用,也常常嵌在键盘上,其优点是体积小,适合于安装在笔记本电脑上;另外,轨迹球通常比鼠标中的小球大一些,因而分辨率较高。

3. 扫描仪

扫描仪是将各种图像或文字输入计算机的重要工具。人们经常把扫描仪用于对照片、图片、文件、报刊和各种文稿的扫描,把扫描的结果传输到计算机,再对计算机中的字符和图像进行处理,达到加工、存储和输出的目的。

扫描仪从使用方式上可以分为台式扫描仪和手持式扫描仪两种。台式扫描仪由光源、透镜、电荷耦合器件 CCD(Charge Coupled Device)以及模/数转换器件 ADC(Analog-to-Digital Converter)等构成,是一种高精度的光电一体化产品。CCD 由细小的探测器构成,将检测到的光信号转变成电信号,再通过模/数转换器转变成为数字信号并传输到计算机中去处理。在台式扫描仪中,如果 CCD 的探测器单元排成一行,每一个单元代表一个像素,则图像的每一行要扫描三次。如果 CCD 的探测单元排成三行,则图像的每一行扫描一次。CCD 每完成一行扫描,就把电信号传给 ADC 并转换成二进制,然后继续下一行,直至扫描完整幅画面。

扫描仪具有以下几项技术指标:

(1) 分辨率

分辨率是扫描仪最重要的一项技术指标,用于表示扫描仪的精度。扫描仪的分辨率有光学分辨率和机械分辨率两种。厂家提供的资料一般指的是光学分辨率(Optical Resolution),它是指扫描仪硬件所能达到的实际分辨率水平,反映出扫描仪对被扫描图像细节的感知能力。扫描仪的精度通常用扫描仪每英寸所能识别的像素点数来表示,其单位为 DPI(点/in)。目前市场上常见的扫描仪精度在 300~2400DPI 之间。大多数厂家用两个数的乘积来表示扫描仪的分辨率水平,例如 300DPI×600DPI、600DPI×1200DPI 等。厂家给出的较大的数字称为机械分辨率。机械分辨率是指扫描仪机械系统的最小位移,即 Y 轴方向上每英寸的机械移动次数。较小的数字才是实际的光学分辨率,光学分辨率的高低决定了扫描仪的价格和档次。

(2) 灰度和色彩数

自然界的色彩是千变万化的,在电视机、计算机屏幕、打印机或印刷的纸面上看到的色彩是通过 RGB(红绿蓝)三原色的合成来实现的。再现自然界图像的效果越逼真,说明设备的精度越高,质量越好。在扫描仪的应用中,计算机在存储一种色彩时,实际上是存储了扫描仪所识别的 RGB 三原色的一组数据。表示一个点的位数越多,则表示的色彩越丰富,所以位数是与灰度和色彩数相关的一个重要指标。

灰度等级表示图像的亮度范围,灰度的级数越多,表现图像的亮度范围越大,层次感也越强。一般用 b(位)数来表示灰度等级。例如给出的灰度级为 8b,则表示可使用 8b 二进制数据来表示红色时,可以得到 $2^8=256$ 种灰度级的红色。灰度级越高,图像越逼真。

色彩数表示彩色扫描仪所能产生的彩色范围,用每个像素上的数据位数来表示。彩色是由 RGB 三原色组成,如果灰度是 8b,则每个像素是由 $3×8=24b$ 二进制数据来表示的,共可表示 $2^{24}=16M$ 种彩色,称为真色彩,也称为 24 位色。颜色的位数越多,色彩变化的梯度越小,则色彩的过渡越平缓,人眼就难以察觉。由此可以看出,色彩位数越高,所表达的色彩种类就越丰富,色彩越逼真。

(3) 扫描幅面

扫描幅面表示可扫描对象的最大尺寸。扫描仪的扫描幅面通常分为三档:A4 幅面、A3 幅面和 A0 幅面。通常文档的大小为 A4 规格,一般扫描对象多为相片或普通文档,所以 A4 扫描仪的用途最广泛。如果原稿幅面较大,也可以通过分块扫描后再拼接的方法来实现扫描。A0 幅面的扫描仪多用于工程制图。

4. 数码相机

数码相机是输出数字图像的相机。从外观上看,普通的数码相机和光学相机中的傻瓜相机相似,由机身、镜头、光圈、快门和闪光灯等部件组成,但数码相机和光学相机有内在的不同。数码相机输出的图像是数字的,光学相机输出的图像是模拟的;数码相机用电荷耦合器件成像,存储在半导体器件上,光学相机用卤化银胶片感光成像并存储在胶片上。

如同扫描仪,数码相机也具有几项重要技术指标:

(1) 分辨率

不管使用什么相机,人们最关心的还是图像质量。影响图像质量的因素包括曝光时间、聚焦、对比度、色彩准确度和景深等。在光学相机中很少提及的分辨率,却是数码相机的最重要指标。在数码相机中,影像光线通过镜头、光圈和快门后,到达 CCD(电荷耦合器件),CCD 上的晶片单元根据感受到的光线的强弱,从而产生不同的电压,然后由存储器存储下来。

分辨率是数码相机的关键参数,它指的是每幅照片的像素数,即这幅相片是由多少点组成的。像素就是 CCD 上的光敏物质,它同时记录图像的色彩。数码相机的分辨率取决于机内的 CCD,CCD 的像素越多,则分辨率越高,图像也就越清晰。

(2) 存储介质

最早的数码相机的图像是存储在一种特殊的主存中。显而易见,主存越大,存储的照片越多。但主存总有满的时候,特别是存储分辨率高的图像时,需占用较大的主存空间。主存无法更换,如果要继续拍照就必须将图像输入到计算机中或者删除已拍的照片,这对外出拍照带来很多不便。为了解决以上问题,目前有许多数码相机使用存储卡来存储图像,常见的有 PCMCIA 卡、Smart Media 卡、CF 卡、SD 卡以及 Sony 的记忆棒。

（3）取景器

早期的数码相机使用光学取景器，目前大多数数码相机使用液晶显示屏(LCD)，或同时使用光学取景器和 LCD 显示屏。装有 LCD 的数码相机使用起来非常方便，LCD 不仅用于取景，还可以用来观看刚刚拍摄的图像，也可以作为回放屏幕用于编辑和观察拍摄效果，对于拍摄不满意的照片可立即删掉并进行重拍。这样既节约了存储器，又保证了拍摄效果。如果使用光学相机，则要等到胶卷冲洗出来才能知道拍摄效果。

（4）输出方式

不同类型的数码相机提供了不同的输出方式，如使用 USB 或 IEEE 1394 等连接电缆，使用可以移动的存储卡，甚至使用红外技术将图像直接传送到计算机中，可输出 PAL 或 NTSC 制式的图像，通过电视机观看拍摄效果。某些数码相机还能通过计算机直接连接到打印机输出。

5．数码摄像机

数码摄像机主要用于动态影像的拍摄。因此数码摄像机采用的感光头相对于数码相机而言分辨率较低，但动态性能较好。数码摄像机采用 DV 格式存储动态图像，使用 DV 摄像带、主存卡以及硬盘作为存储介质。由于动态图像数据量较大，数码摄像机一般采用更高速的 IEEE 1394 接口与计算机相连。

6．数码摄像头

个人计算机一般还大量使用数码摄像头作为图像输入设备。摄像头一般采用低分辨率、低性能的感光头，无主存或内置小容量主存，不带液晶显示屏，直接通过电脑显示器显示图像等手段来降低成本。摄像头一般可用于网上可视聊天、视频会议等。

7.8.3 其他输入设备

1．光笔

光笔的外形与钢笔相似，只是其一端装有光敏器件，另一端用导线接到计算机上，当光敏端的笔尖接触屏幕时，产生的光电信号经计算机处理即可知道它在屏幕上的位置。光笔通过与屏幕上的光标配合，在屏幕上画出或修改图形，这一过程与用钢笔在纸上画图的过程相似。光笔主要用于计算机辅助设计上，它常与图像终端配合以绘制复杂的工程图。

2．触摸屏

触摸屏是一种代替键盘的定位设备，安装在计算机显示器前面。它通过一定的物理手段，使用户可以用手指或其他物体直接接触屏幕上的特定位置（对应着某一菜单）。当用户触摸到触摸屏时，所摸到的菜单实际上是以坐标值的形式被触摸屏控制器检测到，并通过串行口送到 CPU，从而确定用户所输入的信息。

触摸屏根据采用的技术分为电阻式触摸屏、电容式触摸屏、表面超声波式触摸屏、红外扫描式触摸屏以及压感式触摸屏等。

3. 数字化仪

数字化仪是一种高精度的图形输入设备,可用来读取图形信息。一般应用于计算机图形学和 CAD 中。数字化仪由感应板和点设备组成。感应板是一个内部有静电感应线圈的平板,点设备用来定位要输入的点。当把图纸放在感应板上,拟将图形输入到计算机中,然后,将设备在图纸上不断移动,就会陆续输入相应的信息。

数字化仪按照操作方式可分为自动式和非自动式两类。对于非自动式数字化仪,图形信息的输入是靠人工操作完成的。自动式数字化仪对图形信息的输入是自动完成的。目前,一般来说人们所讲的数字化仪都是指非自动式的数字化仪,而把自动式的数字化仪称为扫描仪。

4. 条形码、磁卡、IC 卡阅读器

条形码阅读器、磁卡阅读器、IC 卡阅读器等用来分别将条形码、磁卡信息、IC 卡信息读入处理机中。条形码是利用黑白相间宽窄不同的条形组成的编码;磁卡是利用卡中的磁条存放一定的信息;IC 卡实际上是将集成芯片封存在卡中,使用时首先利用特殊设备将所需信息写入到 IC 卡中。目前,条形码、磁卡、IC 卡广泛应用于商场、图书馆、银行、电信及安全等部门。

5. 声音/语音输入设备

利用人的自然语音实现人—机对话是新一代多媒体计算机的重要标志之一。计算机一般由麦克风配合声卡完成声音的采集和量化工作。声音通过空气振动产生声波,传到麦克风,引起麦克风内部簧片或薄膜发生振动,转化为电流。麦克风接入声卡相应端口,通过声卡完成模拟量到数字量的转换。

语音识别器作为输入设备,可以将人的语言声音转换成计算机能够识别的信息,并将这些信息送入计算机。而计算机处理的结果又可以通过语音合成器变成声音输出,以实现真正的人—机对话。通常语音识别器与语音合成器一起构成语音输入/输出设备。

7.9 显示输出设备

显示输出设备是将电信号转换成视觉信号的一种装置。在计算机系统中,显示输出设备被用作人—机对话的重要工具,与打印机等硬复制输出设备不同,显示器输出的内容不能长期保存,当显示器关机或显示别的内容时,原有内容就消失了,所以显示设备属于软复制输出设备。

计算机系统中的显示输出设备,若按显示对象的不同可分为字符显示器、图形显示器和图像显示器。字符显示器是指能显示有限字符形状的显示器。图形和图像是既有区别又有联系的两个概念,图形是指以几何线、面、体所构成的图,而图像是指模拟自然景物的图,如照片等。从显示角度看,它们都是由像素(光点)所组成的。如果以点阵方式显示字符,则图形、图像显示器也能覆盖字符显示器的功能。事实上,目前常用的 CRT 显示器都具有两种显示方式:字符方式和图形方式,所以 CRT 显示器既是字符显示器,又是图形、图像显示器。

按显示器件的不同可分为阴极射线管(CRT)、等离子显示器(PD)、发光二极管(LED)、场致发光显示器(ELD)、液晶显示器(LCD)和电致变色显示器(ECD)等。这些显示器件，按显示原理可分为两类。一类是主动显示器件，如 CRT 显示器、发光二极管等，它们是在外加电信号作用下，依靠器件本身产生的光辐射进行显示的，因此也叫光发射器件；另一类叫做被动显示器件，如液晶显示器，这类器件本身不发光，工作时需另设光源，在外加电信号的作用下，依靠材料本身的光学特性变化，使照射在它上面的光受到调制，因此这类器件又叫光调制器件。

目前，计算机系统中使用最广泛的是 CRT 显示器。它通过电子束轰击荧光屏而发光，其结构与电视机非常相似，在控制逻辑配合下可以显示出字符、图形和图像。CRT 显示器具有成本较低、显示容量大、亮度高、色彩鲜明真实、分辨率高、性能稳定可靠等优点；但也存在着体积大、笨重、功耗大等缺点。

在便携式计算机中，目前大多采用液晶显示器。它是一种平板显示器，体积小、重量轻、而且功耗很低，可用电池供电；但液晶显示器的亮度低，色彩不够鲜明，且成本也较高。

7.9.1 常见显示卡标准

显示适配器是显示器与主机的接口电路，它由控制电路、寄存器组和存储器(VRAM、ROM BIOS)组成。现代计算机把显示适配器制作成一块电路板插入计算机的一个总线插槽，因此也称为显示卡。显示器通过一根电缆与显示适配器相连。目前，PC 的显示适配器通常采用主存直接映像方式，就是把显示存储器安排在机器的一个主存地址空间，CPU 可以直接管理显示，高速改写显示存储器的内容，使显示速度大大提高。

显示卡经历了多年发展，由字符方式发展为图形方式，现代的显示卡向下兼容的能力都很强。对于 PC 系列微机来说，主要有以下的几个显示标准：

1. MDA

MDA (Monochrome Display Adapter)属于单色显示适配器，是 IBM 最早研制的视频显示适配器。MDA 支持 80 列、25 行字符显示，采用 9×14 点阵的字符窗口，对应的分辨率为 720×350。MDA 的字符显示质量高，但是不支持图形功能，也无彩色显示能力。

2. CGA

在 MDA 推出的同时，IBM 公司也推出了彩色图形适配器 CGA(Color Graphics Adapter)。CGA 支持字符、图形两种方式，在字符方式下又有 80 列、25 行和 40 列、25 行两种分辨率，但字符窗口只有 8×8 点阵，所以字符质量较差。在图形方式下，有 640×200 和 320×200 两种分辨率，在最高分辨率的图形显示方式下的颜色数可达 4 种。

3. EGA

增强的图形适配器 EGA(Enhanced Graphics Adapter)是 IBM 公司推出的第二代图形显示适配器，它兼容了 MDA 和 CGA 全部功能。EGA 的显示分辨率达到 640×350，字符显示窗口为 8×14 点阵，使字符显示质量大大优于 CGA 而接近于 MDA。在最高分辨率的图形显示方式下的颜色数可达 16 种。

4. VGA

视频图形阵列 VGA(Video Graphics Array)是 IBM 公司推出的第三代图形显示适配器,它兼容了 MDA、CGA 和 EGA 的全部功能。VGA 的显示分辨率为 640×480,可显示 256 种颜色。近年来又出现了超级 VGA(SVGA),视频存储器(VRAM)的容量为 256KB~1MB。在 VGA 中,显示颜色由 D/A 转换的输出位数和调色板的位数决定。其标准是: R(红)、G(绿)、B(蓝),每一路视频信号均采用 6 位 D/A 转换,并使用 18 位的彩色调色板,因此最多可以组合出 $2^{18} = 256K$ 种颜色。但每次可以同时显示的颜色数还取决于每个像素在 VRAM 中的位数。在分辨率为 640×480 时,每个像素对应 4 位信息,因此可以从 256K 种颜色中选择 16 种颜色;在分辨率为 320×200 时,每个像素对应 8 位信息,可以从 256K 种颜色中选择 256 种颜色。VGA 的字符显示功能也比 EGA 有所改进,字符窗口为 9×16 点阵。

5. XGA

XGA(eXtended Graphics Array)是 IBM 公司继 VGA 之后推出的扩展图形阵列显示标准,配置有协处理器,属于智能型适配器。XGA 可实现 VGA 的全部功能,而运行速度比 VGA 快。

7.9.2 CRT 显示器

随着计算机技术的发展和应用的拓展,阴极射线管 CRT(Cathode Ray Tube)显示器的发展也很快,从 20 世纪 80 年代初到现在,CRT 显示器的分辨率已从 320×200 发展到 1024×768,有的达到 1280×1024 和 1600×1200 以上;显示屏幕尺寸从 12in 发展到 20in 以上,显示屏幕也越来越平面化。目前的 CRT 显示器已向着高分辨率、高亮度、平面化、大屏幕、低辐射等方向发展。

彩色 CRT 显示器的内部结构与组成原理如图 7-15 所示,主要包括阴极射线管和控制电路。由图 7-15 可看出,在阴极射线管的电子枪内有 3 个独立的阴极,排成一字形,发出 3 支平行的电子束。改变阴极和控制极 G_1 之间的电压,可控制电子束电流的强弱。屏蔽极 G_2 和阴极之间的电场使两边的电子束折向中心轴,经聚焦极 G_3 聚焦后由两侧射出,再经两对汇聚极板的静电场作用折向中心。最后,经阳极加速后的 3 束电子在排有竖条形孔的荫罩板的细缝中汇聚后分别准确地轰击涂在荧光屏上对应红、绿、蓝的三色荧光粉,使之产生不同颜色的光点。

帧/行扫描电路分别向垂直/水平偏转线圈提供帧频和行频锯齿波电流,从而在电子枪前部的管颈内部产生两个互相垂直的、强度按帧频/行频变化的偏转磁场。电子束穿过这两个磁场时,受到垂直/水平两个方向的作用力而产生位移,即从左向右、从上向下扫描荧光屏,产生一幅幅光栅。水平扫描频率又称为行频;垂直扫描频率又称为帧频。光栅扫描方式有逐行和隔行两种方式。为保证屏幕无闪烁感,可选择逐行扫描方式 CRT。整个屏幕被扫描线分成 m 行,每行有 n 个点,每个点为一个像素。整个屏幕有 $m \times n$ 个像素。图形是由电子束扫描时在屏幕上产生的不同亮度、不同颜色的光点(即像素)组成的。

荧光屏上涂的是中短余辉荧光材料,以避免图像变化时前面图像的残影滞留在屏幕上,

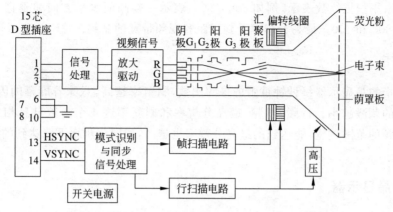

图 7-15 彩色 CRT 显示器的内部结构与组成示意图

但如此一来,就要求电子枪不断地反复"点亮"、"熄灭"荧光点,即便屏幕上显示的是静止图像,也照常需要不断地刷新。为了不断提供刷新画面的信号,必须把字符或图形信息存储在一个显示缓冲区中,这个缓冲区又称为视频存储器(VRAM)。显示器一方面对屏幕进行光栅扫描,一方面同步地从 VRAM 中读取显示内容,送往显示器件。因此,对 VRAM 的操作是显示器工作的软、硬件界面所在。VRAM 的容量由分辨率和灰度级决定,分辨率越高,灰度级越高,VRAM 的容量就越大。同时,VRAM 的存取周期必须满足刷新率的要求。

CRT 显示器具有如下一些主要技术指标。

1. 点距

点距(dot pitch)是指屏幕上两个相邻的同色荧光点之间的距离。点距越小,显示的画面就越清晰、自然和细腻。用显示区域的宽和高分别除以点距,即得到显示器在垂直和水平方向上最高可以显示的点数(即极限分辨率)。如果超过这个模式,屏幕上的相邻像素会互相干扰,反而使画面模糊不清。目前高清晰度大屏幕显示器通常采用 0.28mm、0.27mm、0.26mm 和 0.25mm 的点距。

2. 行频和场频

行频又称水平扫描频率,是电子枪每秒在屏幕上扫描过的水平线条数,以 kHz 为单位。场频又称垂直扫描频率,是每秒钟屏幕重复绘制显示画面的次数,以 Hz 为单位。由于显示器需要与视频适配器匹配,所以现在所有的显示器都是变频的(也称多扫描或多频)。

3. 视频带宽

视频带宽是表示显示器显示能力的一个综合性指标,以 MHz 为单位。它指每秒钟扫描的像素个数,即单位时间内每条扫描线上显示的点数的总和。带宽越大表明显示器显示控制能力越强,显示效果越佳。

4. 最高分辨率

最高分辨率是定义显示器画面解析度的标准,由每帧画面的像素数决定,以水平显示的像素个数×水平扫描线数表示,例如 800×600,表示一幅画面水平方向和垂直方向的像素点数分别是 800 和 600。最高分辨率受到点距和视频带宽的制约。

5. 刷新率

刷新率指的是显示器每秒钟重画屏幕的次数,刷新率越高,意味着屏幕的闪烁越小,对人眼睛产生的刺激越小。行频、场频、最高分辨率和刷新率这 4 个参数息息相关。一般来说,行频、场频的范围越宽,能达到的最高分辨率也越高,相同分辨率下能达到的最高刷新率也越高。

7.9.3 液晶显示器

LCD(Liquid Crystal Display)就是液晶显示器,LCD 有低眩目的全平面屏幕,需要的功率很低,有源阵列的 LCD 面板的色彩质量实际上超过了大多数 CRT 显示器。

LCD 显示器提供比同尺寸 CRT 显示器更大的可视图像,有 4 种基本的 LCD 选择:无源阵列单色、无源阵列彩色、有源阵列模拟彩色和有源阵列数字彩色。无源阵列设计也有单、双扫描两种版本。无源阵列的单色和彩色显示屏主要是用作低档笔记本计算机的显示器或者工业用的桌面显示面板,与有源阵列模块相比,具有相对较低的价格和较强的耐用性。

大多数通用无源阵列显示器采用超级偏转向列型设计,因此这些面板经常称为 STN(Super Twist Nematic);有源阵列显示器采用薄膜晶体管设计,因此称为 TFT(Thin Film Transistor)。在 LCD 中有两个偏振器,偏振器只允许与其方向相同的光波通过,经过偏振器后的光波都成同一方向。通过改变第二个偏振器的角度,允许通过光的数量可以改变。改变偏振角和控制通过的光数量,就是液晶单元所扮演的角色。在彩色 LCD 中,另有一个附加偏振器为每个像素分配 3 个单元,分别显示红、绿、蓝中的一种。

液晶单元是像液体一样可以流动的棒状分子,可以使光线直接通过,但是电荷可以改变晶体的方向及通过它的光线的方向。尽管单色 LCD 没有彩色偏振器,但是每个像素由多个单元来控制灰度的深浅。在一个无源阵列的 LCD 中,每个液晶单元被两个晶体管的电荷所控制,它取决于晶体在屏幕上的行列位置。沿着屏幕水平和垂直边缘的晶体管数目决定了屏幕的分辨率。例如,一个具有 1024×768 分辨率的屏幕,在水平边界有 1024 个晶体管,在垂直上有 768 个晶体管,总共有 1792 个。当液晶单元响应自己的两个晶体管的脉冲时,将对光波产生偏转,电荷越强,光波偏转得越厉害。在无源阵列 LCD 中的电荷是脉冲式的,所以显示器缺少像有源阵列那样的亮度,为了增加亮度,现采用一种称为双扫描的新技术,将无源阵列屏幕分为上半部和下半部,让两个独立电路同时驱动显示器的上半部和下半部,减少每个脉冲之间的间隔时间。除了增加亮度,双扫描设计还提高了响应速度,使这种类型对于全动态视频或其他显示信息快速变化的应用更有用处。

在有源阵列 LCD 中,每个单元在显示屏之后有自己专用的晶体管,对其充电进而偏转光波。于是,一个 1024×768 的有源阵列显示器就有 786 432 个晶体管。提供比无源阵列显示器更亮的图像,因为各单元能够维持恒定的、较长时间的充电。然而,有源阵列技术的能耗比无源阵列大,有源阵列显示器制造起来比较困难,价格更高。为了在微光的情况下改善清晰度,一些便携计算机加入了背光和侧光。背光屏幕从 LCD 后面的面板获取光线,侧光屏幕从安装在屏幕边缘上的小的荧光管获取光线。

目前最好的彩色显示器是有源阵列 TFT LCD,其中每个像素都由 3 个晶体管驱动和控制,因此可以精确地控制每一个像素,获得高质量的图像。

由于显示原理与传统 CRT 显示器有着根本的不同,因此 CRT 显示器耗电大、体积大、有辐射、有闪烁等弊端在 LCD 上将不复存在,LCD 的技术指标也有一些变化。

1. 分辨率

LCD 的分辨率与 CRT 显示器不同,一般不能任意调整,它是制造商所设置和规定的。分辨率是指屏幕上每行有多少像素点、每列有多少像素点,一般用矩阵行列式来表示,其中每个像素点都能被计算机单独访问。

2. 点距

LCD 也有点距这一指标,也直接影响到 LCD 适用的分辨率。主流的 LCD 点距在 0.3mm 左右,尽管在数值上看较 CRT 显示器偏大,但是由于 LCD 不存在聚焦不准的问题,因此,LCD 给人的感觉仍然更加清晰。

3. 可视角度

可视角度是指人们清晰观察显示屏幕的范围,这是 LCD 的一个重要的指标,因为 LCD 从侧面观看时,亮度、对比度都会有明显的下降。

4. 亮度

由于 LCD 是被动式发光,因此在亮度、对比度方面的指标自然不如主动发光的 CRT 显示器。LCD 的亮度取决于 LCD 的结构和背景照明的类型。

5. 响应时间

响应时间反映了液晶显示器各像素点对输入信号反应的速度,即每个像素由暗转亮或由亮转暗的速度。响应时间小,看运动画面时不会出现尾影拖曳的感觉。

7.10 打印输出设备

打印机是重要的外围输出设备,主要用于打印输出运算过程、结果及文本附件,还可以打印出各类统计报表和图形。目前,打印机的种类很多,有多种分类方法。

按印字原理分,可以分为击打式和非击打式两大类。击打式是利用机械作用使印字机构与色带和纸撞击而打印字符,如针式打印机。击打式设备成本低,缺点是噪音大、速度慢。非击打式是采用电、磁、光、喷墨等物理、化学方法印刷字符,如激光、喷墨打印机等。非击打式的设备速度快、噪音低、印字质量高,但价格较贵。

按输出工作方式可分为串式打印机、行式打印机和页式打印机 3 种。串式打印机是逐字打印的,行式打印机是一次可以输出一行,页式打印机则是一次可以输出一页,打印速度最快,一般用页/分(PPM)来衡量其速度。

按印字机构不同,可分为固定字模(活字)式打印和点阵式打印两种。字模式打印机是将各种字符塑压或刻制在印字机构的表面上,印字机构如同印章一样,可将其上的字符在打印纸上印出;而点阵式打印机则借助于若干点阵来构成字符。字模式打印的字迹清晰,但字模数量有限,组字不灵活,不能打印汉字和图形,所以基本上已被淘汰。点阵式打印机以点阵图拼出所需字形,不需固定字模,它组字非常灵活,可打印各种字符(包括汉字)和图形、图像等。现在人们普遍有一种误解,只把针式打印机看作点阵打印机,这是不全面的。事实上,非击打式打印机给出的字符和图形也是由点阵构成的。

7.10.1 针式打印机

针式打印机在打印机历史的很长一段时间上曾经占有着重要的地位,针式打印机以其便宜、耐用、可打印多种类型纸张等原因,普遍应用于多个领域。针式打印机有宽行和窄行之分,宽行打印机可以打印 A3 幅面的纸张,窄行打印机一般只能打印 A4 幅面的纸张,同时针式打印机可以打印穿孔纸。另外,针式打印机有其他机型所不能代替的优点,就是它可以打印多层纸,这使之在报表处理中的应用非常普遍。但它很低的打印质量、很大的工作噪声使之无法适应高质量、高速度的打印需要,在普通家庭及办公应用中逐渐被喷墨和激光打印机所取代。

图 7-16 示意了针式打印机的结构。胶滚既是摩擦走纸的机构,又是打印针击打时的依托。色带位于打印头和胶滚之间,色带上面浸有油墨。打印时,色带匀速转动,使复制的颜色均匀,并且增加色带的使用时间。色带护片留出了打印针窗口,是为了在非击打状态时隔离色带不致污染打印纸。打印头主要由打印针、击打电磁铁组成。打印针的数量通常为 9 针或者 24 针,每根针都有一个击打电磁铁,击打线圈通电使它的铁芯受磁场力作用冲出,击打到打印针针柄;打印针受力冲出针孔,击打在色带上;色带又冲向打印纸,把色带的油墨颜色粘附在打印纸上,得到一个个点。

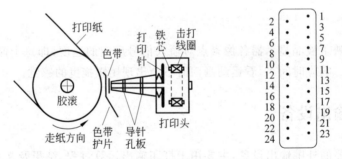

图 7-16 针式打印机结构及打印针排列示意图

打印头装在一个小车(称为字车)上,由步进电机驱动,可进行水平移动与精确定位。打印头里的钢针在驱动电路的控制下,打击色带和纸,从而形成一行字符。在打印一行的过程中,打印纸不动,在打印完一行后,输纸机构带动打印纸向前推进一行,而色带传动机构也将色带转动一定尺寸,使打击次数均匀地分布在整盘色带上。针式打印机可以通过调整打印头与纸张的间隙,适应打印纸的不同厚度,而且可以改变打印针的力度,以调节打印的清晰度。

针式打印机有单向打印和双向打印两种。若一行字符打印完,在输纸的同时,打印头左移返回到起始位置(回车),重新由左向右打印,就称单向打印。而双向打印指的是自左向右一行字符打印完毕后,打印头无须回车,在输纸的同时,打印头再从右向左打印下一行,做反向打印。由于省去了空回车时间,所以双向打印的打印速度较单向打印大大提高。

打印控制器主要包括字符缓冲存储器、字符发生器、时序控制电路和接口四部分。主机要输出打印信息时,首先要检查打印机所处的状态。当打印机空闲时,允许主机发送字符,打印机开始接收从主机送来的字符代码(ASCII码),先判断它们是可打印的字符还是只执行某种控制操作的控制字符(如:"回车"、"换行"等),如果是可打印的字符就将其代码送入打印行缓冲区(RAM)中,接口电路产生回答信息,通知主机发送下一个字符,如此重复,把要打印的一行字符的代码都存入数据缓冲区。当缓冲区接收满一行打印的字符后,转入打印。

打印时,首先从字符库中寻找到与字符相对应的点阵首列地址,然后按顺序一列一列地找出字符或图形的点阵,送往打印头控制驱动电路,激励打印头出针打印。一个字符打印完,字车移动几列,再继续打印下一个字符。一行字符打印完后,请求主机送来第二行打印字符代码,同时输纸机构使打印纸移动一个行距。

7.10.2 激光打印机

激光打印机是一种光、机、电一体,高度自动化的计算机输出设备,属非击打式硬复制输出设备,它的打印质量高、速度快、消耗低,是应用最广泛的打印机之一。

激光打印机的基本原理与静电复印机类似,图7-17示意了激光打印机的结构。感光鼓表面镀有一层感光材料,例如硒或者有机光导体OPC(Organic Photoconductor),这层材料在黑暗中是绝缘的。

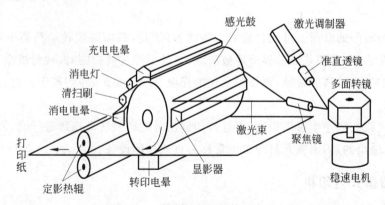

图7-17 激光打印机结构示意图

1. 充电

打印时,感光鼓转动,充电电晕器中的高压电极形成的充电电晕给感光鼓表面均匀地沉积一层正电荷。

2. 曝光

激光调制器由要打印的信息点阵调制,产生带信息的调制激光束,经过准直透镜后射向多面转镜,随着多面转镜的转动,被反射的激光经过聚焦镜在感光鼓上作水平扫描,形成一行行精细的光点,在感光鼓转动配合下,就像 CRT 显示器的光栅扫描一样。感光鼓表面的感光层被这些光点照射时,电阻率下降,释放掉正电荷,于是在感光鼓上形成了打印信息的"静电潜像",称为曝光。

3. 显影

当已经有潜像的感光鼓面转动到显影器旁边时,显影器里的带电碳粉根据同性相斥、异性相吸的原理,被吸附在感光鼓的潜像上,显现出打印内容,称为显影。

4. 转印

已经显影的鼓面带着碳粉继续转动到转印电晕发生器旁边,此时打印纸已经同步输送到鼓面下,并且与感光鼓直接接触,转印电晕发生器发出与碳粉相反的电场,使感光鼓上的碳粉被打印纸吸附,于是,鼓上的打印信息被转印到了打印纸上。

5. 定影

打印纸上吸附的转印信息是不牢固的,一摸就掉,需要经过加热定影,使碳粉熔化牢固地粘在打印纸上。因此,激光打印机和复印机都采用定影热辊加热的方法对碳粉定影,有的还要在打印纸从转印电晕到定影辊之间采用加热板对打印纸预热。定影之后,打印纸被输出激光打印机外,完成了一张副本工作。

6. 清洁

感光鼓被转印的鼓面上可能会留下一些残粉,于是,鼓面继续转动到消电电晕器旁边,把鼓面的电荷去掉,残粉才能够容易地被清除;当鼓面经过清扫刷时,残粉被全部刷掉。

清洁后的感光鼓继续转动,再按照上述的充电、曝光、显影、转印和定影进行下一张副本的工作。

由于激光束扫描速度可以很高,而且打印输出是随硒鼓转动连续进行的,所以打印速度较快,是逐页输出的,因而激光打印机也常称为页式打印设备。

7.10.3 喷墨式打印机

喷墨式打印机也属于点阵式打印的一种,它的印字原理是使墨水在压力的作用下,从孔径或狭缝尺寸很小的喷嘴喷出,成为飞行速度很高的墨滴,根据字符点阵的需要,对墨滴进行控制,使其在记录纸上形成文字或图形。喷墨打印机主要有电荷控制式、电场控制式和随机喷墨式三种。目前随机喷墨式的喷墨打印机最多,这里简要介绍它的原理。

随机式喷墨打印机的墨滴只有在需要打印时才从喷嘴中喷出,因而不需要过滤器和复杂的墨水循环系统。由于受射流惯性的影响,墨水的喷射速度低于连续式。为了提高喷射速度,喷头一般由多个喷嘴组成,其结构和排列与针式打印机的打印头相似。随机式喷墨打印机又可分为压电式和气泡式。

1. 压电式随机喷墨打印机

压电式喷墨打印机喷墨头原理结构如图 7-18 所示。在自由状态,压电片的形状如图 7-18 所示,墨水腔里充满了墨水,由于墨水的表面张力和毛细管力,没有外力时墨水不会从喷嘴流出。当需要打出一个点时,给压电片一个电脉冲,压电片发生形变内凹挤压墨水腔内的墨水,使其从喷嘴喷出一滴墨滴。该电脉冲幅度一般为100V,墨滴在纸面的直径可以达到 0.1mm。电脉冲过去后,压电片恢复原来的形状,供墨管在毛细管作用下送入新的墨水补充,同时喷嘴的墨水也会上拔 1~2mm。这样,墨水不易挥发和空气氧化。

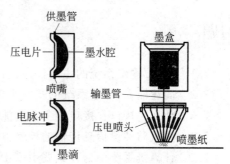

图 7-18 压电式喷墨打印机喷墨头原理结构示意图

工程上的喷嘴采用压电陶瓷管,管的内外壁上镀有银膜,这就是控制喷墨的电脉冲施加的两个电极。为了防止被墨水腐蚀,内壁需要涂上防腐涂料。

这种打印机具有一个优势,就是控制加在压电片上的电脉冲的幅度,可以调节喷出墨滴的大小。用压电喷墨技术制作的喷墨打印头成本比较高,为了降低用户的使用成本,一般都将打印头和墨盒做成分离的结构,更换墨水时不必更换打印头。

2. 气泡式随机喷墨打印机

气泡式随机喷墨打印机喷墨过程可以分为 7 步:

① 喷嘴在未接收到加热信号时,喷嘴内部的墨水表面张力与外界大气压平衡,处于平衡稳定状态;

② 当加热信号发送到喷嘴上时,喷嘴电极被加上一个高幅值的脉冲电压,加热器元件迅速加热,使其附近墨水温度急剧上升并汽化成气泡;

③ 墨水汽化后,加热器表面的气泡变大形成薄蒸汽膜,以避免喷嘴内全部墨水被加热;

④ 当加热信号消失时,加热器表面温度开始下降,但其余热仍使气泡进一步膨胀,使墨水挤出喷嘴;

⑤ 加热器元件的表面温度继续下降,气泡开始收缩。墨水前端因挤压而喷出,后端因墨水的收缩使喷嘴内的压力减小,并将墨水吸回喷嘴内,墨水滴开始分离;

⑥ 气泡进一步收缩,喷嘴内产生负压力,气泡消失,喷出的墨水滴与喷嘴完全分离;

⑦ 墨水由墨水缓存器再次供给,恢复平衡状。

通常所说的喷墨打印机是指液态喷墨打印机,它具有整机价格低、工作噪音低、耗电少、重量轻、输出印字质量接近低档的激光打印机等优点,同时又能实现廉价的真彩色打印。与针式打印机相比,喷墨打印机对墨水的质量要求很高,使耗材的成本较高,而且墨水大多怕受潮。

除液态喷墨打印机外,还有一种固态喷墨打印机。固态喷墨技术是 Tektronix(泰克)公司于 1991 年推出的专利技术,它所使用的相变墨在室温下可变为固态,打印时墨被加热液化后喷射到介质上。这种墨附着性好、色彩鲜亮、耐水性能好,并且不存在打印头因墨水干涸而造成的堵塞问题。但采用固态油墨的打印机目前因生产成本比较高,所以产品比较少。

习题

7.1 输入/输出系统的主要任务是什么?

7.2 简述输入/输出系统的基本组成。

7.3 什么是接口?接口的主要功能是什么?

7.4 主机与外设信息传输的控制方式有哪几种?各具有什么特点?

7.5 计算机系统中为什么要引入中断机制?

7.6 CPU 在什么条件下可以响应中断请求?

7.7 为什么中断服务程序必须要"保护现场"?恢复现场时为什么要先人为地关闭中断?试简述计算机响应中断的过程。

7.8 什么是中断嵌套?

7.9 请对输入/输出系统中的 DMA 方式与程序中断数据传送方式加以比较,它们分别适用于何种场合?

7.10 CPU 响应 DMA 请求与响应中断请求的过程有什么区别?

7.11 通道有几种类型?简述其特点。

7.12 DMA 与通道有什么区别?

7.13 某数组多路通道连接 3 台磁盘设备,这些磁盘的数据传输速率为 5Mb/s、6Mb/s 和 8Mb/s。问该通道的传输速率至少应为多少?

7.14 "总线"是什么?它有什么特点?总线有哪些类型?

7.15 PC 内部标准总线有哪几种?它们各有什么特点?

7.16 总线仲裁的意义是什么?通常采用哪几种仲裁方式?试逐一简述其原理。

7.17 按功能分,外围设备可分为哪几类?分别列举出几种外围设备的名称。

7.18 说明光机式和光电式鼠标的工作原理。

7.19 简述 CRT 显示器及液晶显示器的工作原理。

7.20 试分别说明针式打印机、喷墨打印机、激光打印机的工作原理。

第 二 篇

汇编语言程序设计

第 8 章 汇 编 语 言

汇编语言是计算机能够提供给用户使用的最快且最有效的语言,也是能够充分利用计算机所有硬件资源并能直接控制硬件的唯一语言。用汇编语言编制的程序同机器语言程序一一对应,它的目标代码短,运行速度快,在对程序的时间和空间要求很高的场合,往往需要采用汇编语言进行编程。作为一种编程语言,汇编语言有自己的语法规则。本章主要以 Intel 8086/8088 CPU 为背景,介绍汇编语言的语法规则以及构成一个源程序必备的各种伪指令等内容。

8.1 概述

8.1.1 机器语言

机器指令是 CPU 能直接识别并执行的指令,它的表现形式是二进制编码。机器语言是由机器指令及相应的使用规则组成的程序,也是一种专门为计算机硬件设计,且能够让硬件直接识别的计算机语言。换言之,CPU 能够直接执行用机器语言描述的程序。

机器语言与 CPU 紧密相连,由于不同种类的 CPU 所对应的指令系统不同,且指令系统相差很大,因此每一种计算机就必然具备自己独特的机器语言。

下面举例说明 Intel 8086/8088 CPU 的机器指令。

例 8-1 用二进制机器指令实现 4×5。

```
1011100000000100000000000        ;将 4 存入寄存器 AX
1011101100000101000000000        ;将 5 存入寄存器 BX
1111011111100011                 ;将 AX 乘以 BX,结果存入 AX
```

可以看出,这种用二进制数序列表示的机器语言很难看出所执行的功能。早期经过严格训练的专业程序员可以用机器语言编写程序,而普通程序员很难胜任这样的工作。用机器语言编写的程序易读性差、出错率高、维护性差且不具有通用性。鉴于用机器语言编写程序上的诸多不便,几乎没有程序员再这样编程了。

8.1.2 汇编语言

虽然用机器语言编写程序有很高的要求,且有诸多不便,但与硬件关系最直接,编写出来的程序执行效率最高。为了保留机器语言高执行效率的特点,人们就开始研究一种能大大改善程序可读性的编程方法。采用人们容易识别和理解的符号来代替机器语言的二进制代码,即用一些英文单词的缩写符来表示机器指令的功能,这些缩写符称之为助记符。

如此一来,程序员就不需要关心机器指令的二进制代码,难以记忆的二进制机器指令就可以用通俗易懂的且具有一定含义的符号指令来表示,指令中的操作数及地址也可以用相应的符号来表示。这样以助记符、符号地址为主要特征的计算机编程语言就是汇编语言。

汇编语言是为特定计算机或计算机系列设计的一种面向机器的语言,由汇编执行指令和汇编伪指令及相应的语法规则组成。汇编执行指令是机器指令的符号化表示,其操作码用助记符表示,地址码直接用标号、变量名字、常数等表示。

例 8-2 用汇编指令实现 4×5。

```
MOV AX, 4          ;将 4 存入寄存器 AX
MOV BX, 5          ;将 5 存入寄存器 BX
MUL BX             ;将 AX 乘以 BX,结果存入 DX 和 AX
```

例 8-3 一个完整的汇编程序,显示 Hello world!。

```
STACK1 SEGMENT PARA STACK          ;堆栈段
        DW 128 DUP (?)
STACK1 ENDS
DATA SEGMENT                       ;数据段
STRING DB 'Hello world!', 13, 10,'$'
DATA ENDS
CODE SEGMENT                       ;代码段
    ASSUME CS: CODE, DS: DATA
START: MOV AX, DATA                ;初始化
    MOV DS, AX
    MOV DX,OFFSET STRING           ;调用 DOS 中断,显示输出字符串
    MOV AH, 9
    INT 21H
    MOV AH, 4CH
    INT 21H                        ;返回系统
CODE ENDS
    END     START
```

用汇编语言编写程序既保留了机器语言时空效率高的优点,又便于书写、记忆、调试及修改,因而更适合大多数人去使用它。用汇编语言编写程序虽不如高级程序设计语言简便、直观,但是汇编出的目标程序占用主存较少、运行效率较高,且能直接引用计算机的各种设备资源。它通常用于编写系统的核心部分程序,或编写需要耗费大量运行时间和实时性要求较高的程序段。

8.1.3 汇编程序

按照汇编语言规程编写的程序称之为汇编语言源程序。很明显,这种程序不能被计算机识别,必须用一种程序来识别源程序,并转换成机器能够识别的机器语言,这个程序称为汇编程序。

汇编程序输入的是用汇编语言书写的源程序,输出的是用机器语言表示的目标程序。汇编执行指令经汇编程序翻译为机器指令,两者之间基本上保持一一对应的关系。图 8-1 反映了例 8-3 中汇编语言程序所对应的目标代码在存储器中的存放情况。

汇编程序采用的算法通常是采用两遍扫描源程序的算法。第一遍扫描源程序,根据符

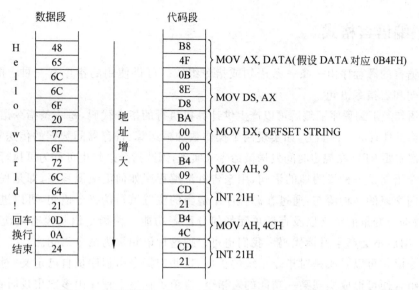

图 8-1 与汇编语言对应的目标代码在存储器中的存放情况

号的定义和使用,收集符号的有关信息到符号表中;第二遍利用第一遍收集的符号信息,将源程序中的符号化指令逐条翻译为相应的机器指令。具体的翻译工作包括:①用机器操作码代替符号操作;②用数值地址代替符号地址;③将常数翻译为机器的内部表示;④分配指令和数据所需的存储单元。除了上述的翻译工作外,汇编程序还要考虑:①处理伪指令,收集程序中提供的汇编指示信息,并执行相应的功能。②为用户提供信息和源程序清单。③汇编的后处理工作,随目标语言的类型不同而有所不同。有的直接启动执行,有的先进行连接装配。④如果具有条件汇编、宏汇编或高级汇编功能时,也应进行相应的翻译处理。

汇编程序的工作过程是:①输入汇编语言源程序。②检查语法的正确性,如果正确,则将源程序翻译成等价的二进制机器语言程序,并根据用户的需要输出源程序和目标程序的对照清单;如果语法有错,则输出错误信息,指明错误的部位、类型和编号。③最后,对已汇编出的目标程序进行后处理。

汇编程序是对汇编语言源程序进行翻译、汇编及生成相应目标代码的一种专用程序。

8.1.4 汇编语言的用途

在进行系统设计开发时可以根据实际情况需要,合理地选择是否使用汇编语言编程。通常下列场合可以考虑使用汇编语言。

① 对软件的执行时间或存储容量有较高要求的场合,如操作系统的内核、工业控制领域、实时系统等。

② 在大型软件中某些影响系统性能的瓶颈程序或者频繁使用的子程序可以采用汇编语言编程。

③ 与硬件资源密切相关的软件程序,如设备驱动程序。

④ 没有合适的高级语言去开发的程序。

8.2 汇编语言格式

汇编语言的源程序由一条一条语句或指令组成。可供使用的指令有三种：指令语句、伪指令语句和宏指令语句。

指令语句经汇编程序汇编后可以产生供计算机执行的指令代码,每一条指令语句可以表示为该计算机具有的一种能力,如实现两个操作数加减运算、寄存器间数据的传送等,这些指令的运行都需要 CPU 在规定时间发送微命令来实现,因此指令语句也可称为可执行语句。

伪指令语句是一种说明性的语句,用来告诉汇编程序如何汇编源程序,即是程序员与汇编程序之间交流的一种语句,通过在源程序中适当的位置填写伪指令语句,可以进行程序段的定义、数据与变量的定义以及存储单元如何分配等功能。伪指令语句没有对应的机器指令,经过汇编后不会产生目标代码。我们也可以把这种语句称为命令语句。

宏指令语句可以看成是对指令系统的扩展,这些宏指令由程序员自己定义,对机器指令进行有序组合便可形成实现某一功能的宏指令,避免了在整个程序中多次出现时重复编写。这样不仅可以提高编程效率,而且提高了程序的可读性。

汇编语言中的语句可以由四个字段构成,具体格式如下：

[标记符]　操作符　[操作数]　[;注释]

其中：

标记符是一个符号；

操作符是一个操作码的助记符,可以是指令、伪指令或宏指令；

操作数可以由一个或多个表达式组成,为操作符提供操作所需的信息；

注释用来说明本条语句所具备的功能。

上述格式中带[ ]的字段可以省略,各个字段间用空格或 Tab 符隔开。下面就各字段的使用详细说明。

8.2.1 标记符

标记符,又可称为语句名,通常分为指令标记符和伪指令标记符两种。作为一种符号,可以用下列字符来表示：字母 A～Z、a～z,数字 0～9,特定字符?、.、@、_、$。除了数字外,上述字符都可以作为起始字符。如果标记符中出现"."字符,它必须是第一个字符。

1. 指令标记符

当在语句中作为指令标记符时,标记符后需要加冒号":",称为标号。标号其实是一个指针,指向本语句在存储器中的地址,在程序中如果想运行或跳转到该语句时可以直接引用它的标号。

例 8-4　指令标记符举例。

```
START: MOV AX, DATA    ;START 为 MOV AX, DATA 这条语句在存储器中的符号地址,如果源程序的最
                       后一行语句为 END START,汇编程序汇编完整个源程序后,将从 START 处
                       开始执行程序,此处 START 标记符用来标识第一条指令的位置。
```

```
LOP1: MOV AX, [SI]    ;LOP1同样是符号地址。如果源程序中某一处语句为 LOOP LOP1,LOP1 标记
                       符用来表示循环程序的入口地址;如果源程序中某一处语句为 JZ LOP1,
                       LOP1 标记符用来表示分支程序的入口地址。
```

总之,借助指令标记符可以很方便地执行或跳转到某一条指令。

在程序中引入标号后,编写程序时更加方便和清晰,同时也便于阅读和修改。标号有三个属性:段属性、偏移量属性和类型属性。

(1) 段属性

定义了标号后的指令所在的段,段基值存在代码段寄存器 CS 中。

(2) 偏移量属性

表示标号后的指令与段基址的偏移量,即该指令目标代码的首字节单元与段基址之间的距离。偏移量一定存在于 IP 寄存器中,是一个 16 位的无符号数。

(3) 类型属性

反映了标号的转移特性,用来指示该标号是在本段内引用(NEAR 型),还是段间引用(FAR 型)。

在没有特殊声明时,标号的类型属性隐含为 NEAR 属性。如:

```
SUB1: MOV AX, DATA
```

SUB1 标号具有了 NEAR 类型,只能允许本段内的指令转移。

如果需要将标号设置为 FAR 类型,可以使用 LABEL 伪指令语句。LABEL 伪指令语句格式为:

```
标记符    LABEL    类型
```

当 LABEL 伪指令语句与指令语句连用时,标记符就是一个标号,类型值可以为 NEAR 或 FAR。这个新标号与近邻的下一条指令的标号的段属性和偏移量相同,即有相同的逻辑地址。这时可以通过设置不同的类型值,起到对同一条指令转移特性补充设置的功能。如:

```
SUB1_FAR LABEL FAR
SUB1: MOV AX, DATA
```

通过 LABEL 语句设置,MOV AX, DATA 指令既可以被段内跳转,也可以被段间跳转。段内跳转时,选择 SUB1 标号;段间跳转时,选择 SUB1_FAR 标号。

2. 伪指令标记符

在伪指令语句中,对于不同的伪指令标记符可以分别是常量名、变量名、段名、子程序名。它们有时代表一个具体的常数,有时代表存储单元的符号地址。与指令标记符不同,伪指令标记符后用空格作为结束符,不能使用冒号。

例 8-5 伪指令标记符举例。

```
DATA SEGMENT              ;定义数据段,段名为 DATA
DA_BYTE DB 10H, 11H       ;定义一个字节变量 DA_BYTE
NUM1 EQU 1AH              ;NUM1 等于常数 1AH
SUB1 PROC FAR             ;SUB1 为子程序名,该子程序允许段间调用
```

8.2.2 操作符

操作符可以是指令、伪指令或宏指令操作符。对于指令,汇编程序汇编时将其翻译为机器语言指令,如 MOV、ADD、JMP 等。对于伪指令,汇编程序并不把它们翻译成机器代码,而是指示、引导汇编程序在汇编过程中做一些操作,如数据定义指令 DB、DW,段定义伪指令 SEGMENT/ENDS 等。对于宏指令,其功能相当于若干条指令语句的功能,在汇编时被汇编程序展开。

8.2.3 操作数

操作数是指令执行的对象。根据指令不同,操作数可以没有、有一个、两个或更多。如果需要本字段,本字段与操作符字段用空格或制表符 TAB 隔开,操作数有两个以上时,各操作数之间用逗号隔开。操作数可以是常量、变量、表达式、寄存器号或标号等。作为表达式时可以是数值表达式,也可以是地址表达式。在汇编时,汇编程序会按照一定的优先级对表达式进行计算,得到一个数值或地址。表达式中的运算符详见 8.3 节。

例 8-6 汇编语言中的操作数。

```
DA1 DB 01H, 02H, 03H, 04H    ;4个操作数
MOV AX, DATA                 ;2个操作数
INC AX                       ;1个操作数
ADD [BX+10H], AX             ;目的操作数为地址表达式
RET                          ;没有操作数
```

8.2.4 注释

注释是语句的说明部分,是对指令或程序的注明和解释,以增强程序的阅读、修改和维护。注释由分号";"开始,在汇编程序汇编源程序时,注释部分将被略去,并不产生机器代码。

8.3 汇编语言数据与运算符

在汇编语言的指令语句和伪指令语句中,操作数字段的主要内容是数据,8086/8088 汇编程序能识别的数据包括常数、变量和标号,操作数字段可以由这三种单一数据组成,也可以是由运算符连接成的一个表达式。由于数据本身具有数值和属性两个部分,不同的数值和属性会生成不同的目标代码。表达式中的数值计算、操作数类型的确定都是在汇编时进行的,即在程序调入主存运行前已完成。

8.3.1 常数

常数分为数值型常数和字符型常数。在汇编期间,常数值已经确定,而且在程序运行过程中其值始终不会改变。

1. 数值型常数

这类操作数以数值形式存于存储器中,在程序中可以用不同的进制来表示数值型常数,

如采用二进制数、八进制数、十进制数、十六进制数等形式表示。进制的区别只需在数字后加上一个相应的字母,如表 8-1 所示。需要注意的是在用十六进制表示时,如果数值是以 A~F 或 a~f 开始,必须在数值前补 0,这样,汇编程序才可以将其认作数值而不是一个符号。

表 8-1 进制表示

进 制	所加字母	含 义	示 例
二进制	B	binary	1010000110110010B
八进制	O 或 Q	octal	120662Q
十进制	D(可省略)	decimal	41394D(或 41394)
十六进制	H	hexadecimal	0A1B2H

2. 字符型常数

字符型常数又称字符串常数,是用单引号' '括起来的一个或多个字符,在存储器中以 ASCII 码形式存在。如字符'A'在存储单元中以 41H 形式存放。

3. 常数的用途

常数在程序中主要应用于:
(1) 在指令语句中以立即数形式出现在源操作数上。如果是数值型常数,可以是字节型常数或字型常数。如果是字符串常数,可以是 1~2 个字符。
(2) 在指令语句中可以作为存储器操作数的各种寻址方式的偏移量。
(3) 在数据定义语句中,常数可用作对存储单元赋值。

例 8-7 常数在指令语句中的应用。

MOV AX, 1040H
MOV BX, 'OK'
MOV AX, [1000H]
SUB 1000H[BX][DI], AX
DA_BYTE DB 10H, 11H, 12H
STRING1 DB 'HELLO WORLD'

8.3.2 变量

变量是在程序运行期间可以变化的量。变量名可以看作预先定义的某个存储单元的符号地址,存储单元中存放该变量的值,使用时可以通过变量名访问该变量。

变量有三种属性:
(1) 段属性,即变量所在段的段基址。
(2) 偏移量属性,偏移量是 16 位的数值,表示该变量所在存储单元与所在段的段基址的偏移量。
(3) 类型属性,表示变量在存储器中所占的字节数,可分为一字节、二字节(字)、四字节(双字)、八字节、十字节。

8.3.3 运算符

1. 算术运算符

算术运算符用于指令的数值表达式中，完成加、减、乘、除等算术运算，参与运算的数值和计算结果均是整数。汇编语言中的算术运算符如表 8-2 所示。

表 8-2 算术运算符

运算符	运算格式	运算功能
＋	＋表达式	正数
－	－表达式	负数
＋	表达式 1＋表达式 2	加法运算
－	表达式 1－表达式 2	减法运算
*	表达式 1*表达式 2	乘法运算
/	表达式 1/表达式 2	除法运算
MOD	表达式 1 MOD 表达式 2	求模运算
SHR	表达式 1 SHR 次数	右移运算
SHL	表达式 1 SHL 次数	左移运算

在算术运算符中，"＋"、"－"作为单目运算符时表示正数或负数，作为双目运算符时可以实现加法或减法运算，这时需要两个表达式。需要除法运算时，可以使用"/"运算符，运算结果只保留商的整数部分。求模运算时，可以使用"MOD"运算符，运算结果只保留余数部分。SHR 运算符实现右移操作，每右移一次，最左边补 0。SHL 运算符实现左移操作，每左移一次，最右边补 0。运算符右边的次数确定左移或右移的次数。需要注意的是移位指令和移位运算是两种不同的操作。首先移位指令只能出现在指令的操作码字段上，而移位运算符出现在操作数字段上；移位指令实现的移位操作是在程序运行时完成的，而移位运算符是在汇编源程序时进行移位操作的，即在程序运行前就已完成，这就要求表达式一定是一个已知的数。

例 8-8 算术运算符示例 1。

```
NUM=12H
DATA1 DW NUM SHL 2, NUM SHR2
MOV AX, NUM SHL 2
```

经过汇编后变为：

```
DATA1 DW 48H, 04H
MOV AX, 48H
```

例 8-9 算术运算符示例 2。

```
MOV AX, CX SHL 2
MOV AX, DATA1 SHR 3
```

这两个语句是错误的，因为 CX 寄存器内的值和 DATA1 地址在汇编时还没有确定。

2. 逻辑运算符

逻辑运算符用于完成与、或、非、异或逻辑运算,参与运算的表达式值和运算结果均是整数。汇编语言中的逻辑运算符如表 8-3 所示。

表 8-3 逻辑运算符

运 算 符	运 算 格 式	运 算 功 能
NOT	NOT 表达式	逻辑非
AND	表达式 1 AND 表达式 2	逻辑与
OR	表达式 1 OR 表达式 2	逻辑或
XOR	表达式 1 XOR 表达式 2	逻辑异或

逻辑运算符不同于逻辑运算指令,逻辑运算指令只能出现在指令的操作符字段上,而逻辑运算符出现在操作数字段上;逻辑运算指令实现的逻辑运算是在程序运行时完成的,而逻辑运算符是在汇编源程序时进行的,即在程序运行前已完成,这就要求表达式一定是一个已知的数,而不是寄存器或存储器操作数。

例 8-10 逻辑运算符示例。

```
MOV AX, CX AND 12H
MOV DX, DATA1 OR CX
```

以上两条指令是错误的,因为 CX 寄存器内的值和 DATA1 地址在汇编时还没有确定。

3. 关系运算符

关系运算符用于比较两个表达式,表达式一定是常数或同段内的变量。若是常数,按无符号数进行比较,若是变量,则比较它们的偏移量。如果两个表达式的比较关系成立,则用全 1 表示,否则用全 0 表示。汇编语言中的关系运算符如表 8-4 所示。

表 8-4 关系运算符

运 算 符	运 算 格 式	运 算 功 能
EQ	表达式 1 EQ 表达式 2	表达式 1 等于表达式 2 为真
NE	表达式 1 NE 表达式 2	表达式 1 不等于表达式 2 为真
LT	表达式 1 LT 表达式 2	表达式 1 小于表达式 2 为真
LE	表达式 1 LE 表达式 2	表达式 1 小于或等于表达式 2 为真
GT	表达式 1 GT 表达式 2	表达式 1 大于表达式 2 为真
GE	表达式 1 GE 表达式 2	表达式 1 大于或等于表达式 2 为真

例 8-11 关系运算符示例 1。

```
MOV AX, 0FH EQ 1111B
MOV DX, 05H GE 1111B
```

上述指令与下面的两条指令等效于:

```
MOV AX, 0FFFFH
MOV DX, 0
```

例 8-12 关系运算符示例 2。

```
NUM= 23H
DATA1 DB NUM LT 09AH
```

汇编源代码时上述语句等效为：

```
DATA1 DB 0FFH
```

关系运算符不能用作常数和变量的比较，如上例中 NUM 不可以和 DATA1 进行比较。

4. 数值返回运算符

数值返回运算符对象必须是存储器操作数，即变量名或标号，返回该操作数地址的组成部分或某些特征。运算符使用格式为：

运算符　变量名或标号

（1）SEG 运算符
SEG 运算符出现在变量名或标号前时，返回变量或标号所在段的段基值。例：

```
MOV AX, SEG ARRAY
```

如果变量 ARRAY 所在段的段基值为 2000H，该语句汇编后等效为 MOV AX,2000H。

（2）OFFSET 运算符
OFFSET 运算符出现在变量名或标号前时，返回变量或标号所在段的偏移量。例：

```
MOV AX, OFFSET ARRAY
```

如果变量 ARRAY 所在段的偏移量为 01H，该语句汇编后等效为 MOV AX,01H。

（3）TYPE 运算符
TYPE 运算符出现在变量名或标号前时，以数值形式返回变量或标号的类型属性。若为变量，返回该变量类型表示的字节数；若为标号，返回该标号的类型值。具体数值如表 8-5 所示。

表 8-5　类型属性返回值

类型属性	变量					标号	
	DB	DW	DD	DQ	DT	NEAR	FAR
返回值	1	2	4	8	10	−1	−2

对于标号，TYPE 运算符返回数值为 −1 或 −2，这个数值没有物理含义，只在程序中用作测试标号类型。

例 8-13 TYPE 运算符示例。

```
STRING1 DB 'ASSEMBLY'
NUM1 DW 2000H, 3000H
NUM2 DD NUM1
MOV AL, TYPE STRING1
```

```
MOV AH, TYPE NUM1
MOV BH, TYPE NUM2
```

上述指令经汇编后等效为：

```
MOV AL, 01H
MOV AH, 02H
MOV BH, 04H
```

(4) LENGTH 运算符

LENGTH 运算符仅出现在变量名前，返回以该变量为首地址的数组元素个数。如果变量是用重复数据操作符 DUP 定义的，运算后返回外层 DUP 给定的值；如果没有用 DUP 定义，返回值为 1。

例 8-14　LENGTH 运算符示例。

```
NUM1 DB 20H DUP(0)
NUM2 DB 10H, 11H, 12H, 13H
NUM3 DB 50H DUP(1, 2, 3, 4 DUP(0))


MOV AL, LENGTH NUM1        ;执行结果为 (AL)=20H
MOV AH, LENGTH NUM2        ;执行结果为 (AH)=01H
MOV BL, LENGTH NUM3        ;执行结果为 (BL)=50H
```

(5) SIZE 运算符

SIZE 运算符仅出现在变量名前，返回以该变量为首地址的数组元素所占的总字节数，其值等于 LENGTH 和 TYPE 运算符返回值的乘积。

例 8-15　SIZE 运算符示例。

```
NUM1 DB 20H DUP(0)
NUM2 DB 10H, 11H, 12H, 13H
NUM3 DB 50H DUP(1, 2, 3, 4 DUP(0))


MOV AL, SIZE NUM1          ;执行结果为 (AL)=20H
MOV AH, SIZE NUM2          ;执行结果为 (AH)=01H
MOV BL, SIZE NUM3          ;执行结果为 (BL)=50H
```

TYPE、LENGTH、SIZE 运算符在程序设计时，对于处理数组类型变量非常有用。

例 8-16　求数组 ARRAY 各元素的累加和，且从数组的最后一个元素开始向前累加。

```
ARRAY DW 30H DUP(2)
   ...
XOR AX,AX                          ;(AX)=0
MOV SI, OFFSET ARRAY               ;SI 指向数组数组首地址
ADD SI, SIZE ARRAY-TYPE ARRAY      ;SI 指向数组的最后一个元素
MOV CX, LENGTH ARRAY               ;CX 作为循环次数,存放元素个数
NEXT: ADD AX,[SI]                  ;数据项累加
SUB SI, TYPE ARRAY                 ;修改数据项指针
LOOP NEXT                          ;修改计数器并判断是否循环
```

本程序中 SI 用作数组的指针,从最后一个元素开始向前遍历整个数组,ADD AX,[SI] 指令完成数组的累加,CX 中存放数组个数,作为循环程序的计数器。

5. 属性运算符

属性运算符用来设定变量、标号或存储单元操作数的类型属性。

(1) PTR 运算符

在程序中有时需要对同一个变量、标号或存储单元操作数以不同的属性来访问,或对一些不确定的存储单元进行显式指定,这时可以使用 PTR 运算符。具体语法格式如下:

类型 PTR 地址表达式

PTR 运算符本身并不会按地址表达式去分配一个新的存储空间,只是用来给已分配的空间赋予另一种访问属性,该值可以为 BYTE、WORD、DWORD 或 NEAR、FAR。访问的类型只能在当前含有 PTR 运算符的语句中有效,因此是对类型属性的临时设置。

例 8-17　PTR 运算符示例。

```
DA_BYTE DB 30H DUP(0)
DA_WORD DW 30H DUP(0)
...
MOV AX, WORD PTR DA_BYTE
SUB BYTE PTR DA_WORD[10H], AL
INC WORD PTR [SI]
ADD WORD PTR [SI], 20H
JMP FAR PTR FLAG1
```

第一条与第二条指令临时修改了变量的类型属性,这样就和另一个操作数的类型相同,这才符合双操作数指令的两个操作数类型必须一致的要求。第三条指令是单操作指令,对于 SI 寄存器中存放的地址,既可以按字节访问,也可以按字访问,因此在指令中必须使用 PTR 运算符显式地设定访问类型。第四条指令中常数 20H 也可以看作 0020H,因此 SI 所指向的存储单元应该说明为按字节访问还是按字访问。第五条指令中 FLAG1 标号与本条指令不在同一段内,通过设定为 FAR 类型实现段间跳转。

(2) THIS 运算符

THIS 运算符通常与等值伪指令 EQU 连用,形成一个新的指定类型的变量或标号,指定类型与 PTR 运算符中的类型相同,可以是 BYTE、WORD、DWORD 或 NEAR、FAR,而新变量或新标号的段基址和偏移量与紧邻的下一个变量或标号一致。具体语法格式如下:

THIS 数据类型

例 8-18　用 THIS 运算符修改变量类型。

```
DATA_WORD EQU THIS WORD
DATA_BYTE DB 40H DUP(0)
```

通过 THIS 运算符,使得同一块存储空间具有了两个不同数据类型的变量名。在指令中可以根据实际需要选择不同的变量,如需要按字访问可以使用 DATA_WORD 变量名,需要按字节访问可以使用 DATA_BYTE 变量名。因此按字访问时就不限于上面提到的 PTR 运算符，如 MOV AX，WORD PTR DATA_BYTE，也可以使用 MOV AX，DATA_WORD 来访问了。

例 8-19　用 THIS 运算符修改标号类型。

```
JUM_FAR EQU THIS FAR
JUMP_NEAR: MOV AX, CX
```

使用 THIS 运算符还可以为同一程序建立两种类型的转移特性，即具有段内转移和段间转移特性。段内转移时使用 JUMP_NEAR 标号，段间转移时使用 JUM_FAR 标号。由于它们只是转移特性不一样，段基址和偏移量相同，因此可以保证跳转到同一段程序。

6. 分离运算符

分离运算符有两个：HIGH 和 LOW，分别用于分离运算对象的高字节和低字节。使用时的格式分别为：

HIGH 表达式
LOW 表达式

表达式要求必须是常量，如常数、汇编源程序时能确定的段或偏移量的地址表达式。

例 8-20　分离运算符在程序中的应用。

```
DATA SEGMENT
    ORG 10H
    CONST EQU 1020H
    DA1 DB 10H DUP(0)
    DA2 DW 20H DUP(0)
    ...
DATA ENDS
    ...
    MOV AH, HIGH CONST
    MOV AL, LOW CONST
    MOV BH, HIGH (OFFSET DA1)
    MOV BL, LOW(OFFSET DA2)
    MOV CH, HIGH(SEG DA1)
    MOV CL, LOW (SEG DA1)
```

假设 DATA 段的段基值是 3A10H，上述指令经汇编后等效为：

```
MOV AH, 10H
MOV AL, 20H
MOV BH, 00H
MOV BL, 20H
MOV CH, 3AH
MOV CL, 10H
```

HIGH、LOW 运算符不能对存储器操作数和寄存器内容进行分离。例如下面几条指令是错误的：

```
MOV AH, HIGH DA1
MOV AL, LOW DA2
MOV BH, HIGH AX
MOV CH, HIGH [SI]
```

7. 运算符的优先级

当在表达式中出现多个运算符时，汇编程序将按照优先级顺序从高到低进行运算。运算规则是：先执行优先级高的运算，如果优先级相同，则按照从左到右的顺序运算。需要改变优先级顺序时，可以用圆括号来实现，圆括号内的运算优先运行。具体优先级顺序如表 8-6 所示。

表 8-6 运算符优先级

优先级	运算符	优先级	运算符
（最高）1	圆括号、方括号、LENGTH、SIZE	6	+、-
2	PTR、OFFSET、SEG、TYPE、THIS	7	EQ、NE、LT、LE、GT、GE
3	HIGH、LOW	8	NOT
4	+、-（单目运算符）	9	AND
5	*、/、MOD、SHR、SHL	（最低）10	OR、XOR

例 8-21 运算符优先级示例。

```
NUM1= 0AH OR 05H AND 01H
NUM2= (0AH OR 05H) AND 01H
```

在汇编源程序时，汇编程序按照优先级高低进行运算，得到的值分别是：

```
NUM1= 0BH
NUM2= 01H
```

8.4 伪指令语句

伪指令语句又称作汇编指示语句，用于向汇编程序提供用户自定义的符号、数据的类型、数据空间的长度，以及目标程序的格式、存放位置等提示性信息，其作用是指示汇编程序如何进行汇编。

8.4.1 符号定义语句

在程序中，经常会使用一些常数或数值表达式，我们可以把它们直接写在指令中，但是当需要修改且程序中多次出现该数值时，需要对它们逐个进行修改，这会增加程序维护的工作量，而且容易遗忘该常数或数值表达式所代表的含义。

为了增强程序的可读性和维护性，汇编语言提供了符号定义语句，这样可以借助容易理解和记忆的符号来表示常数或数值表达式。一旦定义了符号名，在指令中就可以使用。

1. 等值语句

格式：

符号 EQU 表达式

功能：为常数、表达式或其他符号定义了一个符号名，等值语句在汇编时仅作为替代符号使用，不会产生任何目标代码，而且汇编程序不会给符号分配存储空间。

表达式可以是下面几种。

(1) 常数、数值表达式、字符串

例 8-22

```
MAX EQU 0FFH                    ;将数 0FFH 赋以 MAX 符号名
NUM EQU 20*5-12                 ;将数值表达式 20*5-12 赋以 NUM 符号名
MSG EQU 'HELLO WORLD!'          ;用 MSG 符号代表 HELLO WORLD!字符串
```

(2) 地址表达式

例 8-23

```
ADR1 EQU DS:[BP+10H]            ;将加段前缀的变值寻址赋以符号名 ADR1
ADR2 EQU [BP+10H]               ;将变值寻址赋以符号名 ADR2
DA_WORD EQU WORD PTR DA_BYTE    ;指令中的 DA_WORD 与 WORD PTR DA_BYTE 等价
```

(3) 变量、标号、段名、寄存器名、指令助记符

例 8-24

```
MOVE EQU MOV                    ;MOV 指令赋予了另一个符号名 MOVE
COUNTER EQU CX                  ;CX 寄存器赋予了一个称作 COUNTER 的符号名
COUNT EQU NUM1                  ;为变量名 NUM1 定义了一个别名 COUNT
SUB1 EQU PRO                    ;为标号 PRO 定义了一个别名 SUB1
```

注意：在同一源程序中，同一符号名不可以用 EQU 伪指令重复定义，例如：

```
NUM EQU 20H
NUM EQU 40H
```

NUM 重复被定义，因而出现语法错误。

2. 等号语句

格式：

符号=表达式

功能：为常数、表达式或其他符号定义了一个符号名，等号语句在汇编时仅作为替代符号使用，不会产生任何目标代码，而且汇编程序不会给符号分配存储空间。与 EQU 不同的是等号语句可以对已定义的符号重复定义，且以最后一次定义为准。

例 8-25

```
CONST=10H                       ;定义一个常数为 10H 的符号 CONST
NUM=20H                         ;定义一个常数为 20H 的符号 NUM
```

```
NUM=NUM+10H            ;重复定义符号 NUM,其值修改为 30H
COUNT=NUM              ;COUNT 是常数 NUM 的别名
```

3. 符号名定义语句

格式:

变量名或标号 LABEL 类型

功能:定义一个新的符号名,该符号名的段基址和偏移量与紧邻的下一个存储单元一致。
LABEL 伪指令语句可以与数据定义语句或指令语句配合使用,用于补充设置类型属性。
当与数据定义语句联合使用时,LABEL 语句中的符号就是一个新的变量名,类型可以选择为
BYTE、WORD 或 DWORD。当与指令语句联合使用时,LABEL 语句中的符号就是一个新的
标号,类型可以选择为 NEAR 或 FAR。LABEL 语句从功能上看类似于 EQU THIS 语句。

例 8-26 LABEL 语句与数据定义语句联合使用。

```
DA_BYTE LABEL BYTE
DA_WORD DW 50H DUP(0)
```

DA_WORD 和 DA_BYTE 指向同一个物理单元,只是 DA_WORD 变量可以按字进行
存取,而 DA_BYTE 是按字节进行存取。如指令 MOV AX,DA_WORD 和 MOV AL,DA_
BYTE、MOV AH,DA_BYTE+1 两条指令的运行结果是相同的,都把以 DA_WORD 为首
地址的存储空间的第一个字单元内容存入 AX 寄存器。

例 8-27 LABEL 语句与指令语句联合使用。

```
SUB1_FAR LABEL FAR
SUB1: XOR AX, AX
```

访问指令语句 XOR AX,AX,可以通过标号 SUB1_FAR 或 SUB1,两者具有相同的段
基址和偏移量,但是它们的类型属性不同。SUB1_FAR 的类型属性是 FAR,其他段的程序
要想跳转到该指令时,可以用 SUB1_FAR 作为程序的入口地址;SUB1 的类型属性是
NEAR,当前段内的程序要跳转到该指令时,可以使用 SUB1 作为程序的入口。

8.4.2 数据定义语句

数据定义语句用于设置常数、定义初始数据及分配存储单元。数据定义语句的基本格
式为:

变量 数据定义伪指令 表达式 1,表达式 2……

常用的数据定义伪指令主要有 DB、DW、DD、DQ 或 DT。
数据定义语句中的表达式通常可以包括下面几种情况。

1. 数值表达式

DB 伪指令用来定义字节型变量,表明其后的每个数据都按字节存放。DB 伪指令后可
以跟二进制数、十进制数和十六进制数。二进制数后用"B"表示,十进制数后用"D"表示,
"D"也可省略不写,十六进制数后用"H"表示。

DW 伪指令用来定义字变量,表明其后的每个数据都按字存放,其中数据的低 8 位存储在低地址单元中,高 8 位存储在高地址单元中。

DD 伪指令用来定义双字型变量,对其后的每个数据分配四个字节。其中数据也是按照低 8 位存储在低地址单元中,高 8 位存储在高地址单元中。

DQ 伪指令用来定义四字,即 64 位字长的数据,其后的每个数据占用 8 个字节。数据存储原则与上面的伪指令相同。

DT 伪指令用来定义十字节变量,其后的每个数据占用 10 个字节。数据存储原则与上面的伪指令相同。

例 8-28

```
DATA1 DB 10H              ;为变量 DATA1 分配一个字节,初始值为 10H
DATA2 DW 20 * 30          ;为变量 DATA2 分配一个字,初始值为 600
DATA3 DB 20H,21H,22H      ;以 DATA3 为首地址,分配了 3 个字节的空间,分别存放 20H,21H,22H
DATA4 DW 1020H, 1021H     ;以 DATA4 为首地址,分配了两个字的空间,存放字 1020H 与 1021H
DATA5 DD 1020A0B3H        ;以 DATA5 为首地址,定义了一个双字型变量,存放 1020A0B3H
```

2. 字符串表达式

数据定义语句可以定义字符串表达式。定义时用引号将字符串表达式中的字符串括起来(在汇编语言中不必区分单引号和双引号),各字符按 ASCII 码形式存放在相应的存储单元中。DB、DW 和 DD 伪指令都可以用于定义字符串,但在字符串表达式的表示方法和存储顺序上是有差异的。

使用 DB 伪指令定义字符串时,可以连续书写小于 255 个之内的字符,每个字符占用一个字节且按地址递增的顺序依次存放字符串的每一个字符。

使用 DW 伪指令定义字符串时,每一个字符串表达式只能由 1~2 个字符组成,每一个字符串占用两个字节存储单元。当表达式由两个字符组成时,前一个字符的 ASCII 码存放在高字节,后一个字符的 ASCII 码存放在低字节;如果表达式为一个字符时,高地址单元存放 00,低地址单元存放该字符的 ASCII 码。

使用 DD 伪指令定义字符串时,每一个字符串表达式也只能由 1~2 个字符组成。每一个字符串占用 4 个字节存储单元,其中低 1~2 个字节地址单元存放字符串中 1~2 个字符的 ASCII 码,高地址单元依次存放 00,直到占用 4 个字节为止,这与 DW 伪指令类似。

例 8-29 以下三个数据定义语句是等价的:

```
STRING1 DB 'ABCDEF'
STRING1 DB 'A', 'B', 'C', 'D', 'E', 'F'
STRING1 DB 41H, 42H, 43H, 44H, 45H, 46H
```

例 8-30

```
STRING1 DB 'HELLO'
STRING2 DW 'HE', 'LL', 'O'
STRING3 DD 'HE', 'LL', 'O'
```

本例分别用 DB、DW 和 DD 定义了一个字符串,但在存储器中的存储顺序不同,如

图 8-2 所示。可见，要想使得在存储空间中存放顺序相同，可以使用不同的伪指令，这需要调整字符串表达式顺序。如指令 STRING1 DB 'STRING'和指令 STRING1 DW 'TS','IR','GN'的结果是一致的。

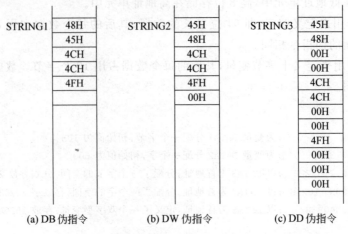

图 8-2 DB、DW 和 DD 伪指令定义字符串时的存储器情况

3. 变量名

在数据定义语句中，如果伪指令是 DW 或 DD 时，表达式字段可以使用变量名，这样，在 DW 和 DD 伪指令分配的存储单元中可以存放被引用变量名的地址属性：段基值和偏移量。两者的区别是：DW 伪指令只能用来存储变量的偏移地址；而 DD 伪指令可以存放偏移量和段基值，其中第一个字存放变量的偏移地址，第二个字存放变量所在的段基值。

例 8-31

```
DATA1 DW 1020H, 1021H
ADDRESS1 DW DATA1          ; ADDRESS1 单元中存放 DATA1 的偏移量
ADDRESS2 DD DATA1          ; ADDRESS1 单元中存放 DATA1 的偏移量和段基值
```

假设这段程序所在的段基值是：1A00H，DATA1 的偏移量是 10H，则存储情况如图 8-3 所示。

因此在数据定义语句中，使用 DW 或 DD 伪指令，通过在表达式字段引用变量名，可以方便地存放变量的地址，这在程序设计中非常有用。

4. ？表达式

在数据定义语句中，在表达式字段使用不带引号的？，可以表示分配相应数量的存储单元，留待以后赋值。在赋值前，该存储单元存放的内容是随机的。

地址	内容
1A010H	20H
1A011H	10H
1A012H	21H
1A013H	10H
1A014H	10H
1A015H	00H
1A016H	10H
1A017H	00H
1A018H	00H
1A019H	1AH

图 8-3 DW 和 DD 伪指令定义字符串时的存储器情况

例 8-32

```
DATA1 DB ?                 ; 预留 1 个字节的空间
```

```
DATA2 DW ?, ?                    ;预留 2 个字的空间
DATA3 DD ?                       ;预留 4 个字节的空间
DATA4 DQ ?                       ;预留 8 个字节的空间
DATA5 DT ?                       ;预留 10 个字节的空间
```

5. 带 DUP 的表达式

当需要定义一批相同的数据时,可以使用 DUP(Duplication)操作符,它能够方便地在一连续空间重复定义一组数据。具体格式如下:

变量 数据定义伪指令 表达式 1 DUP(表达式 2)

其中,数据定义伪指令可以是 DB、DW、DD、DQ 或 DT,表达式 1 是重复的次数,表达式 2 是待重复的内容。

例 8-33 定义一存储空间,连续存放 8 个 FFH。

可以使用下面的语句实现:

```
DATA1 DB 0FFH, 0FFH, 0FFH, 0FFH, 0FFH, 0FFH, 0FFH, 0FFH
DATA1 DW 0FFFFH, 0FFFFH, 0FFFFH, 0FFFFH
DATA1 DB 8 DUP (0FFH)
```

显然第三条指令更简单方便。

DUP 操作符可以嵌套使用,即待重复内容(表达式 2)也可以是一个带 DUP 的表达式。

例 8-34

```
DATA1 DB 10H DUP ('ABCD')
DATA2 DB 10H DUP(2 DUP ('AB'),?)
```

汇编后的存储情况如图 8-4 所示。

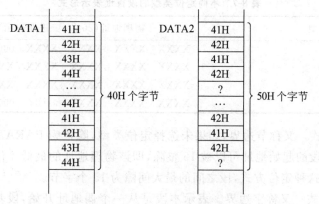

图 8-4 例 8-34 汇编后的存储器情况

第二条指令相当于 DATA2 DB 10H DUP('AB','AB',?),共分配 10H×5=50H 个字节单元。

8.4.3 段结构伪指令

Intel 8086/8088 汇编语言程序是按照段存放的,如例 8-3 所示。因此在编制源程序时需要按段的结构来构造程序,在程序执行时需要通过段寄存器访问程序的各个段。本节主要介绍如何构造以段为基础的程序以及如何对段寄存器赋值。

1. 段定义伪指令

如果在一个程序中设置一个段时,必须使用段定义伪指令,具体格式如下:

段名 SEGMENT [定位类型] [组合类型] [类别]
    语句体
段名 ENDS

伪指令 SEGMENT 表示段的开始,指出段名和段的各种特性,ENDS 表示段的结束。定义段时,SEGMENT 和 ENDS 成对使用,应具有相同的段名。定义一个段时,段名、定位类型、组合类型和类别的设定由程序设计者完成。

(1) 段名

每一个段必须设置段名,段名代表所定义段的段首址。段名必须是一个合法的标记符,由用户命名,通常选择与本段用途相关的名字,要避免与系统保留字一致。对于数据段、附加段和堆栈段而言,段内语句体一般是存储单元的定义、分配等伪指令语句;若是代码段则主要是指令及相关的伪指令语句。

(2) 定位类型

定位类型表示该段起始边界要求,连接程序按照定位类型的要求,安排各段在存储器中的衔接方式。它有 4 种可以选择的类型:PARA、BYTE、WORD 和 PAGE。这 4 种类型的段首址形式如表 8-7 所示。

表 8-7 不同定位类型的段首址表示形式

定 位 类 型	物理地址(20 位,二进制表示)
PARA	XXXX XXXX XXXX XXXX 0000B
WORD	XXXX XXXX XXXX XXXX XXX0B
BYTE	XXXX XXXX XXXX XXXX XXXXB
PAGE	XXXX XXXX XXXX 0000 0000B

① PARA 方式。又称节边界,如果未选择定位类型,隐含为 PARA。它表示本段从一个节的边界开始,段的起始地址可以被 16 整除,即该物理地址的最低 4 位二进制数为 0H,如 01120H。采用这种定位方式,段之间的最大间隙为 15 个字节。

② WORD 方式。又称字边界。表示本段是从一个偶地址开始,段基址的最低一位二进制数为 0,如 01122H、01124H。采用这种定位方式,段之间的最大间隙为 1 个字节。

③ BYTE 方式。又称字节边界。表示本段可以从任一个物理地址开始。段之间没有间隙。

④ PAGE 方式。又称页边界。表示本段的段基址从一个页的边界开始,页的大小是 256 字节。段基址一定可以被 256 整除,即地址的最低有效十六进制数为 00H,如 01100H。

采用这种定位方式,段之间的最大间隙为 255 个字节。

上述 4 种定位类型,从存储器的利用率来看,定位类型为 BYTE 时最高,为 PAGE 时最低。但从段主存储单元的偏移量的计算来看,PAGE 和 PARA 最简单,且段内第一个存储单元的偏移量为 0,这是因为段基址一定是从一个节的边界地址开始的。而采用 WORD 和 BYTE 方式时,段的起始单元不一定是一个节的边界单元,因而起始地址在段内的偏移量不为 0。在计算段内指令、变量和标号的偏移地址时应该加上这一段的偏移量,较为复杂,因而不常使用。

(3) 组合类型

组合类型定义了不同模块中同名段的组合方式,主要有以下 6 种。

① 不指定方式或隐含方式。定义段时如果不指明组合方式,该段与其他模块无连接关系,按照在源程序中的顺序依次在存储器中分配存储单元。

② PUBLIC 方式。该方式表明该段与其他模块中声明为 PUBLIC 方式的同名段从一个公用的段基址开始连续存放,所有偏移量重新调整为相对于新的段基址的偏移量。

③ COMMON 方式。该方式表明该段与其他模块中声明为 COMMON 方式的同名段共享相同的存储空间,共享存储空间的长度由同名段中最大的段确定。这些段具有相同的段基址,也称覆盖式连接。

④ STACK 方式。表明这个段是堆栈段,同 PUBLIC 方式一样,该段与其他模块中声明为 STACK 方式的同名段连接在一起形成一个公共堆栈段,SS 指向这一逻辑地址的首地址,SP 指向栈顶单元。

⑤ MEMORY 方式。这种方式表明在存储器中定位时该段应处于其他段之上。如果有多个段声明为 MEMORY,则第一个遇到的段按 MEMORY 方式处理,其余段按 COMMON 方式处理。

⑥ AT 数值表达式。表示用户可以直接设定段的起始地址,且该段的段基址在节边界上,如"AT 0112H",表明本段的起始单元物理地址是 01120H。这种方式不适用于代码段。

例 8-35

模块 1
```
DATA SEGMENT COMMON
VAR1 DB 100DUP(?)
DATA ENDS
CODE SEGMENT PUBLIC
...
CODE ENDS
```
模块 2
```
DATA SEGMENT COMMON
VAR1 DB 300DUP(?)
DATA ENDS
CODE SEGMENT PUBLIC
...
CODE ENDS
```

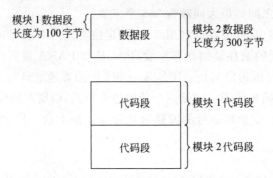

图 8-5 PUBLIC、COMMON 组合类型定义的模块在存储器中存放的情况

（4）类别

类别名可以由用户定义，但必须用单引号括起来。当连接程序组织段时，将类别名相同的段存放在连续的存储空间内，如果在组合类型中没有选择 PUBLIC、COMMON 或 MEMORY 时，类别名相同的段仍是各自独立的段。

段定义伪指令中的三个参数（定位类型、组合类型、类别）是可选项，可以只选择其中一个或两个参数项，但不能改变三个参数项的前后顺序，且各参数之间用空格分隔。

2. 段寻址伪指令

CPU 在访问存储器时，无论是取指令还是存取操作数，都需要按段来操作，即一定要有段寄存器存放段基值。取指令时要通过 CS 来存放代码段的段基值，堆栈操作时通过 SS 来存放堆栈段的段基值，存取操作数时则通过 DS 或 ES 来存放操作数所在段的段基值。由于 4 个段寄存器只能指向当前的段，即只有当前段内的存储单元才可以被访问。编程时必须设定哪些段是当前段，且分别由哪个寄存器指向，汇编程序汇编源程序时才能对每一条指令进行准确的汇编。我们可以借助段寻址伪指令 ASSUME 实现这个功能，该指令具体格式如下：

ASSUME 段寄存器：段名，段寄存器：段名，……

其中，段寄存器指 4 个段寄存器 CS、DS、SS 和 ES，段名是指用段定义伪指令 SEGMENT 定义的段名，可以同时指定多个段寄存器与段名的对应关系，段寄存器与段名间需用冒号隔开。

例 8-36　一个汇编源程序段的定义。

```
DATA_SEG1 SEGMENT
VAR1 DB 10H
DATA_SEG1 ENDS
DATA_SEG2 SEGMENT
VAR2 DB 20H
DATA_SEG2 ENDS
CODE_SEG SEGMENT
ASSUME CS:CODE_SEG, DS:DATA_SEG1, ES:DATA_SEG2
START:
```

```
        MOV AX, DATA_SEG1
        MOV DS, AX
        MOV AX, DATA_SEG2
        MOV ES, AX
        MOV AH, VAR1
        ADD AH, VAR2
        ...
CODE_SEG ENDS
END START
```

在上述程序中完成 VAR1 和 VAR2 变量相加的功能,变量 VAR1 是在 DATA_SEG1 段中定义的,VAR2 是在 DATA_SEG2 中定义的。ASSUME 伪指令表明,DATA_SEG1 是当前段,由 DS 指向,DATA_SEG2 也是当前段,由 ES 指向。汇编程序汇编时,会把 MOV AH,VAR1 和 ADD AH,VAR2 两条指令分别汇编成 MOV AH,DS:VAR1 和 ADD AH,ES:VAR2,即增加一个段前缀标记代码。

综上所述,要使用一个变量,必须确定变量所在段的段基值和偏移量。段基值由段寄存器来表示,如果在 ASSUME 伪指令中变量所在的段有对应的段寄存器,这个变量就可以有确定的访问地址,否则汇编时会出现语法错误。

在一个程序中一定要有 ASSUME 伪指令,用来确定段寄存器与段名的对应关系。同时,也可以根据操作数所在段的变化,随时修改段寄存器与段名的对应关系,甚至可以用关键字 NOTHING 取消以前所作的设置。例如:

```
ASSUME DS:NOTHING         ;取消对 DS 的设置
ASSUME NOTHING            ;取消全部段寄存器的设置
```

需要注意的是,ASSUME 伪指令语句不会产生目标代码,它只是指定某个段与哪一个段寄存器的对应关系,并不能把段基址装入段寄存器中。如果要把段基址装入段寄存器中,就必须在代码段中有相应的指令,如上面程序中,用两条 MOV 指令完成这一操作。由于段名在汇编后会以立即数的形式出现在操作数字段上,而立即数不能赋值给段寄存器,所以程序中先把段名赋值给通用寄存器 AX,再把 AX 的值赋给段寄存器。

对于堆栈段来说它是一个特殊的段,在程序设计时可以定义也可以不定义。作为一个完整的源程序最好是定义一个堆栈段,如果没有定义,连接程序生成执行文件时,会产生一条警告信息:WARNING xxxx:NO STACK SEGMENT(xxxx 为错误编号),但程序员可以不用理会它。操作系统在装入该执行程序时会自动为其指定一个 64K 字节的堆栈段。

在源程序中,可以采用下面两种方法定义堆栈段。

(1) 在用伪指令 SEGMENT 定义一个段时,将组合类型设置为 STACK,可表明该段是一个堆栈段。

例 8-37

```
STACK1 SEGMENT PARA STACK
        DW 40H DUP(?)
STACK1 ENDS
```

采用这种方式定义堆栈段,SS 寄存器会自动装入 STACK1 段的段基值,堆栈指针 SP

自动指向栈底+2单元。

(2) 如果组合类型没有设定为 STACK,该段不会设定为堆栈段,但是可以采用类似数据段和附加段装入 DS 和 ES 的方法,对 SS 和 SP 寄存器赋值。

例 8-38

```
STACK1 SEGMENT
        DW 40H (?)
TOP LABEL WORD
STACK1 ENDS
CODE SEGMENT
ASSUME SS:STACK1
        ...
    MOV AX, STACK1
    MOV SS, AX
    MOV SP, OFFSET TOP
CODE ENDS
```

其中前两条指令将 STACK1 的段基值赋值给 SS,第三条指令用来设置堆栈指针。

8.4.4 其他伪指令

1. 模块定义类伪指令

(1) 程序开始伪指令

格式:

NAME 模块名

汇编程序将模块名作为模块的名字,NAME 伪指令可以默认,默认时可以使用 TITLE 伪指令的操作数作为模块名。

(2) 标题伪指令

格式:

TITLE 标题

TITLE 伪指令给程序一个标题,用于在源程序列表的每一页上显示这个标题文本。文本内容可以由用户定义,但字符不能超过 80 个。

(3) 程序结束伪指令

任何一个源程序都必须使用结束伪指令 END 作为源程序的最后一个语句。具体格式如下:

END [标号]

伪指令 END 表示源程序到此为止,汇编程序对该语句之后的任何内容不再做处理。伪指令 END 后面可以附带一个在程序中已定义的标号,该标号指示程序从标号处语句开始执行,即目标程序在被装入主存时,该标号所属段基值和偏移量会自动装入 CS 和 IP 中。

(4) INCLUDE 伪指令

INCLUDE 伪指令可以把指定的文件插入到当前程序文件中,作为源程序的一部分。

具体格式为：

INCLUDE 文件名

INCLUDE 伪指令常用来插入一个宏文件，文件名可以包含驱动器、文件路径等。如：

INCLUDE MATHLIB.MAC
INCLUDE C:\MASN\MYFILE.ASM

（5）子程序定义伪指令

可以把具有独立功能的程序段定义为子程序，供其他程序调用。具体格式如下：

子程序名　PROC [类型]
　　　　　RET
子程序名　ENDP

子程序名由用户定义，不能省略。PROC 和 ENDP 前的子程序名使用同一名字，当需要调用时，使用"CALL 子程序名"这个语句就可以转入该子程序。子程序名与标号类似，它具有三个属性：段地址、偏移量和类型属性。在定义子程序时，应该指出子程序的类型，类型可以选择 NEAR 或 FAR 类型。如果没有选择类型属性，则隐含为 NEAR。具有 NEAR 类型属性的子程序，仅供子程序所在段内其他程序调用。如果希望子程序能够被段间的程序调用，可以设置类型为 FAR。

子程序返回时需要通过子程序返回指令 RET 实现。在一个子程序中，至少有一条 RET 指令，也可以允许有多个 RET 指令，这意味着子程序有多个出口返回调用程序。

2. 位置计数器类伪指令

汇编程序中有一个位置计数器，用于记载正在汇编的数据或指令存放在当前段内的偏移量，当前计数器内的值可以用符号 $ 表示。

（1）ORG 伪指令

ORG 伪指令可以用于设置位置计数器内的值。具体格式如下：

ORG　数值表达式

ORG 伪指令以表达式中的值作为位置计数器值，指示汇编程序从这个位置起生成目标代码。表达式的值在 0～65535 之间，且表达式中可以包含位置计数器 $ 的值。

例 8-39

```
DATA SEGMENT
     ORG 10H
DB1 DB 10H, 11H, 12H
     ORG $+10H
DW1 DW 2010H
DATA ENDS
```

第一个 ORG 语句使变量 DB1 在段内的偏移量设为 0010H。如果没有该语句，DB1 的偏移量为 0000H。第二个 ORG 语句表示下一个变量 DW1 偏移量是位置计数器当前值加上 10H，即在 12H 之后隔 10H 个单元开始存放 DW1 变量的值。

汇编程序汇编源程序时,对位置计数器当前值的修改分为两种情况。

① 数据定义语句

汇编数据定义语句时,每汇编完一个数据项修改一次位置计数器的值,即位置计数器的修改值是根据已经汇编完的数据项大小决定的。如果该数据是字节,位置计数器加1,字和双字分别加2和4。如果数据是用DUP定义的,位置计数器加上重复数据的总字节数。

例 8-40

```
DATA SEGMENT
DB1 DB 20H(?)
DB2 DB 01H, 02H, $+10H
DW1 DW $+20H
DATA ENDS
```

在该数据段中,DB1的偏移量为0,位置计数器中的值也为0。由于DB1采用DUP定义的,重复数据长度为20H个字节,则汇编完后,位置计数器中的值修改为20H,即DB2从20H开始存放数据,汇编完01H后,位置计数器修改为21H,汇编完02H后,位置计数器为22H,汇编完10H后,位置计数器修改为23H。在汇编DW1时,$=23H,汇编完$+20H后,位置计数器修改为25H(由于DW1是用DW定义的,修改时加2,23H字单元存放0043H)。

② 指令语句

汇编指令语句时,每汇编完一条指令修改一次位置计数器的值,即位置计数器的修改值是根据已经汇编完的指令大小决定的,而出现在指令中的$值取本条指令的首字节偏移量。

例 8-41

```
CODE SEGMENT
...
ORG 20H
MOV AX OFFSET $
MOV BX, AX
...
CODE ENDS
```

在该代码段中,第一条MOV指令的首字节偏移量为20H,因此该指令等效为:MOV AX,0020H。汇编完第一条指令后的位置计数器为23H,因为第一条指令的指令长度为3字节,同时第二条指令的首字节偏移量为23H。

(2) EVEN 伪指令

偶地址伪指令EVEN也可以用来修改位置计数器,即把位置计数器的值调整为偶数。

格式为:

```
EVEN
```

汇编程序在汇编语句时,如果位置计数器内的值为奇数,则在目标代码中该地址自动插入一条空操作指令NOP,即在当前奇地址中存入目标代码90H,同时位置计数器修改为偶数。如果位置计数器中已是偶数,汇编程序不作任何操作。设计EVEN指令的原因是由于程序中有大量的针对存储器进行的字操作,如果字单元存放在偶地址,可以提高存取速度。

3. 模块通讯类伪指令

一个复杂的程序可以分成若干个模块,每一个模块实现不同的功能,这样容易编写和调试,对于程序的维护和修改也十分方便。模块内数据段定义的变量、标号等其作用域只能在本模块中,其他模块不能访问这些标记符,而在实际程序中模块间需要大量信息的交互,因此需要借助模块通讯类伪指令来实现。

标记符通常分为两类:内部标记符和外部标记符。内部标记符也叫做局部标记符,是指在本模块中定义的变量或标号,对于一个单模块程序,所有标记符都为内部标记符。外部标记符又叫做全局标记符。对于一个模块来说,全局标记符不是在本模块内定义的,而是由另一个模块定义。定义一个模块时,如果需要访问其他模块的标记符或本模块标记符需被其他模块访问时,都需要用模块通讯类伪指令对它们进行声明。

(1) PUBLIC 伪指令

PUBLIC 伪指令指明本模块中定义的标记符可以被其他模块访问,即被其他模块看作外部标记符。具体格式为:

PUBLIC 符号1,符号2,…

这些符号可以是变量名、标号、类型属性为 FAR 的子程序名、常数名。标记符经过 PUBLIC 说明后即可被其他模块使用,但标记符必须在模块中作过定义才能用 PUBLIC 说明,否则汇编时会报错。

(2) EXTRN 伪指令

EXTRN 伪指令是另一条模块通讯类伪指令,与 PUBLIC 伪指令在不同模块中对应使用。该指令指明本模块要应用的标记符是在其他模块中定义,而且是用 PUBLIC 伪指令说明的。具体格式为:

EXTRN 符号1:类型,符号2:类型,…

格式中符号若是标号或子程序名,则类型可以选择 NEAR 或 FAR;如果是变量名,则类型可以为 BYTE、WORD 或 DWORD;如果是常数,则类型为 ABS。

例 8-42 两个模块通过 PUBLIC 与 EXTRN 伪指令完成通讯。

```
模块1
  PUBLIC NUM1, DA1, SUB1, LOP1
    DATA1 SEGMENT
    NUM1 EQU 1020H
    DA1 DB 10H
    …
    DATA1 ENDS
    …
    CODE1 SEGMENT
    …
    SUB1 PROC FAR
    …
```

```
        SUB1 ENDP
    LOP1: …
             …
       LOOP LOP1
    CODE1 ENDS
    模块 2
       EXTRN NUM1: ABS, DA1: BYTE
       EXTRN SUB1; FAR,LOP1: NEAR
       …
       CODE2 SEGMENT
          MOV AX, NUM1
          ADD AX, DA1
          …
          CALL SUB1
          …
          JUMP FAR PTR LOP1
          …
       CODE2 ENDS
```

本例中模块 1 的变量 NUM1、DA1,标号 SUB1、LOP1 需要被模块 2 访问,可以声明为 PUBLIC,而在模块 2 中需将它们声明为 EXTRN 才可以访问。

8.5 宏汇编技术

程序员在编写程序的过程中,经常会发现有一些代码需要被重复使用或只需要修改操作数就可以使用。如果每次出现都重复书写,这样不仅增大了出错的可能,还增大了程序的篇幅,从而影响程序的可读性。

汇编语言提供了宏汇编技术,通过宏定义,将一段重复使用的程序定义为宏指令。宏指令可以看作对指令系统的扩展,只不过这种指令是由程序员自己来定义的,宏指令汇编后的目标代码是若干条机器指令的组合。在程序中使用这段程序时,只需要调用对应的宏指令,就可以实现同样的功能。这将大大缩短源程序的篇幅,使程序结构更加清晰,提高程序的可读性。

8.5.1 宏定义

在使用宏之前必须定义宏,宏定义是由一组宏定义伪指令实现的,具体格式如下:

```
宏名    MACRO [形参 1,形参 2,…]
        …           ;宏体
        ENDM
```

宏名是宏定义中不可默认的部分,必须是一个合法的标记符,它也是在宏指令语句中引用宏体时使用的符号名。宏名可以和指令助记符相同,但是要使用指令助记符原来的功能,需要取消对宏名的定义。MACRO 和 ENDM 是两个必须成对出现的伪指令,分别表示宏定义的开始和结束。MACRO 和 ENDM 之间的部分是宏体,它是一段具有独立功能的程序。宏体中的语句由指令、伪指令或其他宏指令组成。在 MACRO 伪指令之后是形参,每个形参之间必须用逗号隔开,形参可以根据实际需要可有可无。

例 8-43 定义一个宏,实现将标志寄存器中的 OF 位置 1(无形参)。

```
SETOF MACRO
    PUSHF
    POP AX
    OR AX, 800H
    PUSH AX
    POPF
    ENDM
```

例 8-44 定义一个宏,实现两个存储单元的内容互换的功能(有形参)。

```
EXCHANGE MACRO MEM1, MEM2, REG
    MOV REG, MEM1
    XCHG REG, MEM2
    MOV MEM1, REG
    ENDM
```

8.5.2 宏调用

定义了宏之后,就可以在源程序中直接调用宏。宏调用的具体格式为:

宏名 [实参 1,实参 2,…]

宏名必须是已经定义过的宏指令。根据宏指令的定义,宏调用时实参可有可无。如果是无参数的宏定义,在宏调用时,只需要引用宏名。

对于带参数的宏定义,调用时有下面的要求:

(1) 实参可以是常数、寄存器、存储器单元以及寻址方式可以找到的各种地址或表达式。

(2) 对于多个实参,调用时排列顺序要与形参一致,且每个实参要与形参要求一致,如存储单元是字单元还是字节单元,寄存器是 8 位还是 16 位,参数是常数还是变量等。

(3) 实参的数目可以和形参的数目不一致。如果实参多于形参,多余的实参自动被略去;如果实参数少于形参,缺少的实参用空代替。

8.5.3 宏展开

当源程序被汇编时,汇编程序将对宏调用进行宏展开。宏展开就是用宏体取代源程序中的宏名,同时用实参取代宏定义中的形参。汇编程序汇编源代码后会产生一个 LST 文件(列表文件),可以看到在展开的指令前加上了"+"作为标识,说明这些指令是宏展开得到的。需要注意的是,宏展开时所得到的指令必须是一个有效的指令,否则,汇编时汇编程序会报错。

下面用几个例子说明宏定义、宏调用和宏展开。

例 8-45 定义一个宏指令,实现 AX 寄存器内容乘以 10 的功能(不带参数的宏定义)。

宏定义：

```
MULAX10 MACRO
        PUSH BX
        SAL AX, 1
        MOV BX, AX
        SAL AX, 1
        SAL AX, 1
        ADD AX, BX
        POP BX
        ENDM
```

宏调用：

MULAX10

汇编程序汇编 MULAX10，会将宏展开为：

```
+    PUSH BX
+    SAL AX, 1
+    MOV BX, AX
+    SAL AX, 1
+    SAL AX, 1
+    ADD AX, BX
+    POP BX
```

例 8-46 定义一个宏指令，使得通用寄存器实现逻辑左移 n 位的功能（带参数的宏定义）。

宏定义：

```
SHLN MACRO X, Y
     PUSH CX
     MOV CL, Y
     SHL X, CL
     POP CX
     ENDM
```

宏调用：

```
SHLN AX, 2
SHLN BX, 3
```

汇编程序汇编这两条指令时，会将宏展开为：

```
+    PUSH CX
+    MOV CL, 2
+    SHL AX, CL
+    POP CX
+    PUSH CX
+    MOV CL, 3
```

```
+       SHL BX, CL
+       POP CX
```

例 8-47 定义一个宏指令,使得通用寄存器实现逻辑左移和逻辑右移 n 位的功能(形参为操作码)。

宏定义:

```
SHLN MACRO OP, X, Y
     PUSH CX
     MOV CL, Y
     OP X, CL
     POP CX
     ENDM
```

宏调用:

```
SHLN SHL AX, 2
SHLN SHR BX, 3
```

汇编程序汇编这两条指令时,会将宏展开为:

```
+       PUSH CX
+       MOV CL, 2
+       SHL AX, CL
+       POP CX
+       PUSH CX
+       MOV CL, 3
+       SHR BX, CL
+       POP CX
```

8.5.4 与宏有关的伪指令

在宏定义时,为了满足某些特殊需要,汇编语言还提供了几个伪指令。

1. 取消宏定义伪指令 PURGE

在汇编语言宏定义程序中,可以取消已定义的宏。格式为:

```
PURGE 宏名 1, 宏名 2…
```

当需要取消多个宏时,中间用逗号隔开。PURGE 语句之后,如果再出现宏调用语句,汇编程序不会对宏指令展开,而且会报错。

2. 中止宏展开伪指令 EXITM

伪指令 EXITM 的一般格式如下:

```
EXITM
```

汇编程序在宏展开时,如果在宏体中遇到伪指令 EXITM,会立即中止对该指令之后的源程序进行展开。如果在嵌套的内层宏中遇到了该伪指令,则退出到宏嵌套的外层。

在一般情况下,伪指令 EXITM 与条件伪指令一起使用,以便在不同的条件下挑选出不同的语句。

3. 局部标号伪指令 LOCAL

在宏定义体中,如果存在标号,则该标号要用伪指令 LOCAL 说明为局部标号,否则,当在源程序中多次引用该宏时,汇编程序在进行宏扩展后将会产生多个相同的标号,这样就不能满足在同一程序中标号必须唯一的要求,因此会提示出错,产生标号重复定义的错误。

伪指令 LOCAL 的一般格式如下:

LOCAL 标号1,标号2,…

局部标号伪指令只用在宏定义中,而且必须是伪指令 MACRO 后的第一条语句,并且在 MACRO 和 LOCAL 之间也不允许有注释和分号标志。

汇编程序在每次进行宏扩展时,总是把由 LOCAL 说明的标号生成唯一的符号??XXXX,其中后四位顺序使用 0000~FFFF 的十六进制数,从而避免标号重定义的错误。

例 8-48 编写一个求绝对值的宏。

方法1:不采用 LOCAL 伪指令定义

```
GETABS MACRO VALUE
       CMP VALUE, 0
       JGE NEXT
       NEG VALUE
NEXT:
       ENDM
```

在程序中如果只引用 GETABS 宏指令一次,汇编时不会出错。如果对其有两次以上引用时,汇编程序会显示"标号重复定义"的错误信息。如对 GETABS 宏指令引用两次。

宏扩展后得到的程序片段为:

```
       GETABS AX
+      CMP AX, 0
+      JGE NEXT
+      NEG AX
+      NEXT:
       …
       GETABS AL
+      CMP  AL, 0
+      JGE  NEXT
+      NEG  AL
+      NEXT:
```

很明显,标号 NEXT 被定义了两次,同一程序中标号不唯一,汇编时会报错。

方法2:采用 LOCAL 伪指令定义

GETABS MACRO VALUE

```
        LOCAL NEXT
        CMP VALUE, 0
        JGE NEXT
        NEG VALUE
NEXT:
        ENDM
```

如果程序中引用 GETABS 伪指令两次时，汇编程序对它们进行宏扩展时所得到程序片段为：

```
        GETABS AX
+       CMP AX, 0
+       JGE NEXT
+       NEG AX
+       ??0000:
        ...
        GETABS AL
+       CMP AL, 0
+       JGE NEXT
+       NEG AL
+       ??0001:
```

由于采用了 LOCAL 伪指令，宏体内部的标号 NEXT 的两次引用分别用符号??0000 和??0001 代替。因此，汇编程序不会再显示"标号重复定义"的错误信息。

8.5.5 宏运算符

在宏定义和宏调用时，有几个具有特别用途的宏运算符。

1. 连接运算符 &

在宏定义中，可以在形参前或形参后使用连接运算符 &，起连接作用。宏展开时，与形参相对应的实参可与它前面或后面的符号连接在一起构成一个新的符号，这个符号可以是操作码、操作数、字符串。

例 8-49 定义一个宏指令 JUMP，根据形参不同，生成不同的转移指令。

宏定义：

```
JUMP MACRO CON, LAB
        J&CON LAB
ENDM
```

如果宏调用语句为：

```
JUMP S, SUB1
JUMP Z, SUB2
```

宏展开后得到下面的语句：

```
+       JS SUB1
+       JZ SUB2
```

例 8-50 定义一个宏指令 MESSAGE,根据形参不同,生成不同的字符串。

宏定义:

```
MESSAGE MACRO LAB, NUM, NAME
        LAB&NUM DB 'HELLO MR. &NAME'
        ENDM
```

宏调用:

```
MESSAGE MSG, 1, ZHANG
MESSAGE MSG, 2, WANG
MESSAGE MSG, 3, LI
```

宏展开后得到下面的语句:

```
+    MSG1 DB 'HELLO MR.ZHANG'
+    MSG2 DB 'HELLO MR.WANG'
+    MSG3 DB 'HELLO MR.LI'
```

2. 文本运算符<>

在宏调用时,有时实参由字符、空格等间隔符构成,为了保证实参的完整性,需要使用文本运算符<>。这时用它括起来的内容将可以作为一个完整的字符串来进行形参的替换。

例 8-51 定义一个宏,分别使用和不使用文本运算符<>进行调用。

宏定义:

```
MESSAGE1   MACRO VAR
           DB '&VAR&', 0DH, 0AH, '$'
           ENDM
```

宏调用:

```
MESSAGE1 <How are you>
MESSAGE1 How are you
```

宏展开后分别得到下面的语句:

```
+    DB 'How are you', 0DH, 0AH, '$'
+    DB 'How', 0DH, 0AH, '$'
```

3. 表达式运算符%

表达式运算符%指示汇编程序把其后面表达式的值当作实参进行替换,而不是该表达式本身。表达式运算符一般出现在宏调用中,不允许出现在形参前。

例 8-52 对比宏指令 MESSAGE1(例 8-51)中使用和不使用表达式运算符的宏调用及宏扩展。

宏调用:

```
MESSAGE1   %10+20-15
```

```
          MESSAGE1    10+20-15
```

宏展开后分别得到下面的语句：

```
+         DB '15', 0DH, 0AH, '$'          ;有%,其后的表达式先进行运算,再将结果作为实参。
+         DB '10+20-15', 0DH, 0AH, '$'    ;没有%,其后的表达式直接作为实参。
```

4. 字符转义运算符！

在进行宏调用时，如果实参中含有特殊字符，而又要把该字符当作普通字符来处理，就必须在该特殊字符前加上字符转义运算符"！"。如"！&"表示 & 不作为连接运算符使用，而是作为一个普通符号出现。

例 8-53 对比宏指令 MESSAGE1 中使用和不使用字符转义运算符的宏调用及宏扩展。

宏调用：

```
MESSAGE1< Input one number> 255>
MESSAGE1< Input one number!>255>
```

宏展开后分别得到下面的语句：

```
+         DB 'Input one number 255', 0DH, 0AH, '$'
+         DB 'Input one number>255', 0DH, 0AH, '$'
```

第二条宏调用中，实参中有"！＞"，汇编程序会把"＞"当作"大于号"来处理，而不是作为右括号。

8.5.6 宏嵌套

宏嵌套包括宏定义嵌套与宏调用嵌套，通过宏的嵌套可以简化宏的定义，扩充宏的功能。

1. 宏定义嵌套

在宏体中又包含了另一个已定义好的宏，称作宏定义嵌套。对于这种嵌套方式，只有先调用外层定义的宏，才能调用内层定义的宏。这是因为，只有外层的宏展开后，内层的宏定义才有效。

例 8-54 存储器中有三个变量 MEM1、MEM2、MEM3，采用宏定义嵌套方式定义一个宏，实现 MEM1 与 MEM2 进行算术逻辑运算后，存入 MEM3 的功能。

宏定义：

```
MEMOP MACRO OPNAME, OP
OPNAME MACRO MEM1, MEM2, MEM3
        PUSH AX
        MOV AX, MEM1
        OP AX, MEM2
        MOV MEM3, AX
        POP AX
        ENDM
        ENDM
```

如果要完成 MEM1－MEM2→MEM3 和 MEM1 AND MEM2→MEM3，调用语句为：

```
MEMOP MEMSUB, SUB
MEMOP MEMAND, AND
MEMSUB MEM1, MEM2, MEM3
MEMAND MEM1, MEM2, MEM3
```

调用时，先调用外层的宏，再调用内层的宏。宏展开后得到下面的语句：

```
+    MEMSUB MACRO MEM1, MEM2, MEM3
+        PUSH AX
+        MOV AX, MEM1
+        SUB AX, MEM2
+        MOV MEM3, AX
+        POP AX
+        ENDM

+    MEMAND MACRO MEM1, MEM2, MEM3
+        PUSH AX
+        MOV AX, MEM1
+        AND AX, MEM2
+        MOV MEM3, AX
+        POP AX
+        ENDM

+        PUSH AX
+        MOV AX, MEM1
+        SUB AX, MEM2
+        MOV MEM3, AX
+        POP AX

+        PUSH AX
+        MOV AX, MEM1
+        AND AX, MEM2
+        MOV MEM3, AX
+        POP AX
```

2. 宏调用嵌套

在宏体中又调用另一个已定义好的宏，这种宏定义方式在实际的编程过程时常会用到。被调用的宏必须已经被定义，否则汇编程序将会显示出错信息。这种嵌套方式可以简化宏定义，使定义的每一个宏功能单一、结构清晰。只要将几个单一的宏组织起来就可以形成一个功能复杂的宏。

例 8-55 存储器中有三个变量 MEM1、MEM2、MEM3，采用宏调用嵌套方式定义一个宏，实现 MEM1 与 MEM2 进行算术逻辑运算后存入 MEM3 的功能。

宏定义：

```
OPNAME MACRO OP, MEM1, MEM2, MEM3
        PUSH AX
        MOV AX, MEM1
        OP AX, MEM2
        MOV MEM3, AX
        POP AX
        ENDM
  MEMOP MACRO OP
        OPNAME OP, MEM1, MEM2, MEM3
        ENDM
```

如果要完成 MEM1-MEM2→MEM3 和 MEM1 AND MEM2→MEM3，调用语句为：

```
MEMOP SUB
MEMOP AND
```

宏展开后得到下面的语句：

```
+   OPNAME SUB, MEM1, MEM2, MEM3
+       PUSH AX
+       MOV AX, MEM1
+       SUB AX, MEM2
+       MOV MEM3, AX
+       POP AX

+   OPNAME AND, MEM1, MEM2, MEM3
+       PUSH AX
+       MOV AX, MEM1
+       AND AX, MEM2
+       MOV MEM3, AX
+       POP AX
```

8.5.7 宏与子程序的区别

　　宏和子程序都是为了简化源程序的编写，提高程序的可读性和可维护性。一般来说，子程序能实现的功能，用宏也可以实现。但是，宏与子程序有本质的区别，主要反映在调用方式上。从形式看，调用宏时是通过宏名来实现的，调用子程序是通过 CALL 指令加子程序名实现的。从本质上看，宏调用和子程序调用的工作方式也不同。两者工作方式如图 8-6 所示。

　　从图中可以看出，汇编程序对子程序的处理是：汇编后，目标代码中调用语句依然存在，子程序只在目标代码中出现一次，每一次调用都是跳转到子程序处执行。汇编程序对宏的处理是：汇编后，目标代码中不存在调用语句，而是用宏体替换源程序中的调用语句。

　　子程序是在执行阶段调用的。由于子程序只是占据自身大小的一块空间，调用时才跳

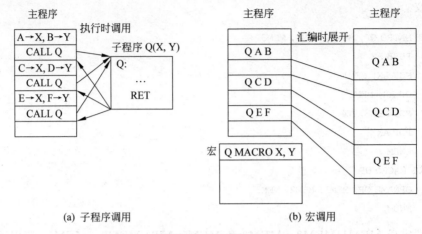

(a) 子程序调用　　　　　　　　(b) 宏调用

图 8-6　宏调用和子程序调用的工作方式

转过来,因此,采用子程序方式不仅源程序简化,而且目标代码也较短,但是子程序的调用和返回、寄存器的保存和恢复以及参数的传递都要增加程序的开销。

宏调用是在汇编时展开的,每调用一次就把宏体展开一次,因此采用宏的方式设计程序,源程序也简单明了;而且宏在执行时,不需要对它进行调用和返回,因此执行速度比子程序快。但目标代码长度与调用次数有关,调用次数越多,目标代码越长。如果宏调用较多时,需要考虑存储空间的开销。

因此,在程序设计时,如果程序不大,而速度是关键因素时,可以采用宏来设计。如果程序较大,存储空间是关键因素时,可以采用子程序来设计。

8.5.8 宏库的建立与使用

对于经常使用的宏指令,可以将它们以文件的形式存起来,形成一个宏库,这样就能够很方便地为更多的程序服务。宏库通常采用扩展名 MAC 或 INC 来表示。当在程序中需要调用宏库中的某些宏定义时,只需使用 INCLUDE 伪指令将其引入源程序中,然后按照宏指令的定义调用即可。伪指令 INCLUDE 的格式如下:

```
INCLUDE 宏名
```

INCLUDE 语句一般放在程序的首部,汇编程序汇编时先对宏库进行汇编,然后再汇编其后的程序。

例 8-56　建立一个宏库,库中包含输入字符串并显示字符串的功能,并利用该库编写字符串输入/输出程序。

建立宏库文件 IOMACRO.MAC:

```
INPUT MACRO X, Y          ;定义输入/输出宏指令
    MOV AH, X             ;将 DOS 功能号传给 AH 寄存器
    LEA DX, Y             ;将待显示的字符串地址传给 DX 寄存器
    INT 21H               ;DOS 功能调用
    ENDM
ENTER MACRO               ;定义回车换行宏指令
```

```
        MOV DL, 0DH              ;将回车符的 ASCII 码传给 DL 寄存器
        MOV AH, 2                ;将 DOS 功能号传给 AH 寄存器
        INT 21H                  ; DOS 功能调用
        MOV DL, 0AH              ;将换行符的 ASCII 码传给 DL 寄存器
        INT 21H                  ; DOS 功能调用
        ENDM
```

利用宏库文件进行程序设计:

```
INCLUDE IOMACRO.MAC
DATA SEGMENT
     STRING1 DB 'PLEASE INPUT ANY CHARACTERS:', '$'
     BUF DB 10H, 0, 10H DUP(0)
DATA ENDS
STACK SEGMENT PARA STACK
     DB 20H(?)
STACK ENDS
CODE SEGMENT
     ASSUME CS: CODE, DS: DATA
START: MOV AX, DATA
       MOV DS, AX
       INPUT 9, STRING1          ;显示字符串
       ENTER                     ;回车换行
       INPUT 10, BUF             ;输入字符串
       ENTER                     ;回车换行
       INPUT 9, BUF+2            ;显示输入字符串
       MOV AH, 4CH
       INT 21H
CODE  ENDS
       END START
```

8.6 重复汇编与条件汇编

8.6.1 重复汇编

在编写程序时,有时需要连续重复编写一组相同或几乎相同的指令或伪指令,这时可以使用重复汇编指令来达到简化程序编写的目的。重复汇编是在源程序汇编期间进行重复的汇编,而不是在执行期间执行重复操作。重复汇编指令有三个: REPT、IRP 和 IRPC。

1. 伪指令 REPT

伪指令 REPT 的作用是把一组语句重复指定的次数,其格式如下:

```
REPT   数值表达式
...    ;重复体
ENDM
```

其中，数值表达式确定需要重复的次数。REPT 与 ENDM 必须成对出现，重复体部分是由指令、伪指令及宏指令组成的指令序列。

例 8-57　定义一个数据空间，连续存放从 10 开始的 10 个偶数。

```
NUM= 10
REPT 10
      DB NUM
      NUM= NUM+ 2
ENDM
```

汇编程序汇编这段程序时，将其重复汇编 10 次，汇编后的代码为：

```
NUM= 10
DB NUM
NUM= NUM+ 2
DB NUM
NUM= NUM+ 2
…
DB NUM
NUM= NUM+ 2
```

其结果等价为：

DB 10, 12, 14, 16, 18, 20, 22, 24, 26, 28

例 8-58　将九九乘法表的数值存入一个连续的数据空间。

```
COL= 0
REPT 9
      COL= COL+ 1
      ROW= 0
      REPT 9
            ROW= ROW+ 1
            DB COL×ROW
      ENDM
ENDM
```

通过重复汇编指令的嵌套，内外重复体都重复 9 次，汇编后代码为：

DB 1, 2, 3, 4, 5, 6, 7, 8, 9
DB 2, 4, 6, 8, 10, 12, 14, 16,18
…
DB 9, 18, 27, 36, 45, 54, 63, 72, 81

2. 伪指令 IRP

伪指令 IRP 的作用是把一组语句重复若干次数，汇编时，依次从参数表中取出实参替换形参，重复汇编次数等于参数表中实参个数。其格式如下：

```
    IRP    形参,<实参1,实参2,…>
         …    ;重复体
    ENDM
```

IRP 与 ENDM 必须成对出现。实参必须用尖括号括起来,各实参之间用逗号隔开。汇编时,用一个实参代替形参。第一次用第一个实参,第二次用第二个实参,直到全部实参用完。如果实参为空,汇编程序将跳过 IRP 与 ENDM 间的语句。

例 8-59   将 0~9 的平方存入一个连续的数据空间。

```
IRP NUM,<0, 1, 2, 3, 4, 5,6, 7, 8, 9>
   DB NUM×NUM
ENDM
```

汇编后代码为:

```
DB 0, 1, 4, 9, 16, 25, 36, 49, 64, 81
```

例 8-60   定义一个宏指令,实现将通用寄存器内容相加。

```
ADDREG MACRO TEXT
       IRP REG, <TEXT>
            ADD AX, REG
       ENDM
       ENDM
```

对上述宏调用:

```
ADDREG <BX, CX, DX, SP, BP, SI, DI >
```

汇编时宏展开得到:

```
+    IRP REG, <BX, CX, DX, SP, BP, SI, DI>
+         ADD AX, REG
+    ENDM
+    ADD AX, BX
+    ADD AX, CX
+    ADD AX, DX
+    ADD AX, SP
+    ADD AX, BP
+    ADD AX, SI
+    ADD AX, DI
```

3. 伪指令 IRPC

伪指令 IRPC 的作用与 IRP 相似,不同的是 IRPC 后面的参数表是一个字符串。每次重复使用字符串中的一个字符替换形参,语句重复次数由字符串中的字符数来确定。其格式如下:

```
IRPC    形参,字符串
```

```
    ...             ;重复体
ENDM
```

例 8-61 定义一个宏指令,实现将通用寄存器 AX,BX,CX,DX 的内容相加。

```
ADDREG MACRO TEXT
    IRPC REG, TEXT
        ADD AX, REG&X
    ENDM
ENDM
```

对上述宏调用:

```
ADDREG BCD
```

汇编时宏展开得到:

```
+   IRPC REG, BCD
+       ADD AX, REG&X
+   ENDM
+   ADD AX, BX
+   ADD AX, CX
+   ADD AX, DX
```

8.6.2 条件汇编

条件汇编伪指令使汇编程序能够根据所给条件,确定是否将一段程序包括到目标程序中去。其格式如下:

```
IF×× 表达式
    ...             ;条件语句1
[ELSE]
    ...             ;条件语句2
ENDIF
```

IF××与 ENDIF 必须成对出现。IF 后面的"××"是给定的条件,如果条件成立,汇编程序将条件语句1汇编入源程序并生成相应的目标代码,否则将条件语句2汇编入源程序。ELSE 为可选,如果没有 ELSE,当条件成立时就汇编,否则跳过这部分条件语句。同重复汇编一样,条件汇编仅在汇编期间判断条件是否成立,并确定是否汇编,而不是在程序运行期间进行的。条件汇编伪指令可以出现在源程序的任何位置上,但主要用于宏定义中,并允许嵌套使用。

根据条件不同,可以有多种条件汇编伪指令。表 8-8 列出了各种条件汇编伪指令。

例 8-62 如果 HOUR 小于等于 12,则汇编条件语句1,否则汇编条件语句2。

```
IF HOUR LE 12
    CALL PROCESS1
ELSE
    CALL PROCESS2
ENDIF
```

表 8-8 条件汇编伪指令及其功能

伪 指 令	功 能
IF 表达式	如果表达式不为 0,条件为真
IFE 表达式	如果表达式为 0,条件为真
IFDEF 符号	如果符号在程序中有定义或被说明为 EXTRN,条件为真
IFNDEF 符号	如果符号在程序中无定义或被未说明为 EXTRN,条件为真
IFB <参数>	如果参数为空,条件为真
IFNB <参数>	如果参数不为空,条件为真
IFIDN <字符串 1>,<字符串 2>	如果字符串 1 和字符串 2 相同,条件为真
IFDIF <字符串 1>,<字符串 2>	如果字符串 1 和字符串 2 不相同,条件为真
IF1	如果汇编程序是第一次扫描,条件为真
IF2	如果汇编程序是第二次扫描,条件为真

通常情况下,表达式是两个数值的比较,若结果为真,则传回 0FFFFH,若结果为否,则传回 0。汇编程序会根据 0FFFFH 或 0 来汇编相应的程序片段。进行比较的两个数值必须在汇编阶段就能够确定数的大小,因此不可以使用寄存器或变量,而数据长度或地址都可以拿来作为比较。

例 8-63 根据变量 CALLFLAG 是否定义来确定子程序 GETMAX 为段内调用还是段间调用。

```
    IFDEF CALLFLAG
        GETMAX PROC FAR
    ELSE
        GETMAX PROC NEAR
    ENDIF
        …    ;GETMAX 子程序
    GETMAX ENDP
```

例 8-64 将通用寄存器 AX,BX,CX,DX 压入堆栈中。

```
PUSHREG MACRO STRING
        IRP REG, <STRING>
        IFNB <REG>
            PUSH REG
        ENDIF
        ENDM
        ENDM
```

对上述宏调用:

PUSHREG <AX, BX, CX, DX>

汇编时,将 IRP 伪指令后的参数依次取出,直到参数取完为止。参数是否取完用 IFNB 来检查,当还有参数未被取出时,IFNB 为真,汇编 PUSH REG;若不为真,则跳出宏。

习题

8.1 按要求写出相应的数据定义语句。

(1) 定义一个数组,类型为字节,其中存放"ABCDEFGH"。

(2) 定义一个字节区域,第一个字节为10,其后连续存放10个初值为0的连续字节。

(3) 将'byte'、'word'存在某一数据区。

8.2 设置一个位置从0B000H开始,名为DATA的数据段,段中定义一个具有100字节的数组,其类型属性既是字又是字节。

8.3 下述指令序列执行后,AX、BX、CX寄存器的内容分别是多少?

```
ORG   20H
VAR1  DB   20H DUP(0)
VAR2  DW   30H DUP(0)
VAR3  DW   12H DUP(4 DUP(2),30H)
      ...
MOV   AL,LENGTH VAR1
MOV   AH,SIZE VAR1
MOV   BL,LENGTH VAR2
MOV   BH,SIZE VAR2
MOV   CL,LENGTH VAR3
MOV   CH,SIZE VAR3
```

8.4 根据下面的程序回答问题。

```
DATA   SEGMENT
ORG    12H
DB1    DB   10H,23H
ORG    $+30H
VAR1   DW   $+8
DATA   ENDS
```

上述语句中变量DB1和VAR1的偏移量是多少?汇编后,变量VAR1字单元中的内容是多少?

8.5 在下述存储区中能构成0203H数据的字存储单元共有几个?

```
DB 4 DUP(2 DUP(3), 3 DUP(2))
```

8.6 写出以下数据段中各符号对应的值。

```
DATA SEGMENT
NUM1 EQU 10H
NUM2 EQU NUM1 MOD 10H
NUM3 DB (12 OR 6 AND 2) LE 0EH
NUM4 DB NUM1 DUP(?)
```

NUM5 DW NUM3
DATA ENDS

8.7 下述语句汇编后，两处 $ 值各为多少？为使 DA2 字存储单元中数据为 60H，空格处应为何值？

ORG 30H
NUM= _____
DA1 DW 10H, $+20H, 20H, $+30H
DA2 DW DA1+NUM+10H

8.8 已知：

DATA SEGMENT
    ORG 20H
  DA1 DB 12H, 34H, 56H, 78H
  DA2 DW 20H DUP(0AH,0BH)
DATA ENDS

分别说明下述语句的等效语句：
(1) MOV AX, OFFSET DA1
(2) MOV BX, OFFSET DA2
(3) MOV CL, LEGNTH DA1
(4) MOV CH, LEGNTH DA2
(5) MOV DL, SIZE DA1
(6) MOV DH, SIZE DA2

8.9 按要求写出程序框架。
(1) 数据段的位置从 0400H 开始定义一个 50 字节的数组，其类型属性既是字节又可以是字。
(2) 堆栈从节边界开始，指定 50H 字节单元为堆栈，并定义栈顶指针。

8.10 定义一个宏，实现将某一寄存器内容高 8 位与低 8 位互换。

8.11 定义一个宏，将通用寄存器内容压入堆栈。

第9章 分支程序设计

前面介绍了指令系统、各种伪指令以及汇编语言的一些语法规则。指令系统是编写汇编源程序的主要依据,各种伪指令是组织汇编源程序的一个必要条件,语法规则是进行程序设计必须遵守的准则。这些都是进行下一步汇编语言程序设计的基础。从本章开始,将在这个基础上,结合具体实例介绍汇编语言程序的基本结构和程序设计方法。

9.1 汇编语言程序设计概述

9.1.1 程序设计的步骤

一般来说,汇编语言程序设计的基本步骤如下。

(1) 分析问题,确定算法。首先分析要解决的问题,理出正确思路,在此基础上确定相应的算法。这一步对于整个程序设计来说非常关键,因为算法的好坏直接影响到程序的质量。切忌在实际开发中急于求成,不做分析就直接编程,这反而会影响开发效率。

(2) 画出程序流程。有了算法,就可以用程序流程的形式表示出来。在绘制流程时,应采用"自顶向下"的程序设计方法,对于复杂的算法要逐步细化,直到每一个流程都十分清晰为止。绘制一个好的流程图,不仅有利于后期的编程,也便于日后的纠错和维护,起到事半功倍的效果。

(3) 合理分配、正确使用存储器和寄存器。在程序中直接访问存储器和寄存器是汇编语言程序设计的特点之一。由于 CPU 内部的寄存器数目有限,在程序设计时要合理分配各寄存器的用途。大量的数据需要从存储单元或寄存器中存取,这就涉及各种各样的寻址方式,因此要遵循指令的格式,正确地使用存储器或寄存器。只有这样,才可以充分利用汇编语言的特点,编写出更直接、更有效地利用计算机硬件的程序。

(4) 编写程序。经检查并确认流程图正确后,就可以用汇编语言编写源程序了。流程图是算法的逻辑表示形式,只要熟练掌握汇编语言程序设计规则,很容易将算法转换成汇编语言的形式。

(5) 调试程序。编辑好的程序必须通过上机调试才能验证程序的正确性。利用汇编程序可以检查出程序的语法错误等。汇编通过后可以连接及运行,检查是否运行正确。如果不正确,需要重新检查程序,看是否在算法上有逻辑性的错误。经过反复调试和运行,最终得到正确的程序及运行结果。

9.1.2 程序流程图的画法

流程图是用一些图框来表示各种操作。美国国家标准化协会 ANSI 规定了一些常用的流程图符号,如图 9-1 所示。流程图中主要使用以下符号。

(1) 起止框:用于表示程序的开始和结束。

图 9-1 流程图常用符号

(2) 处理框：用一个矩形框表示，说明程序在执行过程中的主要操作。

(3) 判断框：用一个菱形框表示，框中为比较、判断的逻辑条件。根据条件成立与否，进行不同的处理。它有一个入口、一个出口。

(4) 输入/输出框：用于描述程序输入/输出操作。

(5) 连接点：用一个小圆圈表示，用于将不在一起的流程图连接起来，这样可以避免流程图过长或线路交叉。当有两个以上的连接点时，要在连接点旁标注，标注一致的连接点能够互相连接。

(6) 流程线：连接各框的有向线，用来指示各框的执行顺序。

用流程图表示算法直观形象，便于程序员后期编程。由于流程图是对算法的逻辑表示，不需要列出每一步的实现细节，这也使得程序员在此期间可以把更多精力投入到算法设计上，这有助于设计出优良的算法。

例 9-1　设在数据段中定义有三个变量 X、Y、Z，请利用算术移位指令编写程序，计算出下式的值（假设乘积的结果只有低 16 位有效）：

$$Z = 10 * (X+Y)$$

分析：由于题目要求采用算术移位指令进行编程，可以将 $10*(X+Y)$ 转换成 $2*(X+Y)+8*(X+Y)$，这样就可以利用移位指令进行运算。

程序及流程如下：

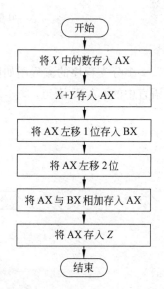

```
;设置数据段
DATA SEGMENT
    X DW 20H                ;变量 X
    Y DW 12H                ;变量 Y
    Z DW ?                  ;变量 Z
DATA ENDS
;设置堆栈段
STACK1 SEGMENT PARA STACK
    DB 10H DUP(0)
STACK1 ENDS
;设置代码段
CODE SEGMENT
ASSUME CS: CODE, DS:DATA
START: MOV AX, DATA
       MOV DS, AX
       MOV AX, X
       ADD AX, Y
       SAL AX, 1
```

```
            MOV BX, AX
            MOV CL, 2
            SAL AX, CL
            ADD AX, BX
            MOV Y, AX
            MOV AH, 4CH
            INT 21H
    CODE ENDS
            END START
```

9.2 分支程序的结构

在实际的程序设计中,许多问题不是简单的顺序结构,常需要根据计算过程中的不同情况,在不同的程序段间进行选择,这种结构的程序称为分支程序。分支程序在执行时,要对给定的条件进行判断,通常由条件转移指令实现这一功能,因此熟练运用条件转移指令是编写分支程序的关键。

分支程序通常有两种形式:两分支结构和多分支结构。这两种形式适用于根据不同的条件执行不同分支程序的场合,只是一个具有两种选择,一个具有两种以上选择。

两分支程序的流程图如图 9-2 所示,其中图(a)只有一个分支,也称单分支结构,满足条件时执行分支程序,不满足时不作处理,这相当于高级语言中的 IF…THEN 语句。图(b)有两个分支,称双分支结构,满足条件时执行分支程序 1,不满足时执行分支程序 2,这相当于高级语言中的 IF…THEN…ELSE 语句。

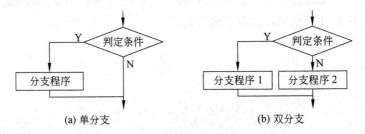

图 9-2 两分支结构

多分支程序的流程图如图 9-3 所示,根据满足的条件执行相应的分支程序,相当于高级语言中的 CASE 语句。

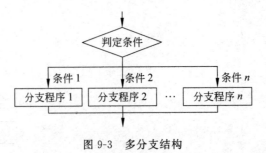

图 9-3 多分支结构

9.3 分支程序的设计方法

9.3.1 两分支程序设计方法

两分支程序是最简单的分支程序,其设计要点是:根据待处理的问题,进行某种比较或测试,根据运算所影响的标志位,选择相应的条件转移指令,以实现不同情况的条件转移。因此两分支程序设计包括:确定判断条件,并选择合适的标志位进行判断;选择转移指令;进行分支程序的设计。

例 9-2 编写一程序,比较 X、Y 两个无符号数的大小,如果 X 大于 Y,执行 $X-Y$ 的操作并存入 Z 中,否则将 X 存入 Z 中。

分析:本程序属于单分支程序结构,判断条件是比较两个数的大小,可以使用条件跳转指令 JBE。整个程序的流程如图 9-4 所示。

程序如下:

```
        DATA    SEGMENT
           X    DW      135AH
           Y    DW      204CH
           Z    DW      ?
        DATA    ENDS
        CODE    SEGMENT
                ASSUME  CS:CODE, DS:DATA
START:  MOV     AX, DATA
        MOV     DS, AX
        MOV     AX, X
        CMP     AX, Y            ;比较 X 和 Y
        JBE     NEXT             ;X≤Y,跳到 NEXT
        SUB     AX, Y            ;否则 X-Y
NEXT:   MOV     Z, AX
        MOV     AH, 4CH
        INT     21H
        CODE    ENDS
        END     START
```

例 9-3 编写一程序,判断 X 的符号位,如果为 0,显示"+",否则显示"-"。

分析:本程序属于双分支程序结构,如图 9-2(b)所示。当条件不满足时,顺序执行分支程序 2,由于程序是顺序书写的,分支程序 1 必然编写在分支程序 2 之后,因此在分支程序 2 中最后一定要有一条指令跳过分支程序 1。整个程序的流程如图 9-5 所示。

程序如下:

```
        DATA    SEGMENT
           X    DW      0F35AH
        DATA    ENDS
        CODE    SEGMENT
```

```
            ASSUME    CS:CODE, DS:DATA
    START:  MOV       AX, DATA
            MOV       DS, AX
            MOV       AX, X
            SHL       AX,1            ;将 AX 左移 1 位,符号位移入 CF
            JC        SUB1            ;CF=1,跳转到 SUB1
            MOV       DL, 2BH         ;CF=0,为正数,将"+"ASCII 码存入 DL
            JMP       SUB2            ;跳过另一个分支程序 SUB2
    SUB1:   MOV       DL,2DH          ;CF=1,为负数,将"-"ASCII 码存入 DL
    SUB2:   MOV       AH,2
            INT       21H             ;DOS 功能调用显示字符
            MOV       AH, 4CH
            INT       21H
    CODE    ENDS
            END       START
```

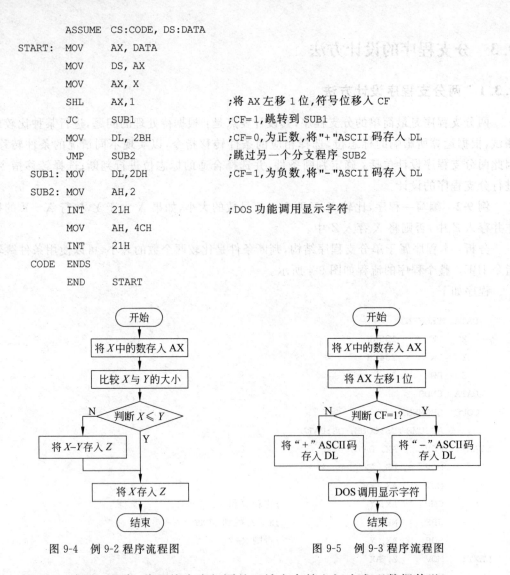

图 9-4 例 9-2 程序流程图　　　图 9-5 例 9-3 程序流程图

例 9-4 编写一程序,将两块大小相同的区域在存储空间内实现数据传送。

分析:实现两块存取区间数据传送,且存储空间大小相同,可以理解为将源存储空间的数赋值给目的空间。由于源与目的区间的不确定性,可以包括 4 种情况,如图 9-6 所示。这 4 种情况可以归纳为两类:存储空间不重叠和存储空间有重叠。对于存储空间不重叠的情况容易处理,而对于存储空间重叠的情况要认真分析,如果处理不当,会导致源区间的数还没有传完就丢失。对于图 9-6(c)的情况,可以采取从源区间的末端地址开始向低地址方向传送,可以避免源区间数据丢失。对于图 9-6(d)的情况,可以采取从源区间的首端地址开始向高地址方向传送,可以避免源区间数据丢失。

经过分析,可以采用双分支结构进行程序设计,判断条件为:比较源区间和目的区间首地址的大小,如果源区间首地址大于目的区间首地址,从源的首地址开始传送,否则从源的末地址开始传送。整个程序的流程图如图 9-7 所示。

实现程序如下:

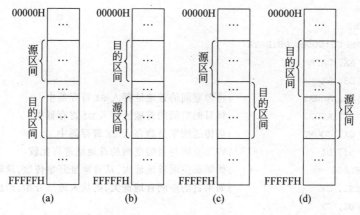

图 9-6 存储器之间数据传送可能存在的情况

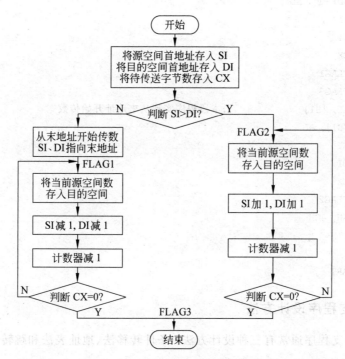

图 9-7 例 9-4 流程图

```
DATA SEGMENT
     ORG 20H
STRING1 DB 5 DUP('ASSEMBLE LANGUAGE IS USEFUL')
     ORG $+20H
 ADDR1 DW STRING1+10H            ;源空间首地址
 ADDR2 DW STRING1+2              ;目的空间首地址
 COUNT DW 10H                    ;待传送字节数
DATA ENDS
STACK1 SEGMENT PARA STACK
     DB 30H DUP(0)
```

```
        STACK1 ENDS
        CODE SEGMENT
                ASSUME CS:CODE, DS:DATA
        START:  MOV AX, DATA
                MOV DS, AX
                MOV SI, ADDR1       ;将源空间的首地址存入 SI 寄存器中
                MOV DI, ADDR2       ;将目的空间的首地址存入 DI 寄存器中
                MOV CX, COUNT       ;将传送的字节数存入 CX 寄存器中
                CMP SI, DI          ;将源空间与目的空间的首地址进行比较
                JA FLAG2            ;如果源空间首地址大,从首地址开始传数,跳转相应程序
                ADD SI, CX          ;如果目的空间首地址大,需从末地址开始,形成末地址
                ADD DI, CX
        FLAG1:  MOV AL, [SI-1]      ;本段程序实现从首地址开始传数
                MOV [DI-1], AL
                DEC SI
                DEC DI
                DEC CX
                JNE FLAG1
                JMP FLAG3
        FLAG2:  MOV AL, [SI]        ;本段程序实现从末地址开始传数
                MOV [DI], AL
                INC SI
                INC DI
                DEC CX
                JNE FLAG2
        FLAG3:  MOV AH, 4CH
                INT 21H
        CODE ENDS
                END START
```

9.3.2 多分支程序设计方法

对于多路分支程序通常有三种设计方法：条件转移法、地址表法和跳转表法。

1. 条件转移法

条件转移法与两分支程序采用的方法相同，即通过两路分支的嵌套，由多条转移指令组合实现，具体结构如图 9-8 所示。可以根据各分支运算所影响的标志位，选择相应的条件转移指令，以实现各分支的条件转移。

例 9-5 编写一程序，根据不同的 NUM 值，输出相应的字符串。

```
        DATA    SEGMENT
```

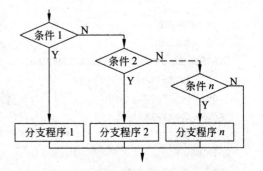

图 9-8 采用条件转移法的多分支程序结构图

```
        NUM      DB           5
        STRING1  DB           'HELLO WORLD! ', 0AH, 0DH, '$'
        STRING2  DB           'I LOVE THIS GAME', 0AH, 0DH, '$'
        STRING3  DB           'COMPUTER SCIENCE', 0AH, 0DH, '$'
        STRING4  DB           'ASSEMBLE LANGUAGE', 0AH, 0DH, '$'
        STRING5  DB           'COMPUTER ORGANIZATION', 0AH, 0DH, '$'
        DATA     ENDS
        STACK1   SEGMENT      PARA STACK
                 DW           20H DUP(0)
        STACK1   ENDS
        CODE     SEGMENT
                 ASSUME       CS: CODE, DS:DATA
        START:   MOV          AX, DATA
                 MOV          DS, AX
                 MOV          AL, NUM
                 CMP          AL, 1              ;条件 1 的判断
                 JZ           FLAG1              ;如果满足,跳转到 FLAG1 处
                 CMP          AL, 2              ;条件 2 的判断
                 JZ           FLAG2              ;如果满足,跳转到 FLAG2 处
                 CMP          AL, 3              ;条件 3 的判断
                 JZ           FLAG3              ;如果满足,跳转到 FLAG3 处
                 CMP          AL, 4              ;条件 4 的判断
                 JZ           FLAG4              ;如果满足,跳转到 FLAG4 处
                 CMP          AL, 5              ;条件 5 的判断
                 JZ           FLAG5              ;如果满足,跳转到 FLAG5 处
        FLAG1:   MOV          DX, OFFSET STRING1
                 JMP          SHOW
        FLAG2:   MOV          DX, OFFSET STRING2
                 JMP          SHOW
        FLAG3:   MOV          DX, OFFSET STRING3
                 JMP          SHOW
        FLAG4:   MOV          DX, OFFSET STRING4
                 JMP          SHOW
        FLAG5:   MOV          DX, OFFSET STRING5
                 JMP          SHOW
        SHOW:    MOV          AH, 09H
                 INT          21H
                 MOV          AH, 4CH
                 INT          21H
        CODE     ENDS
                 END          START
```

2. 地址表法

从例 9-5 可以看出,使用条件转移法时分支程序不宜过多。如果分支过多,一方面程序

会显得冗长,不易阅读;另一方面,进入各分支的等待时间不一致,若要进入最后一个分支,需要等待前面所有的条件不成立时才能进入,这对于要求各分支程序等待时间相同且执行时间要短的场合就不太适宜。为了解决这些问题,可以采用地址表法。

地址表法是在定义数据段时利用 DW 伪指令构造一个地址表,即相当于在存储器中开辟一连续空间,存放各个分支的转移地址。在程序中,可以通过给定的参数,找到参数对应程序的入口地址,就可以实现多路分支程序。如果要在段间实现多路分支程序,也可以通过在地址表中存放段基值和偏移量实现。

例 9-6 利用地址表法编写程序,根据不同的 NUM 值,输出相应的字符串。

分析:在数据段中定义地址表,表中存放各分支程序的入口地址。程序可以根据指定的参数,在地址表中找到对应程序的入口地址,以实现多路转移。由于每个入口地址占用两个字节,所以某一参数对应的入口地址表达式为:

入口地址 = 地址表首地址 +(参数 − 1)× 2

ADDRTAB 为地址表的首地址,多分支程序入口地址表如图 9-9 所示。

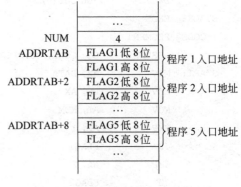

图 9-9 例 9-6 入口地址表

实现程序如下:

```
        DATA    SEGMENT
        NUM     DB      4
        ADDRTAB DW      FLAG1, FLAG2, FLAG3, FLAG4, FLAG5
        STRING1 DB      'HELLO WORLD!', 0AH, 0DH, '$'
        STRING2 DB      'I LOVE THIS GAME', 0AH, 0DH, '$'
        STRING3 DB      'COMPUTER SCIENCE', 0AH, 0DH, '$'
        STRING4 DB      'ASSEMBLE LANGUAGE', 0AH, 0DH, '$'
        STRING5 DB      'COMPUTER ORGANIZATION', 0AH, 0DH, '$'
        DATA    ENDS
        STACK1  SEGMENT PARA STACK
                DW      20H DUP(0)
        STACK1  ENDS
        CODE    SEGMENT
                ASSUME  CS: CODE, DS:DATA
        START:  MOV     AX, DATA
                MOV     DS, AX
                MOV     AH,0
                MOV     AL, NUM
                DEC     AL
                SHL     AL,1
                MOV     SI, AX
                MOV     BX, ADDRTAB[SI]     ;取转移的入口地址
                JMP     BX                  ;跳转到对应的分支处理程序
        FLAG1:  MOV     DX, OFFSET STRING1
```

```
            JMP        SHOW
FLAG2:      MOV        DX, OFFSET STRING2
            JMP        SHOW
FLAG3:      MOV        DX, OFFSET STRING3
            JMP        SHOW
FLAG4:      MOV        DX, OFFSET STRING4
            JMP        SHOW
FLAG5:      MOV        DX, OFFSET STRING5
            JMP        SHOW
SHOW:       MOV        AH, 09H
            INT        21H
            MOV        AH, 4CH
            INT        21H
CODE        ENDS
            END        START
```

3. 跳转表法

跳转表法与地址表法不同之处在于,跳转表的构造是在代码段中定义的,表中依次存放的是各分支程序的转移指令,而不是入口地址。当进行多分支条件判断时,用参数对应的偏移量加上表首址作为转移地址,跳转到表中相应的位置,继续执行该地址处存放的一条无条件转移指令后,跳转到对应的分支程序处,从而达到实现多分支程序的目的。

例 9-7 利用跳转表法编写程序,根据不同的 NUM 值,输出相应的字符串。

分析:与例 9-6 不同,跳转表中存放的是无条件转移指令,如图 9-10 所示。实现分支转移时,应该在参数对应的位置上存放相应无条件转移指令,就可以保证跳转到对应的程序上,因此要正确计算无条件转移指令在跳转表中的位置,由于每条 JMP 指令占据三个字节,各分支程序对应的跳转指令地址为:

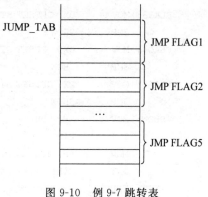

图 9-10 例 9-7 跳转表

$$无条件转移指令地址 = 跳转表首地址 + (参数 - 1) \times 3$$

实现程序如下:

```
    DATA      SEGMENT
    NUM       DB         2
    STRING1   DB         'HELLO WORLD! ', 0AH, 0DH, '$'
    STRING2   DB         'I LOVE THIS GAME', 0AH, 0DH, '$'
    STRING3   DB         'COMPUTER SCIENCE', 0AH, 0DH, '$'
    STRING4   DB         'ASSEMBLE LANGUAGE', 0AH, 0DH, '$'
    STRING5   DB         'COMPUTER ORGANIZATION', 0AH, 0DH, '$'
    DATA      ENDS
    STACK1    SEGMENT    PARA STACK
              DW         20H DUP(0)
```

```
        STACK1  ENDS
           CODE  SEGMENT
                ASSUME    CS: CODE, DS:DATA
        START:  MOV       AX, DATA
                MOV       DS, AX
                MOV       AH, 0
                MOV       AL, NUM
                DEC       AL
                MOV       BL, AL
                SHL       AL, 1
                ADD       AL, BL
                ADD       AX, OFFSET JUMP_TAB
                JMP       AX
        JUMP_TAB: JMP     FLAG1
                  JMP     FLAG2
                  JMP     FLAG3
                  JMP     FLAG4
                  JMP     FLAG5
        FLAG1:  MOV       DX, OFFSET STRING1
                JMP       SHOW
        FLAG2:  MOV       DX, OFFSET STRING2
                JMP       SHOW
        FLAG3:  MOV       DX, OFFSET STRING3
                JMP       SHOW
        FLAG4:  MOV       DX, OFFSET STRING4
                JMP       SHOW
        FLAG5:  MOV       DX, OFFSET STRING5
                JMP       SHOW
        SHOW:   MOV       AH, 09H
                INT       21H
                MOV       AH, 4CH
                INT       21H
           CODE  ENDS
                END       START
```

习题

9.1 说明实现分支程序的方法有哪些。

9.2 从键盘输入 0～9 中的任意数，如果输入的字符在这个范围内，计算它的立方值，反之显示输入错误信息。

9.3 编写程序，将一给定的数组中的数按正数和负数分别存入不同的数组中。

9.4 编写一程序，比较两个字符串所含字符是否相等，如果相等，AX 中存入 1，反之存入 0。

9.5 编写程序，输入学生成绩（百分制），按优、良、中、差，将成绩分别存入 4 个数组中。

第 10 章 循环程序设计

在实际问题中,往往含有大量有规律的重复计算,对于这些需要重复执行的操作,可以采用循环结构实现,这样不仅可以大大缩减程序篇幅,还可以提高程序设计的效率。本章主要介绍循环程序的基本结构、控制条件及设计方法。

10.1 循环程序基本结构

循环程序是以循环方式为主体的程序或程序段,主要通过循环控制方法将要重复执行的若干指令构成一个重复执行的程序体。循环程序一般由 5 个部分组成,其结构形式如图 10-1 所示。

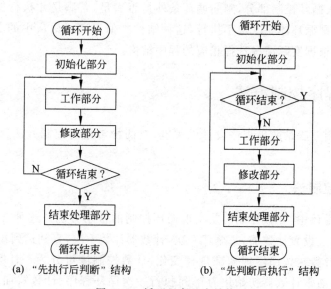

图 10-1 循环程序基本结构

这 5 个部分包括:

(1) 初始化部分

这是循环程序的准备阶段,如建立地址指针、设置循环次数、必要的数据保护以及循环体正常工作所需的一些参数的设置。

(2) 工作部分

这是循环程序在循环体内完成具体操作或运算的主要部分,对于不同的程序要求,这一部分差别很大。从程序结构来看,这一部分可以是顺序结构也可以是循环结构。如果是顺序结构,整个循环程序就是一个单循环结构;如果是循环结构,则整个循环程序可以看做双重循环结构。

(3) 修改部分

设计循环程序的目的就是为了多次执行某段程序,修改部分就是为执行下一次循环的必要条件,修改部分主要包括修改计数器或某些地址指针的值,通常这些参数都有一定的变化规律。

(4) 控制部分

控制部分是整个循环程序的关键,根据循环所给定的条件,判断循环是否结束,从而完成对整个循环程序的控制。控制部分的设计要保证循环次数不能多也不能少,更不能出现死循环。

(5) 结束处理部分

循环程序结束后需要做一些后续处理,如有的程序结束循环有多种情况,有时需要根据结束的情况进行不同的处理,这时需要进行结束处理。根据循环程序的要求,这一部分可以有也可以没有。

图 10-1(a)为"先执行后判断"结构,即先进入循环程序执行一次循环体程序,然后再判断循环是否结束,这类似于高级语言中的 DO…WHILE 型结构。图 10-1(b)为"先判断后执行"结构,即先进入循环控制部分,判断循环条件是否满足,若满足才执行循环,若循环条件一开始就不满足,则循环体一次也不执行,这种结构类似于高级语言中的 WHILE 型结构。在实际设计时,要根据实际情况选择相应的程序结构。

10.2 循环程序控制方法

循环程序控制方法是循环程序设计的关键,有两种常用的控制方法:计数控制法和条件控制法。

10.2.1 计数控制法

在循环程序设计中,计数控制法是实现循环控制的常用方法。这种方法适用于循环次数已知的情况,通过设置计数器,每循环一次,计数器计数一次,直到达到预定值,循环结束。

根据计数器计数时按递增或递减规律变化,计数控制法可分为正计数法和倒计数法。采用正计数法时,通常计数器初始化为 0,每执行一次循环程序,计数器加 1,然后与规定的循环次数比较,如果不相等继续循环,否则结束循环。采用倒计数法时,需要将计数器初值设置为循环次数,每循环一次,计数器减 1,然后与 0 比较,如果不相等继续循环,否则结束循环。

计数器可以选择寄存器,也可以选择存储器。如果控制方法采用倒计数法,且计数器为 CX,控制部分可以选择 LOOP、LOOPE 或 LOOPNE 指令。其他情况时,循环程序的修改部分可以选择 DEC 或 INC 指令,控制部分可以选择条件转移指令。

例 10-1 用正计数法,计算数组 ARRAY 所有单元的和。

```
    DATA    SEGMENT
    ARRAY   DB      1,2,3,4,5,6,7,8,9,10
    COUNT   EQU     $-ARRAY
    SUM     DW      ?
```

```
        DATA    ENDS
STACK1  SEGMENT   PARA STACK
        DW        20H DUP(0)
STACK1  ENDS
CODE    SEGMENT
        ASSUME    CS: CODE, DS:DATA
START:  MOV       AX, DATA
        MOV       DS, AX
        XOR       AX,AX              ;AX 寄存器清 0,累加用
        MOV       CX,0               ;计数器 CX 清 0
        MOV       SI,0               ;数组指针清 0
NEXT:   ADD       AL,ARRAY[SI]       ;数组累加
        INC       SI                 ;数组指针后移
        INC       CX                 ;计数器加 1
        CMP       CX,COUNT           ;计数器值与循环次数比较
        JL        NEXT               ;如果小于,继续循环
        MOV       BYTE PTR SUM,AL    ;将累计和存入变量
        MOV       AH, 4CH
        INT       21H
CODE    ENDS
        END       START
```

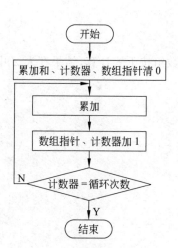

图 10-2 例 10-1 流程图

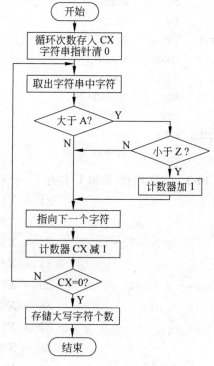

图 10-3 例 10-2 流程图

例 10-2 用倒计数法,统计字符串 STRING 中大写字母的个数。

```
        DATA    SEGMENT
      STRING    DB       'The CPU is the brains of the computer'
       COUNT    EQU      $-STRING
         SUM    DW       ?
        DATA    ENDS
      STACK1    SEGMENT  PARA STACK
                DW       20H DUP(0)
      STACK1    ENDS
        CODE    SEGMENT
                ASSUME   CS:CODE, DS:DATA
      START:    MOV      AX, DATA
                MOV      DS, AX
                XOR      AX,AX
                MOV      CX,COUNT         ;将循环次数存入 CX
                MOV      SI,0             ;字符串指针清 0
      AGAIN:    MOV      BL,STRING[SI]    ;取字符串中字符
                CMP      BL,'A'           ;比较字符与 A 的 ASCII 码
                JB       NEXT             ;如果小于,跳转
                CMP      BL,'Z'           ;比较字符与 Z 的 ASCII 码
                JA       NEXT             ;如果大于,跳转
                INC      AX               ;是大写字母,个数加 1
       NEXT:    INC      SI               ;指向下一个字符
                LOOP     AGAIN            ;如果小于循环次数,继续循环
                MOV      SUM,AX
                MOV      AH, 4CH
                INT      21H
        CODE    ENDS
                END      START
```

例 10-3 已知数组 X 和 Y 各有 10 个元素,将两个数组按下式计算,结果存入 Z 中。

$$Z_1 = X_1 \text{ AND } Y_1$$
$$Z_2 = X_2 \text{ XOR } Y_2$$
$$Z_3 = X_3 \text{ XOR } Y_3$$
$$Z_4 = X_4 \text{ AND } Y_4$$
$$Z_5 = X_5 \text{ XOR } Y_5$$
$$Z_6 = X_6 \text{ AND } Y_6$$
$$Z_7 = X_7 \text{ XOR } Y_7$$
$$Z_8 = X_8 \text{ AND } Y_8$$
$$Z_9 = X_9 \text{ XOR } Y_9$$
$$Z_{10} = X_{10} \text{ XOR } Y_{10}$$

分析:本例要求实现数组单元间的运算,由于次数已知,可以采用计数控制法进行循环程序

设计。尽管运算只有两种：与和异或，但是可以看出每次运算无规律可言。为了区别每一次的运算，可以设立一个标志位来记录，如用 0 表示与操作，用 1 表示或操作。在进入循环后，根据标志位就可以判断要作何种运算。本例中共作 10 次运算，可以在存储器中声明一个字形的变量来存储这些标志，类似这样的存储单元，称之为逻辑尺。读者可参考流程图（图 10-4(a)）编写代码。

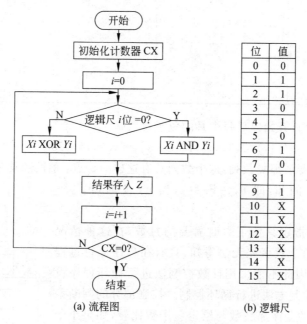

(a) 流程图   (b) 逻辑尺

图 10-4　例 10-3 流程图与逻辑尺

这种在程序中设置逻辑尺的方法很实用，如在矩阵运算中，为了跳过操作数为 0 的计数，可以采用这种方法。又如，把一组数据存入存储器时，如果 0 元素较多，为了节省存储空间，可以设置一个逻辑尺，逻辑尺的每一位代表数组的下标，若某一单元为 0，则在逻辑尺中对应的位为 0，这样下来，大量 0 元素的单元就可以缩减到只有逻辑尺长度大小的空间。

10.2.2　条件控制法

在有些情况下，循环次数事先无法确定，但它与求解问题的某些条件有关，这时可以采用条件控制法来控制程序。这些条件可以通过指令来测试，如果测试的结果满足循环条件，则继续执行，否则结束循环。

例 10-4　编写程序，求解兔子繁殖问题，计算给出到指定只兔子数时需要多少个月。

分析：兔子繁殖问题是意大利数学家斐波那契提出的。在研究兔子的生长、繁殖的规律后，他做了如下的假设：

(1) 新出生的小兔子在一个月的时间里发育为成年兔子；
(2) 每对成年兔子每月繁殖一对小兔子(雌雄一对)；
(3) 兔子没有死亡发生。

用如下的表格表示前 10 个月每个月初兔子的数量：

时间（月）	初生兔子（对）	成熟兔子（对）	兔子总数（对）
1	1	0	1
2	0	1	1
3	1	1	2
4	1	2	3
5	2	3	5
6	3	5	8
7	5	8	13
8	8	13	21
9	13	21	34
10	21	34	55

由此可知,从第一个月开始以后每个月的兔子总数是：

$$1,1,2,3,5,8,13,21,34,55,89,144,233\cdots$$

这就是著名的斐波那契数列,这个数列具有这样的特点：前两项均为1,从第三项起,每一项都是其前两项的和,即 $F_0 = F_1 = 1$,当 $n > 1$ 时,$F_{n+2} = F_{n+1} + F_n$。

如果要计算到指定只兔子数时需要的月数,在这种情况下,由于产生的数据个数事先无法得知,只有在程序运行过程中才可以计算出。因此不能采用计数控制法进行循环程序设计,可以改用条件控制方法进行循环控制。控制部分的判断条件是：将每次产生的斐波那契数与给定兔子数比较,如果小于给定数,继续产生下一个斐波那契数,如果大于或等于给定数,就中止循环,这时产生的斐波那契数的个数就是实际需要的月数。

实现程序如下：

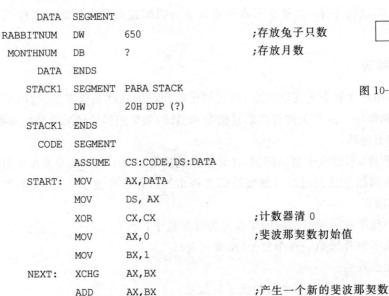

图 10-5 例 10-4 流程图

```
        DATA    SEGMENT
RABBITNUM   DW      650             ;存放兔子只数
MONTHNUM    DB      ?               ;存放月数
        DATA    ENDS
        STACK1  SEGMENT PARA STACK
                DW      20H DUP (?)
        STACK1  ENDS
        CODE    SEGMENT
                ASSUME  CS:CODE,DS:DATA
START:  MOV     AX,DATA
        MOV     DS,AX
        XOR     CX,CX           ;计数器清 0
        MOV     AX,0            ;斐波那契数初始值
        MOV     BX,1
NEXT:   XCHG    AX,BX
        ADD     AX,BX           ;产生一个新的斐波那契数
```

```
                INC     CL                      ;计数器加1
                CMP     AX,RABBITNUM            ;比较产生的新数与给定数
                JAE     RESULT                  ;如果大于或等于,结束
                JMP     NEXT                    ;小于,继续循环
        RESULT: MOV     MONTHNUM,CL
                MOV     AH,4CH
                INT     21H
        CODE    ENDS
                END     START
```

10.3 多重循环程序设计

前面介绍的几个程序都是单循环程序,通过循环控制使得较短的一段程序能够实现大量的、有规律的重复运算与操作。但是对于某些实际问题,有时采用单循环程序结构无法解决。例如一些多维问题的求解,就需要采用多重循环程序结构。多重循环程序设计的基本方法和单循环程序设计方法基本相同。在编制多重循环程序时,要分清内外循环各完成的功能是什么,根据内外循环中有规律变化的参数,确定各循环的控制条件及其程序实现,相互之间不能混淆。

在进行多重循环程序设计时,要注意以下几点:

(1) 内循环必须完整地包含在外循环内,两者不可以相互交叉。

(2) 当从外循环再次进入内循环时,内循环的初始条件要重新设置。

(3) 一个外循环中可以包含多个内循环,这些内循环可以嵌套,也可以并列存在。

(4) 当内外循环都采用 CX 寄存器作为计数器时,由外循环进入内循环时,要保留外循环的次数,可以通过压入堆栈、存入其他寄存器或存储器中实现。

(5) 当外层循环要求内层循环在不同条件下重复执行时,外循环中应该包括对内循环部分参数的修改部分。

例 10-5 编写程序,在存储器中构造一个九九乘法表。

分析: 构造一个九九乘法表,很显然这是一个二维数组,可以采用双重循环。由于内外循环次数都是 9 次,控制方法可以都采用计数法。本例内外循环都采用 LOOP 指令,由于 LOOP 指令隐含使用 CX 作为计数器,在进入内循环时,要让出 CX 寄存器供内循环使用,同时还要把外循环的循环次数保存下来为下次循环准备,因此需要将 CX 进行入栈保护。当从内循环跳出时,再将堆栈中的外循环次数调入 CX。整个程序的流程图如图 10-6 所示。

```
        DATA    SEGMENT
        MULTABLE DB     9 * 9 DUP(0)
        DATA    ENDS
        STACK1  SEGMENT PARA STACK
                DW      20H DUP (?)
        STACK1  ENDS
        CODE    SEGMENT
                ASSUME  CS:CODE,DS:DATA
        START:  MOV     AX,DATA
```

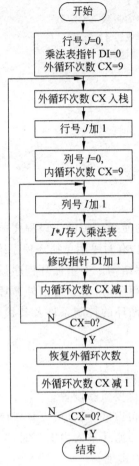

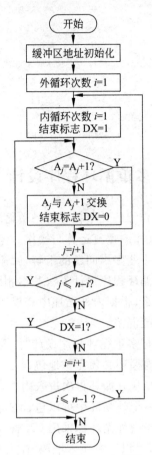

图 10-6 例 10-5 流程图　　　　　　图 10-7 例 10-6 流程图

```
            MOV     DS, AX
            MOV     BH,0            ;将行号初值存入 BH
            XOR     DI, DI          ;将乘法表的指针清 0
            MOV     CX,9            ;外循环次数为 9
OUTERLOP:   PUSH    CX              ;将外循环次数入栈保护
            INC     BH              ;行号加 1
            MOV     BL,0            ;将列号初值存入 BL
            MOV     CX,9            ;内循环次数为 9
INNERLOP:   INC     BL              ;列号加 1
            MOV     AL,BH           ;将行号存入 AL
            MUL     BL              ;将行号 * 列号存入 AL
            MOV     MULTABLE[DI],AL ;将 AL 存入乘法表中
            INC     DI              ;修改乘法表指针
            LOOP    INNERLOP        ;内循环控制语句
            POP     CX              ;恢复外循环次数
            LOOP    OUTERLOP        ;外循环控制语句
            MOV     AH,4CH
```

```
            INT     21H
   CODE     ENDS
            END     START
```

例 10-6 在缓冲区中有一组字节型无符号正数,用冒泡排序法将它们从小到大排序。整个程序的流程图如图 10-7 所示。

```
        DATA    SEGMENT
        BUF     DB      21,45,67,34,98,75,12,9
        N       EQU     $-BUF                   ;N为待排序数个数
        M       EQU     N-1                     ;M用来控制外层循环
        DATA    ENDS
        STACK1  SEGMENT PARA STACK
                DW      20H DUP (?)
        STACK1  ENDS
        CODE    SEGMENT
                ASSUME  CS:CODE,DS:DATA
 START:         MOV     AX,DATA
                MOV     DS,AX
                MOV     BX,OFFSET BUF-1         ;设置缓冲区初值
                MOV     SI,1                    ;外循环次数存入 SI
 FORI:          MOV     DI,1                    ;内循环次数存入 DI
                MOV     DX,1                    ;DX 为判断数列是否已经排序完标志
 FORJ:          MOV     AL,[BX][DI]
                CMP     AL,1[BX][DI]            ;比较 BUF[J]与 BUF[J+1]大小
                JB      NEXTJ                   ;BUF[J]小于 BUF[J+1],跳转
                XCHG    AL,1[BX][DI]            ;BUF[J]与 BUF[J+1]交换
                MOV     [BX][DI],AL
                MOV     DX,0                    ;只要发生交换,DX 设置为 0
 NEXTJ:         INC     DI                      ;J=J+1
                MOV     CX,SI                   ;取出 I 值
                MOV     AX,N                    ;取出 N 值
                SUB     AX,CX                   ;取出 N-I 值,存入 AX
                CMP     DI,AX                   ;比较 J 与 N-I 的大小
                JBE     FORJ                    ;如果 J 小于等于 N-I,跳转
 NEXTI:         CMP     DX,1                    ;判读 DX 标志位的值
                JE      DOEND                   ;如果为 1,跳出外循环
                INC     SI                      ;I=I+1
                CMP     SI,M                    ;比较 I 与 M 的大小
                JBE     FORI                    ;如果 I 小于等于 N-1,跳转
 DOEND:         MOV     AH,4CH
                INT     21H
        CODE    ENDS
                END     START
```

习题

10.1 编写一个程序,将某个十进制数 ASCII 码串转换为对应的二进制数。

10.2 设有一段文字,编写一段程序查找字母 a 出现的次数。

10.3 在主存中已经存在 100 个带符号数,编写程序统计正数、负数和零的个数。

10.4 在首地址为 Table 的数组中存放 100H 个 16 位补码,编写一程序,求出它们的平均值并存入 AX 中,将小于平均值的数的个数统计出来存入 BX。

10.5 已知有两个大小为 20H 的数组,编写程序,将两个数组中都出现的数找出来,并存入一数组。

10.6 已知 20×20 矩阵按行按列存入缓冲区内,编写程序计算每一列的和。

10.7 编写程序,求出 100 以内既能被 2 整除又能被 3 整除的数。

第 11 章 子程序设计

在程序设计过程中,经常会编写一些功能结构相同,只是某些变量的值不同的程序,对于这样的程序可以进行单独设计,只要提供合理的入出口参数,就可以被其他程序调用,这种程序称为子程序。它相当于高级语言中的函数。

采用子程序设计,能够避免重复编程、缩短程序长度、节省主存空间、降低程序的出错率以及提高程序的易读性和可维护性。本章主要介绍子程序的基本设计方法、子程序中参数的传递问题以及子程序中如何实现嵌套。

11.1 子程序设计方法

在程序设计中,一般把调用子程序的程序称为主程序或调用程序,而在程序中多次调用的程序称为子程序。子程序的设计除了具有一般程序的设计要求、设计方法外,根据子程序的应用特点,还具有一些特殊的要求。

在子程序设计时,首先要明确子程序的功能,其次要考虑主程序与子程序之间参数的设定,即包括设定多少个参数,哪些参数是入口参数,哪些是出口参数,参数在主程序和子程序之间如何传递。在参数传递过程中,还需要注意对调用现场的保护与恢复。最后要考虑对子程序加入适当的文字说明。

1. 子程序的功能设计

在实际程序设计中,首先要考虑的问题是如何划分程序模块,并确定子程序的功能。根据结构化程序设计的基本原则,子程序的功能应该充分独立,与外部程序的功能联系尽量要少,内部子程序功能要尽量单一。通常是一个子程序应该解决一个子问题或完成一项子任务。

设计子程序的指导思想是:子程序的设计要有利于减小程序篇幅,有利于代码重用,有利于提高程序的易读性和可维护性。

子程序的适用范围是:

(1) 多次重复使用的程序段。如程序中多次出现的数值转换、码值转换等。

(2) 具有特殊功能的程序段。如求解某一问题时,涉及的复杂的数学计算,以及排序或查找等一些需要用到的算法问题。

(3) 具有通用性的程序段。如一些对文件的操作、字符串的操作等。

(4) 中断服务程序。

(5) 系统调用程序。如 DOS 调用、BIOS 调用等。

2. 子程序的参数设计

通过子程序的功能设计,并合理地设计子程序的入口参数和出口参数,是成功编制子程序的一个重要前提。入口参数是主程序提供给子程序用来加工的数据,即子程序的输入数据。出口参数是子程序返回给主程序的处理结果的数据,即子程序的输出数据。

主程序和子程序之间数据的传递可以通过寄存器、存储器及堆栈。无论采用哪种传递方式,传递的参数可以是数据,也可以是数据的地址。当参数较多时,也可以使用地址表传递。在同一个子程序中,上述几种传递方式可以混合使用。对于具体参数的传递,将在下一节中详细介绍。

3. 现场的保护与恢复

所谓现场是指主程序在跳转子程序前使用到的资源,包括使用到的寄存器和存储器,但主要是指寄存器中所存的数据。由于进入子程序后,CPU要执行子程序,必然会使用某些寄存器和存储器。为了避免子程序在执行过程中修改寄存器内容,造成返回主程序后现场发生变动,从而导致程序运行错误,需要对现场进行保护。

对现场进行保护和恢复,常使用堆栈来实现。在执行子程序前对现场进行入栈保护,在子程序返回时将堆栈内容弹入相应的寄存器中进行现场恢复。具体实现包括在主程序中进行现场保护和恢复与在子程序中进行现场保护和恢复。

(1) 在主程序中进行现场保护和恢复

根据主程序的需要同时兼顾子程序中用到的寄存器,确定保存哪些寄存器。在调用子程序前,将要保存的寄存器压入堆栈,待子程序返回时,再从堆栈中恢复寄存器的内容。

例 11-1 编写程序,在主程序中进行现场保护和恢复,子程序中用到 AX、BX、CX 寄存器。

```
PUSH AX              ;保护现场
PUSH BX
PUSH CX
PUSHF
CALL SUB_PROC        ;调用子程序 SUB_PROC
POPF                 ;恢复现场
POP CX
POP BX
POP AX
```

其中 PUSHF 和 POPF 的作用是对标志状态寄存器进行保护和恢复。通常情况下,子程序调用指令执行时不会改变程序状态字,但子程序内部指令的执行有可能会改变标志位。如果希望标志位状态不因子程序执行而改变,需要在调用子程序前对程序状态字进行入栈保护,在调用之后进行出栈恢复。

(2) 在子程序中进行现场保护和恢复

采用这种方法,一般在子程序的开始安排现场保护,将子程序中用到的寄存器压入堆栈,在子程序返回前,将压入堆栈的数据恢复到相应寄存器。由于不需要考虑主程序对寄存器的使用情况,相对于在主程序中进行现场保护要简洁得多。尤其是当子程序用于中断时,则一定要在子程序中安排保护、恢复现场。因为中断是随机发生的,即由主程序转入子程序的地点不固定,不可能事先在主程序中安排现场保护和恢复的语句。

例 11-2 编写程序,在子程序中进行现场保护和恢复,子程序中用到 AX、BX、CX 寄存器。

```
SUB_PROC PROC
        PUSH AX              ;保护现场
        PUSH BX
        PUSH CX
        …                    ;子程序部分
        POP CX               ;恢复现场
        POP BX
        POP AX
        RET
SUB_PROC ENDP
```

需要注意的是,不管采用上述哪种实现方法,在对现场进行保护和恢复时,必须保持堆栈平衡,即压入多少内容,后续程序就必须要考虑弹出多少内容。如果不注意堆栈平衡,有可能无法返回主程序,甚至出现死机现象。在指令的使用上除了 PUSH/POP 指令可以实现出入栈操作,还可以使用数据传送指令 MOV 来保存和恢复现场。

例 11-3 编写程序,在子程序中使用 MOV 指令实现现场保护和恢复,子程序中用到 AX、BX、CX 寄存器。

```
SUB_PROC PROC
        MOV DI, OFFSET BUFFER    ;BUFFER 为指定的主存空间
        MOV [DI], AX             ;保护现场
        MOV [DI+2], BX
        MOV [DI+4], CX
        …                        ;子程序部分
        MOV SI, OFFSET BUFFER
        MOV CX, [SI+4]           ;恢复现场
        MOV BX, [SI+2]
        MOV AX, [SI]
        RET
SUB_PROC ENDP
```

4. 子程序的说明

子程序编制的目的不仅为子程序设计者使用,有时还可以提供给他人使用。因此在子程序设计时,除了内部程序语句必须的注释外,还需要给出子程序的完整描述,让使用者不需要查看子程序的内部结构或具体实现就可以正确使用。

一个完整的子程序说明通常包括:

(1) 子程序名。
(2) 子程序的功能描述。
(3) 子程序的入口参数和出口参数。
(4) 子程序中使用了哪些寄存器、存储单元。

(5) 子程序中是否调用其他子程序。

11.2 子程序的参数传递

子程序一般都是完成某种特定功能的程序段。主程序调用子程序时会向子程序传递一些参数，子程序执行完后，通常需要把处理的结果返回给主程序，这种在主程序和子程序间的信息传递称为参数传递。

主程序和子程序之间的参数传递方法包括寄存器传递参数法、存储器传递参数法、地址表传递参数法和堆栈传递参数法。

11.2.1 寄存器传递参数法

利用寄存器传递参数时，由主程序将要传递的参数转入事先约定的寄存器中，进入子程序后再取出进行处理，这种方法简单方便，但是传递的参数的多少受到 CPU 中寄存器数量的限制，因此这种方法只适用于参数较少的情况。

例 11-4 编写程序，用减奇数法对数组 ARRAY 求近似平方根，结果存入数组 ROOT 中。

分析：可以将求平方根的运算作为一个子程序，被开方数作为入口参数，通过寄存器 AX 传入，计算出的平方根作为出口参数，通过寄存器 BL 传出。

减奇数法由下式推出：

$$\sum_{k=1}^{N}(2K-1) = N^2$$

即 N^2 等于从 1 开始的 N 个奇数相加，反过来，如果需要求一个数的近似平方根，可以将该数从 1 开始减去连续的奇数，直到结果等于 0 或不够减为止。统计减去的奇数个数，就是其近似平方根。求平方根的子程序流程图如图 11-1 所示。

实现程序为：

```
    DATA    SEGMENT
    ARRAY   DW      8101,3600,2510,100
    COUNT   EQU($-ARRAY)/2
    ROOT    DB      COUNT DUP(0)
    DATA    ENDS
    STACK1  SEGMENT PARA STACK
            DW      20H DUP(0)
    STACK1  ENDS
    CODE    SEGMENT
            ASSUME  CS:CODE,DS:DATA
    START:  MOV     AX,DATA
            MOV     DS,AX
```

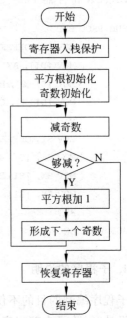

图 11-1 减奇数法求平方根子程序流程图

```
            MOV     CX,COUNT
            MOV     SI,0
            MOV     DI,0
    NEXT:   MOV     AX, ARRAY[SI]       ;从数组中依次取出被开方数
            CALL    GETSQRT             ;调用子程序求平方根
            MOV     ROOT[DI],BL         ;将平方根存入 ROOT 数组中
            ADD     SI,2                ;修改指针,指向下一个被开方数
            INC     DI                  ;修改指针,用于存放下一个平方根
            LOOP    NEXT
            MOV     AH, 4CH
            INT     21H
    GETSQRT PROC
            PUSH    AX                  ;将子程序中用到的寄存器入栈保护
            PUSH    DX
            MOV     BL,0                ;平方根初始化
            MOV     DX,1                ;奇数初始化
    SUB1:   SUB     AX, DX              ;进行减奇数
            JB      EXIT                ;如果不够减,结束
            INC     BL                  ;够减,BL 加 1
            ADD     DX,2                ;形成下一个奇数
            JMP     SUB1
    EXIT:   POP     DX                  ;恢复寄存器
            POP     AX
            RET
            ENDP
            ENDS
            END     START
```

11.2.2 存储器传递参数法

在参数传递时,如果需要传送大量数据,可以事先在存储器中开辟一片特定的空间用于存放入口参数和出口参数。在进入子程序前,主程序将入口参数存入对应单元。调用子程序后,子程序从这些单元中取出参数进行运算,完成处理后,将处理结果即出口参数存入指定的存储单元中,返回主程序后,就可以从存储单元中取出处理结果。利用存储器进行数据传递,这种方法不受参数多少的限制,适合传递参数较多的情况。

例 11-5 将例 11-4 程序修改为用存储器传递参数。

```
    DATA        SEGMENT
    ARRAY       DW      8101,3600,2510,100
    COUNT       EQU ($-ARRAY)/2
    ROOT        DB      COUNT DUP(0)
    RADICAND    DW      ?
    SQUA_ROOT   DB      ?
    DATA        ENDS
    STACK1      SEGMENT PARA STACK
```

```
                DW      20H   DUP(0)
        STACK1  ENDS
        CODE    SEGMENT
                ASSUME  CS:CODE,DS:DATA
        START:  MOV     AX,DATA
                MOV     DS,AX
                MOV     CX,COUNT
                MOV     SI,0
                MOV     DI,0
        NEXT:   MOV     AX,ARRAY[SI]          ;从数组中依次取出被开方数
                MOV     RADICAND,AX
                CALL    GETSQRT               ;调用子程序求平方根
                MOV     BL,SQUA_ROOT          ;将平方根存入 ROOT 数组中
                MOV     ROOT[DI],BL
                ADD     SI,2                  ;修改指针,指向下一个被开方数
                INC     DI                    ;修改指针,用于存放下一个平方根
                LOOP    NEXT
                MOV     AH,4CH
                INT     21H
        GETSQRT PROC
                PUSH    AX                    ;将子程序中用到的寄存器入栈保护
                PUSH    DX
                MOV     AX,RADICAND
                MOV     SQUA_ROOT,0           ;平方根初始化
                MOV     DX,1                  ;奇数初始化
        SUB1:   SUB     AX,DX                 ;进行减奇数
                JB      EXIT                  ;如果不够减,结束
                INC     SQUA_ROOT             ;够减,BL 加 1
                ADD     DX,2                  ;形成下一个奇数
                JMP     SUB1
        EXIT:   POP     DX                    ;恢复寄存器
                POP     AX
                RET
                ENDP
                ENDS
                END     START
```

在本例中,主程序和子程序设计在同一代码段中。如果两者不在同一代码段,由于代码段间交叉使用变量,可以在各自程序中使用 PUBLIC 和 EXTRN 伪指令对变量加以说明。

与寄存器传递方法相比,存储器传递参数速度要慢得多。由于要占用一定数量的存储单元,存储器中的信息容易被修改,不利于模块化设计,尤其是当主程序和子程序不在同一数据段时,在调用子程序前后要修改当前数据段,使用起来较为烦琐。

11.2.3 地址表传递参数法

主程序和子程序之间传递参数时,除了传递参数数值本身外,还可以传递参数的地址。

如果参数较多时,采用地址表法切实可行。在调用子程序前,先把所有参数的地址存入地址表中,然后将地址表的首地址传送给子程序。在子程序中,可以按照地址表中给出的地址,依次取出参数。

例 11-6 利用地址表传递参数,实现数组 ARRAY 单元的累加。

```
        DATA    SEGMENT
        ARRAY   DW      21,22,23,24,25,26,27
        COUNT   DW      ($-ARRAY)/2
        RESULT  DW      ?
        ADDRESS DW      3 DUP(0)                ;定义地址表
        DATA    ENDS
        STACK1  SEGMENT PARA    STACK
                DW      20H   DUP(0)
        STACK1  ENDS
        CODE    SEGMENT
                ASSUME  CS:CODE,DS:DATA
        START:  MOV     AX,DATA
                MOV     DS,AX
                MOV     ADDRESS,OFFSET ARRAY    ;将 ARRAY 的地址存入地址表
                MOV     ADDRESS+2,OFFSET COUNT  ;将 COUNT 的地址存入地址表
                MOV     ADDRESS+4,OFFSET RESULT ;将 RESULT 的地址存入地址表
                MOV     BX,OFFSET ADDRESS       ;将地址表的地址装入 BX
                CALL    SUM_PROC                ;调用求和子程序
                MOV     AH,4CH
                INT     21H
        SUM_PROC PROC
                PUSH    AX                      ;将子程序中用到的寄存器入栈保护
                PUSH    BX
                PUSH    SI
                PUSH    DI
                MOV     SI,[BX]                 ;将 ARRAY 的地址取出,存入 SI
                MOV     DI,[BX+2]               ;将 COUNT 的地址取出,存入 DI
                MOV     CX,[DI]                 ;将 COUNT 的内容取出,存入 CX 作为计数器
                MOV     DI,[BX+4]               ;将 RESULT 的地址取出,存入 DI
                XOR     AX,AX                   ;AX 寄存器初始化
        LOP:    ADD     AX,[SI]                 ;累加
                ADD     SI,2                    ;修改指针,移到下一单元
                LOOP    LOP
                MOV     [DI],AX                 ;将结果保存到 RESULT 中
                POP     DI                      ;恢复寄存器
                POP     SI
                POP     CX
                POP     AX
                RET
                ENDP
                ENDS
                END     START
```

11.2.4 堆栈传递参数法

堆栈是一个特殊的数据结构,通常用来保存程序的返回地址和参数。使用堆栈既可以传送入口参数也可以传送出口参数。如果使用堆栈传递入口参数,在主程序调用之前,需要把传递的参数依次压入堆栈。进入子程序后,从堆栈中取出入口参数。如果传送的是出口参数,在子程序返回前,把需要返回的参数存入堆栈,返回主程序后再从堆栈中取出参数。

例 11-7 利用堆栈传递参数,实现数组 ARRAY 单元的累加。

堆栈在传递参数的过程中的变化情况如图 11-2 所示。

```
        DATA    SEGMENT
        ARRAY   DW      21,22,23,24,25,26,27
        COUNT   DW      ($-ARRAY)/2
        RESULT  DW      ?
        DATA    ENDS
        STACK1  SEGMENT PARA    STACK
                DW      20H  DUP(0)
        STACK1  ENDS
        CODE    SEGMENT
                ASSUME  CS:CODE,DS:DATA
        START:  MOV     AX,DATA
                MOV     DS,AX
                MOV     AX,OFFSET ARRAY     ;将 ARRAY 的地址入栈
                PUSH    AX
                MOV     AX,COUNT            ;将 COUNT 入栈
                PUSH    AX
                MOV     AX,OFFSET RESULT    ;将 RESULT 的地址入栈
                PUSH    AX
                CALL    SUM_PROC            ;调用求和子程序
                MOV     AH,4CH
                INT     21H
        SUM_PROC PROC
                PUSH    AX                  ;将子程序中用到的寄存器入栈保护
                PUSH    SI
                PUSH    DI
                PUSH    BP
                MOV     BP,SP
                MOV     SI,[BP+14]          ;将 ARRAY 的地址取出,存入 SI
                MOV     CX,[BP+12]          ;将 COUNT 的内容取出,存入 CX 作为计数器
                MOV     DI,[BP+10]          ;将 RESULT 的地址取出,存入 DI
                XOR     AX,AX               ;AX 寄存器初始化
        LOP:    ADD     AX,[SI]             ;累加
                ADD     SI,2                ;修改指针,移到下一单元
                LOOP    LOP
                MOV     [DI],AX             ;将结果保存到 RESULT 中
                POP     BP
                POP     DI                  ;恢复寄存器
```

```
        POP     SI
        POP     AX
        RET     6
        ENDP
        ENDS
        END     START
```

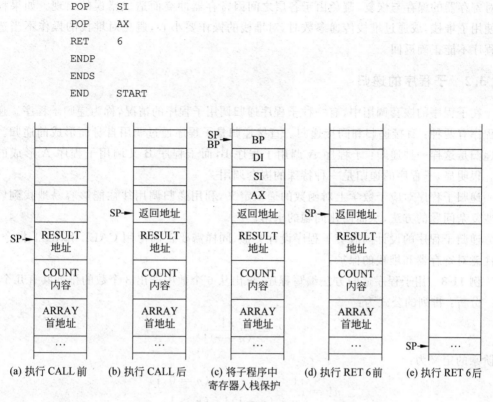

图 11-2　堆栈传递参数时堆栈的变化情况

11.3　子程序的嵌套与递归

11.3.1　子程序的嵌套

在设计子程序时,有时会调用另一个子程序,我们把这种调用称为子程序嵌套调用,如图 11-3 所示。嵌套的层数称为嵌套深度。对于子程序的嵌套,需要注意的是由于子程序是嵌套调用的,返回时需要逐级返回;而且只要有调用,就需要有返回,由于通常返回地址是保存在堆栈中的,嵌套深度受堆栈空间大小的限制。

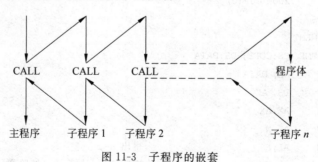

图 11-3　子程序的嵌套

嵌套子程序的设计没有特殊的要求,除正确使用 CALL 和 RET 指令外,还需要注意的是对寄存器的保存与恢复,避免由于各层之间因寄存器冲突而造成错误的出现。如果程序中使用了堆栈,或通过堆栈传递参数时,对堆栈的操作要小心,避免对堆栈的操作不当造成子程序不能正确返回。

11.3.2 子程序的递归

在子程序的嵌套调用中,有一种子程序递归调用子程序的情况,称为递归子程序。递归子程序有两种:直接递归和间接递归。直接递归是子程序通过调用自身而形成的递归。间接递归是这样一种递归:子程序 A 调用子程序 B,而子程序 B 又调用子程序 A 形成的递归。很明显,子程序的递归是一种特殊的嵌套调用。

递归子程序对应于数学上对函数的递归定义,利用递归调用往往能够容易地找到解决某些复杂问题的方法,从而简化问题的求解。

递归子程序的设计同嵌套子程序设计类似,同样需要正确使用 CALL 和 RET 指令,需要注意对寄存器和堆栈的保护。

例 11-8 用子程序递归方法编写程序,求出从 6 个数中选出 3 个数的排列共有几个。

分析:排列的公式为:

$$P_n^r = \frac{n!}{(n-r)!}$$

而阶乘的定义为:

$$n! = \begin{cases} 1 & (n=0,1) \\ n \times (n-1)! & (n>1) \end{cases}$$

计算 $n!$,可以转化为计算 $(n-1)!$;计算 $(n-1)!$,可以转化为计算 $(n-2)!$,依此类推,最终转化为计算 $1!$,因此可以采用递归方式进行程序设计。

程序实现如下:

```
    DATA    SEGMENT
    N       DB      6
    R       DB      3
    P       DW      ?                   ;存放排列个数
    DATA    ENDS
    STACK1  SEGMENT PARA STACK
            DW      200H DUP(0)
    STACK1  ENDS
    CODE    SEGMENT
            ASSUME  CS:CODE, DS:DATA
    START:  MOV     AX, DATA
            MOV     DS, AX
            XOR     AX,AX
            MOV     AL,N
            SUB     AL,R                ;得出 n-r
            CALL    FACTORIAL           ;递归调用,计算 n-r 的阶乘
            MOV     BX,AX               ;将阶乘存入 BX
            XOR     AX,AX
```

```
            MOV       AL,N
            CALL      FACTORIAL         ;递归调用,计算 n 的阶乘
            CWD
            DIV       BX                ;计算 n!除以 (n-r)!
            MOV       P, AX
            MOV       AH, 4CH
            INT       21H
FACTORIAL   PROC      NEAR              ;阶乘的递归实现
            PUSH      AX
            SUB       AX,1
            JNE       NEXT
            POP       AX
            JMP       DOEND
  NEXT:     CALL      FACTORIAL
            POP       CX
            MUL       CX
  DOEND:    RET
FACTORIAL   ENDP
   CODE     ENDS
            END       START
```

下面通过图 11-4 分析一下递归调用(n−r)! 时堆栈的变化情况,本例中即 3!。

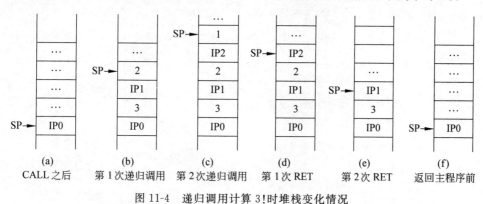

图 11-4 递归调用计算 3!时堆栈变化情况

① 图中(a)是执行 CALL 指令之后,将返回地址 IP0 压入堆栈。主程序将 AX 值传入阶乘子程序,此时 AX=3。进入子程序后,先将 AX 入栈,执行 AX−1 操作,由于 AX=2,继续调用阶乘子程序,进入第一次递归调用。

② 图中(b)是第一次递归调用后堆栈的情况,首先将返回地址 IP1 入栈,再将传入的 AX 入栈,执行 AX−1 操作后,由于 AX=1,继续调用阶乘子程序,进入第二次调用。

③ 图中(c)是第二次递归调用后堆栈的情况,首先将返回地址 IP2 入栈,再将传入的 AX 入栈,执行 AX−1 操作后,由于 AX=0,执行 POP 指令,将 1 弹入 AX,执行 RET。

④ 图中(d)是第一次执行 RET 时堆栈的情况。执行后,将返回到 IP2 处,执行 POP CX 指令,将 2 弹入 CX,执行 AX×BX 操作,将结果存入 AX 后,再次执行 RET 指令,栈顶单元此时为 IP1,如图(e)所示。

⑤ 图中(f)是返回主程序前堆栈的情况。执行 RET 指令后,返回主程序。

从中可以看出,递归程序的设计要点是:如何确定递归的结束;递归调用结束后如何回溯以及中间对现场的保护和恢复。

递归调用是解决问题的一种有效方法,但通常不是最优的方法,这是因为它有两个明显的缺点:一是速度慢,二是消耗资源。

习题

11.1 编写子程序,分别计算 100 以内所有奇数之和与所有偶数之和。

11.2 编写子程序,将二进制数转换成十进制数。

11.3 编写一个求 32 位补码的程序,通过寄存器传递出入口参数。

11.4 给定一个数组存放 5 个小写字母,用地址表传递方法编写子程序,将其转换成大写字母。

11.5 用递归方法编写子程序,求解从 10 个数中选出 3 个数的组合共有几个。

11.6 编写一子程序,能够完成输出空行的功能,空行的行数在 AX 中。

第 12 章 系统功能调用

本章介绍系统功能调用技术,包括 DOS 功能调用和 BIOS 功能调用。系统功能调用涉及文件管理、设备管理、主存管理等方面。通过本章学习,能够掌握 DOS 和 BIOS 系统功能调用提供的常用功能,如键盘输入、显示器字符输出及打印机输出等。

12.1 DOS 功能调用

12.1.1 DOS 功能调用概述

DOS 是磁盘操作系统,它设置了一些功能调用模块,完成对文件、设备、主存的管理。对用户来说,这些功能模块就是几十个独立的中断服务程序,这些程序的入口地址已由系统置入中断向量表中,在汇编语言源程序中可用软中断指令直接调用。这样,用户就不必深入了解有关设备的电路和接口,只须遵照 DOS 规定的调用原则即可使用。

为了便于对 DOS 系统进行功能调用,DOS 系统对各个功能程序按顺序编号,即每一个程序对应一个功能号。通过传递功能号来调用 DOS 系统提供的相应功能。

具体的步骤如下:

(1) 设置入口参数

DOS 功能调用一般是通过寄存器来传送入口参数,大多数情况下入口参数是通过 DL 或 DX 寄存器传递的,但是部分系统功能调用不需要设置入口参数。

(2) 设置功能号

将需要调用的子程序功能号传入 AH 寄存器中。

(3) 执行软中断指令 INT 21H

执行该指令后,程序自动跳转到对应的子程序的入口地址处,从而执行该子程序。子程序执行完后,通常会有出口参数,将出口参数保存到特定的寄存器中供主调程序使用。

12.1.2 常见 DOS 功能调用

1. 1 号功能调用(键盘输入)

本功能调用实现:扫描键盘,等待键盘输入,直到有一个键被按下,将该键对应的 ASCII 码送入 AL 中,并在屏幕上显示该键对应的字符。如果按下的键是 CTRL+BREAK,则退出系统调用,如果按下的键是 TAB 键,将光标移到对应的位置上。具体格式为:

入口参数:无
调用方式:MOV AH,01H
　　　　　INT 21H
出口参数:AL 中存放输入字符的 ASCII 码。

例 12-1　程序中有时需要用户对提示做出应答。

```
GET_KEY: MOV  AH, 1            ;等待输入字符
         INT  21H              ;结果在 AL 中
         CMP  AL, 'Y'          ;是'Y'?
         JZ   YES              ;是,转 YES
         CMP  AL, 'N'          ;是'N'?
         JZ   NO               ;是,转 NO
         JMP  GET_KEY          ;否则继续等待输入
    YES: …
         …
    NO:  …
```

2. 2 号功能调用（字符显示）

本功能调用实现：将待显示字符的 ASCII 码存入 DL 寄存器，调用本功能后将字符显示在屏幕上。具体格式为：

入口参数：DL 寄存器中存放待显示字符的 ASCII 码。

调用方式：将待显示字符的 ASCII 码存入 DL。

```
         MOV AH,02H
         INT 21H
```

例 12-2　在显示器上显示一个字符'A'。

```
MOV  DL, 'A'      ; 或 MOV  DL, 41H
MOV  AH, 02H
INT  21H
```

3. 5 号功能调用（打印输出）

本功能调用实现：将待打印字符的 ASCII 码存入 DL 寄存器，调用本功能后将字符打印在标准打印设备上。具体格式为：

入口参数：DL 寄存器中存放待打印字符的 ASCII 码。

调用方式：将待打印字符的 ASCII 码存入 DL。

```
         MOV AH,05H
         INT 21H
```

例 12-3　在打印设备上输出字符'A'。

```
MOV  DL, 'A'      ; 或 MOV  DL, 41H
MOV  AH, 05H
INT  21H
```

4. 6 号功能调用（直接控制台输入/输出）

本功能调用实现：直接控制台输入/输出。通常情况下，控制台输入就是键盘输入，控制台输出就是屏幕输出。具体格式为：

入口参数：若 DL=0FFH，表示输入；否则表示输出，DL 寄存器中存放待输出字符的 ASCII 码。

调用方式：MOV DL,0FFH 或 DL 中存放待输出字符的 ASCII 码。
　　　　　MOV AH,06H
　　　　　INT 21H

出口参数：输入时，ZF=1 表示无字符可读；ZF=0 表示读到字符，AL 中存放输入字符代码；

输出时，无出口参数。

5. 7号功能调用（控制台调用）

本功能调用实现：扫描键盘，等待键盘输入，直到有一个键被按下，将该键对应的 ASCII 码送入 AL 中，但并不在屏幕上显示该字符，而且不检查 CTRL+BREAK 键的按下，这是和1号功能有所区别的地方。具体格式为：

入口参数：无
调用方式：MOV AH,07H
　　　　　INT 21H
出口参数：AL 中存放输入字符的 ASCII 码。

6. 8号功能调用（控制台输入）

本功能调用实现：扫描键盘，等待键盘输入，直到有一个键被按下，将该键对应的 ASCII 码送入 AL 中，但并不在屏幕上显示该字符。如果按下的键是 CTRL+BREAK，则退出系统调用，如果按下的键是 TAB 键，将光标移到对应的位置上。具体格式为：

入口参数：无
调用方式：MOV AH,08H
　　　　　INT 21H
出口参数：AL 中存放输入字符的 ASCII 码。

7. 9号功能调用（字符串显示）

本功能调用实现：将键盘输入的字符串显示在屏幕上。待显示的字符串以 ASCII 码形式存放在主存中的一个连续空间，字符串必须以'$'结束（但不显示该字符）。具体格式为：

入口参数：DX 寄存器中存放待显示字符串的首地址。
调用方式：将待显示字符串的首地址存入 DX。
　　　　　MOV AH,09H
　　　　　INT 21H

例 12-4　在屏幕上显示一字符串。

```
STRING DB ' Assembly language $ '
...
MOV DX, OFFSET STRING
MOV AH, 09H
INT 21H
```

8. 0A 号功能调用(字符串输入)

本功能调用实现：输入一串字符到指定的缓冲区，并送屏幕显示。调用之前，需要在主存中建立一个缓冲区：第一个字节存放缓冲区能容纳的字符个数；第二个字节为实际接收的字符个数；从第三个字节开始依次存放输入的字符，输入以回车键结束。如果输入的字符数超过最大的设定值，则其后输入的字符被忽略且响铃提示。如果输入的字符数少于设定值，则缓冲区剩余部分内容保持不变。

入口参数：DX 中存放缓冲区的首地址。

调用方式：将输入缓冲区的首地址存入 DX。

```
          MOV AH, 0AH
          INT 21H
```

出口参数：接收到的字符串存入缓冲区中，接收到的字符串的个数存入第二个字节。

例 12-5 从键盘输入一字符串。

```
;在数据段中定义一字符串 BUF
    BUF  DB 30H              ;缓冲区能容纳的字符个数
         DB 0                ;实际接收的字符个数
         DB 30H DUP(0)       ;输入字符串缓冲区
;调用字符串输入功能子程序
    MOV DX, OFFSET BUF
    MOV AH, 0AH
    INT 21H
```

9. 2A 号功能调用(读系统日期)

本功能调用实现：读出系统的日期并存入指定寄存器中。

入口参数：无

调用方式：MOV AH, 2AH

              INT 21H

出口参数：CX、DH、DL 中分别存放年、月、日。AL 中存放星期(0：星期日，1：星期一，…)。

例 12-6 读出系统日期并存入相关变量中。

```
YEAR DW ?
MONTH DB ?
DAY DB ?
…
MOV AH, 2AH
INT 21H
MOV YEAR, CX
MOV MONTH, DH
MOV DAY, DL
```

10. 2B 号功能调用(设置系统日期)

本功能调用实现：通过指定寄存器设置系统日期。

入口参数:CX 中存放年(1980~2099),DH 中存放月(1~12),DL 中分别存放日(1~31)。
调用方式:设置 CX、DH、DL 寄存器。
    MOV AH,2BH
    INT 21H
出口参数:日期设置有效,(AL)=0;否则(AL)=0FFH。

例 12-7 设置系统日期,并判断是否设置成功。

```
MOV CX, 2000
MOV DH, 01
MOV DL, 01
MOV AH, 2BH
INT 21H
CMP AL, 0
JNE ERROR
```

11. 2C 号功能调用(读系统时间)

本功能调用实现:读出系统的时间并存入指定寄存器中。

入口参数:无

调用方式:MOV AH,2AH
    INT 21H

出口参数:CH 中存放小时(0~23),CL 中存放分钟(0~59),DH 中存放秒(0~59),DL 中存放百分秒(0~99)。

例 12-8 读出系统时间并存入相关变量中。

```
HOUR DW ?
MINUTE DB ?
SECOND DB ?
...
MOV AH, 2CH
INT 21H
MOV HOUR, CX
MOV MINUTE, DL
MOV SECOND, DH
```

12. 2D 号功能调用(设置系统时间)

本功能调用实现:通过指定寄存器设置系统时间。

入口参数:CH 中存放小时(0~23),CL 中存放分钟(0~59),DH 中存放秒(0~59),DL 中存放百分秒(0~99)。

调用方式:设置 CX、DX 寄存器。
    MOV AH,2DH
    INT 21H

出口参数：时间设置有效，(AL)=0；否则(AL)=0FFH。

例 12-9 设置系统时间为 12:30，并判读是否设置成功。

```
MOV CH, 12
MOV DL, 30
MOV DX, 00
MOV AH, 2DH
INT 21H
CMP AL, 0
JNE ERROR
```

13. 4C 号功能调用（返回 DOS）

本功能调用实现：结束当前程序，返回 DOS。

入口参数：无

调用方式：MOV AH，4CH
　　　　　INT 21H

出口参数：无

12.2　BIOS 功能调用

12.2.1　BIOS 功能调用概述

BIOS 的全称是 ROM-BIOS——ROM Basic I/O System，即只读存储器基本输入/输出系统。它是一组固化到微机主板上一个 ROM 芯片上的子程序，为用户程序和系统程序提供外设的控制功能，主要功能包括：

（1）驱动系统中所配置的常用外设（即驱动程序），如显示器、键盘、打印机、磁盘驱动器、通信接口等。

（2）开机自检，引导装入。

（3）提供时间、主存容量及设备配置情况等参数。

计算机系统软件就是利用这些基本的设备驱动程序，完成各种功能操作。由于 BIOS 可更直接地控制外设，故能完成更复杂的输入/输出操作；而 DOS 操作对硬件依赖性少，比 BIOS 中相应的操作简单，因此在两者能完成同样功能时，应尽量使用 DOS 功能调用。

使用 BIOS 中断调用与 DOS 系统功能调用类似，用户无须了解相关设备的结构与组成细节，直接调用即可。

BIOS 功能调用的方法是：先设置入口参数，如果当前的 BIOS 中断有多个功能，则根据需要设置功能号，将功能号装入 AH 寄存器，然后执行相关的软中断指令。

12.2.2　常见 BIOS 功能调用

1. 显示输出（INT 10H）

显示输出功能可以通过 INT 10H 调用。在 10H 中断调用中提供了 25 个重要的服务程序,如表 12-1 所示。调用时,设置好有关入口参数,将指定的功能号送入 AH 寄存器就可以执行相应的中断服务程序。

表 12-1　BIOS 显示输出提供的功能调用

功能号	功　　能	功能号	功　　能	功能号	功　　能
00H	设置显示方式	09H	写字符和属性	11H	字符发生器控制
01H	设置光标大小	0AH	写字符	12H	替换选择
02H	设置光标位置	0BH	设置调色板	13H	写字符
03H	读取光标坐标	0CH	写像素	14H	保留
04H	读取光笔位置	0DH	读像素	15H	保留
05H	设置当前显示页	0EH	以 TTY 方式写字符	1AH	读/写显示卡
06H	窗口上滚	0FH	读取当前显示方式	1BH	读取功能状态信息
07H	窗口下滚	10H	显示寄存器控制	1CH	存取显示状态
08H	读取字符和属性				

(1) 显示方式设置

本功能调用实现:设定显示器按文本或图形方式显示,并设定显示分辨率。

入口参数:将显示方式代号送入 AL 寄存器,具体代码如表 12-2 所示。

调用方式:INT 10H

出口参数:无

表 12-2　显示方式对应代码

AL	分辨率	显示方式	色彩	AL	分辨率	显示方式	色彩
02H	80×25	文本	单色	0EH	640×200	图形	16 色
03H	80×25	文本	16 色	0FH	640×350	图形	单色
04H	320×200	图形	4 色	10H	640×350	图形	16 色
06H	640×200	图形	单色	11H	640×480	图形	单色
07H	80×25	文本	单色	12H	640×480	图形	16 色
0DH	320×200	图形	16 色	13H	320×200	图形	256 色

例 12-10　设置 640×480,16 色图形方式。

```
MOV AH, 00H
MOV AL, 12H
INT 10H
```

(2) 文本方式显示

设定成文本方式后,可以在屏幕上显示字母、数字以及一些字符图形。在文本方式下,显示器显示字符时,可以按 80 行 25 列(高分辨率)显示,也可以按 40 行 25 列(低分辨率)显示。在屏幕上显示的每一个字符有两个字节与之对应,一个字节存储字符的 ASCII 码,一个字节用于存储字符属性。

在正常方式下,字符一般是以黑底白字方式显示的。如果字符需要以反色、闪烁或彩色方式显示时,可以通过设置属性来实现。单色文本的属性控制字如图 12-1 所示。在单色文本方式下,前景色和背景色各有两种:黑色(000)和白色(111)。彩色文本的属性控制字如

图 12-2 所示。在彩色文本方式下，前景色有 16 种，背景色有 8 种，具体颜色代码如表 12-3 所示。

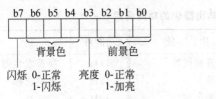

图 12-1 单色文本属性控制字

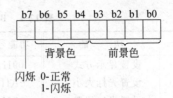

图 12-2 彩色文本属性控制字

表 12-3 颜色代码

代码	颜色	代码	颜色	代码	颜色	代码	颜色
0000	黑	0100	红	1000	灰	1100	浅红
0001	蓝	0101	品红	1001	浅蓝	1101	浅品红
0010	绿	0110	棕	1010	浅绿	1110	黄
0011	青	0111	灰白	1011	浅青	1111	白

显示字符常用的功能如下：

① 在光标位置处显示指定属性的字符。

入口参数：AH＝09H，BH＝页号，AL 中存放字符的 ASCII 码，BL 中存放字符属性，CX 中存放待显示字符个数。

出口参数：无

② 在光标位置处显示字符（字符属性不变）。

入口参数：AH＝0AH，BH＝页号，AL 中存放字符的 ASCII 码，CX 中存放待显示字符个数。

出口参数：无

③ 在屏幕指定位置显示字符串

入口参数：AH＝0AH，BH＝页号，DH、DL 中存放起始行号、列号，CX 中存放字符串长度，ES:BP＝字符串首地址。AL 设定显示方式，其值可选择 0、1、2、3。（如果为 0 或 1，需要指出待显示字符串的属性，如果为 1 或 2，需要指出每个字符的属性。）

出口参数：无

例 12-11 在红色背景下，显示 10 个蓝色的星号并闪烁。

```
STACK1  SEGMENT  PARA  STACK
        DW       20H   DUP(0)
STACK1  ENDS
COSEG   SEGMENT
        ASSUME   CS:COSEG
START:  MOV      AH,09H
        MOV      AL,'*'
        MOV      BH,0
        MOV      BL,0C1H
```

```
        MOV     CX,10
        INT     10H
        MOV     AH, 4CH
        INT     21H
COSEG   ENDS
        END     START
```

例 12-12 在品红色背景下,显示浅绿色的"computer organization"。

```
  DATA   SEGMENT
STRING   DB      'computer organization'
 COUNT   EQU     $-STRING
  DATA   ENDS
STACK1   SEGMENT PARA    STACK
         DW      20H     DUP(0)
STACK1   ENDS
 COSEG   SEGMENT
         ASSUME  CS: COSEG, DS:DATA
START:   MOV     AX,DATA
         MOV     DS,AX
         MOV     AL,03H
         MOV     AH,00H
         INT     10H
         MOV     DX,SEG STRING
         MOV     ES,DX
         MOV     BP,OFFSET STRING
         MOV     CX,COUNT
         MOV     DX,0
         MOV     BL,5AH
         MOV     AL,0
         MOV     AH,13H
         INT     10H
         MOV     AH, 4CH
         INT     21H
COSEG ENDS
         END     START
```

例 12-13 在黑背景下,以黄字和红字交替显示"computer"。
由于交替变换字符颜色,定义字符串时,需在每一字符后存放颜色属性。

```
  DATA   SEGMENT
STRING   DB      'c',0EH,'o',04H,'m',0EH,'p',04H,'u',0EH,'t',04,'e',0EH,'r',04
 COUNT   EQU     $-STRING
  DATA   ENDS
STACK1   SEGMENT PARA    STACK
         DW      20H     DUP(0)
STACK1   ENDS
```

```
        COSEG   SEGMENT
                ASSUME  CS:COSEG, DS:DATA, ES:DATA
        START:  MOV     AX,DATA
                MOV     DS,AX
                MOV     ES,AX
                MOV     AL,03H
                MOV     AH,00H
                INT     10H
                MOV     BP,OFFSET STRING
                MOV     CX,COUNT
                MOV     DX,0
                MOV     AL,3
                MOV     AH,13H
                INT     10H
                MOV     AH,4CH
                INT     21H
        COSEG   ENDS
                END     START
```

(3) 图形方式显示

在图形方式下,屏幕被分成 $m \times n$ 的点阵,每个点即是一个像素。图形方式下也有两种分辨率供选择:320×200 和 640×200。对于 320×200 分辨率,每个像素可以用四种不同的颜色显示,背景可以有 16 种颜色。对于 640×200,只支持黑白显示器。

图形显示常用的功能如下:

① 写点

入口参数:AH=0CH,DX=行号,CX=列号,AL=像素点的颜色代码

出口参数:无

② 读点

入口参数:AH=0DH,DX=行号,CX=列号

出口参数:AL 中存放该点的颜色号

2. 键盘输入调用(INT 16H)

键盘输入调用有 3 个功能,功能号为 0~2。

(1) 从键盘读一字符

入口参数:无

调用方式:MOV AH,0
         INT 16H

出口参数:AL 中存放输入字符的 ASCII 码,AH 中存放该字符的扫描码。

(2) 读键盘缓冲区字符

入口参数:无

调用方式:MOV AH,1
         INT 16H

出口参数：当 ZF=0，则 AL 中存放输入字符的 ASCII 码，AH 中存放该字符的扫描码；否则，缓冲区为空。

(3) 读取键盘状态字节

入口参数：无

调用方式：MOV AH,2
　　　　　INT 16H

出口参数：AL 中存放特定功能键的状态，若某一位为 1，该位所对应的键有效。该状态字如图 12-3 所示。

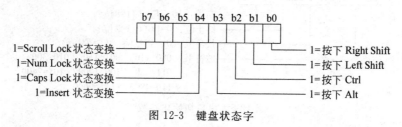

图 12-3　键盘状态字

3. 打印机输出（INT 17H）

打印机输出可以通过 INT 17H 调用实现。

(1) 打印一个字符

入口参数：AL 中存放打印字符 ASCII 码，DX 中存放打印机号。

调用方式：MOV AH,0
　　　　　INT 17H

出口参数：无

(2) 打印机初始化

入口参数：DX 中存放打印机号。

调用方式：MOV AH,1
　　　　　INT 17H

出口参数：AH 中存放状态信息，状态字节如图 12-4 所示。

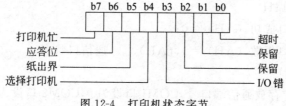

图 12-4　打印机状态字节

(3) 读取打印机的状态信息

入口参数：DX 中存放打印机号。

调用方式：MOV AH,2
　　　　　INT 17H

出口参数：AH 中存放状态信息，状态字节如图 12-4 所示。

4. 串口通信调用(INT 14H)

通过 INT 17H 调用实现串口通信。

(1) 初始化串口

入口参数：AL 中存放串口初始化参数,参数含义如图 12-5 所示;
　　　　　DX 中存放通信端口号,COM1 口设为 0,COM2 口设为 1。

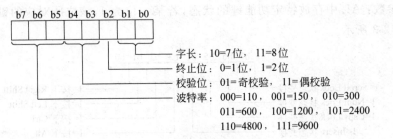

图 12-5　串口初始化参数

调用方式：MOV AH,0
　　　　　INT 14H

出口参数：AH 中存放串口状态,每位含义如图 12-6 所示。

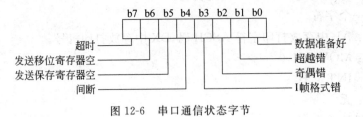

图 12-6　串口通信状态字节

(2) 向串口写字符

入口参数：AL 中存放写串口字符;
　　　　　DX 中存放通信端口号,COM1 口设为 0,COM2 口设为 1。

调用方式：MOV AH,1
　　　　　INT 14H

出口参数：写串口成功,$(AH)_7 = 0$;
　　　　　写串口失败,$(AH)_7 = 1$,$(AH)_{0\sim6}$ = 通信口状态。

(3) 从串口读字符

入口参数：DX 中存放通信端口号,COM1 口设为 0,COM2 口设为 1。

调用方式：MOV AH,2
　　　　　INT 14H

出口参数：读串口成功,$(AH)_7 = 0$,AL 中存放字符;
　　　　　读串口失败,$(AH)_7 = 1$,$(AH)_{0\sim6}$ = 通信口状态。

(4) 取通信口状态

入口参数：DX 中存放通信端口号,COM1 口设为 0,COM2 口设为 1。

调用方式：MOV AH,3
　　　　　　INT 14H

出口参数：AH 中存放通信口状态，AL 中存放调制解调器状态。

5．磁盘输入/输出（INT 13H）

通过 INT 13H 调用实现磁盘输入/输出，子功能程序有磁盘复位、读磁盘状态、读扇区数据、写扇区数据、格式化磁道等。

习题

12.1　什么是 DOS 功能调用？举例说明 DOS 功能调用的步骤。

12.2　什么是 BIOS 功能调用？举例说明 BIOS 功能调用的步骤。

12.3　分别用字符显示功能和字符串显示功能实现在屏幕上显示字符串"Computer science"。

12.4　分别使用 DOS 和 BIOS 系统功能调用，在屏幕上实现人—机对话。对话内容：

```
Please input a letter(a~z)
The letter is f
```

12.5　在图形方式下，在屏幕中央绘制一个用"＊"表示的等腰三角形。

12.6　在图形方式下，在屏幕中央绘制一个矩形（边线可用"＊"表示）。

12.7　编写程序，设置当前日期与时间。

第 13 章　汇编语言程序的开发与调试

在学习了汇编语言程序设计基本知识后,就可以进行程序的开发了。通过对实际程序的开发与调试,才能对 8086/8088 指令系统、各指令的功能以及汇编语言程序设计有更深入的理解。

13.1　汇编语言程序的开发

在汇编语言程序开发过程中,通常会涉及 3 种类型的文件:源程序文件、目标文件和可执行文件。首先用编辑程序编写汇编语言源程序,即扩展名为.ASM 的文件,该文件是一个文本文件,存放的是由汇编语言编写的程序,是不能被机器识别的。可以采用汇编程序进行翻译,将其翻译成由二进制代码表示的目标文件,即扩展名为.OBJ 的文件。在汇编源程序期间,如果发现源程序有语法错误,汇编程序会指出源程序的错误,这时需要返回编辑状态进行修改,直到得到没有语法错误的目标文件。虽然目标文件是二进制文件,但还不能在机器上运行。需要经过连接程序把目标文件与库文件连接在一起,形成可执行文件,即扩展名为.EXE 的文件。这个文件可以被 DOS 装入主存中运行。

因此,在计算机上运行汇编程序的步骤为:

(1) 在编辑程序下编写汇编语言程序;
(2) 用汇编语言汇编源程序,生成目标文件;
(3) 用连接程序连接目标文件,生成可执行文件;
(4) 在 DOS 状态下运行可执行文件。

在运行程序的过程中,如果发现没有获得预期结果,说明程序有逻辑错误,需要进入 DEBUG 状态进行跟踪调试,发现产生错误的原因,进行程序修改,再执行上述步骤,直到程序运行正确为止。整个程序开发过程如图 13-1 所示。

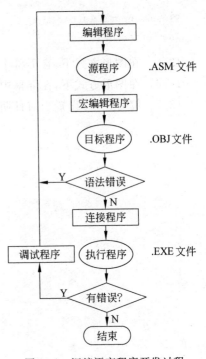

图 13-1　汇编语言程序开发过程

1. 编辑源程序

源程序文件的编辑可以选择任何一个文本编辑器,但源程序文件必须以.ASM 为扩展名。

例 13-1　用 DOS 下的文本编辑器 EDIT 编写例 10-4 的程序。

```
C:\>EDIT Fibonacci.ASM(回车)
        DATA    SEGMENT
RABBITNUM       DW      650             ;存放兔子只数
MONTHNUM        DB      ?               ;存放月数
        DATA    ENDS
        STACK1  SEGMENT PARA STACK
                DW      20H DUP (?)
        STACK1  ENDS
        CODE    SEGMENT
                ASSUME  CS:CODE,DS:DATA
        START:  MOV     AX,DATA
                MOV     DS,AX
                XOR     CX,CX           ;计数器清 0
                MOV     AX,0            ;斐波那契数初始值
                MOV     BX,1
        NEXT:   XCHG    AX,BX
                ADD     AX,BX           ;产生一个新的斐波那契数
                INC     CL              ;计数器加 1
                CMP     AX,RABBITNUM    ;比较产生的新数与给定数
                JAE     RESULT          ;如果大于或等于,结束
                JMP     NEXT            ;小于,继续循环
        RESULT: MOV     MONTHNUM,CL
                MOV     AH,4CH
                INT     21H
        CODE    ENDS
                END     START
```

2. 产生目标文件

对已经编辑好的 .ASM 文件,可以用宏汇编程序 MASM 进行汇编,汇编后生成二进制代码的目标程序。

例 13-2 用 MASM 汇编 Fibonacci.ASM 文件。

```
C:\>MASM Fibonacci.ASM(回车)
```

如果源程序没有语法错误,MASM 将自动生成目标文件 Fibonacci.OBJ,反之,MASM 将给出相应的错误信息。这时,可根据错误信息提示,重新编辑修改源程序,再进行汇编。无错误时,系统显示:

```
Microsoft (R) Macro Assembler Version 5.00
Copyright (C) Microsoft Corp 1981-1985,1987. All rights reserved.
Object filename [Fibonacci.OBJ]:
Source listing [NUL.LST]:Fibonacci.LST
Cross-reference [NUL.CRF]:Fibonacci.CRF
49232+ 434464 Bytes symbol space free
0 Warning Errors
0 Severs Errors
```

MASM 在汇编源程序时，可以产生三个文件。

(1) 目标文件，即 .OBJ 文件。它是汇编的主要结果，是一个二进制的目标代码。

(2) 列表文件，即 .LST 文件。它是一个程序清单文件，将源程序与对应的机器代码一一对应列出，有助于学习和理解汇编语言程序。

下面是例 10-4 程序的列表文件，从左到右分别显示行号、段内偏移量、目标代码和源程序。

```
Microsoft(R)Macro Assembler Version 5.0 4/26/8        Page      1-1
  1 0000                    DATA    SEGMENT
  2 0000  028A    RABBITNUM DW      650              ;存放兔子只数
  3 0002  ??      MONTHNUM  DB      ?                ;存放月数
  4 0003                    DATA    ENDS
  5 0000                    STACK1  SEGMENT  PARA STACK
  6 0000  0020[             DW      20H DUP(?)
  7         ????
  8         ]
  9
 10 0040                    STACK1  ENDS
 11 0000                    CODE    SEGMENT
 12                         ASSUME  CS:CODE,DS:DATA
 13 0000  B8----R  START:   MOV     AX,DATA
 14 0003  8E D8             MOV     DS,AX
 15 0005  33 C9             XOR     CX,CX            ;计数器清 0
 16 0007  B8 0000           MOV     AX,0             ;斐波那契数初始值
 17 000A  BB 0001           MOV     BX,1
 18 000D  93       NEXT:    XCHG    AX,BX
 19 000E  03 C3             ADD     AX,BX            ;产生一个新的斐波那契数
 20 0010  FE C1             INC     CL               ;计数器加 1
 21 0012  3B 06 0000 R      CMP     AX,RABBITNUM     ;比较产生的新数与给定数
 22 0016  73 02             JAE     RESULT           ;如果大于或等于,结束
 23 0018  EB F3             JMP     NEXT             ;小于,继续循环
 24 001A  88 0E 0002 R RESULT: MOV  MONTHNUM,CL
 25 001E  B4 4C             MOV     AH,4CH
 26 0020  CD 21             INT     21H
 27 0022                    CODE    ENDS
 28                         END     START
Microsoft (R) Macro Assembler Version 5.00       4/26/8 Symbols-1
Segments and Groups:
        Name              Length   Align    Combine Class
CODE . . . . . . . . . .  0022     PARA     NONE
DATA . . . . . . . . . .  0003     PARA     NONE
STACK1 . . . . . . . . .  0040     PARA     STACK

Symbols:
        Name              Type     Value    Attr
```

```
      MONTHNUM............        L BYTE    0002     DATA
      NEXT...............         L NEAR    000D     CODE
      RABBITNUM..........         L WORD    0000     DATA
      RESULT.............         L NEAR    001A     CODE
      START..............         L NEAR    0000     CODE
      @FILENAME..........         TEXT      p11
         25 Source   Lines
         25 Total    Lines
         10 Symbols
      49232+434464 Bytes symbol space free
         0 Warning Errors
         0 Severe Errors
```

（3）交叉引用符号表文件，即 CRF 文件。在文件中列出源程序中自定义的符号，并指明这些符号在源程序中的定义位置和引用位置。为了查看交叉引用符号情况，需要使用 CREF 程序，将 .CRF 转换成 .REF 文件后查看。

例 13-3 查看交叉引用符号表文件。

```
C:\>CREF Fibonacci(回车)
Microsoft (R) Cross-Reference Utility Version 5.00
Copyright (C) Microsoft Corp 1981-1985,1987. All rights reserved.
Listing [Fibonacci.REF]:
8 Symbols
```

打开 Fibonacci.REF 文件后，列出交叉应用情况。

```
Symbol Cross-Reference      (#definition,+modification) Cref-1
CODE..............          11#    12    27
DATA..............          1#     4     12    13
MONTHNUM..........          3#     24+
NEXT..............          18#    23
RABBITNUM.........          2#     21
RESULT............          22     24#
STACK1............          5#     10
START.............          13#    28
8 Symbols
```

3. 连接产生可执行文件

汇编程序生成的目标文件，必须经过连接程序连接后，才可以得到在计算机上运行的可执行程序。

例 13-4 对例 13-3 进行连接。

```
C:\>LINK Fibonacci(回车)
 Microsoft(R)Overlay Linker Version 3.60
 Copyright(C)Microsoft Corp 1983-1987. All rights reserved.
 Run File [Fibonacci.EXE]
```

```
List File [NUL.MAP]:Fibonacci.MAP
Libraries [.LIB]
```

连接程序连接后,可以产生 3 个文件。

(1) 可执行文件,即.EXE 文件。它是连接的主要结果,是一个二进制的可执行文件。

(2) 清单文件,即 MAP 文件。文件中列出程序中各段的起点、终点和长度。

```
Start    Stop     Length   Name     Class
00000H   00002H   00003H   DATA
00010H   0004FH   00040H   STACK1
00050H   00071H   00022H   CODE
Program entry point at 0005: 0000
```

(3) 需要连接的库文件,即.LIB 文件。

在建立好可执行文件后,就可以在 DOS 下直接运行了。在操作系统下输入文件名就可以运行了。

```
C:\>Fibonacci(回车)
```

13.2 汇编语言程序的调试

当运行可执行文件后,如果发现没有获得预期结果,说明程序有逻辑错误,需要对程序进行调试,发现产生错误的原因,进行程序修改,再执行上述步骤,直到程序运行正确为止。对于汇编语言编写的程序,可以进入 DEBUG 状态进行跟踪调试。

DEBUG 是专门为汇编语言设计的一种调试工具,它通过步进、设置断点等方式为汇编语言程序员提供了非常有效的调试手段。DEBUG 程序可以对计算机内部的寄存器、存储单元进行查看和修改。指定寄存器时,直接选择寄存器名。指定存储单元时,应使用逻辑地址,即段基址:偏移量。段基址可以使用段寄存器名,也可以使用 4 位的十六进制数表示。偏移量用十六进制数表示。

1. 进入与退出命令

进入 DEBUG 状态的命令为:

DEBUG 文件名[参数表]

其中文件名是被调试的程序文件,它的扩展名为.EXE 或.COM。参数表是被调试文件运行时所需要的参数。进入 DEBUG 后,屏幕上出现提示符"—",这时可以输入各种调试命令。

如果需要退出 DEBUG 状态,返回操作系统,可以使用退出命令 Q。

```
-Q
```

2. 显示命令

(1) 显示寄存器内容——R 命令

```
-R
```

```
AX=0BCE  BX=0000  CX=0072  DX=0000  SP=0040  BP=0000  SI=0000  DI=0000
DS=0BBE  ES=0BBE  SS=0BCF  CS=0BD3  IP=0003  NV UP EI PL NZ NA PO NC
0BD3:0003 8ED8           MOV      DS,AX
```

输入 R 命令后,将 CPU 内部所有寄存器内容显示出来。第二行后半部分显示标志寄存器中各标志位状态,其代表含义如表 13-1 所示。第三行为下一条待执行的指令。

表 13-1 DEBUG 中标志位的符号表示

标志名称	溢出位 OF	方向位 DF	中断位 IF	符号位 SF	零值位 ZF	辅助进位 AF	奇偶位 PF	进位 CF
置位	OV	DN	EI	NG	ZR	AC	PE	CY
复位	NV	UP	DI	PL	NZ	NA	PO	NC

(2) 显示存储器内容——D 命令

命令格式:

D 地址 或 D 范围

地址用段基址:偏移量形式表示。段基址可以使用段寄存器名,也可以使用 4 位的十六进制数表示。偏移量用十六进制数表示。

范围有两种表示方法:

① 地址 地址

前者表示起始地址,用段基址:偏移量形式表示,后者表示结束地址,用偏移量表示。

② 地址 长度

前者表示起始地址,用段基址:偏移量形式表示,后者表示该区域大小,用字母 L 起始的数值表示。如:

-D DS:0 表示从 DS:00 开始显示 80H 个字节单元内容。

-D DS:0 L100 表示从 DS:00 开始显示 100H 个字节单元内容。

例 13-5 显示代码段前 80H 个字单元内容。

```
- D CS:0
0BD3:0000  B8 CE 0B 8E D8 33 C9 B8-00 00 BB 01 00 93 03 C3   .....3..........
0BD3:0010  FE C1 3B 06 00 00 73 02-EB F3 88 0E 02 00 B4 4C   ..;...s........L
0BD3:0020  CD 21 73 04 81 C2 6C 07-5B 5E B4 FF B0 07 E8 29   .!s...l.[^.....)
0BD3:0030  FB EB 10 5B 5E B4 FF B0-03 E8 1E FB 2E C7 06 4A   ...[^.........J
0BD3:0040  91 09 00 5A 59 58 C3 8D-36 E6 91 2E 83 3C FF 74   ...ZYX..6....<.t
0BD3:0050  02 EB 0F 1E 52 50 0E 1F-B8 00 38 8B D6 CD 21 58   ....RP....8...!X
0BD3:0060  5A 1F C3 51 52 33 C9 2E-8A 04 0A C0 74 3C 2E 80   Z..QR3......t<..
0BD3:0070  3E E5 91 00 74 0F 80 FB-01 75 04 3C 3A 74 30 3C   >...t....u.<:t0<
```

输入 D 命令后,将指定区域的存储单元内容显示出来。从左到右依次显示每一行的起始地址、以两位十六进制显示存储单元内容以及各字节单元对应的 ASCII 码。

(3) 反汇编命令——U 命令

反汇编命令可以把机器代码还原为汇编语言指令,从而便于查看程序。

命令格式:

U 地址 或 U 范围

地址和范围的格式同 D 命令。

例 13-6 显示代码段前 32 个字节目标代码对应的汇编语言指令。

```
-U CS:0
0BD3:0000   B8CE0B      MOV     AX,0BCE
0BD3:0003   8ED8        MOV     DS,AX
0BD3:0005   33C9        XOR     CX,CX
0BD3:0007   B80000      MOV     AX,0000
0BD3:000A   BB0100      MOV     BX,0001
0BD3:000D   93          XCHG    BX,AX
0BD3:000E   03C3        ADD     AX,BX
0BD3:0010   FEC1        INC     CL
0BD3:0012   3B060000    CMP     AX,[0000]
0BD3:0016   7302        JNB     001A
0BD3:0018   EBF3        JMP     000D
0BD3:001A   880E0200    MOV     [0002],CL
0BD3:001E   B44C        MOV     AH,4C
```

（4）比较命令——C 命令

比较命令用于比较主存中的两块区域。

命令格式：

C 范围 地址

范围为要比较的第一个主存区域的起始地址和结束地址，或起始地址和长度。格式同 D 命令。地址指定要比较的第二个主存区域的起始地址。

如果两块主存区域相同，Debug 将不显示任何内容而直接返回到 Debug 提示符。如果有差异，Debug 将按如下格式显示：

address1 byte1 byte2 address2

例 13-7 将代码段 00h 到 10h 的主存数据块与 11h 到 21h 的主存数据块进行比较。

```
-C CS:0 10 11
0BC6:0000   B8   05   0BB1:0011
0BC6:0001   C1   17   0BB1:0012
0BC6:0002   0B   03   0BB1:0013
0BC6:0003   8E   A8   0BB1:0014
0BC6:0004   D8   05   0BB1:0015
0BC6:0005   33   97   0BB1:0016
0BC6:0006   C9   05   0BB1:0017
0BC6:0007   B8   01   0BB1:0018
0BC6:0008   00   01   0BB1:0019
0BC6:0009   00   01   0BB1:001A
0BC6:000A   BB   00   0BB1:001B
0BC6:000B   01   02   0BB1:001C
0BC6:000C   00   FF   0BB1:001D
```

```
0BC6:000D   93  FF   0BB1:001E
0BC6:000E   03  FF   0BB1:001F
0BC6:000F   C3  FF   0BB1:0020
0BC6:0010   FE  FF   0BB1:0021
```

(5) 搜索命令——S 命令

搜索命令用于在某个地址范围搜索一个或多个字节值。

命令格式：

```
S 范围 内容表
```

范围为指定要搜索区域的开始和结束地址。内容表为搜索内容，是一个或多个字节组成的数值或 ASCII 码。用空格或逗号分隔每个字节，如果是字符串，要用引号括起。如果内容表由多个字节组成，Debug 只显示出现该内容表示的第一个字节所在地址。如果内容表只包含一个字节值，Debug 将显示在指定范围内出现该值的所有地址。

例 13-8 查找从 DS:0 到 DS:100 之间包含 C1 的所有地址。

```
-S DS:0 100 c1
0BC1:0046
0BC1:0051
0BC1:0061
0BC1:00F3
```

查找从 CS:0 到 CS:100 之间包含字符串"ZYX"的所有地址。

```
-S CS:0 100 'ZYX'
0BC6:0043
```

(6) 十六进制运算——H 命令

对指定的两个参数执行十六进制运算。

命令格式：

```
H 数值1 数值2
```

数值 1 和数值 2 代表从 0 到 FFFFH 范围内的任何十六进制数字。Debug 首先给出两个数值相加的结果，然后给出第一个数值减去第二个数值的结果。如，假定输入以下命令：

```
H 19F 10A
```

Debug 执行运算并显示以下结果：

```
02A9 0095
```

3. 修改命令

(1) 汇编指令——A 命令

汇编指令可以用于在 DEBUG 状态下输入小段程序或对现有目标程序进行修改。

命令格式：

A [地址]

使用 A 命令后,屏幕上显示存放指令目标代码的起始地址,并等待输入一条汇编语言指令。该指令会被汇编为目标代码并存入指定存储单元。如果没有使用磁盘操作命令存入磁盘中,原存入磁盘的可执行文件仍保留原有内容,未加修改。

在 A 命令中,可以使用 DB、DW 将字节或字存入相应存储单元,这些数据可以是十六进制数,也可以是字符串。除 DB、DW 外,在 A 命令后输入程序时,不能出现其他伪指令以及标号。如果没有输入指令,按下回车键后,A 命令结束。

```
- A CS:05
0BC6:0005 mov cx,0
0BC6:0008 mov byte ptr[0001],12
0BC6:000D jmp 20
0BC6:000F db 01,02,'string'
0BC6:0017
```

(2) 修改寄存器内容——R 命令

命令格式:

R 寄存器名

输入该命令后,屏幕上显示指定寄存器名及内容,然后等待输入修改内容,修改值不能超过 4 位十六进制数。如果不修改,以回车结束。如:

```
- R AX
AX 0BCE          ;AX 中原有内容
:1010            ;修改后的内容
```

(3) 修改存储单元内容——E 命令

① 用内容表修改存储单元

命令格式:

E 地址 内容表

例如:

E DS:0 10 'STRING' 23   ;从 DS 段的 0 号单元开始,依次存放 10,'STRING',23

② 逐个修改存储单元

命令格式:

E 地址   ;从地址开始的单元依次进行修改

对于该格式,可以有 3 种操作方法:
- 输入空格,从低字节向高字节方向逐个修改。
- 输入连接号"-",从高字节向低字节方向逐个修改。
- 输入回车,不做修改。

(4) 填充存储单元内容——F 命令

使用指定的值填充指定主存区域中的地址。

命令格式：

F 范围 内容表

范围为待填充的主存起始地址和结束地址，或起始地址和长度。格式同 D 命令。

内容表是指定要输入的数据，可以指定十六进制或 ASCII 格式表示的数据。任何以前存储在指定位置的数据将会丢失。如果范围包含的字节数比内容表中的字节数多，Debug 程序将使用内容表反复赋值，直到范围中的所有字节被填充。如果内容表中的字节数多于范围包含的字节数，Debug 将忽略内容表中额外的值。如果在范围中的任何主存损坏或不存在，Debug 将显示错误消息并停止 F 命令。

例 13-9　显示数据段 00h 到 10h 的内容，用"good"填充后再显示。

```
-D DS:0 10
0BB1:0000  CD 20 FF 9F 00 9A F0 FE-1D F0 4F 03 A8 05 8A 03    .........O.....
0BB1:0010  A8                                                  .
-F DS:0 10 'good'
-D DS:0 10
0BB1:0000  67 6F 6F 64 67 6F 6F 64-67 6F 6F 64 67 6F 6F 64    goodgoodgoodgood
0BB1:0010  67                                                  g
```

（5）移动存储单元内容——M 命令

将一个主存块中的内容复制到另一个主存块中。

命令格式：

M 范围 地址

范围为源区域的主存起始地址和结束地址，或起始地址和长度。地址为目的区域的起始地址。

例 13-10　将 DS:00 到 DS:0F 区间的内容复制到 DS:10 开始的区域。

```
-D DS:0 1F
0BC1:0000 8A 02 00 00 00 00 00 00-00 00 00 00 00 00 00 00    ................
0BC1:0010 00 00 00 00 00 00 00 00-00 00 00 00 00 00 00 00    ................
-M DS:0 F 10
-D DS:0 1F
0BC1:0000 8A 02 00 00 00 00 00 00-00 00 00 00 00 00 00 00    ................
0BC1:0010 8A 02 00 00 00 00 00 00-00 00 00 00 00 00 00 00    ................
```

4．程序运行命令

（1）连续运行命令——G 命令

运行当前在主存中的程序。

命令格式：

G [=地址][断点地址]

地址为指定当前在主存中要开始执行的程序地址。如果不指定地址，将从 CS:IP 寄存器中的当前地址开始执行程序。断点地址是一条指令的首字节地址,它只包含偏移量,可以设置 1 到 10 个临时断点。当程序运行到任一断点地址的指令时,便立即停下来,显示各寄存器内容和下一条指令。如果没有设置断点地址或程序未遇到断点地址,就执行到程序结束,并显示"Program terminated normally",即程序正常结束。断点地址只对本次 G 命令有效,如再使用 G 命令,需要重新设定断点地址。

例 13-11 将断点设置到 XCHG BX,AX 指令处。

```
-G 0D
AX=0000  BX=0001  CX=0000  DX=0000  SP=0040  BP=0000  SI=0000  DI=0000
DS=0BC1  ES=0BB1  SS=0BC2  CS=0BC6  IP=000D  NV UP EI PL ZR NA PE NC
0BC6:000D 93        XCHG    BX,AX
```

(2)跟踪运行命令——T 命令

T 命令用于跟踪并调试程序。

命令格式:

T [= 地址][值]

地址为指定当前在主存中要开始执行的程序地址。如果不指定地址,将从 CS:IP 寄存器中的当前地址开始执行程序。值是指定程序运行的指令条数,如果未指定该参数,值视为 1,即执行一条指令。每执行一次显示所有寄存器(包括标志寄存器)的值,待指定的指令条数执行完,暂停程序的运行。T 命令执行后的结果如下所示:

```
-T
AX=0BC1  BX=0000  CX=0072  DX=0000  SP=0040  BP=0000  SI=0000  DI=0000
DS=0BB1  ES=0BB1  SS=0BC2  CS=0BC6  IP=0003  NV UP EI PL NZ NA PO NC
0BC6:0003 8ED8        MOV     DS,AX
-T
AX=0BC1  BX=0000  CX=0072  DX=0000  SP=0040  BP=0000  SI=0000  DI=0000
DS=0BC1  ES=0BB1  SS=0BC2  CS=0BC6  IP=0005  NV UP EI PL NZ NA PO NC
0BC6:0005 33C9        XOR     CX,CX
-T
AX=0BC1  BX=0000  CX=0000  DX=0000  SP=0040  BP=0000  SI=0000  DI=0000
DS=0BC1  ES=0BB1  SS=0BC2  CS=0BC6  IP=0007  NV UP EI PL ZR NA PE NC
0BC6:0007 B80000      MOV     AX,0000
-T
AX=0000  BX=0000  CX=0000  DX=0000  SP=0040  BP=0000  SI=0000  DI=0000
DS=0BC1  ES=0BB1  SS=0BC2  CS=0BC6  IP=000A  NV UP EI PL ZR NA PE NC
0BC6:000A BB0100      MOV     BX,0001
-
```

(3)执行程序命令——P 命令

P 命令与 T 命令类似,用于跟踪并调试程序,但与 T 命令不同的是,在遇到执行过程时,不进入子程序调用。

命令格式:

P [=地址][值]

地址为指定当前在主存中要开始执行的程序地址。如果不指定地址,将从 CS:IP 寄存器中的当前地址开始执行程序。值是指定程序运行的指令条数,如果未指定该参数,值视为 1,即执行一条指令。每执行一次显示所有寄存器(包括标志寄存器)的值,待指定的指令条数执行完,暂停程序的运行。

习题

13.1　编写一个生成 ASCII 码表的程序。

13.2　输入 20 个十进制数(两位或三位),排序后输出结果。

13.3　编写判断闰年的程序。

13.4　编写一个比赛得分程序。共有 7 个评委,按百分制打分,计分原则是去掉一个最高分和一个最低分,求平均值。要求:

(1) 评委的打分以十进制从键盘输入。

(2) 成绩以十进制给出,并保留 1 位小数。

(3) 输入/输出时屏幕上要有相应提示。

13.5　显示杨辉三角形。要求:

(1) 从键盘接收正整数 n;

(2) 屏幕显示杨辉三角形,显示 n 行信息。

13.6　编写程序求解八皇后问题。

要求:第一个皇后的起始位置由键盘输入,国际象棋的棋盘为 8×8 的方格。

附录 8086 指令系统简表

指令助记符及功能	操作数	指令第1字节代码	指令第2字节代码	标志位 ODITSZAPC
AAA	no operands	00110111		U UUXUX
AAD	no operands	11010101	00001010	U XXUXU
AAM	no operands	11010100	00001010	U XXUXU
AAS	no operands	00111111		U UUXUX
ADC DST,SRC DST<=(DST)+(SRC)+CF	reg,reg reg,mem mem,reg reg,imd mem,imd acc,imd	000100dw 000100dw 000100dw 100000ew 100000ew 0001010w	mod reg r/m mod reg r/m mod reg r/m mod 010 r/m mod 010 r/m	X XXXXX
ADD DST,SRC DST<=(DST)+(SRC)	reg,reg reg,mem mem,reg reg,imd mem,imd acc,imd	000000dw 000000dw 000000dw 100000ew 100000ew 0000010w	mod reg r/m mod reg r/m mod reg r/m mod 000 r/m mod 000 r/m	X XXXXX
AND DST,SRC DST<=(DST)∧(SRC)	reg,reg reg,mem mem,reg reg,imd mem,imd acc,imd	001000dw 001000dw 001000dw 1000000w 1000000w 0010010w	mod reg r/m mod reg r/m mod reg r/m mod 100 r/m mod 100 r/m	X XXUX0
CALL proc-name	段内直接调用 段间直接调用 段内间接调用(mem16) 段内间接调用(reg16) 段间间接调用(mem32)	11101000 10011010 11111111 11111111 11111111	 mod 010 r/m mod 010 r/m mod 011 r/m	
CBW	no operands	10011000		
CLC	no operands	11111000		0
CLD DF<=0	no operands	11111100		0
CLI IF<=0	no operands	11111010		0
CMC CF<=CF	no operands	11110101		X

续表

指令助记符及功能	操作数	指令第1字节代码	指令第2字节代码	标志位 O D I T S Z A P C
CMP DST,SRC (DST)−(SRC)	reg,reg reg,mem mem,reg reg,imd mem,imd acc,imd	001110dw 001110dw 001110dw 100000ew 100000ew 0011110w	mod reg r/m mod reg r/m mod reg r/m mod 111 r/m mod 111 r/m	X　　XXXXX
CMPS 源串,目的串 源串-目的串	源串,目的串 (rept)源串,目的串	1010011w 1010011w		X　　XXXXX
CWD	no operands	10011001		
DAA	no operands	00100111		U　　XXXXX
DAS	no operands	00101111		U　　XXXXX
DEC DST DST<=(DST)−1	reg16 reg8 mem	01001reg 11111110 1111111w	mod 001 r/m mod 001 r/m	X　　XXXX
DIV SRC	reg8 reg16 mem8 mem16	1111011w 1111011w 1111011w 1111011w	mod 110 r/m mod 110 r/m mod 110 r/m mod 110 r/m	U　　UUUUU
HLT	no operands	11110100		
IDIV SRC	reg8 reg16 mem8 mem16	1111011w 1111011w 1111011w 1111011w	mod 111 r/m mod 111 r/m mod 111 r/m mod 111 r/m	U　　UUUUU
IMUL SRC	reg8 reg16 mem8 mem16	1111011w 1111011w 1111011w 1111011w	mod 101 r/m mod 101 r/m mod 101 r/m mod 101 r/m	X　　UUUUX
IN Acc,Port Acc<=(Port)	acc,imd8 acc,DX	1110010w 1110110w	Port	
INC DST DST<=(DST)+1	reg16 reg8 mem	01000reg 11111110 1111111w	mod 000 r/m mod 000 r/m	X　　XXXX
INT 中断类型码	imd8(type=3) imd8(type≠3)	1100110s 1100110s	类型码	
INTO	no operands	11001110		
IRET	no operands	11001111		RRRRRRRR

续表

指令助记符及功能	操 作 数	指令第1字节代码	指令第2字节代码	标志位 ODITSZAPC
JA/JNBE(CF=0 AND ZF=0)	位移量	01110111	disp8	
JAE/JNB(CF=0 OR ZF=1)		01110011	disp8	
JB/JNAE(CF=1 AND ZF=0)		01110010	disp8	
JBE/JNA(CF=1 OR ZF=1)		01110110	disp8	
JC （CF=1）		01110010	disp8	
JCXZ （CX=0）		11100011	disp8	
JE/JZ （ZF=1）		01110100	disp8	
JG/JNLE(SF=OF AND ZF=0)		01111111	disp8	
JGE/JNL(SF=OF OR ZF=1)		01111101	disp8	
JL/JNGE(SF≠OF AND ZF=0)		01111100	disp8	
JLE/JNG(SF≠OF OR ZF=1)	...	01111110	disp8	
JNC （CF=0）		01110011	disp8	
JNE/JNZ （ZF=0）		01110101	disp8	
JNO （OF=0）		01110001	disp8	
JNS （SF=0）		01111001	disp8	
JNP/JPO （PF=0）		01111011	disp8	
JO （OF=1）		01110000	disp8	
JP/JPE （PF=1）		01111010	disp8	
JS （SF=1）		01111000	disp8	
JMP 目标	段内转移直接寻址（短）	11101011		
	段内转移直接寻址	11101001		
	段间转移直接寻址	11101010		
	段内间接寻址 mem16	11111111	mod 100 r/m	
	段内间接寻址 reg16	11111111	mod 100 r/m	
	段间间接寻址 mem32	11111111	mod 101 r/m	
LAHF AH<=(FR)第7～0位	no operands	10011111		
LDS DST,SRC DST<=(EA),DS<=(EA+2)	reg16,mem32	11000101	mod reg r/m	
LEA DST,SRC DST<=EA	reg16,mem16	10001101	mod reg r/m	
LES DST,SRC DST<=(EA),ES<=(EA+2)	reg16,mem32	11000100	mod reg r/m	
LOCK	no operands	11110000		
LODS 源串 AX or AL<=((SI))	源串 (rept)源串	1010110w 1010110w		
LOOP 目标	目标	11100010	disp8	
LOOPE/LOOPZ 目标	目标	11100001	disp8	
LOOPNE/LOOPNZ 目标	目标	11100000	disp8	

续表

指令助记符及功能	操作数	指令第1字节代码	指令第2字节代码	标志位 ODITSZAPC
MOV DST,SRC	mem,acc	1010001w		
	acc,mem	1010000w		
	reg,reg	100010dw	mod reg r/m	
	reg,mem	100010dw	mod reg r/m	
	mem,reg	100010dw	mod reg r/m	
	reg,imd	1011Wreg		
	mem,imd	1100011w	mod 000 r/m	
	sreg,reg	10001110	mod 0reg r/m	
	sreg,mem	10001110	mod 0reg r/m	
	reg,sreg	10001100	mod 0reg r/m	
	mem,sreg	10001100	mod 0reg r/m	
MOVS 目的串,源串	目的串,源串	1010010w		
	(rept)目的串,源串	1010010w		
MUL SRC	reg8	1111011w	mod 100 r/m	X UUUUX
	reg16	1111011w	mod 100 r/m	
	mem8	1111011w	mod 100 r/m	
	mem16	1111011w	mod 100 r/m	
NEG DST	reg	1111011w	mod 011 r/m	X XXXXX
	mem	1111011w	mod 011 r/m	
NOP	no operands	10010000		
NOT DST	reg	1111011w	mod 010 r/m	
	mem	1111011w	mod 010 r/m	
OR DST,SRC DST<=(DST)∨(SRC)	reg,reg	000010dw	mod reg r/m	0 XXUX0
	reg,mem	000010dw	mod reg r/m	
	mem,reg	000010dw	mod reg r/m	
	acc,imd	0000110w		
	reg,imd	1000000w	mod 001 r/m	
	mem,imd	1000000w	mod 001 r/m	
OUT Port,Acc Port<=(Acc)	imd8,acc	1110011w	Port	
	DX,acc	1110111w		
POP DST DST<=((SP))	reg	01011reg		
	sreg(cs 除外)	000sreg111		
	mem	10001111	mod 000 r/m	
POPF Flags<=((SP))	no operands	10011100		RRRRRRRRR
PUSH SRC (SP)<=(SRC)	reg	01010reg		
	sreg	000sreg110		
	mem	11111111	mod 110 r/m	
PUSHF (SP)<=(FR)	no operands	10011101		
RCL DST,Count	reg,1	110100sw	mod 010 r/m	X X
	reg,cl	110100sw	mod 010 r/m	
	mem,1	110100sw	mod 010 r/m	
	mem,cl	110100sw	mod 010 r/m	

续表

指令助记符及功能	操 作 数	指令第1字节代码	指令第2字节代码	标志位 ODITSZAPC
RCR DST,Count	reg,1 reg,cl mem,1 mem,cl	110100sw 110100sw 110100sw 110100sw	mod 011 r/m mod 011 r/m mod 011r/m mod 011 r/m	X X
REP	no operands	11110010		
REPE/REPZ	no operands	11110011		
REPNE/REPNZ	no operands	11110010		
RET 任选弹出值 n	段内返回,无弹出值 段内返回,有弹出值 段间返回,无弹出值 段间返回,有弹出值	11000011 11000010 11001011 11001010		
ROL DST,Count	reg,1 reg,cl mem,1 mem,cl	110100sw 110100sw 110100sw 110100sw	mod 000 r/m mod 000 r/m mod 000 r/m mod 000 r/m	X X
ROR DST,Count	reg,1 reg,cl mem,1 mem,cl	110100sw 110100sw 110100sw 110100sw	mod 001 r/m mod 001 r/m mod 001 r/m mod 001 r/m	X X
SAHF	no operands	10011110		RRRRR
SAL/SHL DST,Count	reg,1 reg,cl mem,1 mem,cl	110100sw 110100sw 110100sw 110100sw	mod 100 r/m mod 100 r/m mod 100 r/m mod 100 r/m	X XXUXX
SAR DST,Count	reg,1 reg,cl mem,1 mem,cl	110100sw 110100sw 110100sw 110100sw	mod 111 r/m mod 111 r/m mod 111 r/m mod 111 r/m	X XXUXX
SBB DST,SRC	reg,reg reg,mem mem,reg acc,imd reg,imd mem,imd	000110dw 000110dw 000110dw 0001110w 100000ew 100000ew	mod reg r/m mod reg r/m mod reg r/m mod 011 r/m mod 011 r/m	X XXXXX
SCAS 目的串	目的串 (rept)目的串	1010111w 1010111w		X XXXXX
SHR DST,Count	reg,1 reg,cl mem,1 mem,cl	110100sw 110100sw 110100sw 110100sw	mod 101 r/m mod 101 r/m mod 101 r/m mod 101 r/m	X XXUXX

续表

指令助记符及功能	操作数	指令第1字节代码	指令第2字节代码	标志位 ODITSZAPC
STC CF<=1	no operands	11111001		1
STD DF<=1	no operands	11111101		1
STI IF<=1	no operands	11111011		1
STOS 目的串 (DI)<=(AL)/(AX)	目的串 (rept)目的串	1010101w 1010101w		
SUB DST,SRC (DST)<=(DST)−(SRC)	reg,reg reg,mem mem,reg acc,imd reg,imd mem,imd	001010dw 001010dw 001010dw 0010110w 100000ew 100000ew	mod reg r/m mod reg r/m mod reg r/m mod 101 r/m mod 101 r/m	X　XXXXX
TEST DST,SRC (DST)∧(SRC)	reg,reg reg,mem acc,imd reg,imd mem,imd	1000010w 1000010w 1010100w 1111011w 1111011w	mod reg r/m mod reg r/m mod 000 r/m mod 000 r/m	0　XXUX0
WAIT	no operands	10011011		
XCHG DST,SRC (DST)<=>(SRC)	acc,reg16 mem,reg reg,reg	10010reg 1000011w 1000011w	 mod reg r/m mod reg r/m	
XLAT[表首址] AL<=((BX)+(AL))	[表首址]	11010111		
XOR DST,SRC DST<=(DST)XOR(SRC)	reg,reg reg,mem mem,reg acc,imd reg,imd mem,imd	001100dw 001100dw 001100dw 0011010w 1000000w 1000000w	mod reg r/m mod reg r/m mod reg r/m mod 110 r/m mod 110 r/m	0　XXUX0

说明：

① "指令助记符及功能"栏

　DST：目的操作数寻址方式

　SRC：源操作数寻址方式

② "操作数"栏

　acc：AX 或 AL

　reg：通用寄存器

　sreg：段寄存器

　mem：主存单元

imd：立即数;imd8：表示 8 位立即数;imd16：表示 16 位立即数

③ "指令第 1 字节代码"栏

e：e=0,由 w 确定相应位数的立即数
　　e=1,w=1 时,由 8 位符号扩展为 16 位立即数

s：s=0 移 1 位,s=1,按 cl 中的值移位

④ "标志位"栏

0：置 0

1：置 1

X：按运算结果置 1 或置 0

U：无定义

R：恢复原保存值

空白：不影响

参 考 文 献

1. 白中英.计算机组成与体系结构.3版.网络版.北京:科学出版社,2006.
2. 卜艳萍,周伟.汇编语言程序设计教程.2版.北京:清华大学出版社,2007.
3. 沈美明,温冬婵.80x86汇编语言程序设计教程.北京:清华大学出版社,2001.
4. 葛洪伟,姜浩伟,赵雅群等.Intel汇编语言程序设计.北京:中国电力出版社,2007.
5. 沈美明,温冬婵.IBM-PC汇编语言程序设计.2版.北京:清华大学出版社,2001.
6. 唐朔飞.计算机组成原理.2版.北京:高等教育出版社,2008.
7. 蒋本珊.计算机组成原理.北京:清华大学出版社,2004.
8. 俸远祯,王正智,徐洁等.计算机组成原理与汇编语言程序设计.北京:电子工业出版社,1999.
9. 马礼.计算机组成原理与系统结构.北京:人民邮电出版社,2008.
10. 薛宏熙,胡秀珠.计算机组成与设计.北京:清华大学出版社,2007.
11. 胡越明.计算机组成原理与系统结构解题辅导.北京:清华大学出版社,2002.
12. 李学干.计算机系统的体系结构.北京:清华大学出版社,2006.
13. 孟传良.计算机组成原理.重庆:重庆大学出版社,2002.
14. 赵薇.计算机组成原理.北京:机械工业出版社,2003.
15. 竺士蒙.计算机组成原理.北京:科学出版社,2003.
16. David A. Patterson,John L. Hennessy.计算机组成和设计硬件/软件接口.2版.北京:清华大学出版社,2003.
17. 李国安,李敏.汇编语言编程技术.郑州:郑州大学出版社,2007.
18. 易小琳,朱文军,鲁鹏程.计算机组成原理实践教程——基于EDA平台.北京:北京航空航天大学出版社,2006.
19. 孙卫真,饶敏,杨西珊.汇编语言程序设计.北京:北京航空航天大学出版社,2003.

计算机系列教材

主编：周立柱、王志英、李晓明

书名	作者	定价
信号检测与估计	张立毅 等	23
离散数学（第2版）	邓辉文	26
离散数学习题解答（第2版）	邓辉文	19
智能卡技术（第三版）——IC卡与RFID标签	王爱英	49
多媒体计算机与虚拟现实技术	钟玉琢、沈洪	29.5
计算机操作系统教程（第3版）	张尧学、史美林	25
计算机操作系统教程（第3版）习题解答与实验指导	张尧学	15
MPI并行程序设计实例教程	张武生、薛巍 等	39.5
计算机组成与设计	薛宏熙	36
数字逻辑设计	薛宏熙	33
数据库系统设计与原理（第2版）	冯建华、周立柱	24
数据库专题训练	冯建华、周立柱	20
微型机原理与技术（第2版）	戴梅萼、史嘉权	33
微型机原理与技术——习题、实验和综合训练题集（第2版）	戴梅萼、史嘉权	18
C/C++与数据结构（第3版）上册	王立柱	38
C/C++与数据结构（第3版）下册	王立柱	17
C/C++与数据结构（第3版）（上册）习题解答与实验指导	刘志红 等	18
计算机组织与体系结构（第4版）解题指南	白中英	19
计算机组织与体系结构（第4版 立体化教材）	白中英	43
计算机英语（第四版）	刘兆毓、郑家农	35
编译原理	陈英 等	32
高档微机原理与技术	毛国君、方娟	21
计算机组成原理与汇编语言	易小琳 等	39